친환경전기동력자동차

(HEV, PHEV, BEV, FCEV)

공학박사 **김 재 휘** 著

GoldenBell

자동차 사용자들은 항상 안락성, 경제성(저연비), 안전성, 고출력, 내구성 등을 추구하며, 당국은 온실가스와 유해 배출가스에 대한 규제 기준을 더욱더 강화함은 물론이고, 궁극적으로는 완전 무공해 자동차를 지향하고 있습니다. 이와 같은 요구에 근거하여 자동차 생산회사들은 미래의 이동성 개선 및 친환경을 목표로, 전동화된 자동차들 예를 들면, 하이브리드-, 축전지-, 연료전지-자동차를 양산 또는 개발하고 있습니다. 이와 같은 현실은 자동차 산업과 자동차 사용자들이 앞으로 수십 년 동안 중대한 기술적, 경제적, 산업 구조적(infrastructural) 변화를 경험하게 될 것을 암시하고 있습니다.

유해물질과 CO_2-배출량에 대한 규제는 점점 더 강화되고 있습니다. 유럽(EU)에서는 2021년부터 승용자동차는 평균 95g CO_2/km를, 2025년에는 70g CO_2/km 이하이거나 거의 배출하지 않도록 규정하고 있습니다. 이러한 규제를 준수하기 위해서 각국의 자동차 산업은 광범위한 분야에 걸쳐서 "파워트레인의 전동화(electrification of powertrain)"라는 중요한 기술적 도약에 박차를 가하고 있습니다. 물론 기존의 내연기관을 개량하는 작업도 꾸준히 계속하고 있습니다.

하이브리드 자동차 기술은 순수 전기자동차 시대로 이행하는 중간단계 기술이며, 언젠가는 순수 전기자동차 내지는 수소 연료전지 자동차 시대가 올 것으로 전문가들은 예측합니다. 그러나 그 시기가 언제라고 단언하는 전문가는 한 사람도 없습니다. 이는 그만큼 풀어야 할 숙제도 많다는 것을 의미하는 것입니다. 쥘 베른(Jules Verne; 프랑스의 공상과학 소설가, 1828년~1905년)은 이미 약 150년 전인 1874년 그의 소설 '신비의 섬(L'île mystérieuse)'에서 "물은 미래의 석탄이다. 미래의 에너지는 전기로 분해된 물이다. 전기분해된 물의 성분인 수소와 산소는 가까운 미래에 지구의 에너지 공급을 보장할 것이다."라고 썼습니다. 한 공상과학 소설가의 예언을 실현하기 위해 수많은 과학자, 발명가 그리고 관련 기관들이 노력하고 있는 셈입니다.

초 저연비 하이브리드 자동차 내지는 완전 무공해 자동차의 핵심 기술은 고성능/고전압 축전지, 연료전지, 전기기계, 전력전자, 시스템 전자제어 등에 관한 기술입니다.

이 책은 이와 같은 관점에서, 하이브리드 자동차, 전기 자동차와 연료전지 자동차에 대한 기본적인 이해를 목표로 하고 있습니다.

이 책은 대학에서 자동차를 공부하는 학생들, 현장기술자, 그리고 자동차 분야에 관심이 있는 다양한 계층이 읽을 수 있도록, 전기자동차와 하이브리드 자동차의 기본 시스템 구성, 고성능 열기관, 연료전지, 전기기계, 고전압 축전지, 고전압 회로 등에 대해 기초부터 체계적으로 상세하게 그리고 쉽게 서술하였습니다.

이 **책의 특징**은 다음과 같습니다.

1. **제1장**에서는 친환경 전기동력 자동차의 용어 정의와 역사를, **제2장**에서는 하이브리드 전기자동차를 구조적 및 하이브리드화의 정도에 따라 분류하고, 작동모드에 대해 상세하게 설명하였습니다.

2. **제3장**에서는 전기자동차와 하이브리드 자동차 구동용 전기기계 즉, 동기기, 비동기기, 릴럭턴스 전동기와 횡자속 전동기에 관해서 기초부터 상세하게 서술하였습니다.

3. **제4장**에서는 연료전지의 기초이론에서부터 연료전지 자동차 시스템에 이르기까지 광범위한 내용을 상세하게 설명하였습니다.

4. **제5장**에서는 기존의 납축전지, Ni－MH 축전지, 리튬－이온 축전지, 슈퍼 캐퍼시터와 같은 전기에너지 저장장치에 관해 설명하고, 이들 시스템 간의 장단점을 비교, 분석하였습니다.

5. **제6장**에서는 스위칭 반도체 소자, 전력전자, 고전압 온－보드 회로의 구성 및 온－보드 회로의 광범위한 안전 대책, 그리고 열관리에 관해 설명하였으며, 마지막으로 **제7장**에서는 전동 파워트레인용 변속기에 관해 실제의 예를 들어 상세하게 설명하였습니다.

이 책이 자동차공업의 발전에 다소나마 기여할 수 있기를 기대하면서, 뜻하지 않은 오류가 있다면 독자 여러분의 기탄없는 질책과 조언을 수용하여, 수정해 나갈 것을 약속드립니다.

끝으로 이 책에 인용한 많은 참고문헌 및 논문의 저자들에게 감사드리며, 특히 이 책을 집필할 수 있도록 많은 참고문헌과 자료를 제공해 주신 O.Y. KIM께 감사를 드립니다.

아울러 어려운 여건임에도 불구하고, 독자 여러분을 위해 기꺼이 출판을 맡아주신 (주)골든벨 김길현 대표님, 그리고 편집부 조경미 국장님과 직원 여러분께 진심으로 감사를 드립니다.

그리고 소중한 내 마음의 보석, 연희와 정헌의 바르고 착한 삶은 집필하는 힘의 근원이었습니다. 두 사람의 밝은 미래와 행복을 기원합니다.

2021. 6.

저자 김 재 휘

차 례

제 1 장 　 친환경 전기동력 자동차 일반

제 2 장 　 하이브리드 전기자동차

제 3 장　　전기기계

제 4 장　　연료전지

제 5 장   전기에너지 저장장치

제1장

친환경 전기동력 자동차 일반

General information for eco-friendly electric powered vehicles

eco-friendly electric powered vehicles

1-1

용어 정의
Definition of terms

이 책에서 **"친환경 전기동력 자동차"**라는 용어는 원동기로 내연기관만을 사용하는 자동차를 제외하고, "내연기관 + 전기기계" 또는 전기기계만을 사용하는 자동차들 예를 들어, **하이브리드(HEV), 플러그-인 하이브리드(PHEV), 축전지 전기자동차(BEV)와 연료전지 자동차(FCEV)**를 통칭하는 의미로 사용할 것이다.

또 **"전기동력 자동차**(electric powered vehicle)"라는 용어는 **전기구동 자동차**(electric drive vehicle), **전동 자동차** 또는 **전기자동차**와 같은 의미로서, 이미 국내 소비자들에게 익숙해진 **"전기자동차(또는 전기차)"**라는 용어를 주로 사용하되, 구분해야 할 필요가 있을 때는, "전기자동차 또는 전기차" 앞에 수식어(예: 축전지나 연료전지)를 붙여 설명할 것이다.

우리나라를 포함한 선진국의 친환경 자동차 시장은, 하이브리드 전기차(HEV)의 시장 점유율이 증가하고 있으며, 축전지 전기차(BEV)의 판매도 빠르게 증가하고 있다. 즉, 내연기관 자동차 시대에서 하이브리드 자동차(HEV)를 거쳐 순수 전기차(BEV)의 시대로 빠르게 이행하고 있다.

그러나 전 세계적으로 볼 때는, 구매능력이 없거나, 일반화되지 않았거나, 사회 기반시설(infrastructure)이 부족하여 친환경 전기동력 자동차를 투입할 수 없는 국가들도 많다. 이런 국가나 지역에서는 고효율 내연기관 자동차 → 하이브리드 자동차 → 순수 전기자동차로의 발전과정이 아주 느린 속도로 진행될 것이다. 따라서 고효율 내연기관 자동차부터 연료전지 자동차에 이르기까지 모든 형태의 자동차가 우리의 관심 대상이다.

예를 들어 독자적인 동력원으로서, 하이브리드 자동차와 연비 경쟁을 할 수 있는 고효율/고성능 내연기관, 이와는 별도로 하이브리드 자동차용으로 최적화된 내연기관, 고효율 전기기계, 비에너지[Wh/kg]와 비출력[W/kg]이 개선된 축전지, 수소의 생산/운송/충전기술, 그리고 자동차의 계속 개발에 중요한, 광범위한 영역의 다양한 주제들(예 : 정보통신 및 경량 소재기술)이 우리의 주요 관심사이다.

1 KS R 0121(도로차량 - 하이브리드 자동차 용어)에 따른 분류

KS R 0121에서는 "하이브리드 자동차 용어"에 전기자동차를 포함하여, 크게 축전지 전기자동차(BEV; Battery Electric vehicle)와 하이브리드 자동차(HV; Hybrid Vehicle)로 분류하고 있다는 점에 유의할 필요가 있다.

축전지 전기자동차(BEV)는 "**차량 추진을 위한 동력원으로 구동 축전지(traction battery)만을 사용하는 전기자동차**", 그리고 하이브리드 자동차(HV)는 "**추진을 위해 두 종류 이상의 다른 동력원(RESS, 연료전지, 전동기, 내연기관 등)을 가진 자동차**"라고 정의하고 있다. 여기서 RESS는 재충전식 전기에너지 저장시스템(Rechargeable Energy Storage System)을 말한다.

동력원의 종류에 따라서는 연료전지 하이브리드 전기자동차(FCHEV: Fuel Cell Hybrid Electric Vehicle), 유압식 하이브리드 자동차(HHV; Hydraulic Hybrid Vehicle), 플러그 - 인 - 하이브리드 전기자동차(PHEV; Plug - in Hybrid Electric Vehicle)와 하이브리드 전기자동차(HEV)로 분류한다.

또 동력전달 구조에 따라서는 직렬-, 병렬-, 복합(동력분할형) - 하이브리드로, 하이브리드화 수준에 따라서는 마일드(mild) 또는 소프트(soft) -, 하드(hard) 또는 스트롱(strong) -, 그리고 완전(Full) - 하이브리드로 분류한다.

마일드(Mild 또는 Soft) - 하이브리드란 자동차의 두 동력원이 서로 대등하지 않으며, 보조 동력원이 주 동력원의 추진 구동력에 보조역할을 수행하는 유형으로 대부분, 보조 동력원(전기기계)만으로는 차량을 구동하기 어려운 하이브리드 자동차를 말한다.

스트롱(Strong 또는 Hard) - 하이브리드란 하이브리드 자동차의 두 동력원이 거의 대등한 비율로 차량 구동에 관여하는 유형으로 대부분, 두 동력원 중 하나의 동력원만으로 차량 구동이 가능한 하이브리드 자동차를 말한다.

완전(Full) - 하이브리드란 전기기계가 전장품 구동을 위해 전기를 생산할 수 있고, 주행 중 내연기관을 보조하는 기능 외에 전기주행 모드를 구현할 수 있는 하이브리드 자동차를 말한다.

(1) 하이브리드 자동차(HEV; Hybrid Electric Vehicle)

하이브리드(hybrid)란, 생물학적으로는 이종교배(cross - breeding)를 통해 태어난 **잡종(off-spring)**을 말한다. 예를 들면, **노새(mule)**는 **수탕나귀(male donkey)**와 **암말(female horse)** 간의 이종교배(cross-breeding)를 통해 태어난 **잡종(hybrid)**이다. 하이브리드(hybrid)라는 어원 자체가 하이브리드 자동차의 구조에 대해 결정적인 암시를 하고 있다. 다른 규격에 따른 기술적 정의는 다음과 같다.

SAE J1715에 따르면, 하이브리드 자동차란 두 종류 또는 그 이상의 에너지 저장장치와 이들에 적합한 에너지 변환기로 구성된 자동차를 말한다. 이때 에너지 변환기들은 선택적으로 함께, 또는 각각 별도로 분리된 상태로 자동차를 구동한다.

IEC/TC69(International Electro-technical Commission/Technical Committee 69)의 정의에 따르면, 하이브리드 자동차란 자동차용으로 적합한, 두 종류의 서로 다른 에너지 저장원 및 에너지 변환기를 구동 목적에 사용하는 자동차를 말한다.

위의 정의들을 요약하면, **하이브리드 자동차**(HV; Hybrid Vehicle) 또는 **하이브리드 전기자동차**(HEV; Hybrid Electric Vehicle)란 "**두 종류 또는 그 이상의 동력원을 사용하는 자동차, 또는 동력원으로 내연기관과 전기기계(전동기)를 함께 사용하는 자동차**"를 말한다. 즉, 서로 다른 형태의 두 종류 이상의 에너지를 적절한 에너지 변환기(energy converter)를 통해 구동에 필요한 운동에너지로 변환시키는 자동차를 말한다.

기존의 내연기관 자동차에서는 연료의 화학적 에너지를 가능한 한 많이 열에너지로 변환시키고, 또 이 열에너지를 가능한 한 많이 운동에너지로 변환시켜 자동차를 구동한다. 현재의 기술수준 및 기반시설(infra structure)의 한계로, 최신 하이브리드 자동차(HEV)에서도 내연기관이 여전히 동력원으로 사용되고 있다.

원칙적으로는 생각할 수 있는 모든 형태의 에너지와 이에 적합한 에너지 변환기를 고려할 수 있을 것이다. 그러나 현재로서는 전기에너지를 사용하는 하이브리드 자동차(HEV)가 주류를 이루고 있다. 즉, 전기에너지로 전동기를 구동하고, 전동기의 운동에너지로 자동차를 구동하는 형태이다. 지게차와 같은 특수차량이나 건설 중장비들은 대부분 작동 시 내연기관을 보조할 수 있는, 유압장치를 갖추고 있다. 전기에너지와 유압 에너지 외에도 다른 형태 즉, 운동에너지가 저장된 플라이휠이나 압축공기 에너지 저장기도 사용되고 있다.

(2) 전기자동차(EV; Electric vehicle)

KS R 0121에서는 "차량 추진을 위한 동력원으로 전동기와 구동 축전지(traction battery)만을 사용하는 자동차"를 축전지 전기자동차(BEV)라고 정의하고 있으나, 같은 개념을 SAE에서는 간단히 전기자동차(EV)라고 정의하고 있다.

전동기와 축전지만 존재하므로 다른 하이브리드 자동차와 비교해 기계적 구조가 단순하다. 충전은 가정에서 또는 별도의 충전소에서 전기를 직접 충전하는 방식이 일반적이며, 충전시간은 차량에 따라, 그리고 충전방식에 따라 차이가 있다.

기술의 도약, 산업의 발전, 환경보호 정책, 시장의 요구 그리고 국가의 장기 목표를 통해 순수 전기자동차 시대로의 이행을 강력하게 추진하고 있다. 그러나 언제 순수 전기자동차 시대에 완전히 진입하게 될 것인가? 하는 명제는 현재로서는 예측하기 어려운 미래의 명제이다. 핵심은 "전기에너지를 어디서 환경적으로 그리고 경제적으로 생산하여 축전지에 공급할 것인가?" 하는 것이다.

2 SAE 1715의 자동차 동력원 용어 정의

SAE의 용어 정의는 KS R 0121에서의 용어 정의와 다소 다르다. SAE에서는 하이브리드 수준에 따른 분류에 발진/정지(start/stop) 시스템과 마이크로 - 하이브리드(micro - hybrid)를 추가하고, 스트롱(strong) - 하이브리드를 삭제했으며, 레인지 익스텐더(range extender)를 내연기관을 사용하는 열적(thermal) 레인지 익스텐더와 연료전지를 사용하는 전기화학적(chemical electric) 레인지 익스텐더로 구분하고 있다는 점에 유의할 필요가 있다. 이에 대해서는 뒤에 상세하게 설명할 것이다.

표 1-1 SAE 1715의 전기자동차와 하이브리드 자동차 용어 정의

SAE등급	명칭	1차 에너지원	설 명
A	오토기관	휘발유	정적 사이클로 작동하는 일반 내연기관
B	디젤기관	경유	복합 사이클로 작동하는 일반 내연기관
C	발진/정지 시스템	휘발유 경유	발진/정지(start/stop)가 가능하도록 성능이 강화된 스타터 사용
D	마이크로 하이브리드	휘발유 경유	전원 전압 42V까지, 하나의 전기기계를 스타터, 그리고 회생제동 발전기로 공용. 부하점 이동, 부스트 기능
E	마일드(Mild) 하이브리드	휘발유 경유	마이크로 하이브리드와 비슷, 그러나 전원 전압이 100V 이상, 저속에서는 전기로 주행
F	완전(full) 하이브리드	휘발유 경유	마일드-하이브리드와 비슷, 전원 전압은 수백 volt, 주행 속도 약 50km/h까지 전기주행
G	플러그-인 하이브리드	휘발유 경유 회로망 전기	완전-하이브리드와 비슷, 회로망 전류로 축전지 충전 가능, 축전지 용량이 큼.
H	레인지 익스텐더 (+ 내연기관)	회로망 전기 휘발유 경유	대부분 전기로 주행, 내연기관으로 발전기를 가동하여 전기 주행거리를 연장
I	레인지 익스텐더 (+ 연료전지)	회로망 전기 수소	대부분 축전지 전기로 주행, 연료전지가 주행거리를 연장
J	전기자동차	회로망 전기	단지 축전지 전기로만 주행
K	연료전지 자동차	수소	연료전지와 작은 축전지 사용

1-2

친환경 전기동력 자동차의 역사

The history of eco-friendly electric powered vehicles

1 전기기계(EM; Electric Machine)의 개발

전기자동차(EV)의 역사는 전기기계(EM; 전동기와 발전기의 총칭)의 발명으로부터 시작되며, 1820년으로 거슬러 올라간다.

1820년 외르스테드(Hans Christian Ørsted(1777~1851년, 덴마크)는 전자기학(電磁氣學)의 기본 현상인 전류의 자기(磁氣)효과를 발견하였다.

1년 후인 1821년 패러데이(Michael Faraday, 1791~1867년, 영국)는 "전자기장(電磁氣場)의 회전"에 관한 실험결과를 발표하였다. 패러데이는 고정된 자석을 중심으로 도체가 회전하는 장치를 만들고, 반대 실험에서는 고정된 도체를 중심으로 자석이 회전하는 장치를 만들었다. 또 패러데이는 1831년 최초의 전자(電磁) 발전기인 "Faraday Disk"를 제작하였다. 그의 실험은 전기기계(전동기와 발전기)의 개발 초기의 중요한 업적이다.

1822년 발로우(Peter Barlow, 1776~1862, 영국)는 단극(single-pole) 전동기인 Barlow-wheel을, 1832년 스터전(William Sturgeon, 1783~1850, 영국)은 실용적인 회전 전동기(rotating electric motor)를 개발하였다.

유럽 대륙에서는 1827년 에들릭(Ányos István Jedlik, 1800~1895, 헝가리)이 유럽 최초의 단극 전동기를, 1828년에는 최초의 모형 전기차(first electric model car)를 제작하였다. 그리고 1861년에는 자려자(自勵磁) 발전기(self-excited dynamo)의 개념을 확립, 발표하였으나 특허를 신청하지는 않았다. 이는 지멘스(Ernst Werner von Siemens)와 휘스톤(Charles Wheatstone)에 6년 앞서는 업적이다.

1834년 야코비(Moritz Hermann von Jacobi(1801~1874, 독일, 주로 러시아에서 활동)는 포츠담에서 최초의 실용적인 DC-전동기를 개발하고, 1839년에 상트페테르부르크에서 14명이 탑승할 수 있는 보트(길이 28피트)에 자신이 개발한 220W DC-전동기를 탑재하여, 축전지(64

개의 백금 – 아연 셀(element)) 전력으로 네바(Neva)강에서 시속 3마일로 7km를 항해하였다.

미대륙에서는 1834년 데이븐포트(Thomas Davenport, 1802~1851, 미국)가 미국 최초로 축전지로 구동되는 DC – 전동기를 개발하였으며, 1837년 2월 25일 이에 대한 특허를 취득하였다. 그는 또 DC – 전동기로 작동하는 모형 기관차를 개발하여, 직경 4피트(feet)의 원형 레일에서 달리는 실험을 하였다.

종합적으로 볼 때, 1837~1838년경에 실용 가능한 전동기의 기초가 확립되었으며, 다양한 분야의 동력기계로 발전할 수 있는 토대가 마련되었음을 확인할 수 있다.

지멘스(Ernst Werner von Siemens, 1816년~1892년, 독일)는 1866년에는 직류발전기(Siemens Dynamo)에 대한 특허를 취득하고, 1882년 베를린에서 트롤리 – 버스(trolley – bus)의 운행을 시작하였으며, 1885년 전기철도에 대한 특허를 취득하였다.

1870~1880년 사이에 유럽과 미국에서 대규모로 전력을 생산할 수 있게 됨에 따라, 전기기계(전동기와 발전기)가 전 산업부문에 걸쳐 널리 사용되는 토대를 마련하는 데 크게 공헌하였다.

1859년 쁠랑떼(Gaston Planté, 1834~1889, 프랑스)가 오늘날 우리가 사용하는 충전식 납축전지를 발명하고, 그의 친구 포레(Camille Alphonse Faure, 1840~1898, 프랑스)가 이 축전지의 용량을 개선하여 1861년 자동차에 적용하면서부터, 납축전지는 오늘날까지도 자동차산업 발전에 크게 공헌하고 있다.

1888년 테슬라(Nikola Tesla, 1856~1943년, 세르비안 – 아메리칸)는 유도전동기를 개발하였으며, 이보다 10년 전인 1878년에는 대량의 전기에너지 전송에 직류 회로망 대신에 교류 회로망의 사용을 제안하였다.

2 축전지 전기자동차(BEV)의 역사 [11, 12]

전동기로 자동차를 구동한다는 발상은 우리 시대의 생각(idea)이 아니다. 온실가스(CO_2)의 감축을 비롯한 지구환경 보호 관점에서 다시 주목을 받고 있을 뿐이다. 아직도 전기자동차가 도로 차량으로 널리 사용되지 못하는 이유 가운데 가장 중요한 하나는 "**부피가 아주 크고 무겁고, 용량이 적고, 수명이 짧은 에너지 저장장치 즉, 구동 축전지(traction battery)**"이다.

(1) 1880～1920년대

1881년 뚜르베(Gustave Trouvé,1839～1902, 프랑스)는 파리 전기 박람회(Exposition Internationale d' Électricité)에 DC‒모터(0.1마력)와 충전식 납축전지가 장착된 최초의 전기차를 선보였다. 최고속도 12km/h인 3륜 전기차로서 오늘날 전기자동차의 시작차(試作車; prototype)에 해당한다. 운전자를 포함한 전체질량은 160kg이었다. 이를 계기로 본격적인 전기자동차 시대가 열리게 된다. 이는 독일의 벤츠(Karl Friedrich Benz, 1844~1929년)와 다이믈러(Gottlieb Daimler, 1834～1900년)가 내연기관 자동차를 발표한 1885/1886년보다 4～5년 전의 일이다.

그림 1‒1 뚜르베(Trouvé)의 3륜 전기차(1881년)

(Alexis Clerc, *Physique et chimie populaires*, vol.2, 1881～1883)

뚜르베의 선구적인 개발과 함께, 점점 더 많은 전기자동차 모델이 등장하였다. 1878년 모리슨(William Morrison, 1855～1927년, 스코틀랜드)이 제작한 시작(試作) 전기자동차는 마차를 연상케 했으며, 좌석 아래에 설치된 8개의 축전지로 2.5PS 전기모터를 구동하는 방식으로, 최고 주행속도는 12km/h였다.

1898년 포르쉐(Ferdinand Porsche, 1875～1951년, 오스트리아)가 개발한 전기차 '포르쉐 P1'은, 전동기 2대로 최고속도 35km/h를 기록하였으며, 1회 충전으로 80km를 주행하였다.

포르쉐는 18세에 'Béla Egger Electrical company in Vienna에 입사하여 5년을 재직하면서 휠 허브 모터(wheel hub motor)를 개발하였다. 1898년에 Jakob Lohner & Co로 이직하여, 1899년 그의 나이 24세 때 "시스템 로너-포르쉐(System Lohner‒Porsche)"를 발표하였다. "로너-포르쉐"는 양쪽 앞바퀴 허브에 설치한 2대의 전동기(각각 2.5PS/120min^{-1})를 축전지(단자전압 60～80V, 용량 170～300Ah)로 구동하는 전기자동차였다. 무게는 10,000N(축전지 무게만 4,100N), 정격 주행속도 37km/h, 최고 주행속도 50km/h, 1회 충전으로 주행 가능한 거리는 약 50km를 기록하였다. 이 구조는 뒷바퀴 허브에 전동기를 설치하여 쉽게 4륜구동으로 확장할 수 있었다. 자동차 "로너‑포르쉐"는 1900년 파리세계박람회에 Toujours‑Contente(항상 행복)라는 표어와 함께 출품되었다(그림 1‑2, 1‑3 참조).

"로너‑포르쉐"는 경주용 고출력 전기자동차로도 제작되었다. 경주에서 좋은 성적을 거두었으나, 축전지 무게만 18,000N이었다. 따라서 언덕을 올라갈 때 아주 느리고, 또 축전지의 용량과 수명 때문에 주행거리는 제한적이었다.

그림 1‑2 Lohner‑ Porsche, 1900.
인‑휠 모터 방식의 앞바퀴 구동 전기자동차
(출처 : ranwhenparked.net)

그림 1‑3 시스템 로너 포르쉐의 인‑휠‑모터(출처: fuel‑efficient‑vehicles.org)

이때부터 약 20년 동안은 3가지 각기 다른 동력원(증기기관, 전동기 그리고 내연기관)을 장착한 자동차들이 경쟁하는 시기였다. 1900년 유럽이나 미국에서는 증기기관 자동차, 전기자동차 그리고 내연기관 자동차가 함께 도로를 달리고 있었다. 그러나 이 세 가지 동력원을 이용한 자동차들이 그 당시에는 모두 비싸고, 많이 보급되지도, 또 수량이 많지도 않았으며, 실용성이나 사용 편의성도 크게 제한된 상태로 우열을 가리기가 어려웠다.

증기기관 자동차는 너무 무겁고 시동에 많은 시간이 소요된다는 점, 전기자동차는 구동 축전지가 아주 무겁고 주행거리가 제한된다는 점, 그리고 내연기관 자동차는 손으로 크랭크를 회전시켜 기관을 시동하는 데 힘이 많이 들고, 또 시동 과정이 상당한 위험을 내포하고 있으며, 작동 소음이 크다는 것이 단점이었다. 이 외에도 내연기관 자동차에는 적당한 발진 클러치와 사용하기 편리한(실용적인) 변속기가 장착되지도 않았다. 또 내연기관은 전동기와 비교했을 때 자동차 용으로는 토크 특성과 출력 특성이 현저하게 불량했다.

　전기자동차는 내연기관 자동차 및 증기자동차와 비교해서 악취, 진동과 소음이 작았으며, 주행속도에 따라 변속할 필요가 없어 운전조작이 간편해 특히, 상류층과 부유한 여성 운전자들이 선호하였다. 1899년~1900년 전기자동차는 내연기관 자동차나 증기기관 자동차보다 더 많이 팔리고, 1912년 당시 미국에서 가장 유명한 회사인 Anderson Electric Car Company와 Columbia Automobile Company를 포함해서 약 20여 개의 회사가 생산한 전기자동차의 누적 대수는 약 34,000대로 정점에 도달하였다.

　뉴욕에서는 전기차 충전소가 여러 곳에 설치되면서 1897년부터 전기 택시 공급이 시작되었다. 1900년 당시 뉴욕에만 2000여 대의 전기차가 운행되었다. 최초의 상업용 전기자동차는 모리스(Henry G. Morris)와 살롬(Pedro G. Salom)이 개발한 후륜 조향 방식의 Electro bat이었다. 이 전기자동차는 개발자들이 설립한 회사가 뉴욕시에서 택시로 사용하였다. Electro bat은 마차에 비교해 높은 가격(약 $ 3000: $ 1200)에도 불구하고 마차보다 수익성이 좋았다고 한다. 90분의 재충전 주기로 4시간 동안 3교대로 사용하였으며, 최고속도 32km/h, 주행거리 40km가 가능한 1.5hp 모터 2대로 구동하였다.

　그러나 시간이 지나면서 우열이 가려졌다. 증기자동차가 가장 먼저 퇴장하였다. 전기자동차는 내연기관 자동차와 비교하여 비싼 가격과 축전지(무게와 재충전 문제), 그리고 최고속도(약 32km/h)가 약점이었다. 내연기관 자동차는 고출력 내연기관, 사용하기 편한 발진 클러치 그리고 고성능 변속기가 개발됨에 따라 성능이 가장 우수한 자동차로 급부상하였다. 그리고 포장도로가 빠르게 증가함에 따라 장거리 주행이 가능한 내연기관 자동차가 선두로 나섰다. 때마침 포드－자동차는 1908년부터 전기자동차와 비교하여 값이 절반 이하로 싼 내연기관 자동차(Model T)를 대량생산하기 시작하였다. 1915년 케터링(Charles F. Kettering, 1876~1958, 미국)이 특허를 취득한 기동전동기(electric starter)가 1920년대에 표준 기동장치로 도입되고, 동시에 휘발유 가격이 크게 낮아지면서, 내연기관 자동차의 독보적인 지위가 확립되었다.

　미국 Anderson Company의 인기 전기자동차 브랜드인 "Detroit Electric"은 1907년부터 1938년까지 생산되었으나, 다른 전기자동차들은 대부분은 1920년대에 거의 단종되었다. 특히, 축전지는 휘발유와 비교하여 비에너지[Wh/kg]와 에너지밀도[Wh/ℓ]가 아주 낮다는 약점을 가지고 있다. 즉, 축전지의 약점이 전기자동차가 도로에서 퇴장하고, 공항과 항만, 우유와 우편 배달, 그리고 골프장과 같은 특정 분야로만 제한되는 결과를 가져왔다.

(2) 1930~1990년

1930년~1960년 사이에는 전기자동차와 관련된, 주목할 만한 개발기록이 없다. 1966년 GM은 Electrovan을 제작했으며, 동력원으로는 사이리스터가 내장된 인버터를 통해 전력을 공급받는 유도전동기를 사용하였다. 1960년대와 1970년대에는 환경에 대한 우려로 전기자동차에 관한 연구가 다시 시작되었다. 그러나 축전지 기술과 전력전자기술의 발전에도 불구하고, 주행거리와 성능은 여전히 장애물이었다. 이 시대의 가장 특이한 전기자동차는 1971~1972년 아폴로 프로젝트(15, 16, 17호) 수행 중, 우주 비행사들이 달에서 사용한 LRV(Lunar Roving Vehicle, 月面車)이다. 4륜 구동방식의 축전지 전기차로서 길이 3.1m, 너비 2.05m, 높이 1.32m, 자체 질량 210kg, 최대 적재질량 490kg(2명의 우주 비행사, 장비 및 채취한 시료 무게 포함), 최고속도는 13km/h로 설계되었지만, 아폴로 17호 프로젝트에서 달성한 최고속도는 18.0km/h였다. 구동 축전지는 산화은(silver‑oxide) 1차 전지로서 용량은 121Ah였다. 구동 전동기로는 출력 0.25hp인 직권 DC‑전동기를 차륜마다 1대씩 사용하였다. 달에는 공기가 없고 중력은 지구의 1/6에 지나지 않는다. 따라서 지구상에서 사용하는 전기자동차와 비교하는 것은 별 의미가 없다. 이 우주용 전기자동차는 당시 최첨단 기술의 집약체로서 1대의 제작비용은 무려 3800만 달러였다. 참고로 이들 3대의 월면차는 달 표면에 그대로 방치되어 있다.

(3) 1990년대~현재

1990년대에 진입하면서 화석연료(휘발유와 경유)에 의한 환경오염문제가 심각한 사회문제로 떠오르고, 배출가스를 엄격하게 규제하기 시작하자 유명 자동차회사들은 다시 전기자동차 개발에 관심을 가지기 시작하였다.

독일의 폭스바겐은 1992~1996년 사이에 골프(Golf)의 전기모델인 "CitySTROMer"를 약 120대 생산하여 개인 고객이 아닌, 에너지 공급회사에 주로 공급하였다. 그러나 이 제한된 고객 그룹에서도 eMobile에 대한 수요가 없어 결국은 생산을 중단하였다.

미국의 GM은 1996~1999년까지 최초의 소형 전기자동차인 "EV1"을 개발하여 총 1,117대 생산하였다. 이 가운데 약 800여 대를 캘리포니아 지역에서 유명인사들을 포함하여 선별된 고객에게만 임대형식으로 보급하였으나, 3년 만에 차량을 모두 회수하고 생산을 중단하였다. GM의 공식 발표는 "예비부품 생산 부족으로 장기 안전을 담보할 수 없어 임대계약을 연장할 수 없다."였지만, 다른 이유(예; 석유회사의 압력)가 있었을 것으로 보는 견해가 지배적이다.

2008년 TESLER가 혁신적인 순수 전기자동차의 양산을 시작하면서부터 순수 전기자동차 시대의 첫 관문을 돌파하였다. 현재 세계적인 자동차회사들은 대부분 순수 축전지 전기자동차 고유 모델을 생산, 판매하고 있으며, 특히 TESLER(미국)와 BYD(중국)가 선두그룹을 유지하고 있다. 현재 국내 판매되는 전기차는 현대자동차 아이오닉 일렉트릭, 테슬라의 모델 전체, BMW i3, 쉐보레 볼트(BOLT) EV, 기아 EV 6 등이 있다.

3 하이브리드 전기자동차(HEV)의 역사 [13]

하이브리드 전기자동차의 개념은 자동차 시대의 초기에 확립되었다. 그러나 주된 목적은 연료소비를 낮추는 것이 아니라 내연기관이 허용 가능한 수준의 성능을 발휘하도록 지원하는 것이었다. 실제로 초기에는 내연기관 기술이 전동기 기술보다 느리게 발전하였다.

(1) 최초의 하이브리드 전기자동차

1899년 파리 살롱에는 2대의 하이브리드 전기자동차가 출품되었다. 뜨루베의 3륜 전기차가 발표된 1881년보다는 18년 후의 일이다.

1대는 벨기에 무기회사 'Pieper'가 출품한 병렬 하이브리드이다. 소형 공랭식 가솔린기관을 지원하는 전동기와 납축전지를 갖추고 있었다. 타행(惰行; coasting)하거나 정지상태에 있을 때는 가솔린기관 동력으로 축전지를 충전하고, 주행 중 필요한 구동력이 가솔린기관 정격출력보다 높을 때는 전동기가 추가 동력을 지원하는 방식이었다.

또 다른 1대는 프랑스 회사 'Vendovelli'와 'Priestly'가 상업적으로 제작한 순수 전기자동차에서 파생된 직렬 하이브리드였다. 3륜차로서 뒷바퀴 2개를 각각 별개의 전동기로 구동하는 방식이었다. 1.1kW의 발전기와 연결된 3/4hp의 가솔린기관을 트레일러에 장착하여, 축전지를 재충전, 주행거리를 연장하는 용도로 사용하였다. – 오늘날 레인지 익스텐더(range extender)의 개념 자동차에 해당한다.

(2) 포르쉐(Ferdinand Porsche)의 휠 허브 모터 방식의 하이브리드 전기자동차

앞의 전기자동차 역사에서 설명한 바와 같이 포르쉐는 전기자동차 "Lohner – Porsche"를 개발하여 1900년 파리 세계박람회에 출품한 이력의 소유자이다. 그는 전기 자동차와 내연기관 자동차의 가장 큰 단점 즉, 무거운 축전지와 문제점이 많은 발진 클러치를 피할 수 있는 실질적인 해결책으로 내연기관과 발전기의 결합을 고안하여, 1901년 **하이브리드 자동차** '믹스테(Mixte)'를 발표하였다.

'**믹스테(Mixte)**'는 다이믈러에서 개발한 가솔린기관으로 발전기를 구동하고, 발전기가 생산한 전기를 배선을 통해 2대의 인 – 휠(in – wheel) 모터에 공급하는 방식이다. 따라서 에너지 소모적인 중간 기어, 벨트, 체인과 차동장치를 생략했으며, 축전지 팩은 그 크기와 무게를 크게 줄일 수 있었다. 이와 같은 방법으로 **포르쉐는 세계 최초로 가솔린기관과 발전기를 결합하고, 별도의 인‑휠 모터를 사용한 직렬 하이브리드 전기자동차를 개발**하였다. 현재의 기술적 관점에서 보아도 탁월한 설계이다.

그림 1-4 최초의 하이브리드 전기자동차 "Mixte" from Ferdinand Porsche, 1901년
(출처 : www.porsche.com/museum)

1899년~1914년 사이에 다수의 병렬 및 직렬 하이브리드 자동차들이 제작, 발표되었으며 이들 초기 설계에서는 전기제동은 이용하였지만, 회생제동에 관한 언급은 없다. 대부분 단락회로 또는 구동전동기의 전기자에 저항을 배치하여 동적(dynamic) 제동을 했을 가능성이 크다. 1903년식 Lohner‑Porsche가 이러한 접근방식의 전형적인 예이다.

(3) 1920~1990년

초기 하이브리드 전기자동차는 출력성능이 낮은 내연기관을 지원하기 위해, 또는 전기자동차의 주행거리를 연장하기 위해 도입되었으며, 당시에 적용 가능한 기초 전기기술을 이용하였다. 초기 하이브리드 전기자동차는 디자인에서의 뛰어난 창의력에도 불구하고 1920년 후에 성능이 크게 향상된 내연기관 자동차와 경쟁할 수 없었다. 내연기관은 출력밀도가 아주 높아졌으며, 더 작아지고 더 효율적이어서, 더는 전동기의 지원을 받을 필요가 없게 되었다. 구동전동기의 추가 비용과 납축전지와 관련된 문제점은 1920년대 이후의 시장에서 하이브리드 자동차가 퇴장하는 주된 요인이었다.

이러한 초기 설계가 해결해야 할 가장 큰 문제는 전기기계를 제어하기가 어렵다는 점이었다. 1960년대 중반까지 전력전자장치(power electronics)를 사용할 수 없었기 때문에, 초기 전동기들은 기계식 스위치와 저항기를 사용하여 제어하였다. 기계식 스위치와 저항기는 효율적인 제어가 어렵고, 작동범위가 제한적이었다.

1973년과 1977년의 두 차례의 석유파동과 환경오염에 대한 우려가 커지고 있었지만, 하이브리드 전기자동차는 시장에 출시되지 못했다. 1980년대에 연구자들은 전기자동차에 초점을 맞추고 많은 시작차(試作車)를 제작하였다. 이 시기에 하이브리드 자동차에 관한 관심 부족은 실용적인 전력전자장치, 현대적인 전동기와 축전지 기술이 없었기 때문이다. 또 1980년대에는 기존의 내연기관 자동차의 크기가 소형화되고 촉매기가 도입되었으며 연료분사가 일반화되어 내연기관 기술이 성숙한 점도 하나의 장애 요소였다.

(4) 1990년~현재

1985년 이래 일본을 선두로 미국과 유럽의 유명 자동차회사들이 하이브리드 개념 자동차(concept car)에 관한 연구를 진행하고, 시작차(試作車)를 제작하였다. 즉, 내연기관 자동차에서 전기자동차로 이행하는 중간 단계로서 하이브리드 전기차의 개발을 필연적인 것으로 인식하였다. 그 결과, 1997년 일본의 도요타가 프리우스(PRIUS)의 양산, 보급에 성공하였으며, 대형 상용자동차 영역에서도 하이브리드 버스와 하이브리드 화물자동차가 등장하였다. 그러나 환경문제로 인해 화석연료 내연기관의 퇴출이 가시화되면서, 순수 전기자동차가 빠르게 보급되고 있다.

4 연료전지 자동차(FCEV)의 역사 [14]

1806년 데이비(Humphry Davy, 1778~1829년, 영국)는 연료전지의 개념을 효과적으로 입증하였다. 그는 단순한 전해(電解) 전지에서 전기가 생성되는 것은 화학작용에 의한 것이며, 반대 전하를 가진 물질 간에 화학적 결합이 발생한다고 설명하였다. 따라서 그는 전류와 화학적 화합물의 상호작용인 전기분해가 모든 물질을 원소로 분해하는 가능성이 가장 큰 수단을 제공한다고 추리하여 연료전지의 개념을 확립하였다.

1838년 쉔바인(Christian Friedrich Schönbein, 1799~1838년, 독일)은 연료전지의 원리(수소와 산소의 반응이 전기에너지를 방출한다는 사실)를 발견하였다. 이어서 다음 해인 1839년 그로브(Sir William Robert Grove; 1811~1896년, 영국)는 전기분해의 역반응을 확인하고, 1842년 여러 요소를 직렬로 연결하여 최초의 연료전지(그는 이를 가스 볼타 전지(gas voltaic battery)라고 명명함)를 개발하였다. 그래서 그를 연료전지 발명자, 또는 연료전지의 아버지라고 한다.

1887년에 오스트뷜트(Friedrich Wilhelm Ostwald, 1853~1932년, 독일)는 그로브(Grove) 연료전지의 원리적인 장점을 인정하였다. 그러나, 그 당시에는 수소와 산소를 이용하는 연료전지의 복잡한 작동방법은 개발을 지연시키는 장애 요소였다. 따라서 화석연료(예: 석탄)의 연소 → 증기 발생 → 기계적 에너지 → 발전기를 거치는 기존의 전기에너지 생산방법이 효율이 아주 낮음에도 불구하고 연료전지를 작동시키는 방법보다 더 편리하고 쉬운 해결책이었다.

연료전지(fuel cell)라는 용어는 석탄가스를 연료로 사용하는 연료전지를 연구한 몬트(Ludwig Mond, 1839~1909, 독일)와 그의 조수 랭거(Charles Langer, 영국)가 1889년에 처음 사용하였다. 1900년대 초에 석탄이나 탄소를 전기로 변환할 수 있는 연료전지를 개발하려는 추가 시도가 있었지만, 내연기관의 출현으로 새로운 기술 개발은 일시적으로 중단되었다.

1932년 베이컨(Francis T. Bacon, 1904~1992년, 영국)은 Mond와 Langer가 사용했던 촉매에 대한 저렴한 대안인 알칼리 전해질과 니켈(Ni) 전극을 사용하는 수소 - 산소 셀을 이용하여 최초로 성공적인 알칼리 연료전지(AFC)를 개발하였다. 여러 가지 기술적 장애 때문에 베이컨과 회사가 실제로 실용적인 5kW 연료전지를 시연한 것은 1959년에야 가능했다. 같은 해에 이리히(Harry Karl Ihrig, 1898~1960년, 미국)는 개선된 베이컨 연료전지(15kW)를 Allis - Chalmers 농업용 트랙터(20hp)에 장착하였다. 이후 Allis - Chalmers는 미 공군과 협력하여 지게차, 골프 카트(cart)와 잠수정을 포함한 다수의 연료전지 구동 차량을 개발하였다.

NASA 또한 1950년대 후반 우주용 소형 연료전지 발전기의 제작에 착수하여, 1966년 실제로 우주탐사 계획에 사용하였다. 연료전지(알칼리 연료전지)의 재발견은 우주탐사, 예를 들어 제미니 프로젝트(Project Gemini. ~1966년 말까지)와 아폴로 프로젝트(Project Appollo, 1961~1972년까지)와 같은 일련의 유인 우주실험의 덕이 크다.

1955년 양성자 교환막(PEM; Proton Exchange Membrane) 연료전지가 발명되었으며, 듀폰(DuPont)은 1960년대에 PEM 박막 나피온(Nafion®)을 개발, 보급하였다. Daimler - Benz는 철저한 개발작업을 거쳐, 1994년 PEM(Polymer - Electrolyte - Membrane) 연료전지를 장착한 최초의 연료전지 자동차 "NeCar - 1"을 발표하였다. 과거에도 연료전지 시작(試作) 자동차가 있었지만 NeCar - 1이 발표되면서, 기술적으로 실용 연료전지 자동차의 양산 가능성을 확인하는 계기가 되었다. 독일 자동차회사들(DB, VW, BMW 등)은 연료전지 자동차 기술을 꾸준히 개발, 축적해왔지만, 양산 단계로 가지는 않았다. 가장 큰 이유는 유럽연합(EU) 정부들이 연료전지 자동차(FCEV)보다 축전지 전기차(BEV) 보급을 확대하는 정책을 우선했기 때문이다.

오늘날 주요 자동차회사들은 연료전지 자동차의 시작차, 예비 양산모델 또는 양산모델을 가지고 있다. 현대자동차의 투싼 ix35(2010년)와 넥쏘(2018년), 토요타의 미라이(2014년), 혼다의 클래리티(2016년) 등이 성공적인 양산모델의 선두그룹이다. 최대 항속거리는 넥쏘(611km)가 클래리티(589km)나 미라이(502km)보다 더 길다.

현재 시판 중인 축전지 전기차(BEV)의 항속거리는 약 400km이며 축전지 완전충전 소요시간은 약 30분 정도이다. 반면에 연료전지차(FCEV)는 수소 1회 충전으로 약 600km를 주행할 수 있으며, 수소 충전소요시간은 3~6분으로 짧다. 이런 이유에서 승용차보다 상용차 부문에서 먼저 FCEV가 활성화될 가능성이 있다. 그러나 장기적으로는 수소를 어떤 에너지를 이용하여 친환경적으로 생산하고, 이를 저장, 운송, 충전할 것인가 하는 숙제를 풀어야 한다.

5 미래의 자동차는?

"지금까지 100년 이상을 사용하고 있는 내연기관을 왜 다른 동력기관으로 대체해야 하는가?"에 대한 가장 근본적이면서도 중요한 이유는 다음 두 가지이다.
① 대기오염과 지구 온난화에 관한 대책의 일환
② 주행 역동성 및 주행 안락성의 개선

(1) 대기오염과 지구 온난화에 관한 대책의 일환

① 온실효과(溫室效果)

온실의 유리를 통과한 햇빛이 온실 내부를 덥게 하는 것과 마찬가지로 대기 중의 온실기체들이 온실의 유리와 같은 작용을 하여 지표에서 우주 공간으로 방출되는 적외선 복사를 흡수하여 지구 온도를 상승시키는 작용을 말한다. - **지구의 온난화**(global warming)

태양으로부터 지구로 오는 적외선은 지구의 대기층을 통과하면서 일부는 대기에 반사되어 외계로 방출되거나 대기에 곧바로 흡수된다. 그리고 나머지 약 50% 정도의 적외선이 지표에 도달하게 되는데, 이때 지표에 도달한 에너지 중 일부는 다시 적외선의 형태로 방출된다. 이 방출되는 적외선의 절반 정도는 대기를 뚫고 외계로 빠져나가지만, 나머지는 온실기체들에 흡수되어 다시 지표로 되돌아온다. 이와 같은 작용의 반복으로 지구 온도는 상승한다.

실제 대기에 의해 일어나는 온실효과는 지구의 온도를 항상 일정하게 유지하는 아주 중요한 자연 현상이다. 태양이나 해류의 순환과 같은 요소들에 의해 지구의 기상과 에너지 균형이 유지되지만, 온실효과가 없다면 지표면의 연간 평균온도는 현재(약 15℃)보다 약 33℃ (60°F) 더 낮아져, 영하 18℃가 되어 지구상에 인간이 살기 어려울 것이라고 한다. 따라서 온실효과 그 자체가 문제가 아니라, 온실기체를 인위적으로 지나치게 많이 방출함으로써 야기되는 인위적인 지구의 온난화이다.

② 온실기체(GHG; Green House Gas)

온실기체란 지구표면과 대기 그리고 구름으로부터 우주로 방출되는 특정한 파장의 적외선 복사 에너지를 흡수하여 온실효과를 일으키는 기체들을 말한다. 수증기, 이산화탄소, 아산화질소, 메탄, 오존, 염화불화탄소(CFCs) 등이 대표적인 온실기체이다. 이들 중 수증기에 의한 자연적인 온실효과가 가장 크고, 구름도 온실기체와 마찬가지로 적외선 복사를 흡수, 방출하므로 온실기체의 특성이 있다.

지구는 이산화탄소의 농도를 자연적으로 조절하는 "탄소 사이클(carbon cycle)"이라는 자연적인 순환 과정(natural process)을 가지고 있다. 이 과정에서 대기 중의 이산화탄소는 바닷물에 용해되어 바다로 그리고 식물의 광합성을 통해서 육지로 이동하여, 자연적인 평형을 이룬다. 문제는 지구의 "탄소 사이클" 능력을 초과하는, 엄청난 양의 온실가스가 인위적으로 배출되고 있다는 사실이다. 최근 사이언스에 의하면, 1991년과 1997년 사이에 화석연료의 연소로 매년 230억 톤의 이산화탄소가 대기 중으로 배출되었으며, 그 가운데 51억 톤은 광합성에 의해 육지에서 그리고 74억 톤은 바다에 흡수됐으며 나머지(1백5억 톤)는 대기의 이산화탄소 농도를 증가시키는 것으로 나타났다. - **온실가스의 증가**

지구 기후는 자연적인 변화가 심해서 인간의 활동에 의한 결과를 정확하게 예측하기 어렵다. 그러나 컴퓨터 분석에 따르면, 온실가스의 증가와 기온의 상승이 상관관계가 있으며, 기온의 상승으로 해수면의 높이가 높아지고, "기후변화"가 나타날 것이며, 이와 같은 지구적 변화가 생태계와 인간에게 미치는 영향은 상상을 초월할 것이라고 한다.

오늘날 문제가 되는 온실기체는 수증기와 같은 자연적인 온실기체가 아니라 화석연료의 사용으로 생성되는 이산화탄소와 같은, 인위적인 온실기체이다. 온실기체 방출량은 지난 150년 동안에 걸쳐 약 25% 증가하였으며, 더욱이 지난 20년 동안 배출된 이산화탄소의 약 75%는 화석연료의 연소에 의한 것이라고 한다. 참고로 이산화탄소(CO_2), 메탄(CH_4), 아산화질소(N_2O), 수소화 불화탄소(HFCs), 과불화 탄소(PFCs) 및 육불화황(SF_6)과 같은 물질들은 6대 인위적 온실기체로서 감축 대상이다.

③ **석유계 연료의 문제점 - 대기오염과 지구 온난화**

석유계 연료의 고온 연소 시에는 일산화탄소(CO), 탄화수소(HC)와 질소산화물(NOx) 그리고 미립자(PM) 등의 유해물질이 다량 배출된다. 따라서 대기 환경의 보호를 위해서는 석유 에너지의 소비를 줄이고, 에너지효율을 높이고, 유해물질의 배출을 방지하거나 줄여야 한다는 데 국제적 공감대가 형성되어 있다. 일차적으로 공장이나 가정은 물론이고, 도로 차량을 선두로 선박이나 항공기와 같은 교통수단의 연료를 화석연료가 아닌 다른 에너지로 대체해야 한다는 의식이 높아지고 있다.

화석연료는 완전 연소시켜도 이산화탄소(CO_2)의 배출을 피할 수 없다. 우리나라를 비롯하여 거의 모든 나라에서 자동차의 CO_2 - 배출량을 법으로 규제하고 있으며, 규제 수준은 아주 빠르게 엄격해지고 있다. 유럽(EU)의 경우, 장기적으로 2025년에는 하나의 자동차회사에서 생산되는 모든 자동차의 평균 CO_2 배출량은 70g /km 이하이거나 거의 배출하지 않도록 규정하고 있다. 이를 초과할 경우, 자동차 제작사는 벌금을 내도록 강제 규정을 두고 있다. 규제 수준에 차이는 있으나 우리나라, 미국, 일본 등도 거의 비슷한 정책을 시행하고 있다. 따라서 자동차로부터 배출되는 CO_2의 저감은 선택사항이 아니라 필요 불가결한 문제가 되었다.

④ 장기 목표 - 친환경 에너지(green energy)의 사용

화학반응식의 정량분석을 통해서 연소 시에 생성되는 이산화탄소의 양을 계산할 수 있다. 예를 들면, 1ℓ의 화석연료를 연소시킬 경우, 경유에서는 약 2.7kg, 휘발유에서는 약 2.4kg의 CO_2가 생성된다. 따라서 연료를 적게 소비하면, 그에 비례해서 CO_2 배출량을 줄일 수 있다. 화석연료를 사용하지 않는다면, CO_2 배출량은 0(zero)이 될 것이다.

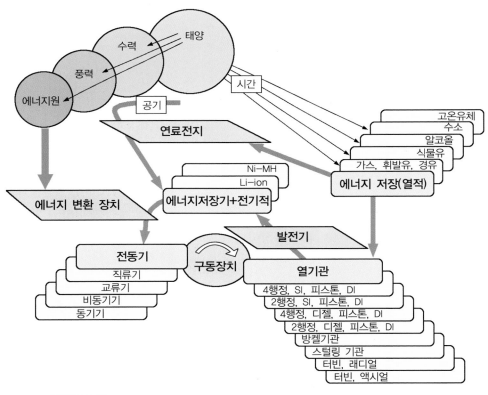

그림 1-5 자동차 구동 시스템, 에너지원, 에너지 저장장치 및 에너지 변환장치 [7]

장기적으로는 화석연료를 전혀 사용하지 않는 자동차 즉, 1차 에너지로 태양열, 수력, 풍력, 지열 등을 이용하여 전기에너지를 생산하고, 이 전기에너지를 중간 매체(축전지 또는 수소)에 저장하였다가 다시 전기에너지로 변환하여 전기기계에 공급, 자동차를 구동하는 방식이 최종 목표가 될 것이다.

전기자동차를 사용하면, 자동차로부터 직접 배출되는 이산화탄소는 없다. 그러나 전기 또는 수소를 생산, 전송(운송), 저장하는 단계에서 화석연료의 사용은 또 다른 문제를 일으키고 있다. 현재 대부분의 나라에서는 전기자동차 에너지로 주로 화석연료(석탄 / 석유 / 천연가스 등)를 사용하여 생산한 전기를 사용한다. 따라서 지구환경 측면에서 볼 때, 이산화탄소 배출량은 오히려 증가하고, 배출장소만 인구가 집중된 도시에서 상대적으로 인구가 희박한 발전소 근처로 이동될 뿐이다. 이 문제는 진정한 친환경 전기자동차 시대를 열기 위한 선결 과제이다.

(2) 주행 역동성 및 주행 안락성의 개선

① 주행 역동성의 개선

전동기의 토크 특성은 내연기관의 그것과 비교하여 자동차 구동용으로 더 적합하다. 내연기관은 정지상태에서는 토크를 발생시킬 수 없으며, 공회전 속도에서도 발진에 이용할 수 있는 토크가 없다. 그러나 전동기는 정지상태에서 최대토크를 발휘할 수 있으며, 회전속도 범위도 아주 넓다. 이와 같은 이유에서 전기구동 자동차에서는 클러치와 변속기를 생략하거나 종감속 - 변속기구만을 사용하여도 기존의 내연기관 자동차의 성능을 압도한다.

가속 성능 역시 내연기관이 따라올 수 없다. 내연기관에서는 흡기의 관성과 연료의 분사, 혼합, 연소의 물리적 제어과정에 일정한 시간이 필요하지만, 전동기에 전기에너지를 공급하는 과정은 전자적으로 제어되며, 전기에너지는 빛의 속도로 전달되기 때문이다. 주행속도를 높이기 위해서 별도로 변속할 필요도 없다. 다른 이야기이지만, 공기밀도가 낮은 고지대에서 내연기관은 출력이 떨어지지만, 전기자동차는 공기저항의 감소로 이득이 된다.

전기자동차에서는 구동 전동기를 차축에, 차륜 근처에 또는 차륜에 직접 설치할 수 있다. 도로조건에 따라 손쉽게 2륜구동을 4륜구동으로 절환할 수도 있다. 또 구동 축전지를 차체 바닥에 넓게 분산, 배치할 수 있다. 이와 같은 이유에서 축하중을 균등하게 분배할 수 있으며, 무게중심을 낮게 유지할 수 있어, 차량의 주행 안정성과 주행 역동성을 동시에 개선할 수 있다.

② 주행 안락성과 변속 안락성

주행 안락성은 객관적으로 평가할 수 있는 요소는 아니다. 그러나 내연기관 자동차에서는 동력전달장치의 관성이 커서 가속 반응이 느리거나, 시끄럽거나, 진동/충격 등을 잘 흡수하지 못하거나, 딱딱하거나, 꿀꺽거리는 경향성 또는 삐걱거리는 소음 등, 여러 가지 현상들이 동시다발적으로 발생할 수 있다. 그러나 전기자동차에서는 꿀꺽거림과 소음이 없는 발진이 가능하다.

다음으로 발진/정지(start/stop) 과정에서도 전기자동차는 덜컹거림이 감지되지 않고, 운전자가 거의 느낄 수 없는 상태로 시동과 정지를 매끄럽게 반복할 수 있다. 그리고 빠른 가속 응답 및 가속 능력은 특히 안락성 평가에서 내연기관 자동차를 압도한다. 도심에서 국지적으로 전기주행을 함으로써, 유해 배출가스를 전혀 배출하지 않으며, 동시에 소음공해도 줄일 수 있는 점도 주행 안락성 측면에서 장점이다.

(3) 순수 전기자동차의 과제

구동 축전지(traction battery)는 요구사항이 아주 많은, 가장 까다로운 구성 요소(critical parts)이다. 소비자는 비출력[kW/kg]과 에너지밀도[kWh/ℓ]가 크면서도 수명은 자동차 수명보다 더 길어야 하며, 가격도 더 싸져야 한다는 기대를 하고 있다. 이제까지 그다지 많은 관심을 끌지 않았던 전기화학 부문이 연구의 핵심으로 부상하고 있다.

또 다른 중요한 문제는 경제적 관점이다. 정부 보조금이 없어도 구매 가능한 수준이 되어야 한다. 특히 소형 전기자동차는, 기존의 자동차에 비해 비싼 만큼의 추가비용을 운행 중 에너지 절감을 통해서 100% 또는 그 이상을 회수할 수 있어야 한다.

전기기계 부문은 물론이고 전기기계 제어용 또는 구동 축전지의 진단 및 충전 제어용 전력전자(power electronics) 부문에서도 에너지효율을 더 높여야 한다.

그러나 가장 큰 과제는 무엇보다도 전기에너지를 지구환경 친화적으로 생산, 공급하는 문제이다. – 녹색 전기

(4) 완전 자율주행 차량 – SAE J3016, 자동화 수준 5의 자동차

파워트레인(powertrain)의 전동화를 시작으로 제동장치와 조향장치가 전동화되고, 레이더(radar), 라이더(lidar), 소나(sonar), GPS, 카메라, 주행거리 및 관성 측정과 같은 다양한 센서들이 인공지능기술과 결합, 변화하는 교통환경을 순간마다 정확하게 인식하고, 제어장치는 감지된 정보를 해석하여 적절한 경로를 탐색, 장애물 및 관련 표식(예; 간판이나 건물)을 식별하게 될 것이다. 따라서 미래의 자동차는 사시사철 모든 기상 조건에서 지구상의 모든 도로를 운전자의 간섭 없이 완전 자율적으로 주행할 수 있는 수준을 목표로 한다. – 로봇 자동차(SAE J3016, 자동화 수준 5의 자동차) 시대의 도래.

제2장

하이브리드 전기자동차

HEVs; Hybrid Electric Vehicles

eco-friendly electric powered vehicles

2-1

하이브리드 전기자동차의 에너지 흐름에 따른 구조적 분류
Structural classification of HEVs according to energy flow

자동차 동력원의 전동화가 역동적으로 진행되고 있다. 2019년 말 현재 전기차와 연료전지차, 하이브리드 등 친환경 자동차의 등록 대수는 총 60만 1048대로 전체 차량등록 대수에서 차지하는 비율이 2018년 2.0%에서 2019년 2.5%로 증가하였다. 특히 신규등록 차량 가운데 친환경 자동차의 비율은 2017년 5.4%, 2018년 6.83%, 2019년 7.95%로 꾸준히 증가하고 있다. 수소차는 2017년 83대, 2018년 731대, 2019년 4197대로 증가하였다. 특히 하이브리드 자동차의 신규등록 대수는 2019년 6월 말 기준 45만5천288대를 기록하였다.

하이브리드 전기자동차(HEV)는 원동기로 1대의 내연기관과 1대 이상의 전기기계를 사용한다. 하이브리드 자동차는 시내 주행과 같은 저속, 부분부하 주행에서는 에너지 절감효과가 크다. 그러나 고속도로 주행과 같은 고속, 장거리 주행에서는 대부분 기존의 고효율 내연기관 자동차와 비교해 오히려 연료소비율이 더 높게 나타난다.

에너지 흐름을 기준으로 내연기관, 전기기계, 구동 축전지, 기어박스(gear box) 및 클러치와 같은 구성요소의 배치와 조합에 따라 구조적으로 분류하면 다음과 같다.
① 직렬 하이브리드(serial hybrid)
② 병렬 하이브리드(parallel hybrid)
③ 복합 또는 동력분할 하이브리드(combination or power‐split hybrid)

병렬 하이브리드와 복합 하이브리드는 내연기관과 전동기가 동시에 차륜을 구동할 수 있는 구조인 데 반해, 직렬 하이브리드는 내연기관이 발전기를 구동하여 전기를 생산하고, 이 전기를 차륜을 구동하는 전동기에 공급하는 구조이다.

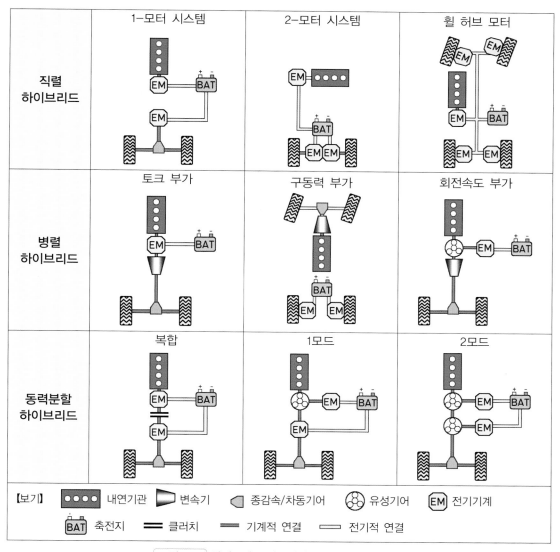

내연기관   변속기   종감속/차동기어   유성기어   EM 전기기계

BAT 축전지   클러치   기계적 연결   전기적 연결

그림 2-1 하이브리드 자동차의 다양한 기본 구조 [1]

1   직렬 하이브리드 (serial hybrid)

(1) 전통적인 직렬 하이브리드 – 동력 하이브리드(직렬 1 : 1 하이브리드)

직렬 하이브리드에서는 내연기관에 발전기를 직결하여 전기를 생산하고, 이 전기를 이용하여 구동 전동기가 차륜을 구동한다. 이 고전적인 직렬 하이브리드 구동방식은 오랫동안 철도와 선박 구동장치에 사용되었지만, 승용자동차에는 그다지 많이 사용되지 않았다. 이들 세 에너지 변

환기(내연기관, 발전기, 구동 전동기)의 출력이 거의 같아야 한다. 원하는 최고 주행속도로 주행하기 위해서는 구동 전동기는 최고 주행속도에서 필요한 출력을 계속 발휘할 수 있어야 한다. 이때 필요한 전기에너지를 구동 축전지로부터 끌어내 사용하지 않기 위해서는 발전 시스템(내연기관＋발전기)이 생산하는 전기에너지가 구동 전동기가 필요로 하는 전기에너지와 같거나, 손실을 고려하면 더 커야 한다.

직렬 하이브리드는 최대출력(최고 주행속도)에 맞추어 설계하므로, 시내를 주행할 때나 저속으로 주행할 때 구동 전동기는 부분 부하 상태로 운전된다. 극히 이례적으로 큰 출력이 필요한 경우에는 일시적으로 구동 축전지의 전기에너지를 추가로 사용하도록 설계한다.

그러나 발전장치가 자동차 파워트레인으로부터 분리되어 있으므로, 내연기관은 구동 차륜의 부하와 상관없이, 항상 최적의 효율을 발휘하는 하나의 작동점(주로 전부하)에서 정속도로 운전된다. 이 작동전략을 내연기관의 둔감화(鈍感化)라고 한다.

연료의 화학적 에너지로부터 시작해서 차륜에 작용하는 운동에너지로 변환되는 과정에서 여러 번에 걸친 에너지변환이 이루어지므로 총 효율은 다른 하이브리드 시스템과 비교하여 상대적으로 아주 낮다. 또 출력이 거의 비슷한 3종류의 에너지 변환기(내연기관, 발전기, 전동기)를 사용해야 한다. 이는 필연적으로 높은 기술적 비용과 높은 장치비용을 유발한다.

이 외에도 전기기계와 구동 축전지의 추가 무게는 연료를 더 많이 소비한다. 이 단점들은 최적 작동전략을 통해 반드시 보상되어야 한다. 내연기관과 차륜 사이에 기계적 연결이 없으므로, 전동기를 휠 안쪽(in‑wheel motor)에 또는 휠에 근접한 위치에 설치할 수 있다는 이점이 있다. 휠 근처에 설치된 전동기는 휠‑허브 전동기(또는 인‑휠 모터)와는 다르게 스프링 아래질량(unsprung mass)으로 계산하지 않는다. 이러한 파워트레인은 예를 들면, 시내를 주로 주행하는 저상 버스에 적합하다.

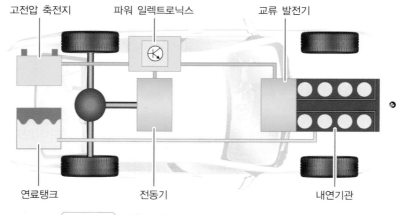

그림 2-2 직렬 하이브리드의 기본 구조(출처: BMW)

(2) 플러그-인 직렬 하이브리드(PHEV; Plug-in serial Hybrid)

직렬 하이브리드 개념을 PHEV에 적용하는 경우, 구동 전동기의 출력에 비해 발전 시스템(내연기관＋발전기)의 출력을 아주 작게 설계할 수 있다. PHEV는 일상적인 주행에 필요한 에너지를, 플러그 커넥터를 이용하여 외부 전력망으로부터 충전한, 구동 축전지의 전기에너지로 충당한다. 따라서 발전장치(내연기관＋발전기)는 주행거리를 추가로 연장하는 보조 시스템이므로, PHEV를 "레인지 익스텐더(Range Extender) 또는 보조 파워유닛(APU : Auxiliary Power Unit)"이라고도 한다.

직렬 PHEV에서 발전장치를 최고속도를 유지하는데 필요한 출력을 계속 발휘하도록 설계하지 않는다. 단지 시내 주행에 평균적으로 필요한 전기 출력만을 생성하고, 출력 정점(peak)은 축전지가 지원하는 전략(strategy)을 사용한다.

직렬 PHEV도 전통적인 하이브리드와 마찬가지로 발전장치는 부분부하로 작동하지 않도록 설계한다. - 대신에 연료소비율이 낮고 유해 배출가스가 최소화되는 효율이 높은 작동점(대부분 전부하 모드)에서 운전되도록 설계한다.

(3) 직렬 하이브리드의 장점

직렬 하이브리드는 발전장치를 차륜구동 시스템과는 관계없이 독립적으로 제어할 수 있다. 따라서 직렬 하이브리드 방식은 유해 배출가스 저감이라는 측면에서 다수의 가능성을 가지고 있다.

직렬 하이브리드는 특히 시내버스나 특수 화물자동차에 적합한 방식이다. 적용 사례 및 작동방법은 부하 집합적이라고 표현할 수 있다. 특징은 발진/정지, 정기적인 정지 및 정차시간, 거의 같은 종류의 노선 형태(line profile) 및 거의 똑같은 주행방법 등이다. 이와 같은 운전조건은 시내버스와 청소차 등에서 나타나는 전형적인 특징이다.

① 발전 시스템을 자동차가 출발한 후에 가동할 수 있다.

  내연기관과 배기가스 후처리 장치를 전기에너지를 이용하여 충분하게 예열 가능

② 유해 배출가스를 최소화할 수 있는 시동전략 사용 가능

③ 내연기관을 최적 작동점(연료 소비 및 유해 배출가스의 최소화 작동점)에서 운전 가능

④ 역동적인 배출가스 최고점을 피해서, 정적(static) 운전 가능

⑤ 스위치 OFF 전략

⑥ 간헐 운전 전략(예 : 촉매기 냉각 여부에 따라)

⑦ 발전기 장치의 설치 위치 자유도 크다.

⑧ 구동 전동기 설치 위치 자유도 크다. - 차륜 안에 또는 차륜 근처에 설치 가능

(4) 직렬 하이브리드의 단점

① 여러 번의 에너지 변환

설계구조 및 개념에 따라서는 최대 11회나 에너지 변환을 거쳐야 한다. 이 경우, 직접분사 방식의 내연기관보다 효율이 더 낮다. 발전 시스템을 내연기관의 최적 부하점에서 운전해도, 구동 축전지의 충/방전 에너지 손실 때문에 이득을 볼 수 없다(그림 2-3 참조).

총 효율은 각 에너지 변환기의 개별 효율 모두를 곱한 값이다. $\eta_{total} = \displaystyle\prod_{i=1}^{n} \eta_i$

그림 2-3과 같은 직렬 PHEV에서 내연기관으로 발전하여 축전지에 저장했다가, 축전지로부터 전동기에 전력을 공급하여 자동차를 구동할 경우의 총 효율(η_{total})은 다음과 같다.

$$\eta_{total} = \eta_{ic} \times \eta_{tr1} \times \eta_{gen} \times \eta_{cable} \times \eta_{AC/DC} \times \eta_{charge} \times \eta_{discharge} \times \eta_{DC/AC} \times \eta_{EM}$$

$$\times \eta_{tr2} \times \eta_{drive}$$

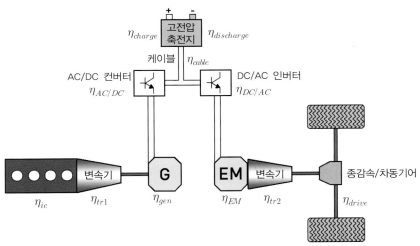

그림 2-3 │ 직렬 하이브리드에서의 에너지 변환 사슬(예)

---

2 병렬 하이브리드 (parallel hybrid)

병렬 하이브리드에서는 내연기관과 전기기계(구동 전동기)가 구동 차륜과 기계적으로 직접 연결되어 있다. 그러나 내연기관과 구동 전동기의 기계적 결합을 클러치를 이용하여 분리할 수 있다. 따라서 순수하게 내연기관으로만, 또는 순수하게 전동기로만, 그리고 전동기와 내연기관이 동시에 함께 차량을 구동할 수 있다.

일반적으로 병렬 하이브리드에서는 구동 전동기를 하나만 사용하며(물론 2대를 사용하는 예도 있음), 동력전달계의 여러 위치에 설치할 수 있다. 그리고 구동 전동기를 발전기 모드로도 작동시킬 수 있다. 그림 2 - 4는 내연기관과 연료탱크, 클러치, 전기기계, 변속기와 종감속/차동장치 그리고 구동륜으로 구성된, 가장 일반적인 병렬 하이브리드의 구조이다. 구동 전동기는 전력전자(power electronics)를 거쳐 구동 축전지와 연결된다.

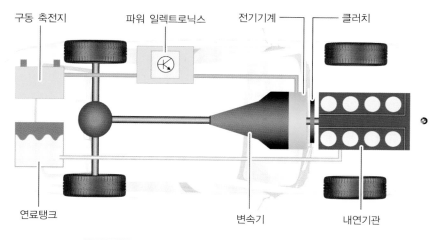

구동 축전지　　파워 일렉트로닉스　　전기기계　　클러치

연료탱크　　변속기　　내연기관

그림 2-4 병렬 하이브리드의 기본 구조(출처 : BMW)

(1) 병렬 하이브리드의 종류 및 그 특성

병렬 하이브리드에서는 구동 전동기를 전통적인 동력전달계의 여러 위치에 설치할 수 있다. 예를 들면, 내연기관과 클러치 사이에, 클러치와 변속기 사이에, 변속기와 종감속/차동장치 사이에 그리고 내연기관에 의해 구동되지 않는 제2의 차축에 설치할 수도 있다.

기본적으로 병렬 하이브리드는 전통적인 구동방식에 비해 연료를 현저하게 적게 소비하며, 일부 형식에서는 지역적 또는 시간상으로 제한된 무공해 전기주행이 가능하다.

표기 방식 P_i에 따른 각각의 병렬 하이브리드의 특성은 구동 전동기의 설치 위치에 따라 결정된다. 여기서 P는 병렬 하이브리드를, 하첨자 i는 구동 전동기를 동력전달계의 어느 위치에 설치하느냐에 따라 부여된 번호이다. (표 2 - 1 참조)

① P_1 - 하이브리드(그림 2-5 참조)

전기기계(구동 전동기)를 크랭크축 뒤쪽에 설치한다. 따라서 기존의 파워트레인에 간단하게 집적할 수 있다. 그리고 부하점 이동 및 가속지원(boost)과 같은 기능을 간단한 방법으로 실현할 수 있다. P_1 - 하이브리드의 발진/정지(start/stop) 기능은 아주 우수하다. 시동 소요시간은 약 300ms 정도이고 시동 회전속도는 아주 높다.

표 2-1 병렬 하이브리드의 종류

명칭	특징	전기주행	회생제동	기타 명칭
스타트/ 스톱 시스템	강력해진 스타터, 빈번하게 시동/정지를 반복할 수 있도록 제작됨	불가능	불가능	3S
P$_1$	내연기관에 구동 전동기 집적 (토크 부가 방식)	불가능	약함	BSG, RSG, ISG, Micro-hybrid, Mild-hybrid
P$_2$	내연기관과 변속기 사이에 구동 전동기 설치(회전속도 부가 방식)	가능	우량	P$_2$-HEV
P$_3$	구동 전동기를 변속기에 또는 변속기 뒤에 설치	가능	우량	TS-HEV(Torque Split)
P$_4$	구동 전동기를 제2의 차축에 설치 (구동력 부가 방식)	가능	아주 좋음	AS-HEV (Axle-Split)

※ 3S : Start/Stop System, BSG : Belt-driven Starter/Generator,
　 RSG : Ring gear-driven Starter/Generator, ISG : Integrated Starter/Generator

　제동 시 에너지 회수는 가능하지만, 내연기관과 구동 전동기를 기계적으로 분리할 수 없으므로 내연기관의 엔진 브레이크 효과가 크게 약화한다. 이 외에도 순수한 전기주행이 불가능하다는 단점 때문에 다른 병렬 하이브리드와 비교하여 연료소비율을 크게 낮출 수 없다.

　일반적으로 P$_1$-하이브리드는 구동 전동기 출력 20kW 이하, 구동 축전지 용량 2kWh 이하가 대부분이다. 따라서 흔히 마일드(mild)-하이브리드로 분류한다. 구동 전동기를 크랭크축 후단에 직접 부착한 방식은 혼다가 '인사이트(Insight)'에 처음 사용한 설계구조이다. 메르세데스 최초의 하이브리드 자동차인 S400도 이 설계구조를 사용하였다.

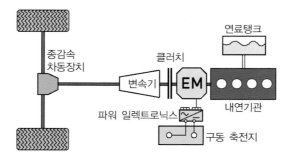

그림 2-5 P$_1$-하이브리드의 기본 구조

② P$_2$-하이브리드(그림 2-6 참조)

　클러치 뒤에 구동 전동기를 설치하는 방식이다. 구동 전동기와 변속기 사이에 토크컨버터(또는 순수한 클러치)의 설치 여부에 따라 2가지 방식으로 구분한다. 토크컨버터 또는 클러치가 설치되지 않은 형식에서는 구동 전동기를 대부분 기존의 토크컨버터 위치에 설치한다.

　이 방식에서는 발진/정지(start/stop) 기능을 기존의 스타터가 수행하는 경우가 많다. 따라서 구동 전동기와 상관없이 내연기관을 시동할 수 있다. 따라서 시동 중에 구동력이 침해를 받거나 구동력이 단절되는 것을 피할 수 있으며, 구동 전동기는 오직 차량 구동에만 이용한다.

발진/정지 기능을 스타터(starter)를 사용하지 않고 구동 전동기가 대신하도록 하는 방법도 사용할 수 있다. 이를 위해서는 정지 시에 크랭크축의 정확한 위치를 파악할 필요가 있다. 예를 들면 크랭크축의 위치 신호를 이용하여 초기 기동 토크(initial breakaway torque)를 계산할 수 있어야 한다. 이 외에도 구동 전동기의 회전토크와 회전속도를 정확하게 제어할 필요가 있다. 비용은 추가되지만, 시동 시에도 높은 주행 안락성을 실현할 수 있다.

그림 2-6에서는 구동 전동기와 변속기 사이에 토크컨버터가 설치되어 있다. 대안으로 토크컨버터 대신에 클러치를 자동변속기에 설치하여 발진용으로 사용할 수 있다. 이 형식에서는 토크컨버터의 설치 여부와 상관없이, 간단한 방법으로 구동 전동기로 내연기관을 시동할 수 있다. 내연기관을 위한 별도의 기동전동기는 필요 없다.

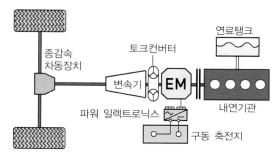

그림 2-6 P$_2$-하이브리드의 기본 구조

이 2가지 병렬 하이브리드 형식에서는 순수 전기주행이 가능하며, 내연기관의 엔진 브레이크 기능을 침해하지 않으면서 제동에너지를 회수할 수 있다. 그리고 부하점 이동과 가속지원(boost) 기능을 간단히 실현할 수 있다. 타행이 시작되면, 내연기관은 동력전달장치로부터 분리되고 자동차는 구동 전동기에 의해 감속된다. 이 경우, 구동 전동기는 발전기로 작동하며 감속기능과 동시에 에너지 회수기능을 수행한다.

전기기계와 변속기 사이에 제2의 클러치를 사용할 경우, 자동차가 정차 시에도 구동 축전지의 충전이 가능하다. 단, 연료 절감효과는 구동 전동기와 구동 축전지에 의해 제한된다.

일반적으로 P$_2$-하이브리드에서는 구동 전동기 출력은 20~50kW, 구동 축전지 용량은 약 2kWh 정도가 대부분이다. P$_2$-하이브리드는 완전(full)-하이브리드로서 모든 하이브리드 기능을 충족하며, 연료소비를 최대로 줄일 수 있다. 순수 전기주행 최고 주행속도는 설치된 전기기계의 출력에 따라 좌우된다. 구동 축전지의 용량이 순수 전기 주행거리를 결정한다.

③ P$_3$-하이브리드(그림 2-7 참조)

구동 전동기를 변속기 뒤에 또는 종감속/차동장치 앞에 설치하며, 비교적 쉽게 기존의 파워트레인에 통합할 수 있다. 이 배치는 변속이 진행되는 동안에도 안락성이 높은 상태로 구동력을 유지할 수 있다. 발진/정지 기능을 구현하기 위해서는 전통적인 시동 전동기를 사용하여야 한다.

부하점 이동은 제한적으로만 가능하다. 시스템이 타행에 들어가면 내연기관을 동력전달계로부터 분리할 수 있으며, 이때 자동차는 구동 전동기에 의해 감속된다. 이때 구동 전동기는 발전기로 작동한다. 따라서 회생제동이 가능하다. 이 외에도 P_3 – 방식은 전기주행에 아주 유리하다. 일반적으로 출력 20~50kW 범위의 전동기들을 주로 사용한다. 전기주행 최고속도는 구동 전동기의 출력에 따라 좌우된다. 구동 축전지의 용량이 순수 전기 주행거리를 결정한다.

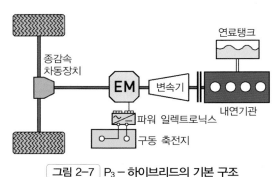

그림 2-7 P_3 – 하이브리드의 기본 구조

④ P_4 – 하이브리드(그림 2-8 참조)

이 방식에서는 내연기관은 앞차축에, 구동 전동기는 뒷차축에 설치한다. 전통적인 양산 자동차에서는 이 설계 개념을 비교적 쉽게 구현할 수 있다. 그 이유는 기존의 파워트레인이 그대로 유지되기 때문이다. 그러나 구동이 가능한 뒷차축이 필요하다. P_4 – 하이브리드는 기존의 모델 시리즈를 보완하는 모델로 제품 구색을 갖출 수 있다.

제동 시 앞차축에 작용하는 제동력이 뒷차축에 작용하는 제동력보다 훨씬 더 크기 때문에, 제동 에너지를 많이 회수하기 위해서는 구동 전동기를 앞차축에 설치하는 것이 이론적으로 더 합당하다. 이 경우에는 P_4 – 파워트레인을 기존의 FR(Front-engine Rear-drive) 방식과 결합한다.

발진/정지 기능은 내연기관에 설치된 기존의 시동 전동기를 이용하여 실현해야 한다. 순수한 P_4 – 하이브리드에서는 부하점 이동이 불가능하다. 가속지원(boost)은 간단한 방법으로 실현할 수 있다. 내연기관과 구동 전동기를 동시에 작동시켜 4륜구동을 실현한다. 단, 4륜구동은 시간상으로 제한될 수밖에 없으며, 구동 축전지에 저장된 에너지의 수준에 따라 결정된다.

시스템이 타행에 들어가면 내연기관을 파워트레인으로부터 분리할 수 있으며, 이때 자동차는 구동 전동기의 발전기 모드를 통해 감속된다. 따라서 회생제동이 가능하다. P_4 - 방식은 전기주행에 아주 유리하다. 그러나 이 구동방식의 단점은 정차 시에 전기를 생산할 수 없다는 점이다. 일반적으로 출력 20~50kW 범위의 전동기들이 많이 사용된다. 순수한 전기주행거리는 설치된 구동 전동기의 출력에 따라 좌우된다. 구동 축전지의 용량이 순수 전기주행거리를 결정한다.

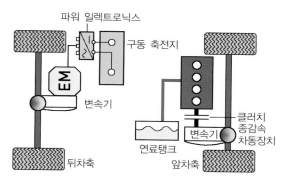

그림 2-8 P_4 - 하이브리드의 기본 구조

⑤ 병렬 하이브리드의 결합

개별 병렬 하이브리드를 결합하여 또 다른 병렬 하이브리드의 결합을 만들 수 있다. 이 경우에는 하나의 자동차에 2개의 구동 전동기를 사용한다. (표 2 - 2 참조)

표 2-2 2개의 구동 전동기가 설치된 파워트레인의 가능한 결합

	P_1	P_2	P_3	P_4
P_1		P_{12}	P_{13}	P_{14}
P_2	P_{21}		P_{23}	P_{24}
P_3	P_{31}	P_{32}		P_{34}
P_4	P_{41}	P_{42}	P_{43}	

결합 표에서 황색으로 표시된 칸은 타당한 결합이 아니라는 의미이다. 황색 칸을 중심으로 대각선 방향에서 동일한 결합을 확인할 수 있다. (예 : P_{12}=P_{21}). P_1 - 하이브리드와의 모든 결합은 이상적인 발진/정지(start/stop) 기능을 실현할 수 있다. 이때 제2의 구동 전동기가 전형적인 하이브리드 기능을 충족시킨다.

● P12 -하이브리드(그림 2-9 참조)

P_{12} - 하이브리드는 P_1 - 하이브리드와 P_2 - 하이브리드의 결합이다. P_{12} - 구조에서 제1 전기기계는 내연기관의 크랭크축에 설치되어 있다. 그 뒤에 클러치, 그리고 제2 전기기계는 변속기 앞에 배치되어 있다. 변속기는 구조변경이 없이 그대로 사용한다.

P_{12} - 하이브리드의 제어전략은 P_2 - 하이브리드의 다른 부품들을 제어하여, 클러치가 분리되었을 때 제2 전기기계로 전기주행할 수 있다. 높은 출력이 필요하면, 제1 전기기계가 내연기관을 안락하게 시동한다. 회전속도의 동기화가 이루어진 다음에는 클러치를 연결할 수 있다.

이 시스템은 두 전기기계의 출력을 가속지원(boost)에 사용할 수 있다. 클러치가 분리되어 있을 때, 직렬모드가 가능하다. 이 경우는 내연기관이 전동기 E1을 구동하고 전기기계 E2는 자동차를 구동한다. 이 작동 모드는 내연기관을 자신의 최적 작동점에서 작동시켜 효율의 극대화를 목표로 한다.

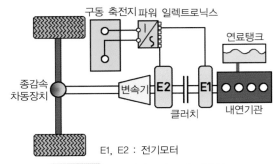

그림 2-9 P_{12}-하이브리드의 기본 구조

일반적으로 P_{12} - 하이브리드에서는 제1 전기기계의 출력은 약 20kW 정도, 제2 전기기계의 출력은 약 50kW 정도로 설계한다. 순수 전기주행 모드에서 가능한 최대 주행속도는 설치된 전기기계의 출력에 따라 좌우되며, 순수 전기 주행거리는 구동 축전지 용량에 의해 결정된다.

● P14-하이브리드(그림 2-10 참조)

P_{14} - 하이브리드는 P_1 - 하이브리드와 P_4 - 하이브리드의 결합이다. P_{14} - 하이브리드 구조에서는 제1 전기기계는 내연기관의 크랭크축에 또는 고무벨트를 통해 내연기관과 결합되어 있다. 그리고 제2 전기기계는 제2 차축에 배치되어 있다. 즉, P_1 - 하이브리드의 장점과 P_4 - 하이브리드의 장점을 결합하였다.

BMW 545e xDrive Sedan, 2020은 PHEV

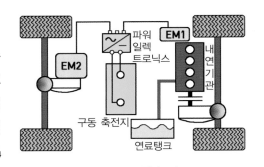

그림 2-10 P14-하이브리드의 기본 구조

로서 최대출력 80kW(109PS)인 동기 전동기와 트윈 - 파워(twin - power) 터보 기술이 적용된 출력 210kW(286PS)인 직렬 6기통 가솔린기관이 결합하여 총 290kW(394PS)의 시스템 출력을 발휘한다. 동력은 8단 스텝트로닉 변속기와 BMW xDrive 4륜구동을 통해 필요에 따라 네 바퀴 모두에 분배된다. 시스템 최대 토크는 600Nm, 최고속도는 250km/h이며 순수 전기 모드에서는 140km/h가 가능하다. 순수 전기주행거리는 54~57km이며, 총 연료소비율은 100km당 1.4~1.8ℓ이다. 총 전력 소비량은 100km당 16.3~15.3kWh이고, 총 CO_2 배출량은 km당 39~50g이다. 400V Li - ion 축전지로 구동되며, 0 → 100km/h는 4.6초이다.

● 병렬 토크 분할 하이브리드(Parallel Torque Split Hybrid ; PTS)(그림 2-11, -12 참조)

하이브리드 자동차의 또 다른 변형은 토크 분할 하이브리드이다. PTS - 하이브리드는 전기기계를 변속기를 통해서 내연기관과 결합한다는 점이 지금까지 설명한 병렬 하이브리드와는 다르다. 이 형식을 'Side by Side 하이브리드'라고도 한다. 이 설계 개념은 전기기계와 내연기관을 적은 비용으로 결합할 수 있다는 점이 장점이다.

구동 출력이 약하고 주행속도가 낮을 때는 전기기계가 구동 출력을 공급한다. 전기기계를 효율이 좋은 영역에서 작동시키기 위해서는 변속기를 전기기계 뒤에 접속하는 것이 합리적이다. 이 작동영역에서 내연기관은 분리 클러치를 통해 파워트레인으로부터 분리된다.

큰 출력이 필요할 경우, 내연기관을 시동시켜서 구동 출력을 추가로 준비한다. 준비된 구동 출력은 변속기를 거쳐서 구동 차축에 전달된다. 이 작동 모드에서는 각각의 동력원을 최적 작동영역에서 작동하기 위해 내연기관의 회전속도와 전기기계의 회전속도를 서로 다르게 제어한다. 따라서 전기기계는 내연기관과 비교해 상대적으로 고속 회전이 가능하므로 소형 고속 전동기를 사용할 수 있다.

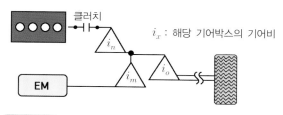

그림 2-11 토크 분할 하이브리드에서의 동력 흐름

토크 분할 하이브리드의 가장 큰 장점은 기존의 기본 변속기를 사용할 수 있다는 점이다.

여기서 기본 변속기란 하이브리드용으로 개조하지 않고, 기존의 양산 자동차에 사용하는 변속기를 말한다. 그리고 전기기계는 주로 변속기 옆에 병렬로 설치한다. 그래서 "Side by Side - 하이브리드"라는 명칭을 사용하기도 한다. 이를 통해 전기기계의 출력과 크기를 설정된 각각의 목표에 적합하도록 설계한다. 변속기로는 더블 클러치 변속기 또는 자동화된 수동변속기를 사용할 수 있다.

완전 하이브리드 기능(회생제동, 가속지원(boost), 전기주행)은 전기기계의 출력에 따라서는, 단지 하나의 전기기계만으로도 가능하다. 변속기에서 내연기관과 전기기계의 서로 다른 변속비와 토크의 결합은 작동전략을 위한 추가적인 자유도를 열어두고 있다. 이 하이브리드 구조는 다양한 시점에서 내연기관과 전기기계의 합리적인 접속이 가능하므로, 변속할 때 변속기에서 구동력의 단절이 발생하지 않는다.

그림 2-12는 토크 분할 하이브리드의 예이다. 간단한 건식 마찰 클러치와 전기 구동력 지원시스템으로 구성된 병렬 하이브리드 변속기이다. 예를 들면, 내연기관을 건식 마찰 클러치를 사용하여 자동화된 수동변속기로부터 분리하는 방식이다. 전기기계는 변속기 외부에 별도로 배치하였으며, 변속기 일부분과 기계적으로 연결되어 있다. 변속이 진행되는 동안, 전동기는 구동력을 원활하게 지원하며, 완전-

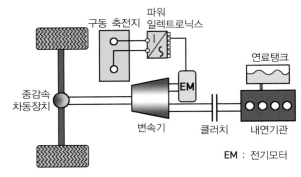

그림 2-12 토크 분할 하이브리드의 기본 구조(예)

하이브리드의 모든 기능(발진/정지, 회생제동, 가속지원(boost), 부하점 이동, 순수 전기주행)을 충족시킨다.

(2) 병렬 하이브리드의 장점

① **일반적으로 1대의 전기기계만을 사용한다. (물론 2대를 사용하는 예도 있다.)**

　　1대의 전기기계를 선택적으로 구동 전동기로, 또는 발전기로 사용한다.

② **내연기관이나 구동 전동기의 역할을 자유롭게 선택할 수 있다.**

　　내연기관은 최고속도를 담당하고, 전동기는 시내 주행을 담당하도록 설계할 수 있다. (큰 출력의 내연기관, 작은 출력의 전동기) 물론 반대로도 설계할 수 있다. (작은 출력의 내연기관, 큰 출력의 전동기)

③ **고속영역에서 최고의 효율을 목표로 할 수 있다.**

　　내연기관의 기계적 구동력을 직접 구동 차륜에 전달할 수 있으므로 전기적 에너지 변환 손실이 없다. 따라서 연료소비를 낮출 수 있는 잠재력이 크다.

④ **상대적으로 간단하게, 그리고 적은 비용으로 구동 전동기를 기존의 동력전달계에 통합할 수 있다.** 예를 들면 앞바퀴 구동방식의 기존 동력 전달시스템은 그대로 두고, 뒷차축에 구동 전동기를 설치할 수 있다.

⑤ **여러 가지 장점이 많은 작동상태를 쉽게 실현할 수 있다.**

　　발진/정지, 순수 전기주행, 순수 내연기관 주행, 부하점 이동, 가속지원(boost) 그리고 회생제동과 같은 여러 가지 기능들을 쉽게 실현할 수 있다. 따라서 상대적으로 특히 전형적인 시내주행 사이클에서 연료소비를 크게 줄일 수 있다.

(3) 병렬 하이브리드의 단점

① 형식에 따라서 유해 배출가스와 에너지 소비 측면에서 불리하다.

구동차륜이 필요로 하는 부하에 따라 내연기관을 역동적으로 작동시켜야 한다. 따라서 직렬 하이브리드에서 사용하는 최적 작동점(연료 소비 최소, 유해 배출가스 최소)에서의 정적인 운전이 불가능하다.

(4) 병렬 하이브리드의 실제 예

표 2-3에는 여러 자동차회사가 생산, 판매한 병렬 하이브리드 모델들을 나열하였다. 그리고 발진/정지 기능, 회생제동, 가속지원(boost), 전기주행, 부하점 이동, 내연기관의 분리, 제작의 용이성 등에 대한 평가를 시도하였다. 장점은 (+), 단점은 (-)로 표시하였다.

안락한 발진/정지 기능은 P_2 - 하이브리드 버전 1에서, 전기기계의 값비싼 제어방식을 통해 실현하였다.

표 2-3 병렬 하이브리드의 평가

명칭	설명 제작사 자동차 모델	표시 기호	스타트/스톱 기능	회생제동	가속지원	전기주행	부하점 이동	내연기관 분리	제작 용이성
P_1	전기기계를 내연기관의 크랭크축에 설치 MB S-400 Hybrid Honda Insight Integrated Motor Assist BMW Active Hybrid 7		+	-	+	-	+	-	+
P_2, 버전 1	전기기계를 변속기에 설치 Audi A6 Hybrid BMW Active Hybrid 5 MB E 300 BlueTec Hybrid MB E-400 Hybrid		+	+	+	+	-	+	+
P_2, 버전 2	전기기계를 클러치와 토크컨버터 사이에 설치 Porsche Panamera Hybrid VW Touareg Hybrid		+	+	+	+	+	+	+

명칭	설명 제작사 자동차 모델	표시 기호	스타트/스톱 기능	회생제동	가속지원	전기주행	부하점 이동	내연기관 분리	제작 용이성
P_3	전기기계를 변속기 출력축에 설치 + KERS Formular 1 racing Vehicle		−	+	+	+	−	−	+
P_4	전기기계를 제2의 차축에 설치		별도의 스타터	+	+	+	불가능	+	+
P_{12}	Starter−generator와 전기기계의 결합 Toyota Minivan Estima Hybrid		+	+	+	+	+	+	−
P_{14}	크랭크축과 제2의 차축에 각각 전기기계 설치 Peugeot 3008 Hybrid 4		+	+	+	+	+	+	−

3 복합 하이브리드 (power split hybrid or compound hybrid)

복합 하이브리드(동력 분기 하이브리드)에서는 내연기관의 기계적 출력의 상당 부분은 기계적 경로를 통해서, 그리고 나머지는 전기적 경로를 통해서 각각 구동 차륜에 전달된다.

복합 하이브리드의 주요 시스템인 동력 분할(power split) 변속기는 자동차의 출력이 같을 경우, 자동변속기 및 자동화된 수동변속기에 비해 변속기 기계요소들에 가해지는 부하를 줄여 준다.

그림 2 – 13은 그림 2 – 1의 동력분할 하이브리드에서 복합식의 그림을 확대해서 도시한 그림이다. 내연기관, 2대의 전기기계, 1세트의 클러치 그리고 종감속/차동장치로 구성된 복합 하이브리드로서, 클러치의 ON/OFF 여부에 따라 직렬 또는 병렬 모드로 작동함을 보여주고 있다. 2대의 전기기계(발전기와 전동기 각각 1대)를 사용할 경우, 하이브리드 자동차의 모든 기능(발진/정지, 전기주행, 회생제동, 부하점 이동 및 가속지원(boost))을 완벽하게 실현할 수 있다.

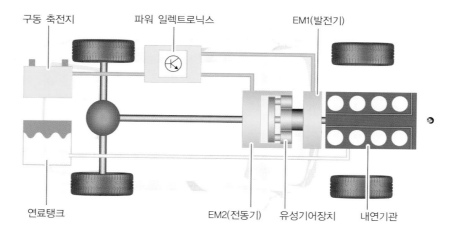

구동 축전지   파워 일렉트로닉스   EM1(발전기)

연료탱크   EM2(전동기)   유성기어장치   내연기관

그림 2-13(a) 복합 하이브리드의 기본 구조(예) (출처 : BMW)

실제로는 하나의 변속기 안에 최소한 2대의 전기기계(EM 1 및 EM 2), 하나 또는 다수의 유성기어 세트와 클러치 세트를 사용한다. 그리고 이에 속하는 파워 - 일렉트로닉스가 전기기계를 제어한다. 이처럼 전기기계와 변속 요소들이 결합하여 무단변속기(CVT)처럼 작동하는 전자제어식 동력 분할 변속기를 ECVT(Electrical CVT)라고도 한다. 이유는 기계적 동력을 전기동력으로, 그리고 전기동력을 다시 기계적 동력으로 변환하는 과정을 이용하면, 고정 변속비를 가진 변속기의 토크와 회전속도를 마치 무단변속기에서와 같은 변속특성이 나타나도록 제어할 수 있기 때문이다.

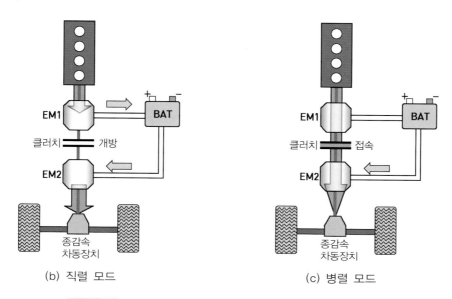

(b) 직렬 모드

(c) 병렬 모드

그림 2-13 직렬모드 및 병렬모드로 작동하는 복합 하이브리드 [1]

(1) 변속기의 효율을 고려한 동력분할비의 계산

그림 2 - 14는 고정 변속비를 가진 기어세트와 2대의 전기기계(발전기와 전동기)를 결합한 동력분할 변속기 시스템이다. 여기서 기어 세트는 단순한 기어비와 클러치로 구성된 유성기어 세트일 수도 있다. 적합한 기어세트 및 기어비의 선택은 전기기계의 출력에 큰 영향을 미친다.

내연기관의 출력은 변속기에서 일부는 효율이 높은 기계적 경로(η_{mech})를 거쳐서, 그리고 일부는 상대적으로 효율이 낮은 전기적 경로($\eta_{EM1} \times \eta_{EM2}$)를 거쳐서 구동 차륜에 전달된다. (그림 2 - 14 참조)

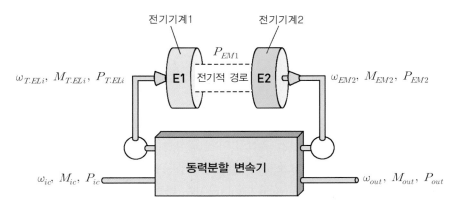

그림 2-14 │ 2대의 전기기계를 사용하는 동력분할 하이브리드 시스템

단순 유성기어 또는 복합 유성기어를 이용하여 내연기관의 출력(P_{IC})을 기계적 경로 및 전기적 경로에 분배한다. 전기적 경로에 분배된 기계적 동력($P_{T.ELi}$)을 내연기관 출력(P_{IC})으로 나눈 값을 입력 분할계수(ϵ)라고 정의하면, 경로의 각 요소에서의 입/출력 및 효율은 다음과 같다.

전기기계 EM1에 입력되는 기계적 동력($P_{T.ELi}$)은

$$P_{T.ELi} = \epsilon \cdot P_{IC} \quad \cdots\cdots\cdots\cdots\cdots\cdots\cdots\cdots\cdots\cdots\cdots\cdots\cdots (1)$$

전기기계 1(EM1)의 효율을 η_{EM1} 이라고 하면, EM1의 전기적 출력(P_{EM1})은 식 (2)와 같다.

$$P_{EM1} = P_{T.ELi} \cdot \eta_{EM1} = \epsilon \cdot P_{IC} \cdot \eta_{EM1} \quad \cdots\cdots\cdots\cdots\cdots\cdots\cdots (2)$$

즉, 에너지 변환을 통해 전기기계 EM1(발전기)에서 생성된 전기동력(P_{EM1})은 EM1의 효율(η_{EM1})과 입력된 기계적 동력($P_{T.ELi}$)을 곱한 값으로 감소한다.

전기기계 2(EM2)의 효율을 η_{EM2} 라고 하면, EM2의 기계적 출력(P_{EM2})은 식(3)과 같다.

$$P_{EM2} = P_{EM1} \cdot \eta_{EM2} = \epsilon \cdot P_{IC} \cdot \eta_{EM1} \cdot \eta_{EM2} \quad \cdots\cdots\cdots\cdots\cdots (3)$$

전기기계 EM2(전동기)에서도 전기에너지가 기계적 에너지로 변환되는 과정에서 역시 손실이 발생한다.

그리고 내연기관으로부터 변속기의 기계적 경로에 공급되는 동력 $P_{T.MECHi}$는

$$P_{T.MECHi} = (1-\epsilon) \cdot P_{IC} \quad\text{···} (4)$$

변속기의 기계적 경로의 효율을 η_{MECH} 라고 하면, 기계적 경로의 출력 $P_{T.MECHo}$ 은 식(5)와 같다.

$$P_{T.MECHo} = P_{T.MECHi} \cdot \eta_{MECH} = (1-\epsilon) \cdot P_{IC} \cdot \eta_{MECH} \quad\text{···············} (5)$$

위 식들을 알기 쉽게 각 경로에 배치하면 다음과 같다.

	전기적 경로 ⇨⇨⇨				
P_{IC} ↗ ↘	$P_{T.ELi} = \epsilon \cdot P_{IC}$	η_{EM1}	$\epsilon \cdot P_{IC} \cdot \eta_{EM1}$	η_{EM2}	$\epsilon \cdot P_{IC} \cdot \eta_{EM1} \cdot \eta_{EM2}$	P_{WHEEL} ↘ ↗
	기계적 경로 ⇨⇨⇨				
	$P_{T.MECHi} = (1-\epsilon) \cdot P_{IC}$	η_{MECH}	$(1-\epsilon) \cdot P_{IC} \cdot \eta_{MECH}$		

동력분할 변속기를 평가하기 위해서는 발전기(EM1)로부터 전동기(EM2)로 전달되는 전기출력(P_{EM1})과 내연기관 출력(P_{IC})의 비를 사용한다. 이 값을 전기적 동력 분할계수(ϵ_{EL})로 정의한다. 전기적 동력 분할계수(ϵ_{EL})는 전기기계들(EM1과 EM2)의 부하에 대한 척도이며, 동시에 전기기계의 크기를 결정하는 중요한 척도이다.

$$\epsilon_{EL} = \frac{P_{EM1}}{P_{IC}} = \frac{\epsilon \cdot P_{IC} \cdot \eta_{EM1}}{P_{IC}} = \epsilon \cdot \eta_{EM1}$$

$$\epsilon_{EL} = \epsilon \cdot \eta_{EM1} \quad\text{···} (2\text{-}1)$$

여기서 ϵ_{EL} : 전기적 동력 분할계수

(발전기 출력(P_{EM1})을 내연기관 출력(P_{IC})으로 나눈 값)

변속기의 총 효율은 두 경로로의 동력 배분에 상응하는 기계적 효율과 전기적 효율의 합으로 나타낼 수 있다.

$$\eta_{total} = (1-\epsilon) \cdot \eta_{MECH} + \eta_{EL} \cdot \eta_{EM2}$$

$$= \left(1 - \frac{\epsilon_{EL}}{\eta_{EM1}}\right) \cdot \eta_{MECH} + \epsilon_{EL} \cdot \eta_{EM2} \quad\text{··································} (2\text{-}2)$$

여기서 η_T : 변속기의 총 효율 ϵ : 입력 분할계수

η_{MECH} : 변속기의 기계적 경로의 효율 ϵ_{EL} : 전기적 동력 분할계수

η_{EME1} : 전기기계1(발전기) 효율 η_{EME2} : 전기기계2(전동기) 효율

기계적 동력전달경로에서의 에너지 손실은 기어 짝의 효율이 높아서 전기적 동력 전달경로에서의 에너지 손실과 비교해 상대적으로 아주 작다. 동력분할 변속기의 시스템 효율을 높게 유지하기 위해서는 1차로 컨버터(파워 일렉트로닉스)와 전기기계(EM1, EM2)에서의 에너지 손실을 가능한 한 줄여야 한다.

식(2 - 2)으로부터 동력분할 하이브리드의 총 효율을 높게 유지하려면, 전기적 동력 분할계수(ϵ_{EL})가 작아야 함을 알 수 있다. 즉, 전기동력이 차지하는 비중을 가능한 한 낮게 유지해야 한다. 그리고 식(2 - 1)에서 내연기관 출력은 고정이고, 발전기 효율(η_{EM1})이 높다고 가정했을 때 전기적 동력 분할계수(ϵ_{EL})를 작게 유지하기 위해서는 기본적으로 발전기에 공급하는 기계적 출력($P_{T.ELi}$)의 비중을 작게 설계해야 함을 알 수 있다.

참고로 식(2 - 2)에서 동력분할 변속기의 기계효율은 99%($\eta_{MECH} = 0.99$), 전기적 경로의 효율은 72%(발전기와 전동기 그리고 컨버터의 효율을 각각 85%로 가정)일 경우, 전기적 동력 분할계수 $\epsilon_{EL} = 0.3$이하이어야만 변속기 총 효율이 90% 이상임을 알 수 있다. 이는 내연기관 출력의 30% 이상을 전기적 경로에 투입하지 않아야 동력분할 변속기 효율 90%를 달성할 수 있음을 의미한다.

$$\eta_{total} = \left(1 - \frac{0.3}{0.85}\right) \times 0.99 + (0.3 \times 0.85) \approx 0.90$$

$\epsilon_{EL} = 0.35$, $\epsilon_{EL} = 0.25$일 경우의 동력분할 변속기의 총 효율(η_{TOTAL})을 계산해 보면, ϵ_{EL} 값이 작아야 하는 이유를 쉽게 이해할 수 있을 것이다.

이 외에도 개별 변속요소와 단기어들은 변속기의 효율을 낮추는 역기능을 하므로, 가능한 한 변속기에 사용되는 기계요소들의 수를 줄이는 방향으로 변속기를 설계해야 한다.

(2) 동력분할 하이브리드의 장단점

① 동력분할 하이브리드의 장점
- 추가기능들과 병렬 하이브리드 기능들의 작동 결과로 나타나는 연료 절감
- 내연기관의 부하와 회전속도의 최적제어
- 구동력 단절이 없는 변속 및 안락한 발진
- 사이클 운전과 정속도 주행에서 파워트레인의 총 효율이 병렬 하이브리드보다 더 높다.

② 동력분할 하이브리드의 단점
- 상대적으로 시스템이 복잡하고, 무게가 무겁다.
  동력분할용 변속기구와 2대의 전기기계(발전기와 전동기)가 필요하므로 상대적으로

복잡하고 또 무겁다.

- 서로 다른 많은, 부품들을 상호 조정하기 위해서는 많은 소프트웨어가 필요하다.

(3) 유성기어 세트와 지렛대 상사(相似)

주로 유성기어 세트를 사용하여 동력을 분할한다. 변속기 내에서 동력의 분할 및 통합을 설명하기 위해서는 유성기어 세트의 구성요소 간의 물리적 상관관계를 상세하게 알고 있어야 한다.

① 단순 유성기어 세트(첨단 자동차 섀시 pp.116~120 참조)

단순 유성기어 세트 구성부품의 각속도와 토크를 계산하기 위한 간단한 방법으로는 유성기어에 대한 쿠츠바흐(Kutzbach)의 회전속도 벡터 그래프를 이용한다. 그림 2 - 16은 단순 유성기어 세트의 원주속도 벡터 선도이다. 벡터의 작용점은 선기어(S), 유성기어 캐리어(C), 그리고 링기어(R)에 있다.

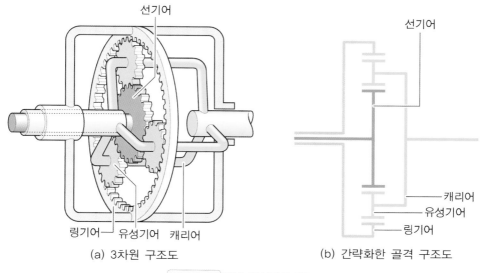

| (a) 3차원 구조도 | (b) 간략화한 골격 구조도 |

그림 2-15 단순 유성기어 세트

선기어 반지름(r_S)과 링기어 반지름(r_R)을 합하면 캐리어 반지름(r_C)의 2배가 된다.

$$r_S + r_R = 2 \cdot r_C$$ ·· (2-3)

각 벡터의 작용점을 연결하는 직선과 각각의 속도 벡터의 끝을 연결하는 직선을 그으면, 두 직선 사이의 각 α를 얻는다. 지렛대 상사의 원리를 적용하면, 각 α는 식(2 - 4)가 된다.

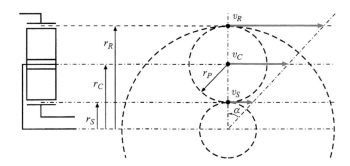

그림 2-16 단순 유성기어 세트의 원주속도 벡터 선도

$$\tan\alpha = \frac{v_R - v_C}{r_P} = \frac{v_C - v_S}{r_P}$$ ·· (2-4)

위 식으로부터 각 구성부품의 원주속도의 상관관계를 확인할 수 있다.

$$2 \cdot v_C = v_s + v_R$$ ·· (2-5)

식(2-5)에서 원주속도(v)를 대응하는 각 기어의 반지름(r)과 각속도(ω)의 곱($v = r\omega$)으로 대체하면, 식 (2-5)는 식 (2-6)이 된다.

$$2 \cdot r_C \cdot \omega_C = r_s \cdot \omega_S + r_R \cdot \omega_R$$ ······································ (2-6)

식 (2-3) "$2 \cdot r_C = r_S + r_R$"를 식(2-6)에 대입하면, 식 (2-6)은 식 (2-7)이 된다.

$$(r_S + r_R)\omega_C = r_s \cdot \omega_S + r_R \cdot \omega_R$$ ································ (2-7)

서로 맞물린 기어에서는 기어 이의 크기 즉, 모듈(module)(m)이 같으므로 기어의 반지름(r)과 기어이 수(z) 사이에는 비례관계가 성립한다. $m = 2r/z$를 이용하여 식 (2-7)을 변환하면 식 (2-8)이 된다.

$$(z_S + z_R)\omega_C = z_s \cdot \omega_S + z_R \cdot \omega_R$$ ································ (2-8)

여기서 z_S와 z_R은 각각 선기어 잇수와 링기어 잇수이며, $z_s + z_R$은 캐리어 상당 잇수이다. 캐리어는 기어이가 없으나 상당기어 잇수에 상응하는 속도로 회전한다는 것을 알 수 있다. 식(2-8)에서 고정 변속비 즉, 캐리어가 고정되고($\omega_c = 0$), 선기어가 구동, 링기어가 피동일 경우의 변속비는 식 (2-8)의 각 항을 선기어 잇수(z_S)로 나누어 정리하면 식 (2-9)와 같다.

$$i_0 = \frac{\omega_S}{\omega_R} = -\frac{z_R}{z_S}$$ ····································· (2-9)

또 식 (2 - 8)의 각 항을 선기어 잇수(z_S)로 나누고, 정의된 고정 변속비(i_0)를 대입하면, 식 (2 - 10)이 된다.

$$\omega_S - \omega_R\, i_0 - \omega_C\,(1 - i_0) = 0 \quad \cdots\cdots\cdots\cdots\cdots\cdots\cdots\cdots\cdots\cdots (2\text{-}10)$$

식 (2 - 10)에 고정 변속비(i_0)를 대입, 정리하면 식 (2 - 11)이 된다.

$$-i_0 = \frac{\omega_C - \omega_S}{\omega_R - \omega_C} = \frac{z_R}{z_S} \quad \cdots\cdots\cdots\cdots\cdots\cdots\cdots\cdots (2\text{-}11)$$

단순 유성기어 세트에서 캐리어가 고정일 경우, 선기어와 링기어의 회전방향은 서로 반대가 되므로 변속비는 부(-)의 값이 된다.

지렛대 상사(相似)의 원리를 이용하여 토크와 회전속도의 상관관계를 하나의 지렛대에 알기 쉽게 나타낼 수 있다. [21]

이때 유성기어의 각 요소(선기어, 링기어와 캐리어)의 입력 토크, 출력 토크 및 반작용 토크는 하나의 지렛대에 3개의 점으로 표시할 수 있다. 지렛대의 길이 비율은 선기어와 링기어의 기어 잇수에 근거하여 결정한다. 지렛대에 표시된 토크와 각속도는 해당 기어 요소에 작용하는 토크 및 각속도와 일치한다.

정(+)의 토크와 속도는 x축의 양(+)의 방향으로, 부(-)의 토크는 음(-)의 방향으로 기재한다. 그리고 기준선에 대한 레버의 간격은 개별 기어 요소의 회전속도를 나타낸다. 따라서 개별 기어 요소의 정지상태에서, 또는 역회전 상태에서의 상관관계를 나타낼 수 있다.

회전 토크는 회전 토크 평형이론을 이용하여 계산할 수 있다.

$$T_S + T_C + T_R = 0 \quad \cdots\cdots\cdots\cdots\cdots (2\text{-}12)$$

여기서 T_S : 선기어에 작용하는 토크
           T_C : 캐리어에 작용하는 토크
           T_R : 링기어에 작용하는 토크

중앙의 T_C 작용점을 기준으로 할 때, 지렛대 양단에 작용하는 토크는 평형을 이루므로 다음 식이 성립한다.

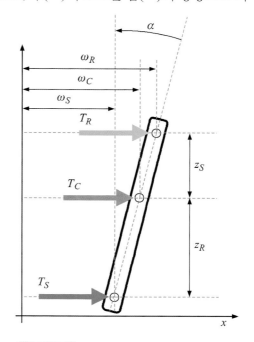

그림 2-17   단순 유성기어 세트의 지렛대 선도

$$T_S \cdot z_R = T_R \cdot z_S$$

$$\therefore \ \frac{T_S}{T_R} = \frac{z_S}{z_R} \ \text{...} \ (2\text{-}13)$$

T_R 작용점을 기준으로 할 때,

$$T_S \cdot (z_R + z_S) + T_C \cdot z_S = 0$$

$$\therefore \ \frac{T_S}{T_C} = - \frac{z_S}{z_R + z_S} \ \text{..} \ (2\text{-}14)$$

② 복합 유성기어 세트(complex planetary gear set) (그림 2-18 참조)

복합 유성기어 세트에서는 2개의 유성기어가 쌍으로 서로 맞물려 있으며, 제1 유성기어는 선기어와 그리고 제2 유성기어는 링기어와 맞물려 있다. 또 모든 유성기어는 하나의 캐리어에 설치되어 있다. 이 형식의 유성기어 세트는 많은 하이브리드/전기 자동차에서 사용하고 있다.

단순 유성기어 세트와 비교할 때 복합 유성기어 세트는 정지 변속비(i_0)가 정(+)의 값을 갖는다는 점이 다르다. 즉, 캐리어가 고정되고 선기어가 링기어를 구동할 때 선기어와 링기어의 회전방향이 같다. 즉, 제1 유성기어가 선기어와 반대방향으로 회전하고, 제2 유성기어가 다시 선기어와 같은 방향으로 회전하면서 링기어를 같은 방향으로 회전시키기 때문이다. 따라서 정지 변속비(i_0)는 다음 식으로 표시한다.

$$i_0 = \frac{\omega_C - \omega_S}{\omega_C - \omega_R} = \frac{z_R}{z_S} \ \text{..} \ (2\text{-}15)$$

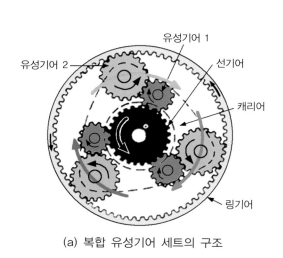

(a) 복합 유성기어 세트의 구조

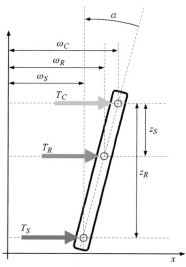

(b) 복합 유성기어 세트의 지렛대 선도

그림 2-18 복합 유성기어 세트의 지렛대 선도

복합 유성기어 세트의 지렛대 상사는 그림 2 – 18과 같다. 그리고 회전 토크는 단순 유성기어 세트에서와 똑같은 방법으로 계산할 수 있다.

$$\frac{T_S}{T_R} = -\,\frac{z_S}{z_R} \qquad\qquad\qquad\qquad\qquad\qquad\qquad\qquad\qquad \text{(2-16)}$$

$$\frac{T_R}{T_C} = -\,\frac{z_R}{z_R - z_S} \qquad\qquad\qquad\qquad\qquad\qquad\qquad\qquad \text{(2-17)}$$

③ 다양한 유성기어 세트의 결합

지렛대 상사 원리를 이용하면, 다양한 유성기어 세트 결합에서의 동력전달 경로와 속도를 쉽게 파악할 수 있다. 그러기 위해서는 먼저 각각의 유성기어 세트를 고유의 지렛대를 이용하여 표현하여야 한다. 2개의 유성기어 세트의 결합에 대한 전제 조건은 언제나 두 지렛대의 두 점 사이에 2개의 연결이 있어야 한다는 점이다.

그림 2 – 19의 예에서는 제1 유성기어 세트의 선기어가 제2 유성기어 세트의 링기어와 직접 연결되어 있다. 이 경우에 제2의 기계적 연결은 2개의 캐리어를 접속시켜 실현하고 있다. 2개의 유성기어 세트의 결합을 지렛대 상사 원리를 이용하여 표현할 수 있어야 한다.

두 지렛대를 단순화시키기 위해서는, 그림 2 – 20에서와 같이 반드시 서로 마주 보고 수평 연결선을 그을 수 있도록 작용점들을 배열해야 한다. 이와 같은 이유에서 두 지렛대 중의 하나의 비율에 일치시켜 작용점들을 맞추어야 한다. 이 경우에 수평 연결을 확보하기 위해서는 제2의 레버를 회전시키고, 그 길이는 계수 z_{R1}/z_{S2}를 이용하여 척도를 매겨야 한다.

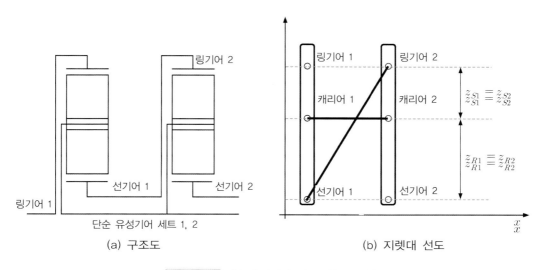

(a) 구조도   (b) 지렛대 선도

그림 2–19 단순 유성기어 세트 2세트의 결합

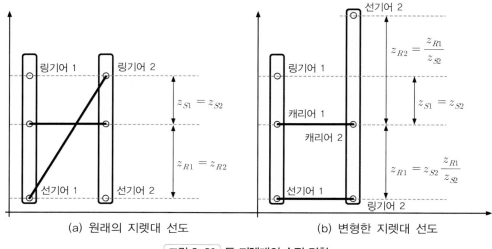

(a) 원래의 지렛대 선도   (b) 변형한 지렛대 선도

그림 2-20 두 지렛대의 수평 결합

이제 2개의 개별 지렛대를 하나의 새로운 지렛대에 통합할 수 있다. 이 통합된 지렛대를 이용하면, 동력전달 경로와 변속비를 쉽게 계산할 수 있다.

단순 유성기어 세트 또는 복합 유성기어 세트의 지렛대와는 대조적으로 2세트의 유성기어 세트가 결합된 경우의 지렛대에서는 작용점이 4개이다. 그러나 회전 토크와 각속도의 비율은 이미 설명한 지렛대에서와 같은 방법으로 계산하면 된다.

(4) 유성기어 세트를 이용한 동력분할

최소한 하나 이상의 유성기어 세트를 사용하여 동력을 분할한다. 변속기 안에서 유성기어 세트가 내연기관 측과 결합되어 있으면 입력측 동력분할(Input power split), 변속기 출력축 측과 결합되어 있으면 출력측 동력분할(Output power split)이라고 한다. 그러나 입력측 동력분할도 "출력측과 연결되어 있다"고 하고, 출력측 동력분할도 "입력측과 연결되어 있다"고 한다는 점에 유의해야 한다. 입력측 동력분할과 출력측 동력분할의 결합을 복합 동력분할(compound power split)이라고 한다.

① 입력측 동력분할(Input power split)

입력측 동력분할에서는 변속기 입력에서 동력 일부는 전기적 동력으로 그리고 나머지는 기계적 동력으로 분할된다. 입력측 동력분할은 초기에는 내연기관은 유성기어 세트의 선기어와, 발전기는 유성기어 캐리어와 연결하였다. 그리고 출력측에 설치된 전동기는 동력원으로서 링기어에 연결된 구조였다.

그림 2-21은 초기의 형식과는 달리, 내연기관은 유성기어 세트의 링기어에, 전기기계 1(EM1)은 선기어에, 그리고 전기기계 2(EM2)도 역시 동력원으로서 유성기어 캐리어에 연결된 시스템이다. 그림 2-22는 이 시스템 구성의 지렛대 선도이다.

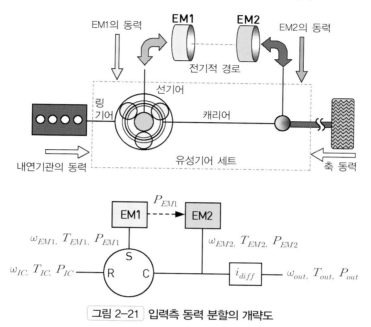

그림 2-21 입력측 동력 분할의 개략도

동력분할 변속기는 그 자체에 축전지를 필요로 하지 않는다. 축전지가 에너지를 받아들이지도 않고 방출하지도 않는다고 가정하면, 에너지 손실은 발생하지 않으며 다음 식이 성립한다.

$$P_{EM1} + P_{EM2} = 0 \quad\cdots\cdots\cdots\cdots\cdots\cdots\cdots\cdots\cdots\cdots\cdots\cdots\cdots\cdots\cdots\cdots\cdots\cdots\cdots\cdots\cdots (2\text{-}18)$$

$$P_{IC} + P_{out} = 0 \quad\cdots\cdots\cdots\cdots\cdots\cdots\cdots\cdots\cdots\cdots\cdots\cdots\cdots\cdots\cdots\cdots\cdots\cdots\cdots\cdots\cdots (2\text{-}19)$$

여기서 P_{EM1} : 전기기계 1의 전기 출력
$\qquad\quad P_{EM2}$: 전기기계 2의 전기 출력
$\qquad\quad P_{IC}$: 내연기관의 출력
$\qquad\quad P_{out}$: 변속기 출력축의 출력

입력측 동력분할 변속기에서 변속비(i)($i = \omega_{IC}/\omega_{EM2}$)는 개별 축의 회전속도에 따라 무단(stepless)으로 변화시킬 수 있다. 그리고 내연기관 토크(T_{IC})와 발전기 토크(T_{EM1}) 간의 일정한 관계를 이용하면, 변속비의 역수($1/i$)와 전기적 동력 분할계수(ϵ_{EL} ; 발전기 출력(P_{EM1})을 내연기관 출력(P_{IC})으로 나눈 값)의 상관관계를 파악할 수 있다.

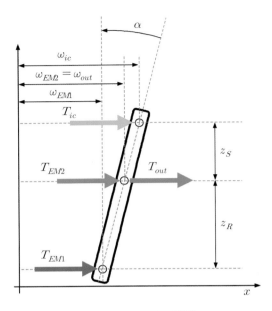

여기서 $T_{out} = T_{EM2}$, $\omega_{out} = \omega_{EM2}$

ω_{IC} : 내연기관의 각속도

ω_{out} : 출력축 각속도

ω_{EM1} : 전기기계 1의 각속도

ω_{EM2} : 전기기계 2의 각속도

T_{IC} : 내연기관의 토크

T_{EM1} : 전기기계 1의 토크

T_{EM2} : 전기기계 2의 토크

T_{out} : 출력축 토크

그림 2-22 입력측 동력분할에 대한 지렛대 선도

그림 2 – 23은 프리우스 하이브리드의 순수한 내연기관 모드(＝구동 축전지의 충전 또는 방전이 없는 상태의 운전)에서 변속기의 변속비(i)와 전기적 동력 분할계수(ϵ_{EL}) 간의 상관관계를 나타내고 있다.

점 P_1(변속비의 역수($1/i$)가 값 '$1/i = (z_R + z_S)/z_R$'인 점)에서 전기기계 1(EM1)의 각속도는 0($\omega_{EM1} = 0$)이다. 이 자동차의 경우, 변속비의 역수는 $1/i = 1.38$이고 고정 변속비는 $i_{stationary} = 78/30 = 2.6$이다. 점 P_1을 기준으로 전기적 경로를 통해 전달해야 할 최소 출력을 조정한다. 점 P_1에서 전기기계 1(EM1)은 내연기관의 토크(T_{IC})를 계수($I_{stationary} + 1$)로 나눈 값에 해당하는 홀딩 토크(holding torque)만을 생성한다.

점 P_1으로부터 멀어질수록, 효율 측면에서 불리한 전기적 경로를 통해서 더 많은 전기에너지를 전달해야 한다. 그리고 이에 상응해서 전기기계의 크기가 커져야 하므로 설치공간과 무게가 증가한다.

그림 2 – 23에서 점 P_1을 벗어나서 우측으로 진행하면, 전기기계1(EM1)의 회전방향이 바뀐다. 그러면 전기기계1(EM1)의 작동 모드는 발전기 모드에서 전동기 모드로 절환되고, 변속기에서 에너지는 전기적 경로를 거쳐서 기계적 경로로 순환하게 된다. 생성되는 전력은 변속기 효율을 저하시키는, 일종의 무효전력이다. 그러므로 주로 이용하는 주행모드의 범위가 점 P_1의 근처가 되도록 예를 들면, 2 – 세트 또는 3 – 세트의 유성기어 세트를 사용하여 변속기를 동조시키는

기술을 사용한다. (복합 동력분할 및 2 – 모드 동력분할 참조)

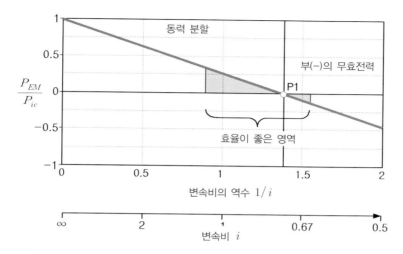

[그림 2-23] 순수 내연기관 모드에서 변속비(i)와 전기적 동력 분할계수(ϵ_{EL})의 상관관계[22]

② **출력측 동력분할(output power split)**

　그림 2 – 24는 출력측 동력분할 시스템, 그림 2 – 25는 출력측 동력분할의 지렛대 선도이다. 입력측 동력분할과 비교했을 때, 출력측 동력분할은 전기기계가 입력축 대신에 출력축과 연결되어 있다는 점이 다르다. 이 경우에 제2 전기기계는 선기어와 연결된다.

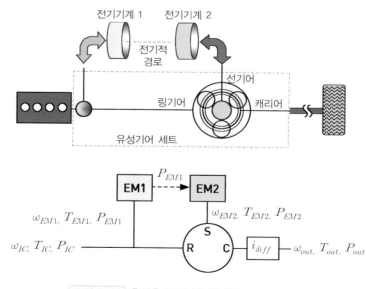

[그림 2-24] 출력측 동력분할의 개략도

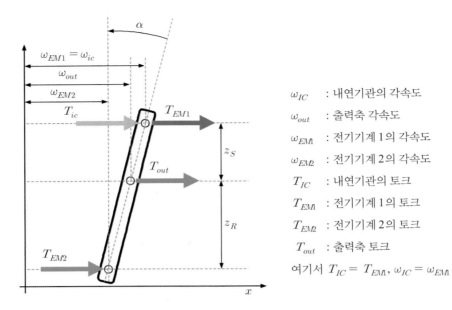

ω_{IC} : 내연기관의 각속도

ω_{out} : 출력축 각속도

ω_{EM1} : 전기기계 1의 각속도

ω_{EM2} : 전기기계 2의 각속도

T_{IC} : 내연기관의 토크

T_{EM1} : 전기기계 1의 토크

T_{EM2} : 전기기계 2의 토크

T_{out} : 출력축 토크

여기서 $T_{IC} = T_{EM1}$, $\omega_{IC} = \omega_{EM1}$

그림 2-25 출력측 동력분할에 대한 지렛대 선도

③ **복합 동력분할**(compound power split)(그림 2-26 참조)

복합 동력분할에서는 2개의 기계적 경로가 존재한다. 2 - 세트의 유성기어 세트와 2대의 전기기계로 구성된, 이 방식은 유성기어 세트를 2 - 세트나 사용하기 때문에 단순 동력분할과 비교하여 매우 복잡하다. 복합 동력분할은 입력측 동력분할과 출력측 동력분할의 결합이다. 전체적인 속도와 토크를 계산하기 위해서, 2 - 세트의 유성기어 세트를 하나의 지렛대에 통합하여 나타낼 수 있다.

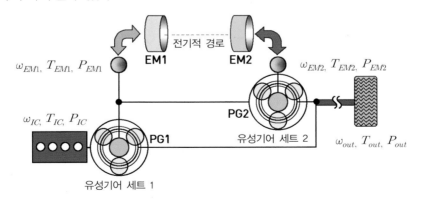

그림 2-26 2-세트의 유성기어 세트를 사용하는 복합 동력분할

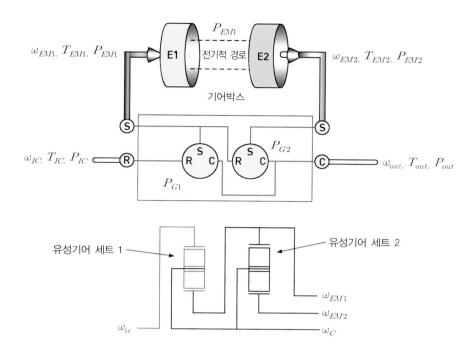

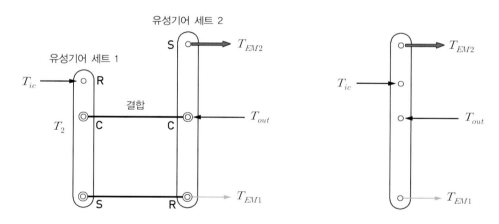

그림 2-27 2-세트의 유성기어 세트를 사용하는 복합 동력분할 변속기에서의 동력 흐름

그림 2-28 2-세트의 유성기어를 사용하는 복합 동력분할에 대한 지렛대 선도

그림 2-28은 2-세트의 유성기어를 사용하여 동력을 분할하는 경우의 토크 평형을 알기 쉽게 나타낸 지렛대 선도이고, 그림 2-29는 전기동력 분할계수(ϵ_{EL})와 변속비(i)의 상관관계를 나타낸 그림이다.

그림 2 – 29에서 점 P1과 P2는 각각 전기기계의 회전속도가 0(zero)인 지점으로서, 이때의 전기 출력은 최저가 된다. 점 P1과 P2 사이의 영역에서는 전기기계들의 출력이 작지만, 이 범위를 벗어나면 전기동력 분할계수(ϵ_{EL})가 무한대까지 상승한다. 즉, 범위를 벗어나면 2 – 세트의 유성기어를 사용해도 모든 주행영역에서 전기동력 분할계수(ϵ_{EL})를 0.3 이하로 유지할 수 없고, 따라서 변속기 효율도 높게 유지할 수 없음을 의미한다.

특히 자동차가 발진할 때는 무한대의 변속비를 필요로 하므로 그림에 표시되지도 않는다. 그러므로 이 영역에서는 전기 출력을 증가시켜서 해결한다. 이와 같은 이유에서 2 – 세트의 유성기어 외에 다른 변속 요소(예 : 제3의 유성기어 세트)를 사용한다. (2 – 모드 하이브리드 참조)

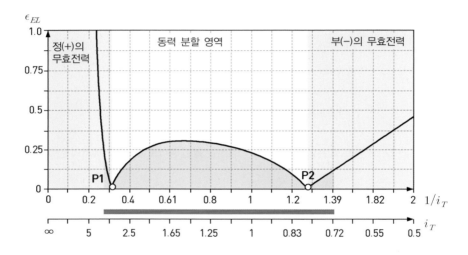

그림 2–29 │ 2-세트의 유성기어를 사용하는 전기식 동력 분할 변속기의 전기 동력 분할계수(ϵ_{EL})와 변속비(i)의 상관관계 [22]

④ 3-세트의 유성기어 세트를 사용하는 2-모드 변속기

2 – 모드 하이브리드 변속기는 2005년 BMW, Daimler – Chrysler 그리고 GM이 공동으로 개발하였다. 이 하이브리드 파워트레인은 2가지의 가변 동력분할 모드 외에도 순수한 기계식 4단 변속이 가능한 구조이다. 2 – 세트 유성기어 외에 추가로 제3의 유성기어 세트를 사용하여 2가지 작동 모드를 실현하였다. 그림 2 – 30에서 브레이크 B가 작동하면 단순한 입력측 동력분할이 되고, 클러치 K가 작동하면 복합 동력분할이 된다. (그림 2 – 30 참조)

입력측 동력분할은 변속비가 크므로 주행속도가 낮고, 부하가 적을 때 사용하며, 복합 동력분할은 변속비가 작으므로 고속도로 및 시외를 주행할 때 사용한다. 두 가지 동력분할 중 어느 하나를 사용할 때는 변속비를 계속 바꿀 수 있다 (ECVT 기능). 2 – 모드 개념은 특히 고속으로 정속 주행할 때, 추월할 때 그리고 가파른 언덕길을 올라갈 때 유리하다. 이 외에도 4단의 고정 변속 시스템을 이용하여, 내연기관의 출력을 순수하게 기계적으로 구동륜에 직접 전달할 수 있다.

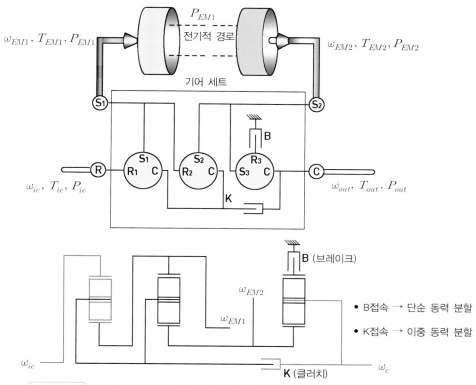

그림 2-30 2대의 전기기계와 3-세트의 유성기어를 사용하는 2-모드 변속기 [22]

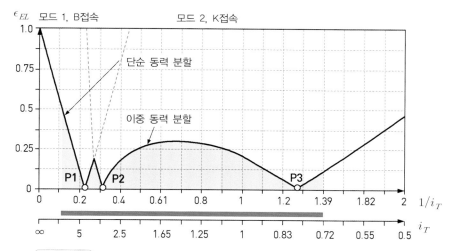

그림 2-31 2대의 전기기계와 3-세트의 유성기어를 사용하는 2-모드 변속기의 전기동력 분할계수(ϵ_{EL})와 변속비(i)의 상관관계 [22]

교통이 혼잡한 시내에서, 그리고 발진/정지(start/stop) 모드에서는 2대의 전기기계만으로, 내연기관만으로 또는 두 동력원을 동시에 가동하여 주행할 수 있다. 이와 같은 방법으로 개별 작동영역에서 전기기계가 연속적으로 전달해야 하는 동력의 비중을 작게 할 수 있으므로 전기기계에 대한 요구사항도 감소한다. 따라서 단순 동력분할 변속기에 비해서 크기와 출력이 작은 전기기계를 사용할 수 있다. 그리고 효율이 낮은 전기적 경로를 통해서 전달해야 하는 동력을 낮출 수 있으므로 전체적으로 변속기 효율의 개선도 기대할 수 있다. (그림 2 – 31 참조)

(5) 동력분할 하이브리드 파워트레인(예)

① 도요타 프리우스(Toyota Prius)(그림 2-32 참조)

잘 알려진 동력분할 하이브리드 자동차는 도요타 하이브리드 시스템(THS ; Toyota Hybrid System) 또는 도요타 하이브리드 시너지 드라이브(THSD ; Toyota Hybrid Synergy Drive)를 사용하는 도요타 프리우스(PRIUS)이다.

기본 구조는 하나의 단순 유성기어 세트를 사용하여 내연기관과 2대의 전기기계를 결합한 입력측 동력분할 방식이다. 내연기관은 유성기어 세트의 캐리어와, 전기기계 1(EM1)은 선기어와, 그리고 전기기계 2(EM2)는 링기어와 연결되어 있다.

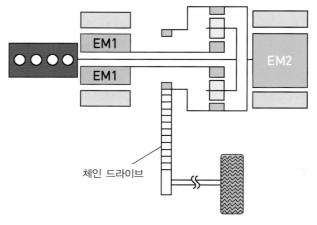

EM1

EM1

EM2

체인 드라이브

그림 2-32 도요타 프리우스의 입력측 동력 분할 하이브리드(출처 : Toyota)

변속기 안에 클러치와 브레이크가 설치되지 않은 이 하이브리드의 구조에서는, 내연기관, 발전기 그리고 전동기가 변속비에 따라 좌우되는 출력 특성과 반드시 서로 조화를 이루어야 한다. 그러므로 내연기관의 출력이 전기기계의 크기를 결정한다.

이 시스템은 전기기계의 가격과 설치에 필요한 공간 때문에 소형 자동차용으로는 합리적인 것으로 생각된다. 그러나 이 시스템은 축척(scale)의 자유도가 제한적이기 때문에, 큰 출력의 내연기관이 설치된 중/대형 자동차에서는 다른 형식의 동력분할 변속기를 사용해야 한다.

② 렉서스 GS 450h(Lexus GS 450h)(그림 2-33 참조)

프리우스의 후속 개발 시스템은 렉서스 GS 450h와 LS 600h 하이브리드 시스템이다. 이 하이브리드 시스템은 앞쪽에 단순 유성기어 세트를 이용한 입력측 동력분할 그리고 라비뇨 (Ravigneaux) 기어 세트와 2개의 브레이크로 구성된 제2의 유성기어 세트를 이용한 출력측 동력분할이 합성된 복합 동력분할 방식이다. 따라서 2개의 주행영역에서 무단계로 다양한 변속비를 얻을 수 있다.

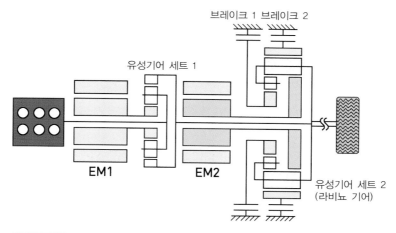

그림 2-33 Lexus GS 450 및 LS600h의 복합 하이브리드 (출처 : Toyota)

제2의 유성기어 장치(라비뇨 유성기어 세트)는 4가지 방법으로 연결할 수 있다. 링기어와 선기어는 각각 브레이크와 연결되어 있다. 이 브레이크들이 작동하면 2개의 주행영역이 가능하다. 주행영역을 절환하여 변속비를 2배로 확장할 수 있다. 그리고 라비뇨 유성기어 세트를 사용함으로써, 효율이 좋은 영역에서 작동하는 소형 전동기를 사용할 수 있게 되었다.

③ 쉐보레 볼트와 오펠 암페라(Chevrolet Volt and Opel Ampera) (그림 2-34 참조)

쉐보레 볼트와 오펠 암페라는 전동기를 주 동력원으로 사용하며, 특정 작동 모드에서 내연기관과 발전기를 사용한다. GM은 이 하이브리드 시스템의 기본 개념을 "E-REV (Extended Range Electric Vehicle)"라고 표현하고 있다. 우리말로 표현하자면, "주행거리 확장기능을 가진 전기자동차"로서 "전기 주행(Electric driving)"을 강조하고 있다. 1대의 내연기관과 2대의 전기기계는 동력분할 변속기를 통해 연결되어 있다. GM의 볼트(Volt)는 단순한 출력측 동력분할 방식으로서, 2세트의 클러치(C3, C2)와 1세트의 브레이크(C1)를 사용하며, 작동 모드는 4가지이다.

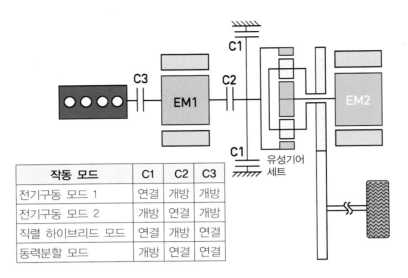

작동 모드	C1	C2	C3
전기구동 모드 1	연결	개방	개방
전기구동 모드 2	개방	연결	개방
직렬 하이브리드 모드	연결	개방	연결
동력분할 모드	개방	연결	연결

그림 2-34 쉐보레 볼트와 오펠 암페라의 동력전달 시스템(출처 : Opel)

● 작동 모드 1(전기구동 모드 1)

자동차의 발진은 전기기계 2(EM2)에 의해 이루어진다. 이때 전기기계 2(EM2)는 구동 축전지로부터 전기에너지를 공급받는다. 이 모드는 브레이크 C1은 작동하고 클러치 C2와 C3은 개방된 상태에서 진행된다. 링기어 고정, 선기어 구동, 캐리어 피동이므로 속도는 감 소하고 토크는 증가한 상태로 출력축을 구동한다.

● 작동 모드 2(전기구동 모드 2)

고속으로 주행할 때 그리고 급가속할 때, 2대의 전동기가 함께 자동차를 구동한다. 이를 위해서는 클러치 C3을 개방하여 내연기관과 전기기계 1(EM1)과의 기계적 연결을 분리하 고, 클러치 C2를 접속하여 전기기계 1(EM1)과 전기기계 2(EM2)를 기계적으로 연결한다. 동시에 브레이크 C1을 개방한다. 이 상태에서 전기기계 1은 링기어를, 전기기계 2는 선기어 를 구동하기 때문에 결과는 유성기어의 고정으로 나타난다. 즉, 전기기계 1과 2는 직결상태 가 되어 함께 자동차를 구동한다.

● 작동 모드 3(직렬 하이브리드 모드)

전기기계 2(EM2)가 자동차를 구동하고, 내연기관은 전기기계 1(EM1: 발전기 모드)을 구동하여 전기기계 2가 필요로 하는 전기에너지를 생산한다. 이 모드는 브레이크 C1과 클 러치 C3은 접속되고, 클러치 C2는 개방되어 있을 때 실현된다.

● 작동 모드 4(동력분할 모드)

이 모드는 클러치 C2와 C3이 접속되고 브레이크 C1이 개방되어 있을 때이다. 따라서 입 력축(내연기관)과 출력축(구동차축)이 기계적으로 접속되므로, 내연기관 동력의 일부가 직접 구동륜에 전달된다.

④ **보쉬 듀얼-E-시스템(BOSCH Dual-E-System)(그림 2-35 참조)**

또 다른 기본 구조는 보쉬사의 듀얼 - E - 시스템이다. 이 시스템은 2대의 전기기계를 사용하는데, 이들은 각각 유성기어를 거쳐, 3축 수동변속기의 부축(counter shaft)에 연결되어 있으며, 각각 브레이크 다판 클러치(B1, B2)와 접속이 가능한 구조이다.

내연기관은 스퍼기어 변속기구를 통해 두 유성기어 세트의 캐리어와 직접 연결되어 있다. 내연기관 출력의 일부는 직접 축(부축 H 또는 L)을 거쳐서, 그리고 일부는 전기기계를 거쳐서 출력축으로 전달된다. 3축 변속기를 사용하여 6가지의 주행영역을 갖는 입력측 동력분할을 실현한다. 따라서 전기기계는 출력 범위가 작은 소형으로 설계할 수 있다.

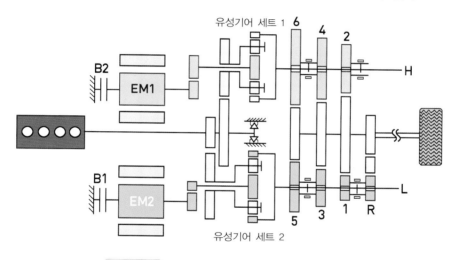

그림 2-35 보쉬의 듀얼-E - 시스템(출처 : Bosch)

(6) 2-모드 하이브리드(BMW, Daimler-Chrysler, GM)의 실제 (그림 2-36 참조)

기계적 관점에서 그리고 전체적인 크기를 기준으로 했을 때 이 변속기는 기존의 자동변속기와 비교할 만하다. 그러나 2가지의 무단변속 모드 및 기계식 고정 4단 변속, 합해서 총 6개의 작동 모드가 가능하다.

제어유닛(ECU)이 시스템을 어떤 작동 모드로 작동할지를 결정한다. 작동 모드 간의 변환은 동기화(synchronizing)되어 이루어진다. 4개의 고정 변속단의 변속비는 전 주행영역을 커버할 수 있도록 설계되어 있다. 따라서 자동차의 모든 속도영역에서 내연기관의 출력을 모두 기계적 경로를 통해 구동차륜으로 전달할 수 있다.

① 2-모드 하이브리드 변속기의 기본구조

이 변속기는 전기기계(EM A, EM B) 2대와 단순 유성기어 세트(PS1, PS2, PS3) 3세트, 그리고 기계식 고정 4단 변속시스템으로 구성되어 있다. 브레이크(C1, C3)와 클러치(C2, C4)를 제어하여, 동력분할 모드를 선택 및 절환한다. 브레이크와 클러치의 형식은 기존의 전통적인 자동변속기에 사용하는 습식 다판 클러치이다.

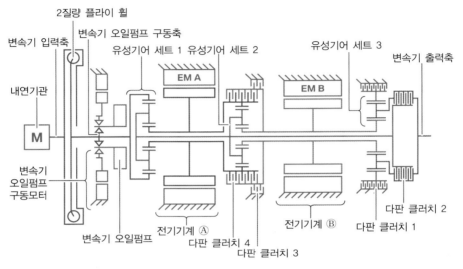

그림 2-36(a) 2-모드 하이브리드 변속기의 골격 구조 (출처 : BMW)

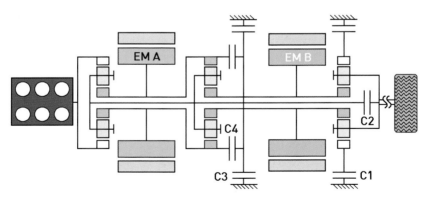

작동 상태	C1	C2	C3	C4
1단	접속	개방	개방	접속
2단	접속	접속	개방	개방
3단	접속	개방	접속	개방
4단	개방	접속	개방	접속
동력 분할모드 1	접속	개방	개방	개방
동력 분할모드 2	개방	접속	개방	개방

그림 2-36b 2모드 하이브리드 변속기의 변속도

② 2-모드 하이브리드 변속기의 작동 모드

● ECVT 모드 1(입력측 동력분할)

브레이크 C1이 작동한다. 전동기를 이용한 시동에서부터 고정 변속비 1단을 거쳐 고정 변속비 2단까지 가능하다. 이때의 변속비 범위는 ∞ ≒ 1.8이다. 내연기관으로 자동차를 구동할 때의 변속비는 다음의 식으로 구한다.

$$변속비(i) = \frac{내연기관의\ 회전속도}{변속기\ 출력축의\ 회전속도} \quad \cdots\cdots\cdots\cdots\cdots\cdots\cdots (2\text{-}20)$$

저속, 최대 구동력을 목표로 하며, 다음과 같이 작동한다.

- 전기기계 B에 의해서만 (그림 2 - 37 참조)
- 내연기관에 의해서만
- 내연기관과 전기기계 B에 의해서(그림 2 - 38 참조)

가. 전기기계 B(EM B)에 의해서만 작동할 때 : 순수 전기 모드

브레이크 C1이 작동하면, 전동기 B(EM B)와 변속기 출력축의 기계적 연결이 구축된다, 전동기 B(EM B)가 자동차를 구동한다. 전동기 A(EM A)는 전동기 B(EM B)와는 반대 방향으로 회전한다. 변속기 입력축과 내연기관은 정지상태(회전하지 않는다)

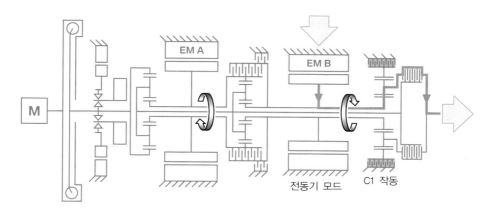

그림 2-37 ECVT 모드 1에서 순수 전기 구동할 때의 동력 전달 경로 (출처 : BMW)

나. 자동차가 내연기관과 전기기계 B(EM B)에 의해 구동될 때

내연기관이 작동하고 동시에 브레이크 C1이 접속된 상태이다. 내연기관 동력의 대부분은 기계적 경로로 직접 변속기 출력축에, 나머지는 전기적 경로를 통해 전기기계에 전달된다. 이때 전기기계 A(EM A)는 발전기 모드로, 전기기계 B(EM B)는 전동기 모드로 작동한다. 생성된 전기 에너지의 전부 또는 일부는 고전압 축전지에 저장된다.

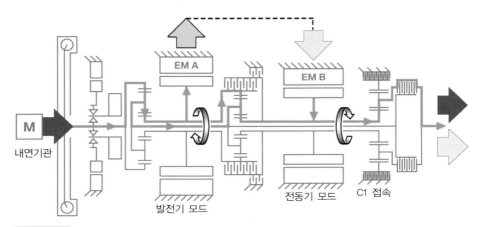

그림 2-38 ECVT 모드 1에서 내연기관과 전기기계 B(EM B)가 동시에 자동차를 구동할 때의
동력전달 경로(출처 : BMW)

● ECVT-2모드 (복합 동력분할)

ECVT-1모드와는 달리 고속 주행용으로 설계되었다. 클러치 C2가 작동한다.

순수 전기 모드 및 내연기관 모드가 가능하다. 내연기관 모드에서 변속비는 $i = 1.800$에서부터 $i = 0.78$ 범위에서 제어된다. ECVT-1 모드에서와 마찬가지로 전동기의 회전속도가 제어변수로 사용된다. 전동기는 내연기관을 지원하거나 고전압 축전지를 충전한다. 이 모드에서는 전기기계 A(EM A)는 전동기로, 전기기계 B(EM B)는 발전기로 사용된다.

효율이 높은 기계적 경로에 많은 동력을 공급하고, 효율이 낮은 전기적 경로에 더 적은 동력을 공급한다.

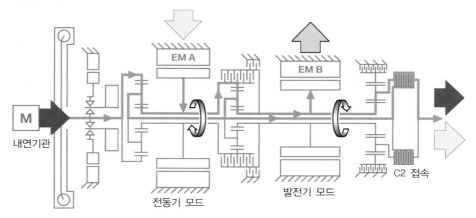

그림 2-39 ECVT-2 모드에서의 동력전달 경로(출처 : BMW)

● 고정 변속비

가. 고정 변속비 1단

브레이크 C1, 클러치 C4가 동시에 작동하며, 변속비는 $i = 3.889$이다. 최대 가속지원 기능이 가능하다. 내연기관의 동력을 변속기 출력축에 직접 전달할 수 있으며, 동시에 2대의 전기기계(모터)는 차량 구동에 필요한 구동력을 공급하거나, 제동/감속/타행 시의 관성운동에너지를 회수하여 저장할 수 있다.

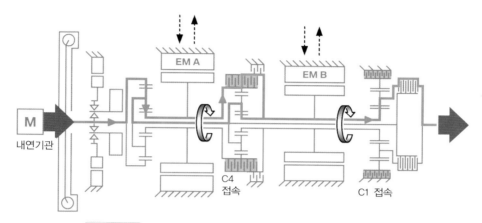

그림 2-40 고정 변속비 1단에서의 동력 전달 경로(출처 : BMW)

나. 고정 변속비 2단

브레이크 C1, 클러치 C2가 동시에 작동

전기기계가 변속비($i = 1.800$)에 영향을 미치지 않으면서, 주로 전기기계 B(EM B)가 가속/회생제동에 참여한다.

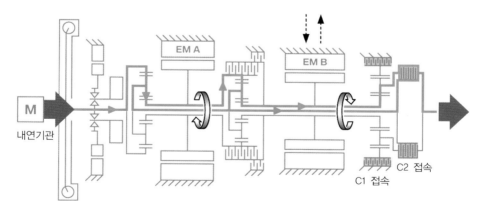

그림 2-41 고정 변속비 2에서의 동력 전달 경로(출처 : BMW)

다. 고정 변속비 3단

클러치 C2, 클러치 C4가 동시에 작동한다. 내연기관과 변속기 출력축은 직결 상태가 된다. 2대의 전기기계(모터)는 차량 구동에 필요한 구동력을 공급하거나, 제동/감속/타행 시의 관성운동 에너지를 회수하여 저장할 수 있다. 전동기가 변속비($i = 1$, 직결)에 영향을 미치지는 않는다.

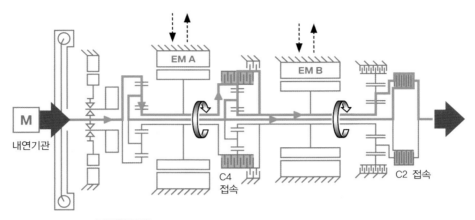

그림 2-42 고정 변속비 3단에서의 동력 전달 경로 (출처 : BMW)

라. 고정 변속비 4단

브레이크 C3, 클러치 C2가 동시에 작동한다. 오버 – 드라이브(Over drive)상태가 된다. 전동기 B(EM B)는 정지상태이다. 변속비($i = 0.723$)에 영향을 미치지 않으면서, 주로 전동기 A(EM A)를 가속/회생제동에 사용할 수 있다.

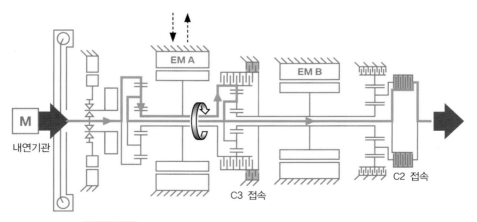

그림 2-43 고정 변속비 4단에서의 동력 전달 경로 (출처 : BMW)

● 전기주행 모드로 주행 중 기관 시동

주행 중 전기주행 모드가 해제되면(예 : 운전자가 가속페달을 급격하게 밟음), 엔진은 곧바로 시동되어야 한다. 엔진을 시동속도로 가속하기 위해서 전동기 A(EM A)는 제동되어 발전기로 작동한다. 동시에 전동기 B(EM B)는 계속 자동차를 구동하면서 추가 토크를 생성한다. 이 추가 토크는 기관을 시동하기 위해 전동기 A에 의해 생성된 토크를 보상한다. 주행 중 기관을 시동하는 동안의 동력 흐름은 그림 2 – 44와 같다.

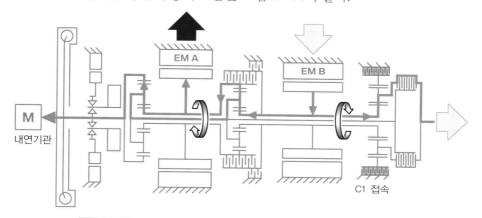

그림 2-44 주행 중 기관을 시동하는 동안의 동력 흐름(출처 : BMW)

● 변속선도

자동차가 정차해 있을 때뿐만 아니라 주행하는 동안에도 내연기관의 작동을 정지시킬 수 없다. 이 경우는 감속단계 주행속도가 정속주행 시 또는 가속할 때의 속도보다 더 높을 때이다. 연료분사와 점화를 중단한 후에, 내연기관의 작동은 정지되며, 전동기 A(EM A)에 의해 제어된다.

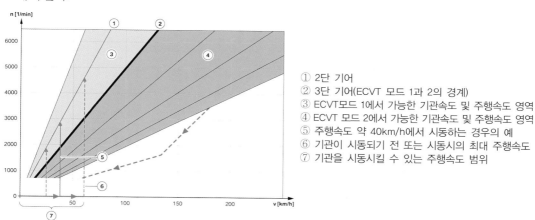

① 2단 기어
② 3단 기어(ECVT 모드 1과 2의 경계)
③ ECVT모드 1에서 가능한 기관속도 및 주행속도 영역
④ ECVT 모드 2에서 가능한 기관속도 및 주행속도 영역
⑤ 주행속도 약 40km/h에서 시동하는 경우의 예
⑥ 기관이 시동되기 전 또는 시동시의 최대 주행속도
⑦ 기관을 시동시킬 수 있는 주행속도 범위

그림 2-45 2-모드 변속기(BMW)의 기관속도 – 주행속도 선도에서 기관 시동하기(출처 : BMW)

2-2

하이브리드 전기자동차의 전동화 수준에 따른 분류
Classification of HEVs according to the level of electrification

발진/정지(start/stop) 시스템은 가장 기초적인 전동화 단계로서, 내연기관의 정지/시동을 반복적으로 실행할 수 있도록 성능이 강화된 기동전동기(starter)를 사용한다. 완전(full) - 하이브리드의 경우 병렬시스템이 추세이다. 직렬 버전은 레인지 - 익스텐더 또는 병렬시스템과 결합된 전기자동차로 개발되고 있다. 모든 시스템이 플러그 - 인(plug - in) 기술과 결합할 수 있지만, 필수요건은 서로 다르다.

전동화 수준 즉, 하이브리드화 수준에 따라 다음과 같이 분류한다. (SAE 1715 기준)
① 마이크로 - 하이브리드(Micro - hybrid)
② 마일드 - 하이브리드(Mild - hybrid 또는 soft - hybrid)
③ 완전 - 하이브리드(Full - hybrid)
④ 플러그 - 인 - 하이브리드(Plug - in - hybrid)

마이크로 - , 마일드 - 및 완전 - 하이브리드와 같이 전기 플러그를 이용하여 회로망(city electric network)으로부터 전기를 충전할 수 없는 하이브리드를 자족(自足 ; autarky) 하이브리드라고 한다. 자족 하이브리드는 일반적으로 주행을 종료한 후의 충전상태가 주행을 시작하기 전의 충전상태와 같아야 한다.

이와 반대로 전기 플러그를 이용해서 외부로부터의 충전이 가능한, 플러그 - 인 - 하이브리드(PHEV; Plug - in - Hybrid Electrical Vehicle)는 발전 시스템을 부분부하 영역에서 운전하지 않고, 항상 연료를 가장 적게 소비하면서도 유해물질을 가장 적게 배출하는 1 ~2개의 작동점(대부분 전부하에서 하나의 작동점)에서 작동시킨다.

표 2-4 하이브리드화에 따른 하이브리드 자동차의 종류별 기능과 특성 요약

	자족(自足) 하이브리드			Plug-in 하이브리드		BEV(battery Electric vehicle)
	Micro-하이브리드	Mild-하이브리드	Full-하이브리드	전통적 배치구조	REEV (BEV+REXT)	
구조적 특징	성능이 우수한 기동 전동기, 제어 가능한 교류 발전기 또는 벨트 구동식 스타터/제네레이터(RSG)	크랭크축과 직결된 스타터/제네레이터(KSG)	내연기관 또는 다수의 전기기계를 분리하기 위한 분리 클러치	Full-하이브리드에 축전지 충전용 플러그 커넥터 추가	BEV에 주행거리 연장용 레인지 익스텐더(예: 내연기관+발전기) 추가	축전지 전기로만 구동되는 자동차
하이브리드 구조	RSG(병렬)	KSG(병렬)	직렬, 병렬, 동력분할식	직렬, 병렬, 동력분할식	직렬, 병렬, 동력분할식	
작동 모드/기능	-발진/정지 -제한적 회생제동 (인공지능 발전기 적용)	-발진/정지 -회생제동 -가속지원 -발전기 모드 -저속에서 제한적 전기주행	-발진/정지 -회생제동 -가속지원 -부하점 이동 -발전기 모드 -단거리전기주행	-발진/정지 -회생제동 -가속지원 -부하점 이동 -발전기 모드 -중거리전기주행 -외부 충전	-장거리 전기주행 (주동력원) -회생제동 -외부충전 -축전지 충전수준 낮을 때 레인지 익스텐더 발전기 모드	-장거리 전기주행 -회생제동
전기기계 출력	3~3kW(8kW)	10~15kW	≫25kW	≫25kW	≫40kW	≫40kW
전압 수준	12~48V	48~150V +12V전원	〉200V +12V전원	〉200V +12V전원	〉200V +12V전원	〉200V +12V전원
하이브리드화 수준	5% 미만 (48V에서 10%까지)	5~10%	10~50%	30~60%	50~80%	100%
전형적인 축전지 기술	납축전지(AGM) 슈퍼-캡	NiMH, Li-ion 슈퍼-캡 납축전지	NiMH, Li-ion 납축전지	NiMH, Li-ion 납축전지	Li-ion 납축전지	Li-ion 납축전지
축전지 용량	《 1kWh	〈 1.0kWh	1~5kWh	5~10kWh	8~15kWh	〉15kWh
연료 공급	연료탱크					회로망 전기
연료저감율(CO_2) (NEDC 기준)	5~10%	10~20%	〉15%	~50%	~50%	100%
시판된 자동차(예)	-BMW 1 시리즈/3시리즈 efficient Dynamics Smart mhd Mercedes A-, B-class	-Honda Insight IMA -Mercedes S400 Hybrid -Honda CR-Z	Toyota Prius Mercedes E300 BlueTec hybrid Audi Q5 Hybrid	소나타 PHEV 아이오닉 PHEV BMW 545e xDrive Sedan, Toyota Prius Plug-in Volvo V60 Plug-in	Chevrolet Bolt AudiA1 e-tron	코나, 니로, 넥소, 제네시스 RG3 Mitsubishi i-MiEV Nissan Leaf Smart fortwo electric Drive

※ NEDC : New European Driving Cycle, 회로망 전기는 CO_2를 배출하지 않는 것으로 간주함.

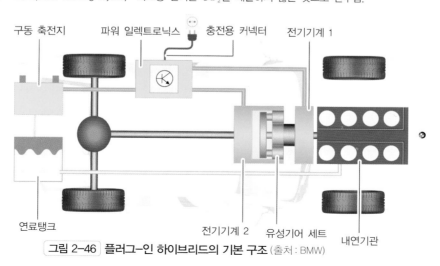

그림 2-46 플러그-인 하이브리드의 기본 구조 (출처 : BMW)

1 마이크로 하이브리드(micro hybrid)

마이크로 하이브리드는 하이브리드화의 첫 단계이다. 실제로는 내연기관이 단독으로 자동차를 구동하고 단지 별도의 발진/정지 기능과 제한된 회생제동 기능을 갖춘 자동차를 말한다.

기존의 자동차와 비교해 하이브리드 자동차에서 높은 추가비용의 주된 원인은 수백 V까지의 고전압을 기반으로 하는 Li‑ion 축전지와 이에 필요한 전력전자와 안전장치들이다. 하이브리드 자동차의 대중화를 위해서는, 저가의 자동차를 구매하고자 하는 소비자의 욕구를 만족시키면서도 하이브리드 기능을 수행할 수 있는 비용‑경제적인 마이크로 하이브리드가 필요하다.

일반적으로 기존의 시동 전동기(starter)의 출력을 강화하거나, 또는 벨트 구동방식의 스타터/제네레이터(SG ; Starter/Generator)를 사용하여 발진/정지 기능 외에도 제한적인 제동에너지 회수기능을 실현한다. 제동에너지 회수기능이 제한적인 이유는 시스템의 전기 출력이 제한적이기 때문이다. 그리고 마이크로 하이브리드도 에너지 관리 시스템(EMS ; Energy Management System) 및 지능형 발전기 제어(IGR ; Intelligent Generator regulating) 기능 등을 갖추고 있다. [23]

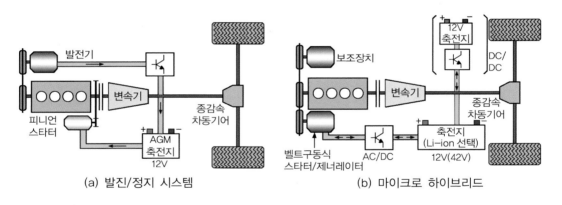

(a) 발진/정지 시스템   (b) 마이크로 하이브리드

그림 2-47 발진/정지 시스템과 마이크로 하이브리드 시스템 비교

그림 2‑48은 부품의 크기와 성능의 최적화 및 표준화, 기능 확장 그리고 단순화를 통해서 경쟁력을 확보하고자 하는 개념이다. 동일한 내연기관, 변속기와 전동기를 사용하면서도, 전동기 설치 위치를 다양하게 선택할 수 있음을 보여주고 있다. 1과 1b는 전동기를 벨트 또는 기어를 통해 직접 내연기관과 연결하고, 2는 전동기를 내연기관과 변속기 사이에, 그리고 3과 3b는 변속기 뒤에 설치하는 개념이다.

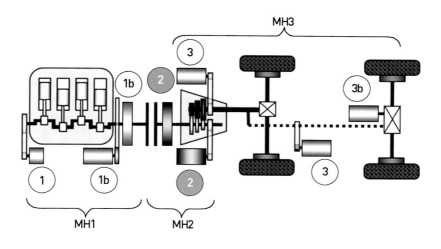

그림 2-48 | 마이크로 하이브리드의 다양한 아키텍쳐(architecture) [24]

(1) 제동에너지 회수(예) - 그림 2-49 참조

마이크로 하이브리드에서 제동에너지 회수는 '지능형 발전기 제어(IGR)'를 통해 이루어지지만 시스템의 전기에너지가 제한적이므로 회수에 한계가 있다. 예를 들어 가속페달에서 발을 떼거나 제동하면 제동에너지 회생을 통해 즉시 운동에너지를 전기에너지로 변환, 회수하여 축전지에 저장한다. 충전제어 기능은 타행 또는 제동 시에 발전기가 통상적인 12V 대신에 15V를 생성하여 축전지를 충전하도록 제어한다. 그러나 전압을 더 높이고 따라서 더 큰 전류가 흐를 때 추가대책이 없으면, 온보드 회로(on-board network)가 심각하게 파손될 수 있다.

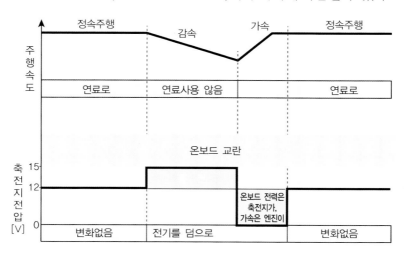

그림 2-49 | 제동에너지 회수 시스템에서 지능형 발전기 제어(예; BMW)

이어지는 가속단계에서는 온보드 회로가 소비하는 전력은 모두 축전지가 공급하고, 엔진 출력은 오로지 가속에만 사용한다. 발전기는 축전지 충전상태가 충분하지 않은 경우에만 다시 발전을 시작한다.(BMW)

(2) 지능형 축전지 센서(IBS; Intelligent Battery Sensor)

IBS를 이용하는 제어는 안전 관련 기능에 사용할 수 있는 충분한 에너지를 항상 확보하고 있는지 감시한다. 축전지 전극에 설치된 '지능형 센서'가 측정한 축전지 매개변수들(전압, 전류 및 온도)을 근거로 통합 평가 모듈이 축전지의 충전상태(SOC), 용량 및 성능 발휘 능력(SOH)을 평가한다. 이 데이터를 기반으로 지능형 발전기제어는 전원공급장치의 과부하와 축전지의 완전 방전을 방지한다. 필요할 경우 순수 편의 장치들이 소비하는 전류의 공급을 줄여서 축전지 방전을 최소화한다. 지능형 발전기제어는 연료소비를 약 3% 정도 낮추는 것으로 알려져 있다(Hella 와 BMW).

시동이 진행되는 동안, 온보드 회로에 전압 강하가 발생하지 않도록 보장해야 한다. 즉, 온보드 회로를 지원해야 한다. 벨트 구동식 시동발전기를 사용하면 ms 범위에서 최대 1100A, 초 범위에서 최대 800A의 전류가 흐를 수 있다[15]. 이때 온보드 전원공급 시스템의 전압은 6V (축전지 충전상태에 따라 다름) 아래로 떨어질 수 있으며, 이로 인해 제어장치가 리셋(reset)되고 일부 부하에 전원공급이 차단될 수 있다. 지원 기능은 예를 들면, DC/DC - 컨버터, 슈퍼 커패시터 또는 백업 축전지를 통해 수행된다. DC/DC - 컨버터는 출력이 200~400W로 제한되므로 민감한 부하에만 전류를 공급할 수 있다.

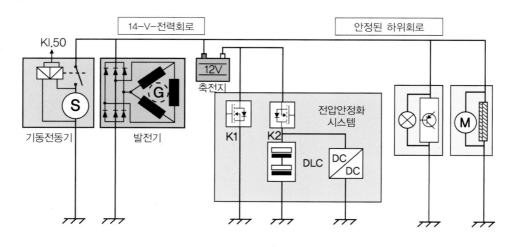

그림 2-50 발진/정지 지원용 전압 안정화 시스템의 회로 구성 [15]

슈퍼 커패시터를 이용하는 전압 안정화 시스템(VSS; Voltage Stabilization System)을 채택한 경우(그림 2 - 50 참조), 스위치 K1을 열고 K2를 닫아서 축전지를 이중층 커패시터와 직렬로 연결하면, 온보드 전압이 상승한다. 시동 과정이 종료된 후, 커패시터는 DC/DC - 컨버터를 통해 다시 충전된다.

보조(back up) 축전지가 설치된 경우, 시동 중에는 디커플링(decoupling) 릴레이가 스타터/발전기와 시동 축전지를 포함한 시동회로를 온보드 회로의 나머지 회로들로부터 분리하며, 시동회로를 제외한 나머지 회로들에는 보조 축전지가 전원을 공급한다 (그림 2 - 51 참조).

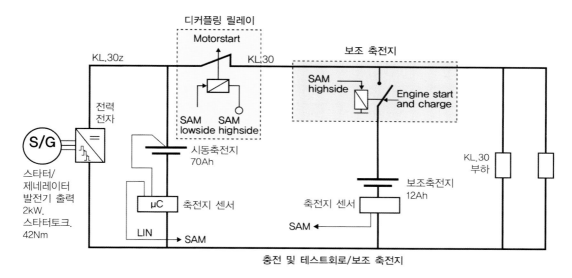

그림 2-51 보조(backup) 축전지를 이용하는 전원 지원 개념 [16]

시동이 진행되는 동안 온보드 회로의 안정화 외에도 소위 '심경변화 재시동(change - of - mind restart)'은 발진/정지 시스템에 특별한 해결책을 요구한다. 이미 점화와 분사를 차단하여 엔진의 정지(rundown) 단계가 진행되고 있는 와중에 재시동을 요구하는 경우[17], 내연기관의 회전속도가 아직 충분하게 높으면(약 $500min^{-1}$이상) 점화와 분사를 개시하여 내연기관을 다시 작동하게 할 수 있다. 그러나 속도가 이미 너무 낮아서 기존의 스타터를 이용해야만 할 때는 스타터 피니언이 다시 플라이휠 링기어와 맞물릴 때까지 기다려야 한다. 벨트 스타터/제네레이터를 사용하는 때는 기다리는 시간이 필요 없다. 또 다른 대안은 항상 맞물린 상태의 스타터로서, 스타터 피니언이 프리휠링을 통해 플라이휠에 항상 맞물린 상태를 유지하므로, 플라이휠의 회전속도가 낮으면 언제든지 기동 토크를 전달할 수 있다 [18].

(3) 48V 전기 시스템

기존의 자동차용 교류 발전기는 NEDC에서 약 $0.5l/100km$ 의 연료를 소비한다. 이는 12V 전 원장치에서 약 300W의 기본 전기부하에 해당한다. 많은 편의 사양과 전기부하를 사용하는 자 동차의 경우는 발전기가 실제로 약 $2l/100km$ 의 연료를 소비하는 것으로 보고되고 있다.

이 기본 소비 전기부하를 제동 중 운동에너지의 회수를 통해 감당할 수 있다. 실험에 의하면 평균 300W의 출력을 달성하기 위해서는 회생제동 시스템의 출력은 4~10kW의 범위이어야 한 다. 4~10kW의 회생제동 출력은 12V 시스템에서는 330~830A의 전류가 된다. 현재로서는 아 주 복잡한 기술을 사용해도 12V 시스템에서는 200~300A가 가능할 뿐이다. 이와 같은 이유에 서 48V 시스템을 고려한다. [24]

또 DC 60V 이상일 경우에는 ECE‐R 100에 규정된 전기충격에 대비한 안전기준(anti‐ touch protection)을 충족해야 한다. 직류 48V 시스템은 60V 미만이기 때문에 전기충격에 대비 한, 특별한 설비를 필요로 하지 않으므로 비용 측면에서 이점이 있다. 안전 규정상 60V 미만에 서는 출력 12kW를 초과할 수 없으나, 경험값에 따르면 소형 자동차에서 20초 동안 12kW의 출 력을 유지하면 가속에 충분하다. [24]

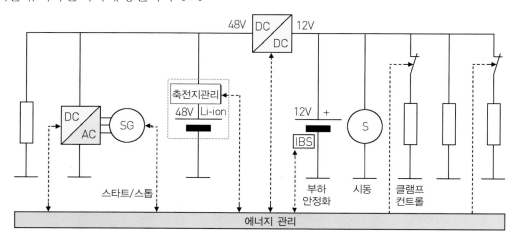

그림 2-52 12V/48V 시스템의 일반적인 전기 시스템 회로 구성 [24]

그림 2‐52는 2‐전압 온보드(on‐board) 네트워크의 가능한 구성(architecture)을 나타내고 있다. 공간적으로 분리된 접지 연결을 통해 연결된 12V 온보드 네트워크에는 공통 접지가 있으 며, 12V‐ 및 48V‐회로는 큰 충전 전류가 공급되므로 Li‐ion 축전지 또는 슈퍼캡이 적합하다. LFP($LiFePO_4$) 축전지는 SoC 전압 변동폭이 48V‐회로의 20~80% 한도 내에서 유지되기 때 문에 선호되지만, 자체 BMS(축전지 관리)가 필요하다. 저온에서 제한된 기능도 고려해야 한다. (pp.306, BMS 참조). 벨트 구동식 스타터/제네레이터는 매우 낮은 온도에서 100% 엔진 시동을

보장할 수 없으므로 모델에 따라서는 피니언 스타터도 갖추고 있다.

시판되고 있는 마이크로 하이브리드로는 BMW 1시리즈와 3시리즈 efficient Dynamics 모델, Smart mhd 및 Mercedes A, B‒Class 등이 있다.

표 2‒5 12V/48V 시스템에서의 예상 가능한 부하 시스템 배치

12V 축전지	DC / DC	발전기(전동기)
파워트레인 제어		48V 축전지(Li‒ion)
엔진 관리 시스템		에어컨 압축기(전동식)
변속기 제어 시스템		냉각 팬(cooling fan)
───────────	12V 48V	전기 히터
섀시 제어		뒤 윈도우 유리 열선
브레이크 시스템		윈드 스크린 열선
현가제어 시스템		공기 송풍기
───────────		진공 펌프
안전 시스템		냉각수 펌프
동승자 안전 시스템		연료 공급 펌프
운전자 보조 시스템		전기식 조향장치
───────────		롤링 안전화 시스템
차체 시스템 제어		오디오 증폭기
엑세스(access) 시스템		외부 등화장치
공기조화 제어 시스템		───────────
───────────		
인포테인먼트 시스템		
인스트루멘테이션		
내비게이션		
라디오/TV/비디오		
디스플레이		
통신		
───────────		

2 마일드(mild) 하이브리드 (그림 2-53 참조)

제한적인 전기구동 기능을 갖춘, 하이브리드 자동차를 마일드‒하이브리드라고 한다. 일반적으로 마일드(mild) 하이브리드에서는 전기기계가 내연기관과 변속기 사이의 크랭크축에 설치된다. 대부분 크랭크축과 기계적으로 직결된 스타터‒제네레이터(ISG : Integrated Starter/Generator) 형식이 많이 사용된다.

전형적인 하이브리드 기능인 스타트‒스톱, 회생제동 및 가속지원 기능 외에도 기본적으로 부하점 이동 기능을 이용할 수 있다. 이들 하이브리드 기능들을 효과적으로 이용하기 위해서는 출력 5~20kW의 전기기계와 고전압 구동 축전지가 있어야 한다. 구동 축전지로는 대부분

NiMH- 또는 Li-ion 축전지를 사용한다.

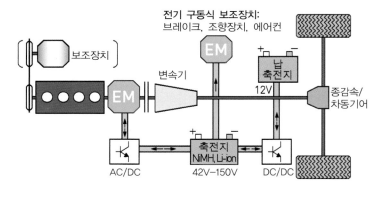

그림 2-53(a) **마일드 하이브리드의 기본 구조** [1]

　마일드-하이브리드는 일반적으로 순수한 전기주행은 비합리적이거나 가능하지 않다. 이유는 전동기가 내연기관에 직접 연결되어 있으므로 내연기관이 비활성 상태일 때는 내연기관의 항력토크가 전동기에 부(-)의 토크로 작용하기 때문이다. 그러나 전기부품을 적절하게 설계하였을 경우, 예를 들어 실린더 비활성 상태일 때, 저속에서 극히 짧은 시간은 기본적으로 전기주행을 할 수 있다. 전기기계는 제동에너지 회수를 위한 회생장치로 사용된다. 전기기계 및 구동 축전지의 전압수준은 42~150V 범위로서, 차량의 일반 전기시스템의 전압(12V) 수준보다 훨씬 높다. 이 외에도, 연료소비를 감소시키기 위해 내연기관의 부하점 이동이 가능하다. NEDC로 주행 시, 기존 내연기관 자동차와 비교할 때, 15~20%의 연료 절약이 가능한 것으로 알려져 있다.

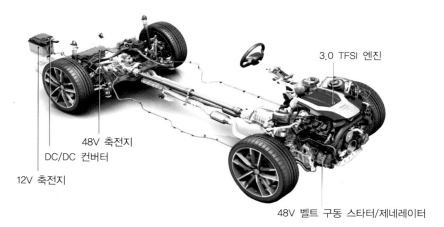

그림 2-53(b) 48V mild-hybrid(예; Audi A6 Limousine)

마일드 – 하이브리드에서는 부품 수준에서 대형 전기기계 외에도 에너지의 중간 저장(구동 축전지)을 위한 고급 축전지 기술과 축전지 관리 및 다양한 작동 모드와의 조화를 위한, 기능이 확장된 제어유닛(ECU)이 필요하다.

3 완전(full) 하이브리드 (그림 2-54 참조)

완전 – 하이브리드는 순수하게 전기적으로만, 내연기관으로만, 또는 복합적(전동기와 내연기관)으로 자동차를 구동할 수 있다. 마일드 하이브리드와 비교할 경우, 구조적으로 많은 변경을 해야 한다. 에너지 흐름은 적절한 배열, 설계 및 구동요소의 수에 따라 병렬, 직렬 또는 복합(동력 분할) – 하이브리드로 구성할 수 있다. 마일드 – 하이브리드와 달리 순수 전기주행할 때 더는 내연기관을 타행시키지 않아도 된다. 전기구동 출력은 20kW 이상이며 에너지 흐름 전략에 따라 약 60kW까지도 사용한다. 전기주행과 구동 축전지용 주 전압회로의 작동전압 범위는 약 200~650V이다. 동시에 일반 부하용으로 대부분 기존의 12V – 전기회로를 그대로 사용한다. 이를 위해 별도의 발전기는 필요 없다. 저전압 축전지는 주행 중 구동전동기의 발전기 모드에 의해 생성, 고전압 축전지에 저장된 전기에너지를 DC/DC – 컨버터를 통해 12V – 회로에 공급한다. 기존의 발전기와 시동 전동기는 대부분 사용하지 않지만, 시스템 설계에 따라서는 매우 낮은 온도에서 내연기관의 냉시동을 보장하기 위해 기존의 스타터(starter)를 그대로 유지하는 모델도 있다.

풀 – 하이브리드에 설치된 전기기계(=전동기)는 저속에서도 가속에 필요한 큰 토크를 발휘할 수 있어야 하므로, 저속에서 최대 토크를 발휘하는 토크 특성을 갖추고 있어야 한다. 내연기관과 전기기계 그리고 지능화된 작동전략을 결합하여, 연료를 최대한 절약하면서도 우수한 가속성능, 높은 주행 안락성을 실현할 수 있다. 물론 시스템은 복잡해지고 비용은 현저하게 상승한다.

새로운 TNGA(Toyota New Global Architecture) 플랫폼을 기반으로 한 프리우스 4세대(2016년)의 동력원은 출력 72kW인 1.8ℓ 가솔린기관과 경량화된 출력 53kW의 PMSM이다. 효율적인 시스템으로 평가되고 있다.(복합 연료소비 : 3.7ℓ/100km, 결합 CO_2 배출량 : 84g/km)현대 소나타 하이브리드, Lexus – hybrid, Mercedes E300 Blue TEC hybrid, Audi Q5 hybrid, BMW Active hybrid 등이 있다.

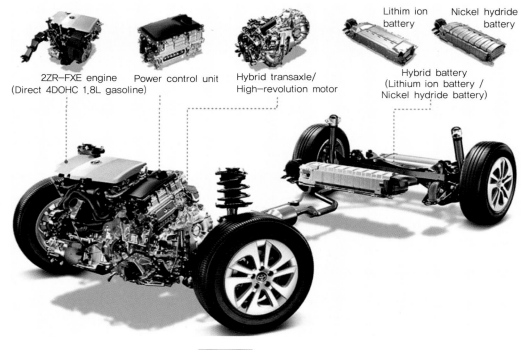

2ZR-FXE engine
(Direct 4DOHC 1.8L gasoline)

Power control unit

Hybrid transaxle/
High-revolution motor

Lithim ion
battery

Nickel hydride
battery

Hybrid battery
(Lithium ion battery /
Nickel hydride battery)

참고도 | 4세대 프리우스

완전 - 하이브리드는 발진/정지(start/stop), 회생제동, 순수 전기주행, 타행(coasting), 가속지원(boost), 부하점 상향 이동, 구동 축전지 충전 및 지능화된 에너지 관리 등의 기능을 포함한다. 이 외에도 전동기는 필요할 경우, 변속기의 변속과정을 지원하여 동력전달장치에서의 원하지 않은 진동을 방지하거나 구동력의 단절을 피할 수 있다. ― **변속 지원**(shifting support)

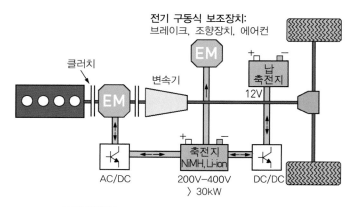

전기 구동식 보조장치:
브레이크, 조향장치, 에어컨

클러치

변속기

EM

납
축전지

12V

EM

AC/DC

축전지
NiMH, Li-ion
200V~400V
> 30kW

DC/DC

그림 2-54 | 풀-하이브리드의 기본 구조 및 배치[1]

4 외부 충전식 하이브리드(External chargeable hybrid)

현재의 기술수준에서 구동 축전지의 에너지밀도가 탄화수소 연료와 비교하여 현저하게 낮아서 축전지 전기자동차(BEV; Battery Electric vehicle)의 주행거리는 상대적으로 제한적이다. 따라서 BEV로 장거리를 주행하기 위해서는 구동축전지 용량이 더 증대되어야 한다.

풀(full) – 하이브리드와 같은 자족(自足) 하이브리드의 경우는 규격화된 주행 사이클로 주행했을 때, 주행 전/후의 충전상태가 똑같아야 한다. 따라서 주행 사이클 중에 순수하게 전기로 주행할 수 있는 거리는 극히 제한적일 수밖에 없다.

이와 같은 문제점을 외부전원으로 축전지를 충전하거나, 별도의 발전장치를 차량에 탑재하는 방법으로 해결할 수 있다.

(1) 플러그-인 하이브리드(PHEV; plug-in electric hybrid)

PHEV는 기본적으로 외부 전원(예 : 소켓)으로 축전지를 충전할 수 있는 장치를 갖춘, 풀(full) – 하이브리드이다. PHEV – 기술의 주요 목표는 전기주행 거리의 연장이다. 이를 위해서는 에너지 용량이 아주 큰 축전지가 필요하다. 실제 전기주행 거리는 대부분 약 30~100km이며, 주행 형태 또는 테스트 사이클 및 주변 조건(예 : 온도)에 따라 크게 달라진다. 이론적 측면에서 보면, PHEV는 순수 내연기관 자동차와 순수 전기자동차 사이의 중간단계 기술이다. 따라서 두 시스템의 장점을 결합할 수 있다. 설치된 전기에너지 용량에 따라 전기주행 모드는 궁극적으로 100% 전기주행에 이를 때까지 전체 주행거리의 대부분을 차지할 수도 있다. PHEV는 특히 일상적으로 1일 주행거리가 짧은 운전자에게 적합하다. 통계에 따르면, 유럽에서는 1일 주행거리가 50km 이하인 차량이 약 70~80%에 이른다고 한다.

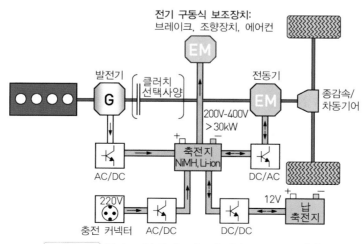

그림 2-55 플러그-인 하이브리드의 기본구조 및 배치 [1]

구동 축전지와 전동기는 전기주행에 필요한 주행출력을 충분히 감당할 수 있는 수준으로 설계된다. PHEV는 풀-하이브리드와 마찬가지로 전기주행할 때에도 안락성과 안전성을 충분히 확보하기 위해서는, 다수의 보조 시스템들을 전기로 구동해야 한다. 추가되는 구성요소들은 용량 10~20kWh의 축전지, 파워-일렉트로닉스(AC/DC 컨버터), 충전 케이블 그리고 충전장치의 제어, 감시 및 통신에 필요한 전자제어장치 등이다.

PHEV의 주요 문제점은 현재로서는 가격이 비싸고, 큰 설치공간이 필요하며, 무게가 무겁고, 충전 여건(이용 가능한 설비 및 충전소요시간)이 만족스럽지 않다는 점 등이다.

(2) 레인지-익스텐더(RE; Range-Extender)

레인지-익스텐더(RE)는 순수한 축전지 전기자동차(BEV; Battery Electric Vehicle)에, 주로 내연기관과 발전기가 기계적으로 결합된 발전설비를 추가로 장착한 형식이다. 축전지가 방전되면, 발전설비가 생산한 전기로 주행도 하고, 동시에 축전지도 충전할 수 있다. 이와 같은 주행거리 연장장치가 바로 레인지 익스텐더(RE)이다.

레인지 익스텐더 전기자동차(REEV ; Range Extender Electrical Vehicle)라는 명칭은 통일된 명칭이 아니다. REEV는 가끔 내연기관의 출력이 최고속도로 계속 주행하기에 충분하지 않은 직렬 하이브리드를 의미한다. 때로는 자동차의 활동반경을 넓히기 위해서 추가로 내연기관이 구동하는 발전장치를 장착한 전기자동차(BEV)를 의미하기도 한다.

일반적으로 추가 장착된 발전설비(RE)에 의한 차량의 순수 전기주행 거리가 약 50km 이상 연장될 경우, RE의 기능을 충족하는 것으로 평가한다. 이에 해당하는 대표적인 자동차는 내연기관과 출력측 동력분할 변속기를 결합한 GM의 볼트(Volt)이다. 1회 충전으로 383km를 주행할 수 있다. 특정 주행조건에서 내연기관이 변속기를 통해 직접 차륜 구동축과 연결되어 기계적 동력전달 경로를 이용할 수 있다면, 효율 측면에서 더 합리적일 수 있다.

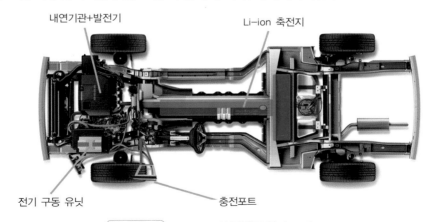

그림 2-56 GM VOLT의 플랫폼 (출처 : GM)

① RE(range-extender)의 개념 정의

기본적으로 전동기가 혼자서 차량을 구동하므로 REEV는 직렬 하이브리드이다. 내연기관과 발전기가 기계적으로 결합된 발전장치가 구동 축전지에 전기를 공급하는 구조가 열적 (thermal) REEV의 표준구조(그림1‒7(b))이다. 그러나 발전설비와 차량의 동력전달계 사이에는 기계적 연결(토크 전달계에 개입하지 않음)이 없으며, 발전설비는 전력전자를 거쳐 축전지와는 전선으로만 연결된다.

반면에 화학‒전기적(chemical‒electric) REEV(그림 2‒57(a))에서는 연료전지가 전기를 생산하여 구동 전동기에 공급한다. 즉, 연료전지 자동차는 직렬 REEV의 일종이다.

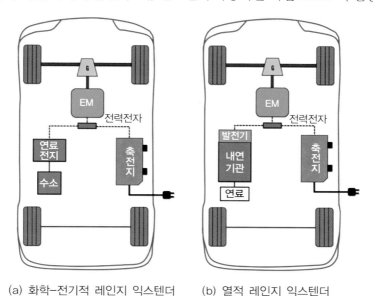

(a) 화학‒전기적 레인지 익스텐더   (b) 열적 레인지 익스텐더

그림 2‒57 직렬 RE(레인지 익스텐더)의 정의

RE‒개념을 적용하여 직렬 하이브리드에서 EV로 전환하는 과정은 구체적인 숫자나 구성요소로 명확하게 구분할 수 없지만, 그림 2‒58에 제시된 바와 같이 설명할 수 있다.

직렬 하이브리드 구동계(좌측)에서 시작하여 내연기관의 크기를 줄이면서 동시에 축전지 용량을 크게 하면 REEV가 된다. REEV에서 내연기관은 작동빈도가 낮고, 생성하는 출력도 줄어든다.

반대로 순수한 BEV(우측)에 RE를 추가하면, 축전지 용량(크기)을 줄이면서도 주행거리를 연장할 수 있다. 구동전동기 출력은 해당 차량의 주행성능을 결정하므로, 변함없이 원래 상태로 유지해야 한다. 이 고전적인 RE‒시스템을 직렬‒RE라고 하며, 주로 구성요소의 배치구조(architecture)에 따라 특징이 결정된다.

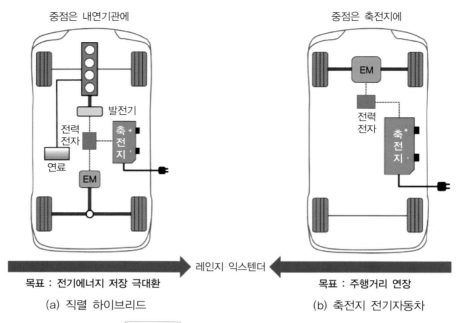

중점은 내연기관에

중점은 축전지에

발전기

전력
전자

연료

EM

축
전
지

EM

전력
전자

축
전
지

레인지 익스텐더

목표 : 전기에너지 저장 극대환

(a) 직렬 하이브리드

목표 : 주행거리 연장

(b) 축전지 전기자동차

그림 2-58 레인지 익스텐더의 두 가지 방법

　차량의 주행거리 연장을 위한 목표는, 시스템 구성요소와 그 조합을 특정하지 않고, 기능의 확장을 체계적으로 고려하면 된다. 이는 RE‐기능을 다른 형태의 구조, 예를 들어 병렬 또는 동력분할 하이브리드로도 구현할 수 있음을 의미한다. 이 RE‐개념을 하이브리드‐RE라고 한다.

　RE‐개념은 전기 주행거리를 연장하는 시스템으로 일반화할 수 있다. 일반적인 일상생활에 충분한 전기 주행거리를 감당할 수 있는 기본설계가 필요하다. 예를 들어 어느 나라의 통계에서 1일 주행거리 50km 이하(실제 상황에서)가 전체 운전자의 약 70%라면, 이 전기 주행거리만의 개념을 다시 정립하여 RE‐설계에 반영하면 된다.

② RE의 필요조건

　화학‐전기적 RE에 대해서는 연료전지 자동차에서 설명하기로 하고, 여기서는 직렬 열적‐RE에 초점을 맞추어 설명한다.

　직렬 RE는 가능한 한 차량에 쉽게 통합할 수 있어야 하며, 설치공간, 무게, 거슬리지 않는 주행 행태(소음/진동 및 시동/정지) 및 가격이 최우선 순위이다. 물론 높은 축전지 비용을 크게 줄여, EV 전체의 가격을 낮추는 방법으로, 추가되는 RE‐비용을 쉽게 보상할 수 있다.

　RE의 출력은 작동비율과 RE‐조건에서 요구되는 주행출력에 따라 다르다. 소형 자동차의 대략적인 출력 범위는 15~50kW이다. 130km/h 이상의 고속주행 시 축전지 충전을 보장하려면 30~50kW의 출력이 필요하다 [19, 20]. 상황에 따라 RE용 내연기관이 빈번하게 작동될 수 있으나, 허용한계를 초과하여 유해물질을 많이 배출해서는 안 되며, 특히 엔진관리 및 배기가스 후처리 대책으로 이를 제어해야 한다.

차량 실내 난방에 전기에너지를 사용하면 EV의 주행거리는 현저하게 단축된다. 지능형 열관리로 주행거리 손실을 줄이고 난방성능을 개선해야 한다. RE용 소형 내연기관의 효율 은 중요하지만, 유일한 원동기로서 계속 작동하는 기존의 내연기관 자동차의 내연기관과 비교하여 중요성이 떨어진다. 중기적으로 RE용 내연기관은 바이오 연료(예 : E20 또는 E85)도 사용할 수 있어야 한다. CNG의 사용도 가능하지만, 연료탱크용으로 상당한 공간을 추가로 확보해야 한다.

직렬 RE의 매력은 차량에 유연하게 통합할 수 있다는 점이다. 원칙적으로 설치 위치를 자유롭게 선택할 수 있다. 이유는 전력전자장치와 전선으로만 연결되기 때문이다. 일반적 으로 연료탱크와 냉각장치는 RE에 근접, 설치하며 소형 RE‒모듈구조로 생산한다. 극단적 인 경우, EV용 장치모듈로 구매하거나 임대할 수 있는 "보드‒케이스(Board‒case)"로 생 산한다. 물론 이를 위해서는 인터페이스(interface) 표준이 확립되어야 한다. 최초의 RE‒ 모듈의 총중량은 60~80kg이었다 [27].

③ RE용 내연기관

레인지‒익스텐더가 EV(직렬 RE)에만 사용되며 축전지 개발이 계속된다고 가정하면, REEV는 어정쩡한 정도의 대수에 머물 것이며, 장기적으로는 미래가 없을 것이다. 그러나 오늘날의 관점에서도 RE는 광범위한 구매자 그룹이 EV를 받아들이도록 돕는 결정적인 개 념이다.

직렬 REEV용으로 다양한 내연기관을 고려할 수 있다. 체적, 무게, 소음, 비용 및 가용성 에 대한 특별한 요구사항 때문에 선택 가능한 내연기관은 매우 제한적이다. 현재 선택 1순 위는 4행정 2기통 가솔린기관이다. 기술적 관점에서 볼 때, 2행정 가솔린기관, Wankel‒기 관 및 디젤기관(대형 차량에서)도 선택의 여지가 있다. 특히 방켈기관은 소음(NVH), 패키 징 및 무게 측면에서 특히 유리하다. 그러나 모든, 다른 엔진들은 개개의 장점에도 불구하 고, 기술‒경제적인, 총체적 관점에서 선택의 여지가 없다.

RE용 내연기관의 특별한 특징은 준정적(quasi‒stationary) 작동이다. 축전지 충전상태 와 운전자의 요청에 따라 충전전략이 달라져야 하므로 일반적으로 단일점(single‒point) 작동은 합리적 방법이 아니다. 적어도 2점‒또는 3점‒작동이 가능해야 한다. 그러나 과도 기적인(transient) 작동을 많이 배제할 수 있다. 따라서 유해 배출물과 부하제어를 위해 계속 작동하는 장치에 임계(critical) 작동상태가 발생하지 않는다. 내연기관은 이러한 소수의 작 동점에서 혼합기 형성, 연소, 배기가스 후처리 및 소음에 대해 최적화할 수 있으며, 보조장 치(윤활유 펌프와 냉각수 펌프)도 마찬가지이다. 마찰손실은 열관리 그리고 보조장치를 필요한 만큼만 작동시켜 줄일 수 있다. 이를 통한 효율의 상승으로 2회의 에너지변환(기계적/전기적 그리고 전기적/기계적)으로 인한 효율손실 일부를 보상한다. 내연기관은 직접 연결된 전기기계(EM)로 기동할 수 있으므로, 대부분 기동전동기를 생략한다.

특별한 방식은 연료전지를 RE로 설계, 사용하는 것이다. 기본 구조는 연료전지로 작동하는 EV와 같다. RE - 버전에서, 연료전지는 열적 RE의 발전기와 유사하게 차량의 구동 - 축전지에 전기에너지를 공급한다. 연료전지 모듈은 적합한 APU(Auxiliary Power Unit)이다. 열기관을 이용하는 RE에서 필수인 발전기는 생략된다. 거리에서 수소 충전이 가능하더라도, 수소의 장기 저장은 여전히 중요한 문제이다. 액체 수소용 소형 극저온 탱크에서도 증발손실은 발생한다. 대안인 고압 탱크는 제2 에너지 저장장치로서 허용하기 어려울 만큼의 무게와 부피를 추가로 증가시킨다. 연료전지와 수소저장장치에 대해서는 제4장에서 상세하게 설명할 것이다.

표 2-6 레인지 익스텐더용 열기관의 평가

	가중 계수	4행정 가솔린	2행정 가솔린	4행정 디젤	2행정 디젤	방켈 기관	스털링	가스터빈	연료전지
설치공간 작음	높다	+	+	O	+	++	- -	+	+
무게 가벼움	높다	+	+	+	+	++	- -	+	+
소음특성 양호	높다	+	O	O	O	+	+	- -	++
유해 배출물 및 정화대책	높다	+	O	O	O	O	++	-	++
생산비 낮다	높다	++	++	++	+	O	- -	- -	- -
개발 위험 적다	중간	++	+	++	O	O	- -	- -	-
시동 특성 양호	중간	++	++	+	+	+	-	-	O
효율 높다	중간	+	O	++	+	O	+	-	++
연료 다양성	낮다	+	O	+	+	O	++	O	- -
선택 순위		1	1	2	선택 여지없음	2	선택 여지없음	선택 여지없음	추구가치 있음

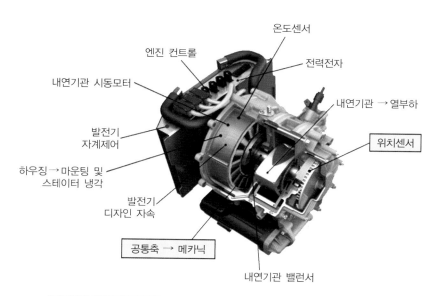

온도센서
엔진 컨트롤
전력전자
내연기관 시동모터
내연기관 → 열부하
발전기
자계제어
위치센서
하우징 → 마운팅 및
스테이터 냉각
발전기
디자인 자속
공통축 → 메카닉
내연기관 밸런서

레인지 익스텐더	
엔진 형식	단일 로터 방켈기관
배기량	254cc
출력	18kW @5500min^{-1}
연료소비	275g/kWh(프로토 모듈)
배기가스 기준	EU6
발전기 형식	PMSM
전기출력	15kW @320~420V
소프트웨어	모듈 내장형 SW & CAN-인터페이스
열관리	단일 수랭식 냉각회로
1m 거리 소음	65dB(A)
엔진+발전기 질량	35kg
RE-모듈 총 질량	70kg

참고도 레인지 익스텐더용 방켈기관(예)

2-3
자동차 하이브리드화가 내연기관에 미치는 영향
The effect of automobile hybridization on internal combustion engines

파워트레인(powertrain)의 전동화 또는 하이브리드화 정도에 따라, 내연기관의 개념 및 설계를 변경된 요구사항에 맞게 수정해야 한다. 그러나 파워트레인 구성(configuration)의 전체 시스템, 즉 전기 파워트레인, 내연기관 파워트레인 그리고 이들의 조합을 항상 최적화시켜야 한다. 또한, 차량 등급과 이에 따른 고객의 예상 운전 거동도 고려해야 한다. 비용 – 편익 분석, 제품 포트폴리오 내의 모듈에 대한 적합성 및 고객 요구사항도 적절한 내연기관 선정에 크게 영향을 미친다.

1 하이브리드 파워트레인용 내연기관에 대한 기본적인 요구사항

하이브리드 파워트레인에 사용되는 내연기관은 다음과 같은 요구를 충족해야 한다.
 ① 가능한 한 설치공간을 작게 차지하고 무게가 가벼워야 한다.
 ② 순수한 내연기관 파워트레인보다 값이 싸야 한다.
 ③ 유해물질 배출특성이 악화되지 않아야 하고, 효율은 가능한 한 높아야 하며,
 ④ 작동점과 관련된 NVH가 존재하지만, 이것이 고장으로 인식되지 않아야 한다.

내연기관은 바람직하게는 중부하~고부하 영역에서 작동되어야 하며, 이때 내연기관의 효율은 구동 전동기가 주로 사용되는 낮은 부하영역보다 더 높다.
내연기관의 설계 및 적용에 대한 추가 수정은 다음과 같은, 변경된 또는 새로운 작동모드에 의해 발생한다.
 ① 내연기관 주행/전동기 주행/복합(내연기관+전동기) 주행
 ② 전기적 가속지원(e – boost)
 ③ 기계적 에너지를 전기적 에너지로 변환 – 축전지 충전
 ④ 회생 제동 – 에너지 회수

⑤ 타행(coasting)

⑥ 발진/정지(start/stop) 기능

발진/정지 기능은 가솔린기관 또는 디젤기관만을 사용하는 순수 내연기관 파워트레인에서도 최신 기술로서, 파워트레인의 전동화에서 첫 번째로 중요한 단계이며, 타행은 파워트레인의 하이브리드화와는 관련이 없다. 이 두 기능은 내연기관의 시동횟수를 약 50만 회 이상으로 증가시킨다. 따라서 시동장치는 이에 대응하여 적절하게 보강되어야 한다. 그러나, 크랭크기구의 베어링은 높은 비율의 혼합마찰로 인해 더 큰 응력을 받으므로 예를 들어 평면 베어링 쉘(shell)에 적절한 도막을 만들어 보강해야 한다. 발진/정지 및 타행 기능은 기본적으로 모든 파워트레인에 사용할 수 있다.

마일드(Mild) 하이브리드에 사용되는 내연기관은 순수한 내연기관 자동차 동력원과 유사하게 설계된다. 내연기관은 정격출력은 물론이고 최고속도로 주행 가능한 최대출력을 발휘할 수 있어야 한다. 마찬가지로 공전과 부분부하 영역도 감당해야 한다. 추가로 전기적 가속지원(e-boost)과 회생제동뿐만 아니라 추가로 축전지를 충전할 수 있어야 하며, 연비 경제적인 부하점 이동도 가능해야 한다.

완전(Full) - 하이브리드와 플러그인 하이브리드(PHEV)의 경우, 내연기관의 개조는 전기구동장치의 설계(축전지 용량과 전기기계의 출력)에 크게 좌우된다. 또한, 일반적으로 내연기관의 광범위한 응용분야에 사용되는 전기부품(축전지)의 높은 가격과 무게는 오늘날에도 결정적인 영향요소이다. 반면에, 플러그인 하이브리드(PHEV)의 경우 사이클 운전에서 이산화탄소(CO_2)를 50g CO_2 / km까지 감소시킬 수 있다.

일반적으로 하이브리드 자동차용 내연기관의 최적화 전략은 다음과 같이 요약할 수 있다.

동력/토크 분배는 모든 작동모드에서 총효율이 최적화되고, 유해물질이 가능한 한 적게 배출되도록 설계되어야 한다. 전기기계와 내연기관 각각의 최상의 효율을 모든 작동조건에서 동시에 만족시킬 수는 없으며, 이들 조합의 최적화를 모색해야 한다. 내연기관을 하이브리드 자동차에 사용하기 위해서는 다음과 같은 사항을 고려해야 한다.

① 실린더 수(downsizing)

② 과급(turbo - charging 또는 supercharging)

③ 실린더 비활성화

④ 가변 밸브기구

⑤ 연료분사장치

⑥ 혼합기 형성 전략

⑦ 실린더 배열

기관별 전략(Engine-specific measures)

하이브리드 구동장치에서 내연기관의 적응 및 시스템 통합은 작동 행태, 연비 및 배출가스를 개선할 수 있는 상당한 잠재력을 제공한다. 그러나 순환적(cyclic) 작동단계가 빈번하게 반복되면, 내연기관에 새로운 문제가 발생한다. 예를 들어 크랭크기구 및 밸브구동기구의 마찰상태가 불량하고 배기계의 온도수준이 낮은 상태에서 빈번하게 발진/정지를 자주 반복하게 되면 문제가 발생할 수 있다.

가솔린기관과 디젤기관 모두 기통수를 줄이고 과급할 필요가 있다. 이에 관한 대안인 실린더 비활성화는 주로 가솔린기관에 적용한다. 연료분사장치의 단순화는 주로 가솔린기관에 영향을 미친다. 동적 부하변동(e-boost) 시 전동기의 지원 덕분에 내연기관은 유해물질과 소음을 더 적게 배출하면서 차량을 매끄럽게 가속할 수 있다.

(1) 가솔린기관

기본적으로, 가솔린기관은 낮은 출력질량[kg/kW], 쉬운 배기가스 후처리, 낮은 수준의 작동소음 등의 특성을 갖추고 있어서 하이브리드 자동차의 내연기관 동력원으로 아주 적합하다. 가솔린기관은 예를 들어 A- 및 B-클래스(class) 자동차와 같은 소형 자동차에 주로 사용한다. 그러나 가솔린기관은 배기계의 온도 수준이 상대적으로 낮아서, 전기히터와 같은 온도상승 대책이 필요할 수도 있다.

모든 자동차 등급에 고성능(최대 주행속도에 중요) 소형기관을 적용하기 위해서 과급을 이용한다. 구동 전동기는 저속과 중속 회전속도 범위에서 높은 토크를 생성하므로 우수한 가속성능을 보장할 수 있다. 기관의 극단적인 소형화로 인해 작동 행태가 불안해질 수 있으므로, 대형 차량에서는 대안으로 실린더 비활성화 기능을 자주 활용한다. 실린더 비활성화 기능은 필요에 따라 엔진(예 : 6기통)의 총출력을 차량 구동에 모두 사용할 수 있음을 의미한다.

하이브리드화의 가장 중요한 목표 중 하나는 CO_2-배출량을 크게 줄여서 미래 목표(모든 신차의 경우 2021년에 95g CO_2/km, 2025년에는 70g CO_2/km)를 달성하는 것이다. 안락성과 배기가스 문제로 가솔린기관에만 적용하는, 실린더 비활성화는 B-등급(class)과 C-등급의 소형 자동차 기관에도 매력적이다. 그리고 압축비를 증가시켜 열효율을 상승시키는 것은 또 다른 방법이다. 여기에는 가변 밸브제어와 과급의 조합이 사용된다. 높은 기하학적 압축비로 설계된 경우, 유효 압축비는 흡기밸브를 나중에 닫는 방법(Atkinson 사이클) 또는 흡기밸브를 일찍 닫는 방법(Miller 사이클)과 과급을 연동하여 제어할 수 있으며, 이와 같은 방법으로 효율을 최적화하고 동시에 노크를 방지할 수 있다. 크랭크기구를 수정하여 양산 자동차에 기하학적 가변 압축비를 도입하려는 노력은 비용 측면의 관점에서 볼 때 하이브리드 용도로는 적합하지 않다.

단순한 흡기다기관 분사방식은 비용 측면에서만 아니라, 미립자 수의 법적 규젯값(2017년 이후 $6 \cdot 10^{11}$/km)으로 인해 다시 주목을 받고 있다. 직접분사는 다중 분사, 높은 분사압력 또는 미립자 필터와 같은 비용이 많이 드는 특수한 대책을 사용해야 한다.

배기량이 큰 엔진을 사용하는 기존의 자동차와 소형화된(downsizing) 엔진을 사용하는 하이브리드 자동차에서 방출된 미립자의 수를 여러 사이클에서 조사, 비교한 결과를 보면, 모든 경우에, 소형화된 엔진은 특히 하이브리드 자동차에서 빈번한 발진/정지의 결과로, 그리고 아마도 연소실의 크기가 작아서 아주 많은 고형 미립자를 생성, 방출하는 것으로 나타나고 있다. [28]

반면에 직접분사(λ=1)는 CO_2를 줄이는 데 크게 기여할 수 있다. 이와 관련하여 희박 층상급기 기술은 더욱 개선되었으나, 배기가스 후처리(DeNOx 시스템)가 복잡하여 고급차량 시장부문과 SUV 시장부문에 국한되어 적용되고 있다.

실제로, 하이브리드 자동차에서 실린더 배열은 직렬형이 대부분이지만, 대형 차량에는 V형도 사용될 가능성이 있다. 기통수는 소형 자동차에서는 3개, 대형 자동차에서는 최대 6개로 제한된다. 3 - , 4 - 기통이 대부분이고, 5 - 기통은 부활할 가능성이 있으나 2 - 기통은 레인지 익스텐더용으로만 사용된다. 2기통 및 3기통 엔진의 열악한 NVH 현상은 보상축을 사용하거나 크랭크기구의 튼튼한 구조, 짧은 치수 및 평형추를 결합하여 대응한다.

(2) 디젤기관

디젤기관은 가솔린기관과는 반대로 차량 등급(class) B와 C 같은 소형차에서는 1차 선택이 아니다. 하이브리드 자동차에서는 자동차가 크면 클수록 동력원으로 디젤기관이 더 매력적이다. 배기가스 후처리의 비용 증가 측면도 무시할 수는 없으나, 그보다는 CO_2 - 배출량의 이점이 더 크다. 소형 2기통 엔진도 시험하고 있지만, 기통수는 주로 3~6개이다. 특히 대형 차량의 경우 V형 엔진을 주로 사용한다.

직접분사의 경우, 현재의 기술 수준과 비교하여 단순화가 거의 없으며, 다른 측면에서는 배기가스 후처리에 비용이 많이 든다. 상황에 따라서는 고속 솔레노이드 인젝터로 충분하다. 레인지 익스텐더용을 제외하고는 과급이 필수이다. 작동 행태를 개선하기 위해 전기구동식 공기압축기를 사용할 수 있으며, 이는 가솔린기관에도 적용할 수 있다. 연속적인 정격운전이 빈번하게 중단되므로, 기관 내부의 유해물질을 개선하고 배기가스 후처리를 위한 열관리를 최적화하기 위해서는 가변 밸브제어가 필요하다. 배기가스 재순환은 고압/저압 EGR 밸브를 사용하여 추가로 실현하며, 상황에 따라서는 DeNOx 시스템이 필요하지 않을 수도 있다. NOx - 저장 촉매기가 바람직하지만, 자동차회사는 비용문제로 표준화를 반대하고 미립자 필터만 사용할 수 있다. 가변 밸브제어(잔류 가스 재순환)로 고온의 고압-EGR을 대체할 수 있다.

동적 하중 변화로 인해 연료경로와 공기경로에 바람직하지 않은 배출물 정점(peak)이 발생한다. 내연기관의 둔감화(鈍感化, 하나 또는 소수의 운전점에서 정속운전)를 통해서 이를 유해물질이 낮은 연료-공기 혼합비로 조절할 수 있다. 역동적인(dynamic) 운전은 전동기가 담당한다. 전체적으로, 하이브리드용 기관으로서 디젤기관은 가솔린기관에 비교해 효용성이 더 낮다.

표 2-7은 다양한 차량 등급의 하이브리드 동력원에 사용되는 내연기관의 일반적인 설계 및 구성에 관한 개요를 나타내고 있다. 이미 존재하는 변속기 구성에 유념해야 한다. 유럽에서는 플러그인 하이브리드가 상위 시장부문에서 선호되고 있으며, 현재는 자동변속기가 표준이다.

표 2-7 기존 및 하이브리드 자동차용 내연기관의 일반적인 형태 (파란색 글씨: 선호하는 형식)

	경차(시내용) A/B	소형 B/C	중형(상) D/E	고급형 E/F	SUV
요구 주행거리	짧다	중간	중간-길다	길다	길다
기존 자동차	가솔린/디젤 3~4기통	가솔린/디젤 4기통	가솔린/디젤 4~6기통	가솔린/디젤 6~8기통	가솔린/디젤 6~8기통
전기 자동차	BEV Mild-Hybrid	Mild-Hybrid BEV+RE full Hybrid	Mild-Hybrid full Hybrid (PHEV)	full Hybrid (PHEV)	full Hybrid (PHEV)
전동기와 연동하는 내연기관	가솔린기관 2~4기통	가솔린기관 3~4기통 실린더 비활성화 흡기다기관분사 직접분사(DI) 과급/무과급 down sizing	가솔린/디젤 4기통 실린더 비활성화 흡기다기관분사 직접분사(DI) 과급/무과급 down sizing	가솔린/디젤 4~6기통 실린더 비활성화 직접분사(DI) 과급 down sizing	가솔린/디젤 4~6기통 실린더 비활성화 직접분사(DI) 과급 (down sizing)

2-4

하이브리드 자동차의 작동 모드
Operating Modes in Hybrid Electric Vehicles

1 병렬 및 복합 하이브리드의 작동 모드

병렬 하이브리드 및 복합(또는 동력분할) 하이브리드에서는 다음과 같은 작동모드가 가능하다.

(1) 정차 상태에서

① 내연기관 정지 – 발진/정지(start/stop)

자동차는 멈추어 서 있고, 모든 동력원(내연기관 및 구동 전동기)은 작동을 멈춘다.

② 정차 상태에서 부하점 이동

정차 상태에서 전기를 생산하기 위해 내연기관은 최적 효율 상태에서 전기기계(=발전기 또는 전동기의 발전기 모드)를 구동한다. – 소음에 유의해야.

(2) 주행 중

① 회생제동

제동 중에는 구동 전동기를 발전기 모드로 절환하고, 자동차의 운동에너지(=기계적 에너지)를 전기에너지로 변환시켜 축전지에 임시로 저장한다.

② 주행 중 부하점 상향 이동

내연기관을 효율이 좋은 작동영역에서 큰 출력을 발휘하도록 운전하여, 자동차를 구동하고, 여유 출력으로 전기기계(=전동기의 발전기 모드)를 구동, 전기를 생산한다.

③ 순수 전기주행 및 타행

내연기관은 작동시키지 않고, 축전지의 전기에너지로 구동 전동기만을 작동시켜, 자동차를 구동한다. 타행 시에는 내연기관과 구동 전동기는 작동을 멈추고, 자동차는 자신의 운동에너지에 의해 저절로 굴러간다.

④ **가속지원(boost) – 회전 토크(torque) 지원**

　구동 전동기가 내연기관을 지원한다. 즉, 내연기관과 구동 전동기가 함께 힘을 합쳐 자동차를 구동한다. 즉, 가속 시에 필요한 출력 정점(peak)을 구동 전동기가 보완 또는 지원한다.

⑤ **순수 내연기관 모드**

　내연기관이 혼자서 자동차를 구동한다.

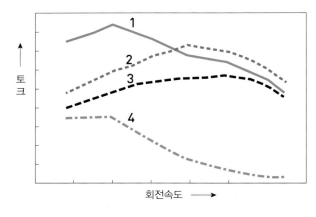

1. 하이브리드 출력(기관+전기모터)
2. 내연기관(배기량 1.6리터)
3. 내연기관(다운사이징, 배기량 1.2리터)
4. 전기모터(출력 15kW)

그림 2-59 **내연기관과 구동 전동기의 회전 토크 특성** (출처 : BOSCH)

2　직렬 하이브리드의 작동 모드

　직렬 하이브리드 개념에서는, 자동차는 항상 구동 전동기에 의해 구동된다. 따라서 병렬 하이브리드에 적용되는 작동 모드와는 다소 차이가 있다.

　직렬 하이브리드에서 내연기관은 단 하나의 작동점에서 계속 작동하거나, 또는 효율이 높은 극소수의 작동점에서 간헐적으로 작동하도록 설계된다. 이때 구동 전동기는 축전지의 전기에너지를 사용하거나 내연기관이 구동하는 발전기로부터 실제로 필요로 하는 만큼의 전기에너지를 바로 공급을 받아, 자동차를 구동한다.

3　입력 변수와 출력 신호

　자동차의 개별 작동상태는 정의된 조건의 지배를 받는다. 여러 가지 입력 변수들을 고려한, 작동전략을 이용하여 자동차의 개별 작동상태 또는 작동 모드를 결정한다. 이때 특히, 다음과 같은 변수들을 중점적으로 고려한다.

(1) 입력 변수들

① 운전자 요구

가속페달 위치, 브레이크 페달 위치, 작동 모드(＝수동변속기의 경우, 선택한 변속단), 조향핸들 위치(조향 방향), 난방 또는 냉방, 상황에 따라서는 항법 시스템의 목적지 등

② 시스템 내부 정보(＝데이터)

동력원의 현재 회전속도 및 토크, 주행속도, 축전지 상태, 온도, 내부 시뮬레이션 모델을 이용한 보정 데이터 등.

③ 학습한 정보(＝데이터)

이력(history), 노정(路程 ; 자주 주행한 구간의 에너지 프로필 등), 교통정보 시스템으로부터의 정보 및 자동차의 양방향 통신정보 등.

(2) 출력 신호

HEV의 구성장치 및 부품으로의 주요 명령으로는 다음과 같은 신호들을 고려할 수 있다.

① **내연기관** : ON/OFF, 규정 작동점(토크 사전 규정값)

② **구동 전동기** : ON/OFF, 회전방향, 회전속도 제어 또는 토크 제어(하이브리드 시스템에 따라 다름), 규정 회전속도 또는 규정 토크

③ **모든 클러치** : 접속 / 차단 여부 및 작동 과정

④ **변속기** : 변속단 선택(자동변속기의 경우)

⑤ **브레이크** : 회생제동에 따른 제동력 제어 신호

일반적으로 입력 변수들을 고려한, 작동전략을 이용하여 작동 모드를 결정한다. 그리고 출력 신호를 해당 ECU에 전송한다.

하이브리드 자동차의 장점은 내연기관의 긴 주행거리와 도심에서 국지적으로 배출가스가 제로인 전동기의 장점인 전기주행을 결합하였다는 점이다. 발진/정지 기능을 통해 내연기관의 연료소비를 감소시키고, 제동 시에는 회생제동으로 자동차의 운동에너지를 회수하여 축전지를 충전한다.

가속지원(boost) 모드도 장점이 있다. 가속과정에서 구동 전동기가 내연기관을 지원함으로써, 내연기관의 효율이 낮은 영역에서는 내연기관의 작동 시간을 줄이거나 피할 수 있다. 즉, 위에 열거한 작동 모드 및 작동전략을 사용하여 에너지 소비 및 유해 배출물을 많이 줄일 수 있다. 이와 같은 측정 가능한 장점 외에도 주관적으로 체험할 수 있는 장점으로 운전자가 느끼는 주행 안락성이다. 하이브리드 자동차의 주행 안락성은 주행능력, 소음특성, 진동특성, 그리고 변속

편의성 등의 영역에서 감지할 수 있다.

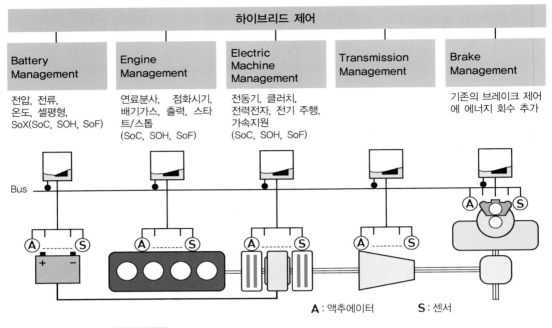

그림 2-60 하이브리드 자동차의 제어시스템 네트워크 (출처 : BOSCH)

4 발진/정지 모드(start/stop mode)

동력원으로서 내연기관 하나만 사용하며, 오직 발진/정지 기능만을 갖춘 마이크로-하이브리드 자동차의 경우를 예로 들어 설명한다. 마일드(mild) 하이브리드부터는 발진에서부터 특정 주행속도에 이르기까지의 과정을 구동 전동기가 담당하므로 상대적으로 간단한 작동전략을 적용한다.

자동차가 정차하면 기관(주로 내연기관)은 곧바로 작동을 멈춘다. 가속페달을 밟거나 브레이크 페달에서 발을 떼면 기관은 곧바로 다시 작동한다. 정지(stop) 상태에서 입력 변수가 변해서, 시스템이 기관의 시동이 필요하다고 인지하면 기관은 곧바로 시동된다. 기관의 시동은 시스템에 집적된 스타터 - 제네레이터(integrated starter - generator ; ISG)가 담당한다.

스타터 - 제네레이터 시스템은 고무벨트를 통해서 기관과 연결되거나, 또는 직접 기관의 뒤쪽에 설치된다. 기존 형식의 시동 전동기를 발진/정지용으로 사용할 때는 일반적으로 성능이 크게 강화된 시동 전동기를 사용한다.

기관을 원활하게 시동하기 위해서 크랭킹 속도를 높이고, 흡기밸브를 늦게 닫아 기관의 압축압력이 너무 높아지지 않도록 하여, 약한 아트킨슨(Atkinson) 효과를 이용하는 자동차들도 있다.

발진/정지 기능은 정차상태, 회생제동, 전기주행 및 타행 시에 내연기관의 공전손실을 방지한다. 참고로 유럽 주행 사이클(NEDC) 및 일본 주행 사이클(10 - 15모드) 테스트에서 발진/정지 모드를 적용했을 경우의 연료 절감률은 대략 다음과 같은 것으로 보고되고 있다.

연료 절감 잠재력	NEDC 주행	일본 10-15모드
수동변속기	3%	6%
자동변속기	4%	8%

기관의 발진/정지 기능을 위해 시스템 제어는 예를 들면, 시동 축전지의 상태, 에어컨 작동 여부, 엔진 온도, 촉매기 온도 등과 같은 정보를 사용한다. 이 변수들은 자동차 생산회사에 따라 다르게 정의될 수 있다(표 2 - 8 참조). 그리고 기관의 정지에 관한 정보는 대부분 자동차 계기판에 표시된다.

표 2 - 8 발진/정지 기능에 필요한 자동차 변수들(예)

자동차 변수	자동 정지(stop)를 위한 조건(예)
자동차 주행속도	3km/h 이하
마지막 엔진 정지 후의 자동차 주행속도	5km/h 이상
변속 레버의 위치	중립
클러치 페달 위치	작동시키지 않음
기관 온도	30℃ 이상
공전 속도	900min^{-1}이하
활성탄 여과기	소기과정 아님
축전지 상태	임계상태 아님
브레이크 배력장치의 압력차	500hPa 이하
조향핸들 조작 및 운동	조작하지 않음(직진상태)
냉/난방장치	히터나 에어컨 작동하지 않음
외기온도	3~30℃

(1) 축전지 상태

축전지 센서를 이용하여 다음과 같은 변수들을 측정한다.

① 축전지의 충전상태
② 축전지 온도
③ 마지막 시동 과정에서의 축전지 전압 강하 값
④ 부하가 스위치 ON된 상태에서의 필요 전류

⑤ 발전기의 충전 기능 정상 여부

축전지 상태가 정상일 경우에 발진/정지 자동 기능이 작동한다. 축전지의 상태가 임곗값에 도달할 때는 기관이 정지하지 않거나, 또는 정지된 기관이 자동으로 다시 시동된다.

(2) 정지(stop) 단계(스위치 Off 단계)가 진행 중 기관의 자동 시동

정지 단계가 진행되는 동안에도 다음과 같은 작동상태 중 어느 하나에 도달하면, 기관은 자동으로 시동된다.
① 스위치 OFF 단계가 진행되는 동안에 축전지 상태가 임계영역에 도달한 경우
② 브레이크 배력장치의 진공도가 임곗값 이하로 낮아진 경우
③ 자동차가 굴러가기 시작할 경우(예 : 주행속도가 5km/h 이상일 경우)
④ 윈드쉴드(windshield) 센서가 윈드쉴드 유리에 습기 또는 김이 서린 것을 확인하였을 때
⑤ 에어컨 증발기의 온도가 규정값 이상으로 상승하였을 때
⑥ 차량 실내 온도의 규정값과 실제값의 차이가 규정값 이하로 낮아졌을 때

축전지의 충전 수준이 하한값에 도달하면, 축전지 출력으로 기관을 시동시키기 어렵게 된다. 그리고 기관이 자동으로 시동이 되는 때는, 보닛과 안전벨트의 접점 스위치는 반드시 닫혀 있어야 한다.

(3) 운전자에 의한 기관의 자동 시동

운전자가 클러치 페달을 밟거나 브레이크를 풀면(자동변속기 장착 자동차), 기관은 자동으로 시동된다. 운전자에 의해 기관이 자동으로 시동이 될 때도, 보닛과 안전벨트의 접점 스위치는 반드시 닫혀 있어야 한다.

(4) 기관의 자동정지(automatic stop)의 제한

다음 중 어느 하나의 상태에 도달하면, 기관의 자동정지는 제한된다.
① 축전지 상태가 거의 임곗값에 도달했을 때
② 공기조화 시스템이 가열 모드일 때
③ Max - AC(냉방) 또는 서리방지 버튼을 조작할 때
④ 환기 팬(fan)이 작동하고 동시에 온도가 낮게 설정되어 있을 때
⑤ 윈드쉴드(windshield) 센서가 윈드쉴드에 김이 서린 것을 확인했을 때

자동차 제작사에 따라서는 이 외에도 여러 가지 변수들을 고려한다.

예를 들어 조향각을 고려하면 저속으로 주차 조작을 할 때, 기관의 자동정지를 방지할 수 있다. 자동 주차 보조 기능을 이용할 때에도 발진/정지 기능은 작동하지 않는다.

(5) 발진/정지 기능을 100% 활용하기 위한 전제 조건

자동차가 정차해 있거나 제동할 때 내연기관이 작동을 멈춘다면, 주변 보조기기들을 구동하기 위한, 별도의 구동력이 있어야 한다. 예를 들면 에어컨 압축기, 동력 조향장치용 오일펌프 그리고 브레이크 부스터용 진공펌프와 같은 보조기기들은 기관이 정지한 상태에서도 작동해야 한다. 그러기 위해서는 이와 같은 보조기기들을 모두 개별적으로, 그리고 전기적으로 구동시켜야한다. 즉, 발진/정지 기능을 제대로 활용하기 위해서는 내연기관이 보조기기들을 기계적으로 구동하는 기존의 시스템을 더는 사용할 수 없다.

5　회생제동(回生制動; recuperative braking)

완전 - 하이브리드에서는 제동 시 구동 전동기의 발전기 모드를 통해서 자동차 운동에너지의 일부를 전기에너지로 회수하여, 이를 축전지에 임시로 저장했다가 나중에 다시 사용할 수 있다. 이 과정을 재생(regenerative) 제동 또는 회생(recuperative) 제동이라고 한다. 마이크로 하이브리드나 마일드 하이브리드에서 집적식 스타터 - 제네레이터(ISG)를 사용하는 경우, 회생제동이 진행되는 동안 집적식 스타터 - 제네레이터는 발전기로 작동한다.

(1) 회생제동의 제어 논리

ECU 논리(logic)가 자동차가 필요로 하는 제동력의 분배를 담당한다. 즉, ECU가 전동기의 발전기 모드가 생성해야 할 제동력의 크기와 휠 브레이크가 생성해야 할 제동력의 크기를 결정한다. 발전기 모드에서 전동기의 회전토크는 전동기 설계사양(출력, 토크, 회전속도 등)에 따라 좌우된다.

제동토크의 분배는 원하는 제동 감속도, 주행속도 범위, 구동 전동기의 발전기 모드에서의 토크 그리고 구동 축전지의 충전상태 등에 따라 결정된다. 발전기 모드에서의 회전토크는 높은 회전속도에서 낮고, 회전속도가 0(zero)에 근접하면 최대토크까지 급격하게 상승한다.(2차 곡선 ; hyperbolic) 이와 같은 특성에 대응해서 주행속도가 낮을 때는 총 제동토크에서 전기기계가 담당해야 할 제동토크의 몫이 증가한다. 그림 2 - 61을 세로축을 중심으로 180도 회전시키면 발전기 모드에서의 회생제동토크 곡선이 구동 전동기 토크 특성곡선과 유사함을 확인할 수 있다.

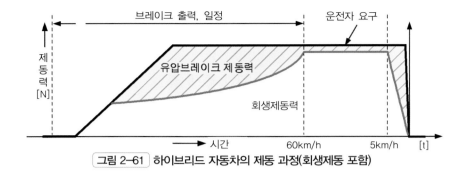

그림 2-61 하이브리드 자동차의 제동 과정(회생제동 포함)

제어 논리는 에너지의 최적 이용을 담당한다. 발전기의 제동토크가 충분하지 않거나 구동 축전지의 충전상태가 충전을 허용하지 않을 때는 필요한 제동토크 전부를 휠 - 브레이크가 혼자서 감당해야 한다. 따라서 구동 축전지의 충전상태는 전동기의 발전기 모드에서 생성해야 할 제동 토크를 결정하는데 가장 중요한, 결정적인 요소이다.

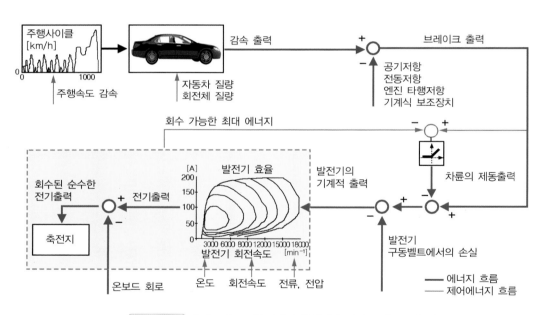

그림 2-62 하이브리드 자동차에서 회생제동 시의 동력 흐름 [25]

(2) 회생제동을 통해 회수한 에너지의 양

여기서 회생제동을 통해서 차륜으로부터 회수하는 기계적 에너지의 양과 효율을 고찰할 필요가 있다.

기계적 에너지를 발전기가 전기적 에너지로 회수하여 축전지에 저장했다가 나중에 다시 사용한다. 따라서 전기기계(발전기와 전동기를 합해서)의 평균 효율을 70%, 축전지(컨버터 포함)의 충/방전 평균효율을 70%로 가정했을 때, 차륜으로부터 회수하여 다시 차륜으로 공급하는 에너지의 효율은 약 50% (0.7×0.7=0.49)에 지나지 않는다.

예를 들어 질량 1500kg의 자동차를 제동 초속도 130km/h(=36m/s)에서 제동하여 정지시켰다, 회생제동의 비율 80%, 전기기계와 축전지 각각의 평균효율을 70%라고 가정하면, 다시 바퀴로 공급, 가능한 유효 에너지는 다음과 같이 계산된다. (0.8×0.7×0.7=39.2%)

전체 운동에너지 : $E_K = 1/2 \cdot m \cdot v^2 = (1/2) \times 1500\mathrm{kg} \times (36\mathrm{m/s})^2 \fallingdotseq 972\mathrm{kJ}$

회생제동으로 회수 가능한 에너지 : $E_{RB} = E_K \cdot \eta_{RB} = 972 \times 0.8 = 776.6\mathrm{kJ}$

다시 차륜으로 공급한 에너지 : $E_{EM \leftrightarrow B} = E_{RB} \cdot \eta_{EM \leftrightarrow B} = 776.6 \times 0.7 \times 0.7 \approx 381\mathrm{kJ}$

하이브리드 자동차가 회생제동을 통해서 얻을 수 있는 연료 절감 잠재력은 최대 약 4~5%로 조사되고 있다. 예를 들면, RX 400h의 경우 시내 주행(25km/h)에서는 4%, 시외 주행(42km/h)에서는 5%, 그리고 고속도로 주행에서는 약 1%의 연료가 절감되었다. [26]

기존의 발전기 배치를 그대로 사용하는 일부 자동차회사들은 적합한 지능형 발전기제어를 이용하여 제동할 때 또는 타행할 때만 에너지를 회수한다. 즉, 구동 단계에서는 발전기를 여자(勵磁) 시키지 않기 때문에, 발전기는 연료나 에너지를 소비하지 않는다(발전기 무부하 상태). 이 시스템에서 발전기를 테스트할 때는 지능형 발전기제어는 진단기를 이용하여 비활성화시켜야 한다.

(3) 지능형 발전기제어(IGR ; Intelligent Generator regulating)

지능형 발전기제어는 축전지에 대해 두 가지 충전상태(SoC ; State of Charge) 즉, 충전 하한값과 충전 상한값을 규정한다. 축전지의 충전상태에 따라 각기 다른 방법으로 제어가 이루어진다. 지능형 발전기 제어전략은 다음과 같다.

① 충전상태가 규정 하한값보다 낮을 때

타행 시 또는 제동 시는 물론이고 구동 단계에서도 축전지는 충전된다.

② 충전상태가 규정 상한값과 규정 하한값 사이일 때

타행 중 또는 제동 중에 상승한 전압으로 축전지는 충전된다. 구동 단계에서 발전기는 통상적인 부하가 필요로 하는 전기만 생산한다. 구동 단계에서 축전지는 더는 충전되지 않는다.

③ 충전상태가 규정 상한값 이상일 때

축전지는 타행 중 또는 제동 중에만 충전된다. 구동 단계에서는 발전기는 완전 무부하 상태가 된다. (전기에너지를 생성하지 않음). 자동차의 모든 부하는 오직 축전지의 전기에너지를 사용한다.

④ **축전지가 100% 충전되었을 때**

타행(coasting) 빈도가 높아지면 축전지의 충전상태는 100%에 도달할 수 있다. 이 상태에 도달하면 축전지는 어떠한 주행단계에서도 충전되지 않는다. 즉, 제동 중일지라도 더는 충전되지 않는다.

필요로 하는 축전지 사이클의 저항성 때문에, 일반적으로 마이크로 - 하이브리드에서는 AGM(Absorbing Glas Mat) - 축전지 또는 플리스(fleece) - 기술이 적용된 축전지를 사용하며, 마일드 - 및 완전 - 하이브리드에서는 고성능 Li - ion 축전지를 주로 사용한다. 축전지의 충전상태는 축전지 센서를 이용하여 계속 감시하며, 센서는 엔진 ECU와 발전기에 연결되어 있다.

6 가속 지원(boost) - 회전 토크 지원

특별한 작동상태, 예를 들면 발진할 때 또는 급가속할 때에는 구동 전동기가 생성하는 추가 토크를 사용하여 내연기관의 회전토크를 지원하는 방법으로 자동차의 가속성능을 향상시킨다. 이를 가속지원, 또는 회전토크 지원(boost)이라 한다. 무엇보다도 전동기는 저속에서 큰 토크를 생성할 수 있으므로 자동차의 발진 및 급가속에 효과적으로 활용할 수 있다.

구동 전동기가 추가로 공급하는 토크 덕분에, 내연기관이 토크는 약하고, 연료소비는 많고, 또는 유해물질이 많이 배출되는 부하 위치를 피할 수 있다면, 이는 가장 이상적인 토크 지원이 될 것이다. 그러나 가속지원 모드(boost mode)는 구동 축전지의 충전상태가 이를 허용할 때에만 가능하다. 또 가속지원 모드(= 전동기를 이용한 토크 지원)가 연료소비를 최대한 줄이기 위한, 하이브리드 자동차의 기본목표를 저해해서도 안 된다.

회전토크를 효과적으로 지원하기 위해서는 Li - ion - 축전지와 같은 고출력/고용량의 에너지 저장기를 필요로 한다. 이 외에도 이들 Li - ion - 축전지는 고전압으로 작동하기 때문에 전류의 강도와 이에 필요한 배선의 단면적을 작게 할 수 있다. Li - ion - 축전지는 출력 수준이 높아서 회수 가능한 제동에너지의 양도 증가한다.

7 부하점 상향 이동(load point displacement)

내연기관의 부하점 또는 작동점(operating point)을 효율이 높은 영역으로 이동시켜, 파워트레인 전체의 총 효율을 향상 또는 최적화시킬 수 있다.

내연기관은 전부하 운전과 비교하여 부분부하 운전에서 연료를 더 많이 소비하며, 반대로 열효율은 더 낮다. 부분부하 운전에서는 전체 출력 중에서 마찰손실과 열손실이 차지하는 비율이 상대적으로 더 높다. 이러한 경향성은 모든 내연기관에서 부분부하 효율의 불량으로 나타나지만, 특히 균질 혼합기를 사용하는 스파크 점화(spark ignition)기관에서 더 심하게 나타난다. 원인은 교축(throttling) 손실(가스교환 손실)이다.

그림 2 – 63은 무과급 가솔린기관의 제동 연료소비율 선도에 정속 주행저항(굵은 점선)과 평지에서의 주행출력(굵고 진한 흑색)을 기재한 그림이다. 그림에서 제동 연료소비율이 가장 낮은 영역(예 : 250g/kWh)은 회전속도가 낮고(예 : 1500~3000min^{-1}), 부하(=토크)가 상대적으로 커야(예 : 150Nm~250Nm) 쉽게 도달할 수 있음을 알 수 있다.

반면에 회전속도가 높고 (예 : 4500min^{-1}), 부하(=토크)가 작으면(예 : 50Nm), 제동 연료소비율이 높다(예 : 500g/kWh)는 것을 알 수 있다.

예를 들어 그림 2 – 63에서 130km/h로 정속 주행할 때, 기관 회전속도 1500~2000min^{-1} 범위에서는 제동 연료소비율이 250g/kWh 범위로서 효율이 좋다. 반면에 기관의 회전속도가 6500min^{-1}(점 D)에 이르면 동일 주행속도(130km/h)에서 제동 연료소비율은 500g/kWh로서 250g/kWh의 2배로 상승하여 효율이 불량함을 알 수 있다.

제동 연료소비율 선도에서 내연기관의 작동점을 효율이 좋은 영역으로 이동시킬 수 있다. 이를 "부하점(또는 작동점) 상향 이동"이라고 한다. 부하점 상향 이동 방법으로는 다음 2가지 방법을 주로 사용한다.

(1) 동일 회전속도에서 전기기계(발전기)를 이용하는 방법(그림 2-63에서 A → B)

자족(自足; autarky) 하이브리드에서는 1회의 주행 사이클을 시작하기 전이나 종료한 후에 구동 축전지의 충전상태가 같아야 한다. 전기에너지를 소비하는 부하들은 구동 전동기와 전기 구동식 보조 기기들이다. 이들이 소비한 전기에너지는 회생제동 및 부하점 상향 이동으로 생산한 전기에너지로 반드시 보충할 수 있어야 한다.

그림 2 – 63에서 점 A에서 기관의 회전속도는 약 3100min^{-1}, 제동 연료소비율은 270g/kWh, 그리고 토크는 100Nm를 약간 상회한다. 점 B는 점 A와 회전속도는 같지만, 토크는 200Nm로 거의 두 배이다. 즉, 연료소비율은 20g/kWh 만큼 낮으면서도 100Nm의 여유 토크가 생겼다.

이 여유 토크로 발전기를 구동, 전기에너지를 생산하여 축전지에 저장한다. 이 에너지는 나중에 전기주행 및 가속 지원(boost)에 사용할 수 있다. 부하점(＝작동점)을 제동 연료소비율이 가장 낮은 영역($b_{e.min}$)에 근접시키면 시킬수록, 내연기관의 효율은 더욱 상승한다.

그러나 부하점 상향 이동에 의한 내연기관의 효율 개선 효과가 에너지 변환손실보다 반드시 더 커야 한다. 여기서 에너지 변환손실이란 내연기관의 기계적 에너지가 발전기, 컨버터, 축전지, 그리고 다시 축전지로부터 컨버터, 구동 전동기로 전달되는 과정에서의 에너지 변환손실을 말한다.

이와 같은 이유에서 부하점 상향 이동 전략은 스파크 점화기관에서 부하 수준이 아주 낮을 때만 효과적이라는 사실을 유념해야 한다. 중간 부하영역에서부터는 부하점 상향 이동으로 인한 연료 절감 효과를 얻을 수 없다. 그리고 디젤기관은 부분 부하 효율이 양호함으로 부하점 상향 이동에 의한 효율 개선을 기대할 수 없다.

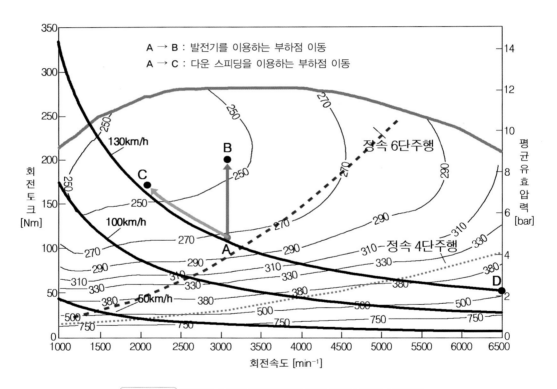

[그림 2-63] 무과급 스파크 점화기관의 제동 연료소비율 선도(예)

(2) 속도 낮추기(down speeding) 기술을 이용하는 방법 (그림 2-63에서 A→C)

그림 2-63에서 점 A와 C에서의 회전속도, 토크 및 연료소비율을 비교해 보자. 점 C에서는 회전속도는 낮으면서도 토크는 더 높고, 연료소비율은 더 낮음을 알 수 있다. 즉, 기관의 회전속도를 낮추는 방법(down speeding)으로, 동일한 주행속도에서 연료소비율을 낮출 수 있음을 보여주고 있다. 이와 같은 효과를 얻기 위해서는 E-CVT 또는 오버 드라이브(변속비 1 이하) 기어비를 가진 변속기/차동장치가 필요하다.

여유 구동력은 내연기관의 각 부하점에서의 여유 토크와 동력전달계의 총 변속비의 곱에 비례한다. 다운-스피딩(down speeding) 시에는 여유 회전토크 또는 여유 구동력은 감소한다. 즉, 기관의 탄성이 감소하는데, 이러한 현상은 전동기를 사용하여 다시 보상할 수 있다.

이와 같은 효율적인 부하점 상향 이동을 통해서 동일한 또는 더 개선된 주행출력을 얻을 수 있다. 이 방식은 급가속할 때를 제외하고는 대부분의 주행상태에서 구동 전동기의 지원이 필요 없으며, 오직 효율이 높은 기계식 변속기를 통해 동력을 전달할 수 있다. 이 방법은 특히 터보 과급기를 사용하는 크기 줄이기(down sizing) 개념에 적합하다. 이유는 발진 및 저속 그리고 급가속시에 전동기의 지원을 받음으로써 내연기관이 빠르게 높은 회전속도에 도달하여 과급압력 생성의 지연 즉, 터보-홀(turbo-hole) 현상을 완화할 수 있기 때문이다.

8 전기 주행(electric driving)

소음이 적고, 유해가스의 배출이 없는 전기주행은 하이브리드 자동차의 큰 장점이다. 전기주행은 클러치를 이용하여 내연기관을 동력전달장치로부터 분리하면 가능하다. 이때 자동차의 구동은 전동기가 담당한다. 그러나 구동 축전지에 저장된 에너지의 양이 한정적이기 때문에 전기주행거리는 크게 제한된다.

따라서 필요할 때는 내연기관을 작동시켜 전기적으로 주행 가능한 거리보다 더 먼 주행 목적지까지 주행할 수 있다. 대부분의 하이브리드 자동차의 순수 전기 주행거리는 기존의 가솔린/디젤 자동차의 주행거리에 비하면 아주 짧다.

이 기능은 마일드 하이브리드에서는 아주 제한적으로, 그리고 완전(full)-하이브리드 자동차에서 일정 주행속도 범위(예 : 약 60km/h)에서 가능하다.

플러그-인 하이브리드에서는 구동 축전지의 용량 및 성능에 따라서 중거리 및 장거리를 순수 전기로 주행할 수 있다.

풀 – 하이브리드의 전기주행 전략으로는 다음 중 하나를 이용할 수 있다.

① 구동 축전지의 충전상태가 임곗값(예 : SoC = 50%)에 도달할 때까지 순수 전기주행하고, 그 이후에는 내연기관이 작동/정지를 반복하면서 전기주행하는 방법

② 전기주행 초기부터 내연기관이 충전/방전을 반복하도록 하면서 전기주행하는 방법

③ 운전자가 작동 모드(전기주행 및 내연기관 작동)를 스스로 선택하면서 주행하는 방법

제3장

전기기계

EMs; Electric Machines

eco-friendly electric powered vehicles

3-1

전기기계 개요
Introduction to Electric machines

전기 자동차/하이브리드 자동차(EV/HEV)의 구동 전동기는 일반적으로 일반산업용 전동기와는 다르게 발진/정지와 가/감속을 빈번하게 반복하며, 큰 토크로 저속 등반 주행하거나, 작은 토크로 고속 정속주행하며, 또 주행속도 범위가 아주 넓다는 특징을 가지고 있다. EV/HEV용 구동전동기의 구조는 크게 직류기(DC)와 교류기(AC)로 구분할 수 있다. 전통적인 브러쉬 DC - 전동기에는 직권식, 분권식, 복권식 및 영구자석(PM)식 등이 있다. DC - 전동기는 전기자에 전류를 공급하기 위해 정류자와 브러쉬를 사용함으로, 고속에는 적합하지 않으며, 유지 보수가 필요하다. 또한, 권선 여자방식의 DC - 전동기는 비출력(specific power) 밀도가 낮다. 그러나 DC - 전동기는 기술의 성숙도가 높고 제어가 간단해서, 전기구동장치에 많이 사용하고 있다.

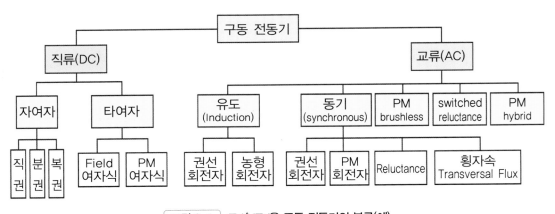

그림 3-1 | EV/HEV용 구동 전동기의 분류(예)

기술이 발전함에 따라, 최근에는 브러쉬가 없는(brushless) 전동기의 시대가 도래하였다. 출력밀도와 효율이 높고, 운영비용이 적게 든다는 점이 가장 큰 장점이다. 또한, 브러쉬 DC - 전동기와 비교해 신뢰성이 높고, 유지 보수가 필요 없다는 점도 장점이다. 따라서 이제는 무(無) - 브러쉬 전동기를 주로 사용한다.

브러쉬와 정류자가 없는 형태의 유도전동기(비동기기)는 EV/HEV 구동용으로 널리 사용되고 있다. 그러나, 가변전압 가변주파수(VVVF) 제어와 같은 기존의 제어방식으로는 유도전동기의 성능을 제대로 발휘할 수 없다. 전력전자 및 마이크로컴퓨터 기술이 발전함에 따라, 자속기준제어(FOC; Field-Oriented Control) 또는 벡터 제어의 원리를 적용할 수 있게 되어 유도전동기의 비선형성으로 인한 제어 복잡성을 극복할 수 있게 되었다. 그러나 자속기준제어(FOC)를 사용하는 EV/HEV용 구동전동기는 아주 낮은 부하에서 그리고 제한된 정출력(constant power) 영역에서 여전히 효율이 낮다는 약점이 있다.

영구자석 동기전동기(PMSM)는 기존 동기전동기 회전자의 권선을 영구자석(PM)으로 대체함으로써 브러쉬와 슬립링은 물론이고, 회전자 권선에서의 손실도 제거할 수 있게 되었다. 실제로 이러한 영구자석 동기전동기를 영구자석-무(無)브러시 교류전동기 또는 사인파 교류로 작동하는 영구자석 브러쉬리스 전동기(BLAC)라고도 한다. 이유는 사인파 교류로 작동하며, 브러쉬를 사용하지 않기 때문이다. 이 형식의 전동기는 본질적으로 동기전동기이므로 전자정류를 하지 않고도 사인파 또는 펄스폭 변조(PWM)된 전류로 작동시킬 수 있다. 영구자석이 회전자(rotor) 표면에 부착되면 영구자석의 투자율(permeability)이 공기의 투자율과 비슷하므로, 돌극(突極)이 없는 동기전동기로 작동한다. 이들 영구자석을 회전자의 자기회로 안에 매입하게 되면, 돌출성(saliency)은 추가로 자기저항(reluctance) 토크를 생성하는데, 이 토크는 일정한 출력으로 작동할 때 속도범위를 확장하는 기능을 한다.

영구자석 동기전동기(PMSM)도 유도전동기와 마찬가지로, 일반적으로 고성능 용도의 자속기준제어(FOC: Field Oriented Control)를 사용한다. 본질적으로 출력밀도와 효율이 높아서 EV/HEV용 유도전동기와 경쟁할 수 있는, 잠재력이 큰 전동기이다.

영구자석 DC-전동기(정류자 방식)의 고정자와 회전자를 맞바꾸면, 영구자석식 무(無)-브러쉬 DC-전동기(BLDC)가 된다. 여기서 "DC"라는 용어는 직류(DC)로 작동하는 전동기를 의미하지 않기 때문에 오해의 소지가 있을 수 있다. 실제로 이 전동기에는 구형파(矩形波) AC-전류가 공급되므로, "구형파 영구자석식 브러쉬리스 전동기"라고도 한다. 이 전동기의 가장 뚜렷한 장점은 브러쉬를 사용하지 않으며, 전류와 자속 간에 구형파의 상호작용으로 인해 큰 토크를 생성할 수 있다는 점이다. 또한, 무-브러쉬 전동기에서는 고정자 권선의 단면적을 더 넓게 할 수 있다. 그리고 프레임(frame)을 통한 열방출 성능이 개선되므로, 전기부하가 증가하면 출력밀도가 높아진다. 영구자석 동기전동기(PMSM)와는 다르게 이들 영구자석식 무-브러쉬 DC-전동기(BLDC)는 일반적으로 축 위치센서를 사용한다.

한편, 회전자에 권선 또는 영구자석을 사용하지 않고 의도적으로 회전자 돌극(突極)을 사용하면, 동기 릴럭턴스 전동기(SynRM; Synchronous Reluctance Motor)가 된다. 이 형식의 전동기는 일반적으로 구조가 간단하고 값이 싸지만, 상대적으로 출력(output)이 낮다.

이에 비해 스위치드 – 릴럭턴스 전동기(SRM; Switched Reluctance Motor)는 EV/HEV용 구동 전동기로 상당한 잠재력을 가지고 있다. 이 전동기는 기본적으로 단일층(single – stack) 가변 자기저항 스테핑 전동기로부터의 직접적인 파생물이다.

SRM은 EV/HEV 구동용으로 간단한 구조, 낮은 생산비용 그리고 뛰어난 토크 – 속도 특성이라는 확실한 장점이 있다. 비록 구조적으로 단순하지만, 이것이 설계(design)와 제어에서의 단순성을 의미하는 것은 아니다. 자극 선단(pole tip)의 포화도가 높고 자극(pole)과 슬롯(slot)의 주변효과(fringe effect)로 인해 설계와 제어가 어렵고 미묘하다. 일반적으로 SRM은 축 위치센서를 사용하며, 회전자가 고정자에 대한 상대 위치를 감지한다. 위치센서는 일반적으로 기계적 충격에 취약하고 온도와 먼지에 민감하다. 따라서 위치센서를 사용할 경우, SRM의 신뢰성은 낮아지고 응용분야도 제한된다. 최근에는 센서리스(sensorless) 기술이 발전하여 센서를 사용하지 않고도 속도 0에서부터 최대속도까지 원활하게 작동시킬 수 있다.

EV/HEV의 전기구동장치는 전기기계(전동기/발전기), 전력전자(converter/inverter)와 전자제어기(electronic controller)로 구성된다. 전기기계로는 전기에너지를 기계적 에너지로 변환하여 차량을 구동하거나, 회생제동을 가능하게 하는 전동기, 그리고 차량에 설치된 구동 축전지(에너지 저장장치)를 충전할 목적으로 전기를 생산하는 발전기가 사용된다. 전력전자는 구동 전동기에 적절한 전압과 전류를 공급하는 데 사용된다. 전자제어기는 전력전자에 제어신호를 공급하고, 구동회로(drive)의 명령에 따라 구동 전동기의 작동을 제어하여 적절한 토크와 속도를 생성하도록 한다. 전자제어기는 센서, 인터페이스 회로 및 프로세서의 3가지 기능 단위로 세분할 수 있다. 센서들은 인터페이스 회로를 통해 전류, 전압, 온도, 속도, 토크 및 자속(flux)과 같은 측정 가능한 양을 전기신호로 변환한다. 이들 신호는 프로세서에 공급되기 전에 적절한 수준(level)으로 조정된다. 프로세서 출력신호는 일반적으로 인터페이스 회로를 통해 증폭되어 전력전자의 전력반도체 장치를 구동한다. 그림 3 – 2는 전기구동장치의 개략적인 기능 블록선도이다.

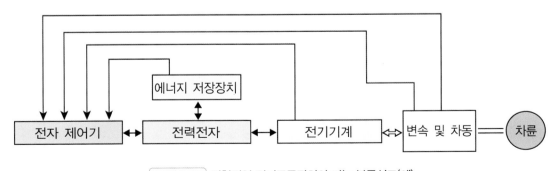

그림 3–2 전형적인 전기구동장치의 기능 블록선도(예)

EV/HEV용 전기구동장치의 선택은 주로 운전자 기댓값, 차량의 제약요소 및 에너지원을 포함한 여러 요인에 의해 좌우된다. 운전자 기댓값은 가속성능, 최대속도, 등반성능, 제동 및 주행거리를 포함하는 주행 형태(driving profile)에 의해 정의된다. 차량의 제약요소들은 차량의 형식(종류), 무게, 적재량 및 크기에 따라 선택된다. 에너지원은 구동축전지, 연료전지, 울트라-커패시터, 플라이휠 및 다양한 하이브리드-에너지원(hybrid energy sources) 등을 포괄한다. 그러므로 전기구동을 위한 바람직한 특징 및 패키지 사양(package options)을 확정하는 과정은 장치수준(system level)에서 수행한다. 하위 장치(subsystem)의 상호작용 그리고 시스템 절충(trade-off)의 영향도 고려한다.

1 교류 관련 기초 용어

(1) 복소전력 관점에서, 교류회로에서의 유효전력, 무효전력, 피상전력

전력을 복소전력(Complex Power) 관점에서 $S = P + jQ$로 표시할 경우,

$|S|$: 복소합, 피상전력(겉보기 전력)　　$P_{app} = V_{rms} \times I_{rms}$ [VA]

P : 실수부, 유효전력(평균전력)　　　　$P_{eff} = V_{rms} \cdot I_{rms} \cdot \cos\theta$ [W]

Q : 허수부, 무효전력　　　　　　　　　$P_{react} = V_{rms} \cdot I_{rms} \cdot \sin\theta$ [Var]

① **유효전력(active power; P_{eff}) 또는 평균전력(average power) [W; watt]**

부하(load)에서 실제로 일을 하는 전력으로서, (시간)평균전력은 0(zero)이 아닌 특정한 값이 된다.

② **무효전력(reactive power; P_{react})[Var; Volt ampere reactive]**

실제로 어떠한 일도 하지 않는 전력으로서, 에너지를 소비하지 않고(열을 소비하지도 일을 하지도 않고), 전원과 부하 사이에서 축적/방출(교환)을 반복하는 전력 요소이다. (시간)평균전력은 "0"이 된다.

③ **피상전력(apparent power; P_{app}) 또는 겉보기 전력 [VA; volt ampere]**

교류회로에서 전압과 전류의 실횻값의 곱($P_{app} = V_{rms} \cdot I_{rms}$)으로서, 전기설비(변압기, 전동기 등)의 부하나 전원의 용량을 표시할 때 사용한다. 단위는 평균전력 단위인 와트[W]와 차원은 같지만, 혼동을 피하고자 [VA]를 사용한다.

④ **역률(Power Factor, PF) : 유효전력/피상전력의 비(무차원)**

$$PF = P_{eff}/P_{app} = (V_{rms} \cdot I_{rms} \cdot \cos\theta)/(V_{rms} \cdot I_{rms}) = \cos\theta$$

여기서 θ : 역률각, 전압이 전류보다 앞서는 각

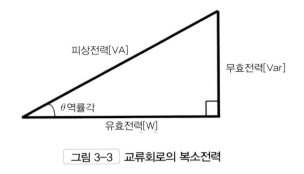

그림 3-3 교류회로의 복소전력

(2) 인덕턴스, 리액턴스, 임피던스

① 인덕턴스(inductance; L)

도체(예; 코일)에 흐르는 전류가 변화할 때, 자속의 변화를 방해하는 방향으로 유도전압(역기전력)을 발생시키는 도체의 특성을 말한다. 특히 교류전류가 흐르는 코일에서는 자체유도 및 상호유도에 의한 인덕턴스가 작용한다. 연료분사밸브나 점화코일과 같은 자동차부품은 직류로 작동하지만, 그래도 인덕턴스가 문제가 된다. 직류를 1초당 수백 번 개폐시키면, 교류와 마찬가지 현상이 나타나기 때문이다.

인덕턴스는 회로 본래의 저항 외에 추가되는 제2의 저항요소로서, 코일 권수(N)의 제곱에 비례하며, 코일의 재료특성 및 형상의 영향을 받는다. 표시기호는 L, 단위는 H(henry)를 사용한다. 1[H]는 1초 동안에 1[A]의 전류변화로 1[V]의 전압을 발생시키는 코일의 인덕턴스이다.

$$1 \, [H] = 1 \, [V \cdot s/A] = 1 \, [\Omega \cdot s]$$

② 리액턴스(reactance; X)

콘덴서(또는 캐퍼시터) 내부의 유전체를 통해서 전류가 흐를 수는 없지만, 콘덴서가 축전/방전할 때 콘덴서의 전극판과 연결된 회로에는 전류가 흐른다. 교류는 흐르는 방향이 계속 바뀌므로 콘덴서에 교류전압이 인가되면, 콘덴서는 연속적으로 축전/방전을 반복한다. 이때 콘덴서에는 교류전류의 주파수와 동일한 주파수의 교류전압이 발생한다. 콘덴서에 흐르는 교류의 주파수가 증가하면 단위시간 당 축전/방전 횟수가 증가하게 되고, 결과적으로 단위시간 당 흐르는 전류가 증가한다. 즉, 주파수가 상승하면 콘덴서의 저항은 현저하게 감소하며, 콘덴서에 흐르는 전류는 콘덴서의 정전용량(콘덴서에 저장된 전기의 양)에 비례한다.

이처럼 콘덴서는 정전용량과 흐르는 전류의 주파수에 따라 전류의 흐름을 변화시키는 저항과 같은 기능을 나타낸다. 이를 용량 리액턴스(capacitive reactance)라고 한다. 표시기호는 X, 단위는 [Ω]을 사용한다. 용량 리액턴스는 인가전압의 주파수 및 콘덴서의 정전용량에 반비례한다.

코일에서는 직류는 잘 흐르지만, 교류는 흐르기 어렵다. 교류에 대응하여 전기저항과 같은 작용을 하는 코일의 특성을 리액턴스(reactance)라 하고, 콘덴서의 용량 리액턴스와 구별하기 위해 유도 리액턴스(inductive reactance)라고 한다. 코일에서는 주파수가 높을수록 자계의 변화가 심하게 되어 전류가 흐르기 어렵게 되므로, 유도 리액턴스는 교류의 주파수에 비례한다.

콘덴서와 코일에서의 리액턴스는 저항과 비슷한 성질을 가지지만, 전력을 소비하지는 않는다. 일반적으로 단순히 리액턴스라고 하는 경우는, 유도 리액턴스를 의미한다.

③ 임피던스(impedance; Z)

대부분의 교류회로에는 코일과 콘덴서 그리고 옴(ohm) - 저항기가 조합되어 있다. 그러므로 교류회로에는 옴(ohm) - 저항과 리액턴스가 함께 작용한다. 교류회로에서 이들 옴 - 저항(=무유도저항; R)과 리액턴스(X)의 벡터(vector) 합은 회로에 가한 전압과 전류의 비를 나타내며, 이는 직류회로에서의 총 저항에 해당한다. 교류회로에서는 이를 임피던스(impedance)라고 하며, 표시기호는 Z, 단위는 [Ω]을 사용한다.

$$Z = \sqrt{R^2 + X^2}$$

 2 **전기기계 기본 용어**

(1) 전기기계(EM : electric machine)

전동기와 발전기를 포괄하는 개념이다. 전기기계에 전기에너지를 공급하여 기계적 에너지를 생성하도록 할 경우를 전동기(electric motor), 외부의 기계적 에너지로 전기기계를 회전시켜 전기를 생산할 경우를 발전기(generator)라고 한다. 또 하이브리드 전기자동차에서 구동전동기 기능과 발전기 기능을 겸비한 전기기계를 모터 - 제네레이터(MG; Motor - Generator)라고도 표현한다. 그리고 제동하는 동안에 구동 전동기가 차륜에 의해 구동되어 전기를 생산하는 경우를 전동기의 발전기 모드라 한다. 그러나 혼동할 우려가 없는 경우에는 발전기나 전동기를 모두 전기기계라고 표현할 수 있다. 이 책에서도 이 관습을 적용할 것이다.

(2) 교류기(AC-machine)와 직류기(DC-machine)

교류 전동기나 교류 발전기를 모두 교류기, 직류 발전기나 직류 전동기를 모두 직류기라고 한다. 역시 혼동할 우려가 없을 때는 교류기와 직류기라는 용어를 사용할 것이다.

(3) 계자(界磁 : field), 전기자(電氣子 : armature), 계자극(界磁極 : field pole)

- **계자**(界磁 : field) : 발전기나 전동기에서 자계를 생성하는 부분
- **전기자**(電氣子 : armature) : 전기를 생성하는 부분
- **계자극**(界磁極 : field pole) : 계자가 영구자석인 경우

(4) 회전자(回轉子 : rotor)와 고정자(固定子 : stator)

- **회전자**(回轉子 : rotor) : 발전기나 전동기의 주축에 설치되어 회전하는 부품. 회전 – 전기자 방식에서는 전기자가 회전자이다. 그러나 회전 – 계자형에서는 계자가 회전자이다.
- **고정자**(固定子 : stator) : 발전기나 전동기에서 고정되어 있는 부품. 고정자는 바로 계자(界磁)라고 생각하는 사람들이 있으나, 형식에 따라서는 전기자가 고정자인 경우도 있다.

(5) 회전계자(rotating field) 방식

계자가 회전자이고, 전기자가 고정자인 방식. 고정자(전기자)에서 생성되는 교류 출력전압에 비교해 아주 낮은 계자 여자전압이 회전자에 공급되기 때문에 슬립링을 거치는 전력이 적어지므로 슬립링의 크기가 작아도 되며, 절연이 쉽다. 따라서 회전자의 무게가 가벼워져 베어링의 부하도 감소한다. 더 나아가 고정자(전기자)가 움직이지 않기 때문에 도선을 더 많이 감아 더 많은 전류를 생산할 수 있다. 고전압 발전기에 적합한 형식이다.

(6) 기계각과 전기각

- 기계각 ; 회전자가 실제로 회전한 각도, 예를 들어 4극기에서 회전자가 1회전하면, 기계각은 360°가 된다.
- 전기각 ; 회전자가 1회전하는 동안에 실행된 전기적 주기에 의한 각도. 예를 들어 4극기에서 회전자가 1회전하면, 전기각으로는 720°를 회전한 것이 된다.

  * 전기각 = 0.5 × 기계각 ×극수 = 0.5 × 360° × 4 = 720°

(7) 전기기계의 회전방향

전기기계의 단자 표시를 위해서는 회전방향이 아주 중요하다. 전기기계의 회전방향은 좌회전과 우회전으로 구분한다.
- **우회전** : 구동풀리나 구동클러치를 정면에서 보았을 때, 축은 시계방향으로 회전한다.
- **좌회전** : 구동풀리나 구동클러치를 정면에서 보았을 때, 축은 반시계방향으로 회전한다.

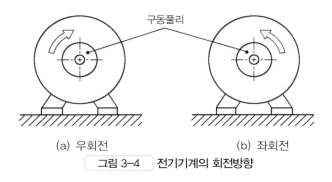

(a) 우회전   (b) 좌회전

그림 3-4 전기기계의 회전방향

(8) 작동 한계-정격출력(토크)과 최대출력(토크)

- **최대출력과 최대토크** : 전기기계에 큰 부하가 걸린 상태에서 아주 짧은 시간 동안 작동시켰을 때의 최대출력 및 최대토크를 말한다.
- **정격출력과 정격토크** : 전기기계에 열적, 기계적 과부하가 걸리지 않은 상태로, 연속 작동했을 때의 출력과 토크를 말한다.

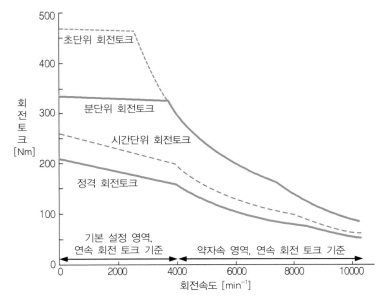

그림 3-5 비동기기의 회전속도/회전토크 특성곡선

최대출력($P_{\max}$) 상태에서의 연속 작동시간은 권선의 온도, 부하를 받는 부품의 기계적 강도는 물론이고 수명에 미치는 영향을 고려하여 결정한다. 부하 수준이 높을 때는 베어링 온도가 열적 한곗값에 쉽게 도달할 수 있다. 그러나 열부하를 가장 많이 받는 부분은 권선 헤드(end‑winding)이므로, 코일의 단열등급이 결정적인 영향 요소이다. 그리고 회전속도가 아주 높을 때는 회전자 권선이나 정류자편이 원심분리 될 수도 있다.

일반적으로 전기기계의 과부하 감당능력은 정격의 1~2.5배 사이이다. 즉, 단시간 동안 전기기계는 정격출력의 2.5배까지 부하를 감당할 수 있다.

이 과부하 능력을 적절하게 활용할 수 있도록 설계에 반영한다. 예를 들어 HEV 구동전동기가 항상 최대출력을 필요로 하는 것은 아니다. 따라서 구동 전동기를 평균적인 요구 부하보다 더 낮은 출력으로 설계하고, 최대출력이 필요할 경우 예를 들면 가속이나 과급 내연기관의 과급 압력의 형성(발진 약화‑터보 홀) 등에 필요한 정점(peak) 출력은 과부하 감당 능력으로 대처한다. 이와 같은 개념을 적용하여 낮은 부하에서는 효율을 더 높일 수 있다.

(9) 전기기계의 냉각

전기기계는 일반적으로 효율이 아주 높지만, 적절한 열관리가 필요하다. 가장 중요한 손실은 권선의 옴(ohm)저항과 철손(히스테리시스 손실과 와전류 손실)이다. 대부분은 옴(ohm) 손실이 더 우세하다. 생성된 열은 원칙적으로 전도, 대류 또는 복사를 통해 방출시킬 수 있으나, 복사를 통해 효율적으로 방열하기에는 전기기계의 온도 수준이 너무 낮다. 계속해서 장기간 권선의 허용온도를 초과하면 고장 확률은 상승한다.

또 다른 제한 요소는 퀴리(Curie) 온도일 수 있다. 강자성체가 강자성(強磁性; ferromagnet) 상태에서 상자성(常磁性, paramagnetism) 상태로 변하거나 그 반대로 변하는 전이온도를 말한다. 자석과 같은 강자성체를 퀴리온도 이상으로 가열하면 자석으로서의 성질을 잃어버린다. 부분적인 감자(減磁; demagnetization)를 피하려면, 전기기계의 작동 최고온도는 일반적으로 퀴리온도보다 훨씬 낮아야 한다. 일부 자석재료의 퀴리 온도는 코발트 (1121℃), 철 (768℃), 니켈 (360℃), 페라이트 (100~460℃) 등이다. 베어링과 정류자 그리고 슬립링(있는 경우)의 허용온도도 절대로 초과해서는 안 된다.

발생된 열은 직접 대기로 또는 열교환기를 통해 간접적으로 대기로 방출할 수 있다. 순수 공랭식 방열은 EV/HEV 구동 전동기에는 거의 적용하지 않는다. 이유는 높은 출력밀도를 허용하지 않기 때문이다.

수랭식 전동기에서는, 물(냉각수)이 일반적으로 권선과 직접 접촉해서는 안 되지만, 냉각 유체로 물이나 기름을 사용할 수 있다. 일반적으로 절연유 또는 비전도성 물을 사용한다. 냉각 매체가 흡수한 열은 열교환기(냉각기)를 포함한 냉각회로를 통해 대기로 방출된다. 가장 간단한 방법은 고정자 하우징을 통한 열 발산이다. 이 개념은 냉각 물질을 고정자 하우징 내부의 냉각통로에서 순환시키는 방식이다. 냉각유체가 권선과 직접 접촉하지 않기 때문에 대부분 기존의 자동차 냉각수를 그대로 사용하며, 전기기계를 내연기관 냉각회로에 통합한다. 이 원리는 특히 외부 고정자 방식의 전기기계에 적합하다. 열은 고정자의 권선 헤드(end-winding)에서 가장 많이 발생한다. 고정자가 회전자로 둘러싸인 외전형에서는 열방출이 불량하여 과열의 위험이 상대적으로 더 크다. 효율적인 냉각은 전기기계의 과부하 잠재능력에 결정적인 영향을 미친다.

부하 수준이 아주 높은 전기기계에서는 냉각수나 절연유를 회전자와 고정자 권선 헤드에 직접 분사하는 방법으로 열을 더 많이 방출한다. 이러한 유형의 냉각방식은 예를 들어 Opel Ampera와 Toyota Prius 등에서 사용한다. 냉각수가 권선 헤드 주변을 순환하는 혁신적인 방법도 시도되고 있다.

3 전기기계의 특성

내연기관과 전동기의 특성은 기본적으로 서로 다르다. 내연기관은 공전속도 영역을 벗어나야만 외부에 일할 수 있는 회전토크를 생성할 수 있으나, 전동기는 회전속도가 0(zero)인 정지상태에서도 큰 토크를 발휘할 수 있다. 또 제어방법에 따라서는 정(+) 또는 부(−)의 토크를 생성할 수 있다. 전동기는 입력 배선의 결선을 간단히 바꾸어 회전방향을 바꿀 수 있으며, 또 발전기 모드로 운전할 수도 있다. 그림 3-6은 특정한 전원 전압에서 그리고 특정 시간 동안의 과부하 상태에서 작성한 이상적인 특성곡선이다.

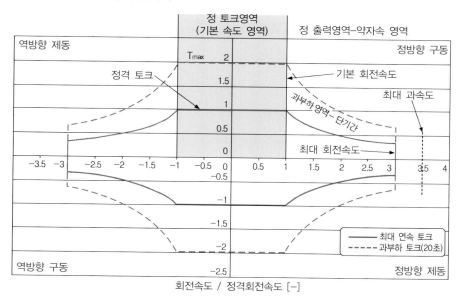

그림 3-6 | 전기기계의 이상적인 토크/회전속도 작동 모드 선도

전기기계(EM)는 4개의 사분면에서 작동할 수 있다. 즉, 정(+)과 부(-)의 토크 그리고 정(+)과 부(-)의 회전속도로 작동할 수 있다. 정지상태에서 최대토크를 전달할 수 있는 특성을 갖추고 있으므로, 회전자에 토크를 발생시키기 위해서 반드시 전동기를 회전시켜야 할 필요는 없다. 따라서 가속 과정에서의 역동적인 주행에 아주 유리하다. 또한, 전동기와 구동차륜 사이에 분리 가능한 클러치나 커플링을 설치할 필요도 없다. 그리고 전기기계를 발전기로 작동시켜 기계적인 제동에너지를 전기에너지로 바꾸어 회수하는 방법(회생제동)으로 구동계의 에너지 효율을 높일 수 있다. 이때는 회전자기장이 생성되는 방향과도 관련이 없다. 따라서 기본적으로 변속기를 생략할 수 있다. - (예: 휠 허브 모터; wheel hub motor).

전동기로 구동되는 자동차는 기어 변속이 필요 없으며, 또 주행방향을 역전시키기 위해 후진 기어를 사용할 필요도 없다. 기어비가 고정된 1단 변속기로도 주행속도와 토크를 충분히 제어할 수 있다. 특히, 전류의 순간적 변화에 대한 전기적 시정수는 일반적으로 밀리초(ms) 범위로서, 이 특성을 이용하여 주행 동특성(dynamics)을 제어할 수 있다. 제어유닛에 완충기(buffer)를 사용하지 않으면, 원하지 않는 급격한 가속도 변화가 발생할 수 있으며, 이 특성은 특히 내연기관 자동차 운전에 익숙한 운전자가 민감하게 감지할 수 있다.

정지상태에서부터 기본 회전속도(n_{basic})까지의 기본 회전속도 영역에서는 정격 토크(T_N) 또는 최대토크(T_{max})를 발휘할 수 있다. 이 영역에서 일정한 토크(T_N)로 운전하면서 회전속도를 증가시키면, 기계적 출력은 회전속도에 직선적으로 비례하여 정격출력(P_N)에 도달한다. 이 회전속도를 기본 회전속도라고 한다.

$$n_{basic} = \frac{P_N}{2\pi\, T_N} \qquad (3-1)$$

여기서, n_{basic} : 기본 회전속도 [s^{-1}]

P_N : 정격출력 [W]

T_N : 정격 토크 [Nm]

정지상태에서부터 기본속도에 도달할 때까지 전류는 토크에 비례하며, 전압은 회전속도에 비례한다. 최대전압에 도달한 순간부터는 전압을 일정하게 유지하기 위해서 전기기

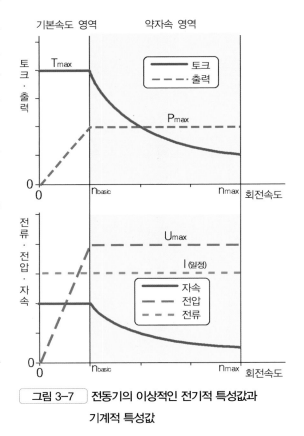

그림 3-7 전동기의 이상적인 전기적 특성값과 기계적 특성값

계의 자속을 약화시킨다. 자속을 약화시키는 영역을 '약자속 영역'이라고 한다. 자계가 약화되면 회전토크가 감소한다. 회전속도가 상승함에 따라 회전토크가 감소하면, 출력을 일정하게 유지할 수 있다. 따라서 약자속 영역에서의 최대토크는 식(3-2)로 나타낼 수 있다.

$$T = \frac{P_N}{2\pi n} \quad \cdots\cdots\cdots\cdots\cdots\cdots\cdots\cdots\cdots\cdots\cdots\cdots\cdots\cdots\cdots\cdots\cdots\cdots\cdots\cdots\cdots\cdots (3-2)$$

여기서, T : 약자속 영역에서 지속 가능한 최대토크 [Nm]

P_N : 정격출력 [W] (일정)

n : 회전속도 $[\mathrm{s}^{-1}]$

전동기는 정지상태에서부터 큰 토크를 생성하므로 전동기를 동력원으로 사용하는 자동차에서는 발진 클러치를 생략할 수 있다.

그림 3-8은 5단 수동변속기를 사용하는 가솔린 자동차의 구동력과 전동기의 토크 특성을 비교하고 있다. 전동기의 토크 곡선이 변속기의 토크 곡선과 거의 비슷한 형태임을 쉽게 확인할 수 있다.

전기기계의 토크는 해당 전기기계의 회전자 전류와 작용하는 자속에 직선적으로 비례한다.
전기기계의 토크는 전기기계의 형식과 크기에 따라 차이가 있다. (그림 3-9 참조)

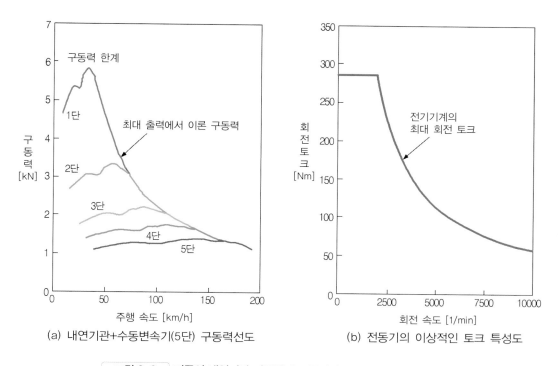

(a) 내연기관+수동변속기(5단) 구동력선도   (b) 전동기의 이상적인 토크 특성도

그림 3-8 기존의 내연기관 자동차의 구동력과 전동기의 토크 특성 비교

수동변속기가 장착된 기존의 내연기관 자동차에서는 기관출력과 자동차 주행속도에 따라 운전자가 변속하여 구동륜이 필요로 하는 구동토크를 제어한다. 반면에 전동기의 토크 곡선은 차륜이 필요로 하는 구동토크 곡선과 그 형태가 거의 비슷하다. 따라서 전동기를 동력원으로 사용하는 자동차에서는 수동변속기를 생략하고 종감속기어만을 사용할 수 있다. 물론 때에 따라서는 고효율 영역을 확장하기 위해 2단 변속기를 사용하는 자동차도 있다. (예: Lexus GS 600)

그림 3 – 7의 전동기의 이상적인 특성곡선과 그림 3 – 9의 실제 특성곡선을 비교하면 전동기 유형에 따라 토크와 출력 특성에 상당한 차이가 있음을 알 수 있다. 일반적으로 전자제어를 통해 실제 특성곡선을 이상적인 특성곡선에 근접시켜, 자동차를 구동한다.

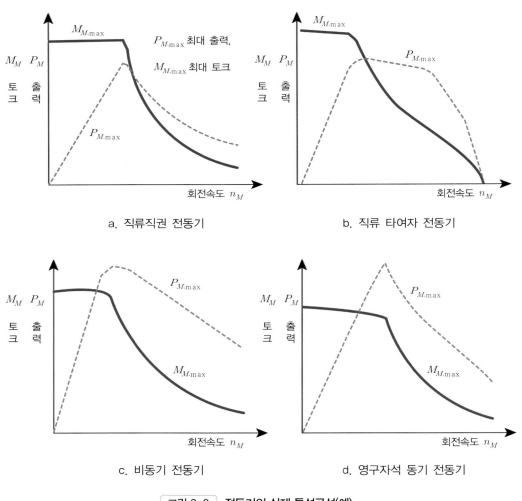

a. 직류직권 전동기

b. 직류 타여자 전동기

c. 비동기 전동기

d. 영구자석 동기 전동기

그림 3-9 전동기의 실제 특성곡선(예)

4 내연기관과 비교한 전동기의 장점

결론적으로 전동기는 자동차 동력원으로서 다음과 같은 장점이 있다.
① 평균효율이 약 80~90%로 높다.
   (가솔린기관 : 약 33%, 디젤기관 : 약 45%)
② 자동차용으로서 아주 이상적인 토크 특성을 갖추고 있다.
   정지상태로부터 회전을 시작할 때의 토크가 크다.
   따라서 발진 클러치를 생략할 수 있으며, 가속성능이 우수하다.
③ 넓은 속도범위에 걸쳐 균일한 토크를 무단계로 공급한다.
   변속 단수가 적은 변속기 또는 1단 변속기를 사용할 수 있다.
④ 마찰이 적기 때문에 손실되는 마찰열이 적게 발생한다.
⑤ 소음과 진동이 적다.
⑥ 배기가스와 같은 유해물질을 배출하지 않는다. 그러나 전기를 생산하는 단계에서 배출되는(될 수도 있는) 유해물질들은 별개의 문제이다. 장래에는 고려하게 될 것이다.
⑦ 발전기로도 사용할 수 있으므로 자동차의 운동에너지를 전기에너지로 변환시켜 회수할 수 있다. – 제동에너지 회수 기능
⑧ 자동차의 다양한 위치에 설치할 수 있다.
   예를 들어 내연기관은 설치위치에 제한이 따르지만, 전동기는 차륜에도 설치할 수 있다.
⑨ 스위치 ON/OFF만으로 2륜 및 4륜 구동으로 절환할 수 있다.
⑩ 자기기동(自己起動 : self-starting)이 가능하므로, 기동전동기를 포함한 별도의 기동장치는 필요 없다.
⑪ 간단한 방법으로 역전이 가능하므로, 후진기어가 없어도 후진할 수 있다.

내연기관을 대체하는 동력원으로서 전동기가 갖추어야 할 조건들은 다음과 같다.
① 체적 출력[kW/l] 즉, 출력밀도가 높아야 한다.
② 비출력[kW/kg]이 커야 한다.
③ 효율이 높아야 한다.
④ 비용(기술적 비용, 생산비용 및 유지관리 비용)이 적게 들어야 한다.
⑤ 내구성이 강하고 수명이 길어야 한다.
⑥ 고장이 적고, 수리가 쉬운 구조이어야 한다.

5 전기 재료 (electric materials)

전기기계의 제작을 위해서는 재료가 중요하다, 한편으로는 전류를 아주 잘 전달해야 하고, 다른 한 편으로는 자속이 잘 흐를 수 있어야 한다. 또 절연재료도 아주 중요하다. 권선 절연재료(절연 도료, 침투 경화제 또는 침투용 레이신 바니쉬), 또는 권선 상호 간의 절연을 위한 재료(필름) 그리고 박판 패키지에 대응해서 권선을 절연하기 위한 재료 등이 중요하다. 사용된 절연재료의 온도특성이 본질적으로 전기기계의 최고 허용온도를 결정한다.

고정자의 활성 박판 패키지는 전기강 박판을 적층한 구조로써, 박판 상호 간에는 절연되어 있다. 통상적으로 전기강판을 냉간압연 가공한 다음에 마지막으로 열처리한다. 압연기술과 열처리 기술이 박판의 자기적 특성에 결정적인 영향을 미친다. 박판 패키지에는 코일을 매입하기 위한 슬릿(slit)이 가공되어 있다. 박판은 가능한 한 얇은 두께로 생산한다.

(1) 히스테리시스 손실과 와전류 손실

전기강판의 재료특성은 자속 전달특성이 우수하면서도, 다른 한편으로는 가능한 한 에너지를 적게 소비하면서 소자(消磁; demagnetization)할 수 있어야 한다. 전기기계에서는 계속해서 교대로 자속이 변화하고 이에 대응해서 시간상으로 변화하는 자화특성에 의해 소위 '철손(鐵損 : iron loss)'이 발생한다. 이 철손은 히스테리시스 손실과 와전류 손실로 구분한다.

① 히스테리시스 손실(hysteresis loss)

주파수 f의 교번 자화작용에 의해 주기적으로 방향을 바꾸는 데 에너지를 소비한다. 그림 3 - 10은 약자성체에서 자계강도가 변화할 때의 기본적인 히스테리시스 행태를 나타내고 있다. 화살표는 히스테리시스 곡선을 따라 폐곡선을 만들고 있음을 의미한다. 면적과 최대 전자유도(電磁誘導 : electro - magnetic induction) 사이에는 종속관계 B^{α}가 성립한다. 여기서 B는 자속밀도로서 테슬라[T] 값을 단위 없이 사용하며, 지수 α는 포화도에 따라 그리고 철판의 종류에 따라 1.6~2.4 사이의 값을 사용한다.

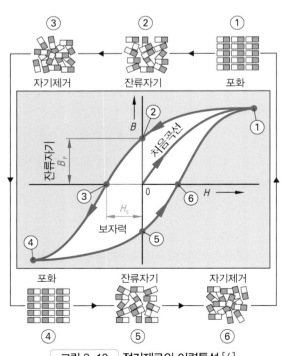

그림 3-10 전기재료의 이력특성 [4]

* $1\,\mathrm{T} = 1[\mathrm{Wb/m^2}] = 1[\mathrm{V\,s/m^2}]$

실제 계산을 위해 2차 제곱의 종속관계를 사용해서 단위 질량당 히스테리시스 손실(P_H)에 대해 다음 식을 적용한다.

$$P_H = c_H f B^\alpha \quad\text{···}\quad (3\text{-}3)$$

여기서 c_H : 재료 상수,

f : 주파수, B : 자속밀도

② **와전류 손실(eddy current loss)**

교번자계는 유도법칙에 따라 박판에 전압을 유도한다. 이 전압은 개별 박판에 전류를 흐르게 한다. 전기강판은 전기 전도도가 우수하므로 단면 전체에 걸쳐 전류가 분산되어 흐르게 된다. 이를 와전류라고 한다. 이 와전류로 인한 손실출력을 와전류 손실이라고 한다. 단위 질량당 와전류 손실(P_W)에는 다음 식을 적용한다.

$$P_W = c_W f^2 B^2 \quad\text{···}\quad (3\text{-}4)$$

여기서 c_W : 재료상수, f : 주파수, B : 자속밀도

철판 상호 간을 절연하여 개별 철판에 흐르는 전류를 제한한다. 이를 통해 손실을 많이 감소시킬 수 있다. 절연층의 두께는 수 $\mu\mathrm{m}$에 지나지 않는다. 추가로 실리콘을 첨가하여 철판의 전기 전도도를 낮추어 와전류 손실을 감소시키는 방법을 사용하기도 한다.

식(3 - 3, 3 - 4)으로부터 히스테리시스 손실은 주파수에 선형적(f)으로 비례하고, 와전류 손실은 주파수의 제곱(f^2)에 비례하며, 두 유형의 손실은 모두 자속의 제곱(B^2)에 비례함을 알 수 있다.

(2) 강자성 재료

전기기계의 자로(磁路) 형성을 위해 대부분 상자성 강철 즉, 전기강판을 사용하는 데 반해, 히스테리시스 면적(그림 3 - 10 참조)이 아주 넓은 강자성 재료를 사용하기도 한다. 포화상태로 자화된 강자성 재료는 자화된 다음에 여자 스위치를 차단(OFF)해도 잔류자기(remanence induction : B_R)는 그대로 유지된다.

자속을 반대방향으로 흘려서 자계강도를 보자력(H_c; coercive force)이 되게 하면, 잔류자기는 다시 완전히 사라진다. 이러한 요구조건을 충족시키는 영구자석 재료로는 Neodymium - Ferro - Boron(Nd - Fe - Bo)과 사마륨 - 코발트(Sm - Co) 등이 있다. 이들은 오늘날 전기 자동차용 전기기계의 영구자석 재료로 아주 중요하다.

(3) 도체 재료(conductor material)

전기기계에서 도체 재료는 권선과 유도전동기의 단락봉(short circuit bar)에 사용된다. 권선으로는 대부분 구리를 사용하며, 그 형태 [금속선, 띠, 박판, 형강(profile)]는 다양하다. 고정자 권선용으로 가장 중요한 형태는 단면이 원형인 구리선이다. 농형 회전자의 단락봉 재료로는 통상적으로 주조 알루미늄 또는 구리선을 사용한다.

표 3-1 여러 가지 도체 재료의 전기 전도도

재 료	전기 전도도 [m/Ωmm^2]
은	62
구리	57
알루미늄	34–37
브론즈(청동)	9–18

○ 참고 : NIB(neodymium-iron-boron)자석, 네오디뮴 – 철 – 붕소

현재까지 개발된 영구자석 중에서 가장 강한 자석으로, 전형적인 화학적 조성은 $Nd_2Fe_{14}B$이다. 네오디뮴 자석은 사마륨-코발트($SmCo_5$)자석, 알니코(Alnico) 자석 및 페라이트 자석에 비교해 훨씬 강한 자기장을 형성하며, 자기 에너지 밀도는 5~20배나 된다. 1mm 간격의 자극 평면에서 100mT(밀리 테슬라)의 자계를 형성하기 위해서는 바륨-철 자석(Barium ferrite-magnet)은 Nd-Fe-B계 자석의 약 30배의 크기이어야 한다.

이처럼 부피가 작고 가벼우면서도 강한 자기장을 형성하는 네오디뮴 자석은 강한 자기장이 요구되는 많은 제품에서 알니코, 페라이트 및 사마륨-코발트 자석을 대체하였다. 주로 고급 마이크, 확성기, 컴퓨터 하드 디스크 드라이브, 서보 모터, 하이브리드/전기자동차의 구동 전동기 및 풍력 발전기 등에 사용한다. 예를 들면, 도요타 프리우스(prius) 1세대는 전동기 1대당 약 1kg의 희토류를 사용했으나, 4세대에서는 희토류 금속의 사용량을 1세대의 1/100로 줄였다고 한다.

최근에는 희토류(특히 네오디뮴과 코발트)의 사용량을 줄인, 또는 영구자석을 전혀 사용하지 않는 전동기의 개발이 성과를 거두고 있다.

◆ Nd-Fe-B계 자석의 물리적 특성(예)

- 구성 성분 ; – Nd ; 28.5%(wt.)　– Fe ; 67.42%(wt.)　– B ; 1.08%(wt.)
  　　　　　　 – Dy ; 2.8%(wt.)　　– 기타(Al 및 기타) ; 0.7%(wt.)
- 큐리점(Curie point) ; 310~340℃　　　　● 최고 허용온도 ; 80~220℃
- 밀도 ; 7.4–7.5 g/cm^3　　　　　　　　　● 경도(Hv) ; Hv 600
- 온도계수 ; –0.1~0.12%/℃　　　　　　　● Recoil 투자율 ; 1.6
- 최대 에너지 적(max. energy product ; BH$_{max}$) ; 40~50 MGOe(메가 가우스 외레스테드) 급의 우수한 자기적 특성을 갖추고 있음. 실험실에서의 성능은 현재 58 MGOe에 이름.

희토류

Neodymium(Nd ; 네오디뮴), Cobalt(Co ; 코발트), Yttrium (Y ; 이트륨, 원자번호 39), Dysprosium(Dy ; 디스프로슘), Samarium(Sm ; 사마륨), Cerium(세륨) 등

1MGOe=0.12566kJ/m^3　　　1 kJ/m^3=7.9577MGOe　　※MGOe ; Mega Gaus Oersted

6 전기자동차 동력원으로 많이 사용하는 전동기

표 3 - 2와 같이, 현재 전기자동차 동력원으로는 영구자석 동기전동기와 유도전동기를 주로
사용하고 있으나, 스위치드 릴럭턴스 전동기(SRM), 영구자석 지원형 동기 릴럭턴스 전동기
(PMa - SynRM)와 횡자속 전동기(TFM)도 등장하고 있다.

그림 3 - 11은 자동차 동력원으로 많이 사용하는 3가지 전동기 즉, 영구자석 동기기(PMSM),
비동기기(농형 유도전동기) 그리고 스위치드 릴럭턴스 전동기(SRM)의 구조적 특징을 개략적
으로 표현한 그림이다. 고정자의 형상은 비슷하지만, 회전자의 형상으로 쉽게 구분할 수 있다.

(a) 동기기　　　　(b) 비동기기　　　　(c) SRM

그림 3-11　자동차 동력원용 전동기의 종류

표 3 - 2　하이브리드 자동차와 전기자동차의 동력원용 전기기계

하이브리드 및 전기자동차	구동 전동기 형식	최대출력 [kW]	최대토크 [Nm]	생산 년도
직류기(DC Motor)				
Baoya XFD 600ZK	DC(48V)	3kW	–	2020
동기기(Synchronous Motor)				
Porsche Taycan Turbo S	PMSM(2motor)	560kW	1050Nm	2020
현대 Ioniq, Elektrik	PMSM	100kW	295Nm	2019
Prius1.8L HEV e-CVT	PMSM	53kW	120.2Nm	2018
Mini Cooper SE	hybrid Syn.	135kW	270Nm	2020
BMW i3	hybrid Syn.	125kW	250Nm	2018
Tesla Model 3	PMSM	211kW	450Nm	2020
Jaguar I-Pace, EV320	PMSM	236kW	500Nm	2020
현대 NEXO FCEV	PMSM	88.3kW	395Nm	2020
Nissan, Leaf Acenta	Syn.	110kW	320Nm	2020
비동기기(Asynchronous Motor)				
현대 ix35 fcv	Asyn.	100kW	300Nm	2010
Benz EOC 400	Asyn.	300kW	760Nm	2020
Tesla X performance	Asyn.(rear)	375kW	660Nm	2020
Audi e-tron Quattro	Asyn.(2motor)	300kW	664Nm	2020
릴럭턴스 모터(Reluctance Motor)				
Jaguar C-X75	SRM(4motor)	580kW(145x4)	1600Nm(400x4)	2010
테슬라 X performance	PMa-SynRM(front)	193kW	330Nm	2020

※ PMSM : 영구자석 동기기, Syn : 동기기, Asyn : 비동기기, SRM : 스위치드 릴럭턴스, SynRM : 동기 릴럭턴스

7 전기기계에서의 에너지 평형 및 에너지 효율

전기기계에서는 형식에 따라 다소 차이는 있으나, 여러 가지 손실이 발생한다. 앞서 설명한 철손(iron loss) 외에도, 기계손(마찰손실과 바람손실), 부하손(동손과 표류부하손) 등을 고려해야 한다.

IEC 60034 – 30(2008)의 규정에 따르면, 일반 전기기계의 표준 효율은 대략 70~94% 정도이다.(pp.164, 표 3 – 6 참조). 설계 개념에 따라 차이는 있지만 제시된 범위를 크게 벗어나지는 않는다. 전기자동차용 전동기 효율이 90~97%라고 하지만, 실제 운전조건이 이상적인 작동조건을 항상 만족하는 것은 아니다. (pp.163, 그림 3 – 38 참조)

효율은 실측 효율과 규약 효율로 구분한다. 실측 효율은 입력 전력으로 기계적 출력을 나누어 효율을 구한다. 우리의 관심은 실측 효율이다.

① **전동기의 실측 효율(η_{motor})**

$$\eta_{motor} = \frac{\text{출력된 기계적 일}}{\text{입력된 전기적 일}} \times 100\% \qquad \text{(3-5a)}$$

② **발전기의 실측 효율(η_{gen})**

$$\eta_{gen} = \frac{\text{출력된 전기적 일}}{\text{입력된 기계적인 일}} \times 100\% \qquad \text{(3-5b)}$$

8 전기자동차의 고전압 시스템

기존의 내연기관 자동차 전기장치의 출력은 꾸준히 증가하여 현재는 최대 수 kW 정도이다. 그러나 전기자동차의 구동 전동기가 필요로 하는 출력은 수백 kW까지로 아주 높다. 기존의 12V 전기회로에서 출력 20kW의 구동전동기를 작동시켜야 한다고 가정하면, 필요 전류는 약 1,667A로 계산된다.

$$I = \frac{P}{U} = \frac{20\text{kW}}{12\text{V}} \approx 1,667\text{A} \qquad \text{(3-6)}$$

단면적 $A = 50\text{mm}^2$, 길이 $\ell = 1\text{m}$ 인 구리 전선에서는 이 전류로 인해 약 1kW의 출력 손실이 발생한다 (식 (3 – 7)). 따라서 이 방식은 비용, 무게 및 부피가 증가하고, 효율이 낮으며 궁극적으로는 실용적이지 않아, 채택할 수 없다.

$$P = I^2 \frac{\rho \ell}{A}$$

$$= (1,667\text{A})^2 \frac{0.0178\text{ohm}\,\text{mm}^2/\text{m} \cdot 1\text{m}}{50\text{mm}^2} \approx 1\text{kW} \quad \cdots\cdots\cdots\cdots\cdots \text{(3-7)}$$

전압을 400V로 높이고 동시에 전선 단면적(A)을 6mm²로 줄이면, 전선에서의 전력손실은 7.5W로 줄어든다. 이는 EV와 HEV 구동 전동기의 출력을 고려하면, 전압 수준이 아주 높은 전기회로를 사용해야 타당함을 알 수 있다. 이 고전압 수준을 정의할 때 축전지 설계도 고려해야 한다. 일반적으로 구동 축전지는 에너지 저장을 위한 완충기 역할을 하며, 정격전압이 수 V – 수준으로 낮은 개별 전지(cell)를 다수 직렬로 연결하여 고전압을 얻는다.

고전압 전기장치의 전기적 안전을 보장하기 위해 고전압회로를 12/14V – 전기회로로부터 완벽하게 분리한다. 기존의 내연기관 자동차의 12/14V – 전기회로는 차체를 접지로 사용하는 단선식이지만, 전기자동차의 고전압회로는 (+)배선과 (−)배선이 차체로부터 완전하게 분리되는 절연 접지(insulated terra; 복선식)방식이다. 기존의 자동차에서는, 일반적으로 점화장치의 불꽃 방전과 가스방전 전조등이 점등될 때를 제외하고는 고전압이 발생하지 않는다. 따라서 EV와 HEV를 점검, 정비하는 작업자들은 특히 전기사고를 방지하고 산업안전을 위해 적절한 자격을 갖추고 필요한 교육을 받아야 한다.

기존의 12/14V – 회로는 고전압 자동차에서도 등화장치 또는 음향기기와 같이 작은 전력을 소비하는 장치에 계속 사용될 것이다. EV에서는 12/14V 전기회로가 필요로 하는 전력을 고전압회로에서 가져온다. 이러한 장치 구성(system architecture)은 내연기관이 장착된 HEV에도 적용된다. 12/14V 발전기를 생략하는 대신에, 전력전자를 통해 12/14V 축전지를 충전하는 DC/DC 컨버터 회로를 사용한다. 12V – 축전지는 고전압회로의 구동 축전지와 비교하여 아주 작다.

ISO 6469 – 3; 2011에, 전기자동차와 하이브리드 전기자동차에서의 고전압은 전압등급 B로서 직류 60V~1500V, 교류 30~1000V로 규정되어 있다. 따라서 직류 12V –, 24V –, 42V – 시스템은 저전압 시스템에 속한다. (직류 60V 미만이므로)

3-2

직류 전동기(DC-Motors)

오늘날 직류 전동기는 자동차 동력원으로는 많이 사용되지 않는다. 주로 포크리프트(fork lift)와 같이 구동출력이 작은 작업기계, 또는 비교적 단순한 저출력 전기자동차(예 : 골프 카트)의 동력원으로 사용한다.

1 직류 전동기의 구조

고정자(stator)는 일반적으로 원통형 구조로서 그 안에 주 자극(main pole)의 기능을 수행하는 계자권선이 감긴 전자석 또는 영구자석이 고정되어 있다. 그리고 형식에 따라서는 주 자극 사이에 보조 자극(auxiliary pole)이 설치되어 있을 수 있다.

고정자의 안쪽에는 회전자(rotor)가 공극(air gap)을 사이에 두고 회전이 가능한 구조로 설치되어 있다. 박판 적층 구조의 회전자에 가공된 홈(slit)에는 다수의 코일이 삽입되어 있으며, 코일의 양단은 회전자에 고정된 정류자(commutator)에 연결되어 있다. 다수의 정류자편(commutator segment)이 집적된, 원통형의 정류자에는 브러쉬(brush)가 접촉, 회전하는 회전자 코일에 전류를 공급할 수 있는 구조를 갖추고 있다. 이 외에도 전력 커넥터, 베어링, 온도센서 등을 필요로 한다.

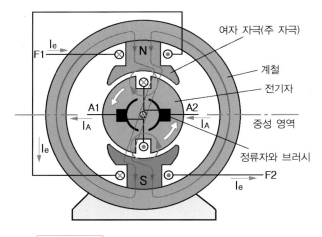

그림 3-12 직류 전동기의 구조 및 작동원리

2 │ 직류 전동기의 작동원리

자계 내에 존재하는 도체에 전류가 흐르면, 도체에는 전자력(電磁力)이 작용한다. 그리고 전자력의 작용방향은 플레밍의 왼손법칙에 따른다.

고정자의 계자권선에 전류를 흘리면 자계가 형성된다. 동시에 브러쉬를 통해 회전자 코일에 직류전류를 흘리면 회전자 코일에는 플레밍의 왼손법칙에 따른 힘(전자력)이 발생한다. 이 힘이 전기자를 회전시킨다. 이때 회전방향을 역으로 하고 싶으면 전기자 전류의 극성을 바꾸면 된다. 따라서 직류기는 발전기나 전동기 어느 것으로도 사용할 수 있다.

전동기가 회전하고 있을 때는 전기자 권선이 자속을 쇄교하고 있으므로 발전기의 경우와 마찬가지로 기전력이 유도된다. 이 기전력의 방향은 플레밍의 오른손 법칙에 따르므로 전원 전압의 방향과는 반대가 된다. 즉, 전기자 전류의 흐름을 방해하는 역기전력(counter voltage)이 발생한다. → **전기자 반작용**(armature reaction).

역기전력은 전동기의 회전속도(n)가 빠를수록, 계자자속(Φ_f)이 클수록 증가한다. 그러나 기동하는 순간 예를 들면, 전압은 인가되어 있으나 전동기가 아직 회전하지 않는 순간에는 회전속도 '$n = 0$'이므로 역기전력 '$U_E = 0$'이 되어, 전기자 저항(R_a)이 적어지기 때문에 정격전류보다 큰 전류가 흐른다. 역으로 전동기 회전속도(n)가 증가하면 역기전력이 증가하여 전원 전압에 대해 역으로 작용하기 때문에 전기자 전류는 감소한다.

전기자 반작용은 브러쉬 위치를 중성축으로부터 회전 반대 방향으로 약간 이동시키거나, 보조자극을 설치하여 보상한다. 보조자극을 사용하는 시스템에서는 고정자의 크기가 상대적으로 커지고 무게도 무거워진다.

정류자는 기계적 접촉을 통해 전기자 권선과 브러쉬를 연결한다. 현재의 기술 수준에서 브러쉬 마모는 단점이 아니다. 브러쉬 수명이 전동기 수명과 거의 같아졌기 때문이다. 물론 정류자의 작동 원리상 전동기 회전속도는 약 $7000\mathrm{min}^{-1}$ 정도로 제한된다. 이에 대한 대안인 브러쉬를 사용하지 않는 직류 전동기는 영구자석 동기전동기와 그 구조가 같다. 회전자는 영구자석이며, 고정자에는 다수의 계자권선이 설치된다. 그러나 전자정류(electronic commutating)를 해야 한다. 전자정류 방식에는 센서를 사용하는 방식과 센서를 사용하지 않는 방식이 있다. 직류 전동기는 값이 비싸고 정비비용이 많이 들고 교류 전동기와 비교하여 효율이 낮아

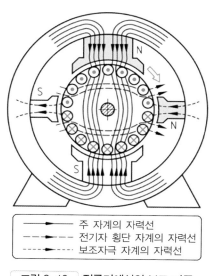

주 자계의 자력선
전기자 횡단 자계의 자력선
보조자극 자계의 자력선

그림 3-13 직류기에서의 보조 자극

서 자동차 동력원으로는 거의 사용하지 않는다.

3 직류 전동기의 종류

직류 전동기는 여자방식에 따라 타여자와 자여자, 그리고 자여자 방식은 전기자 코일과 계자 코일의 접속방법에 따라 직권, 분권 및 복권식으로 구분한다. 회로 구성 및 용도는 그림 3 - 14와 같다.

직권 전동기	타여자 전동기	분권 전동기	복권 전동기
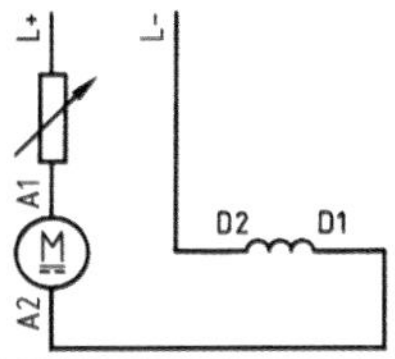	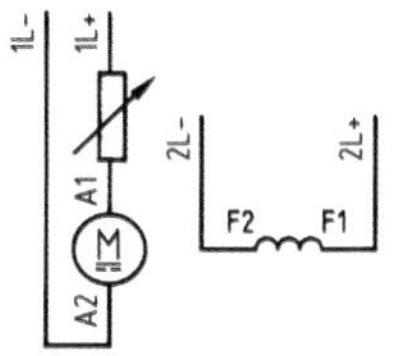	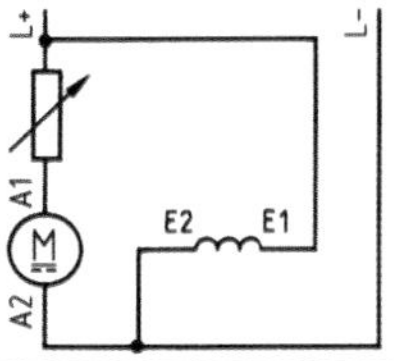	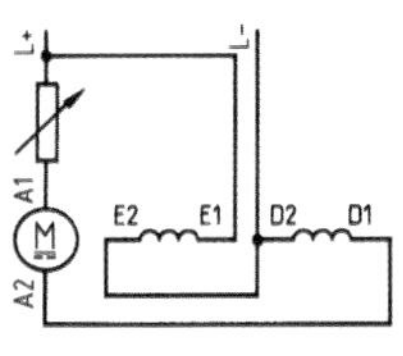
구동 전동기 시동 전동기	직권과 분권의 중간 성격	직류 발전기	자동차 구동 전동기 대형 기동전동기

그림 3-14 직류 전동기의 종류 및 용도 [4]

(1) 직권 전동기

직권 전동기는 부하에 따라 변화하는 전류가 그대로 계자권선을 통과한다. 따라서 이 전류가 작아지면 속도가 크게 상승하는 특성을 나타낸다. 기동할 때는 전기자 전류와 자속이 동시에 증가하므로 기동 토크가 크고 가속이 빠르며 효율이 좋다. 무부하 상태에서 운전하면, 속도가 상승하여 회전자가 원심력에 의해 파손될 수도 있다. 따라서 무부하 운전은 삼가야 한다. 내연기관 자동차의 기동전동기가 직권 전동기이다.

(2) 분권 전동기

무부하에서부터 정격 부하에 이르기까지 속도 변동이 거의 없는, 정속도 특성의 전동기이다. 기동 토크는 직권 전동기보다 낮지만, 속도 조절이 쉽다. 직류 발전기로도 사용할 수 있다.

(3) 복권 전동기

복권 전동기의 속도와 토크의 특성은 직권 전동기와 분권 전동기의 중간적 특성이다. 분권 전동기와 마찬가지로 계자전류를 변화시켜 속도를 제어할 수 있다. 자동차 구동전동기 또는 대형 기동전동기로 사용할 수 있다.

(4) 타여자 전동기

계자권선에 공급되는 전류가 전기자 전류와 다른 전원을 사용하므로 자속이 일정하여 정속도 특성을 갖는다. 직권과 분권의 중간 성격을 가지며, 속도 – 토크 특성은 분권전동기와 비슷하다.

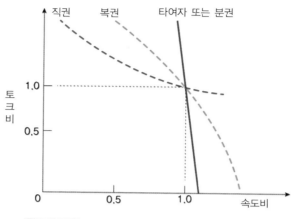

그림 3-15 DC 전동기 종류별 속도-토크 특성

4 직류 전동기의 속도제어

① 직류 전동기의 회전속도(n)

$$n = \frac{U - I_a \cdot R_a}{k \cdot \Phi} \quad \cdots\cdots\cdots\cdots\cdots\cdots\cdots\cdots\cdots\cdots\cdots\cdots\cdots\cdots\cdots\cdots\cdots\cdots \text{(3-8)}$$

여기서, U : 전기자 전압 [V] I_a : 전기자 전류 [A]

R_a : 전기자 저항 [Ω] k : 상수 Φ : 자속 [Wb]

② 직류 전동기 속도제어 방법

표 3 - 3 직류 전동기 속도제어 방법

속도 제어변수	특 징	제어 방식
전기자 전압	광범위한 속도제어 가능 효율이 좋음 응답성 좋음 정 토크 특성(출력은 속도에 비례)	전압 제어
전기자 저항	속도 변동이 크다 효율이 나쁘다	저항 제어
고정자 자속	속도제어 범위 제한적 정 출력 특성(토크는 속도에 비례)	계자 제어

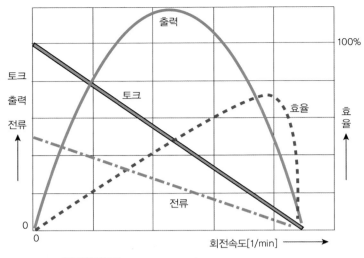

그림 3-16 영구자석 직류전동기의 특성곡선(예)

● 참고 : 자동차에 많이 사용하는 소형 직류 브러시 모터(Motor)

승용자동차 전장부품 중 와이퍼, 세척액 펌프, 파워-윈도우, 등화장치, 후사경(back mirror), 공조장치 및 시트 등에 사용되는 출력 10W~100W 정도의 소형 모터는 대부분 12V로 작동하는 영구자석 직류 브러쉬 모터이다. 소형 직류 브러쉬 모터는 값이 싸고, 신뢰성이 높고, 가볍고, 소비전력이 작아서, 작은 토크로도 충분한 장치에 많이 사용한다. 더 나아가 도어미러나 도어로크 같은 부품은 속도를 제어할 필요도 없다.

내구성 측면을 살펴보자. 하루에 파워-윈도우를 4회 여닫는다고 가정하면, 1년에 약 1400회, 15년 보증이면 2만 회, 자동차회사가 2만 회 보증을 요구하면 파워-윈도우 모듈을 자동차회사에 공급하는 티어 1(Tier 1) 부품공급회사는 신뢰성을 확보하기 위해 3만 회의 보증을 요구한다. 모터를 만드는 회사는 안전률을 고려하여 2~3배 높은 6~9만 회의 성능으로 설계, 생산한다.

흐르는 전류가 작고, 부하 수준도 낮은 소형 모터에서는 브러쉬의 마모가 특별한 문제가 되지 않는다. 현재의 기술 수준에서 브러쉬 수명이 모터 수명과 거의 같기 때문이다. 브러쉬 재질은 내구성 측면에서는 탄소(carbon)가 유리하지만, 소음 측면에서는 금속 브러쉬가 더 유리하다. 금속 브러쉬는 탄소 브러쉬에 비해 질량이 작아서 정류자편 사이의 틈새(slit)를 넘어갈 때 충격이 작기 때문이다.

소음에 이어 중시되는 것은 무게이다. 백미러 1개에 3개(상/하, 좌/우, 격납용), 전동시트 1개당 사양에 따라 거의 10개의 모터가 사용된다. 전동시트의 슬라이더용 모터는 1개당 무게가 300~550g 정도로서 시트 1개에 사용되는 모터의 무게가 대략 1.2~2kg이나 된다. 파워-윈도의 경우, 필요 토크(예; 90~110mNm(밀리뉴톤미터))를 확보하면서도, 도어 전체에서의 소비전류는 20A 이하로 낮추어야 한다. 소비전류가 30A 이상이 되면, 배선(harness) 사양을 바꾸어야 하기 때문이다(배선의 무게 증가).

더 나아가 구동전압이 12V에서 48V로 바뀌면, 예를 들어 직경 0.6mm 권선 1000회를 감았던 백미러 조정용 모터의 전압을 48V로 높이면 직경 0.3mm 권선을 4000회 감아야 한다.

이와 같은 이유에서 전원 전압이 높은 전기자동차에서도 차체(body) 전장품에는 12V 직류 브러쉬 모터를 많이 사용하고 있으며, 앞으로도 계속 사용할 것이다.

다만 제어특성이나 정숙성을 중시하는 부분 예를 들어, 에어컨 송풍기 팬(fan)에는 브러쉬를 사용하지 않는 직류모터(BLDC)를 사용하여 저소음을 실현한다.

3-3

교류 전동기(AC-Motors)

직류기는 제어가 아주 쉬우므로, 과거에는 거의 독점적으로 가변속도 전기구동장치(예 : 시가지 전차)에 사용되었다. 그러나 3상 교류기와 비교할 때 구조가 아주 정교하다. 필요한 미끄럼 접점(브러쉬; brush)은 마모되기 쉽고, 고장이 발생하기 쉬우며, 유지 보수를 필요로 한다. 1980년대 이후 전력전자 및 마이크로프로세서 기술이 급속히 발전함에 따라, 이제는 3상 교류기도 쉽게 그리고 정밀하게 제어할 수 있게 되었다.

3상 교류기는 구조가 단순하고, 유지 보수가 거의 필요 없으며, 높은 신뢰성뿐만 아니라 직류기와 비교하여 출력밀도와 효율이 높다는 특징을 가지고 있다. 오늘날 승용자동차 구동 전동기로는 3상 교류기(AC‐motor)가 지배적 위치를 차지하고 있다.

1 3상 교류와 고정자의 회전자계

3상 교류를 이용하여 계자의 자계를 전기적으로 회전시킬 수 있다. 고정자(stator)의 회전자계를 이용하는 3상 교류 전동기에는 동기전동기와 비동기 전동기(유도전동기)가 있다. 고정자(stator)의 구조는 모든 3상 교류 전동기에서 거의 동일하다. 고정자는 3상 권선이 감긴 강철 박판 패키지(package)이다. 3상 교류기의 작동원리는 모두 3상 교류가 생성하는 회전자계에 근거를 두고 있다. 그리고 회전자계를 생성하는 권선은 모두 고정자에 감겨 있다. (그림 3‐17, ‐18, ‐19 참조). 회전자 구조는 교류기의 유형에 따라 서로 다르다.

(1) 고정자의 회전자계(rotating field of stator)

그림 3‐17(a)는 고정자에 120° 간격으로 배치된 3개의 권선 $u_1 u_2$, $v_1 v_2$, $w_1 w_2$ 그리고 각 권선에 양(＋)의 전류가 흐를 때 생성되는 자계의 방향(또는 위상축)을 나타내고 있다. 그리고 그림 3‐17(b)는 각 권선에 흐르는 3상 교류의 위상관계를 나타내고 있다.

즉, 각 상의 권선은 회전 대칭적으로 분포되어 있으며, 3상 교류전원의 전압은 시간상으로

120°(주기의 1/3) 위상 전위(轉位)되어 있으며, 3개의 권선에 연속적으로 전류를 공급한다.

각 권선에 최대전류가 흐를 때의 권선 자속을 $\Phi_{\max}$라고 하고, 위치 $\omega t = 0$, $\omega t = \pi/3 = 60°$, $\omega t = 2\pi/3 = 120°$에서 각 권선의 자속과 이들의 합성자속을 살펴보자.

그림 3 – 17(b)에서 $\omega t = 0$일 때, 권선 $u_1 u_2$의 전류는 양(+)의 방향으로 최대이며, $v_1 v_2$와 $w_1 w_2$의 전류는 모두 부(-)의 방향이며 그 크기는 각각 최대전류의 1/2이다. 따라서 권선 $u_1 u_2$의 자속 Φ_u는 $\Phi_{\max}$가 되며, $v_1 v_2$와 $w_1 w_2$의 자속 Φ_v, Φ_w는 각각 $\Phi_{\max}/2$가 된다. 그리고 각 권선 자속의 방향은 각 권선에 흐르는 전류의 방향에 대응한다. 여기서 고정자의 합성자속의 크기는 $3\Phi_{\max}/2$이며, 방향은 Φ_u의 방향과 일치한다. (그림 3 – 18(a) 참조)

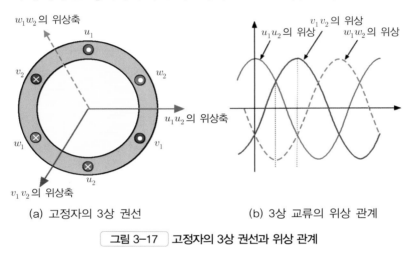

(a) 고정자의 3상 권선   (b) 3상 교류의 위상 관계

그림 3-17 고정자의 3상 권선과 위상 관계

이어서 $\omega t = \pi/3 = 60°$, $\omega t = 2\pi/3 = 120°$로 진행됨에 따라 자속의 변화는 각각 그림 3 – 18의 (b), (c)와 같은 형태가 된다. 즉, 고정자 권선에 흐르는 전류의 크기와 방향을 바꾸면, 고정자의 자계가 회전한다. 이처럼 전기적으로 회전하는 자계를 회전자계(rotating field)라고 한다. 회전자계의 회전 주파수는 권선에 인가된 교류전원의 주파수와 같다. 자계의 회전방향은 고정자 권선의 배열에 따라 결정된다.

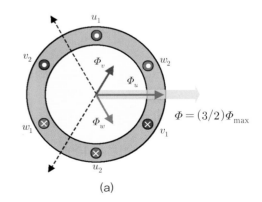

(a)

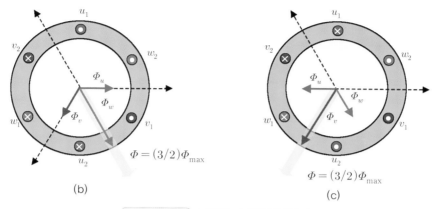

$\Phi = (3/2)\Phi_{\max}$

(b)

$\Phi = (3/2)\Phi_{\max}$

(c)

그림 3-18   고정자 자계의 회전원리

(2) 다수의 권선으로 결선된 3상 권선

그림 3 - 17, 3 - 18에서는 각 상의 권선으로 단지 하나의 권선을 사용하였다. 그러나 실제로는 자계의 강도를 높이기 위해 각 상권선의 권수를 늘려 그림 3 - 19와 같이 권선 및 결선한다.

① 상권선의 권선 방법

상권선의 권선 방법에는 집중권(集中捲)과 분포권(分布捲)이 있다.

집중권은 1극 1상(相)의 권선에 배정된 슬롯(slot)이 1개로서, 이 하나의 슬롯에 1상분의 권선을 집중해서 감는 방법이다. 그림 3 - 19(a)는 집중권 방식에서도 치집중(teeth concentrated) 권선 방식이다.

분포권은 1극 1상에 배정된 슬롯(slot)이 2개 이상으로서, 1극의 권선을 다수의 슬롯에 분산시켜 감는 방식이다. 분포권은 집중권에 비교해 합성 유도기전력은 작지만, 기전력의 파형이 좋다. 그리고 누설 리액턴스(reactance)도 상대적으로 적으며, 과열방지에도 효과적이다.

권선 방식에 상관없이 하나의 상에 배정된 권선들은 모두 직렬로 연결되며, 다른 상의 권선에 대해서는 각각 독립적이다.

집중권

분포권

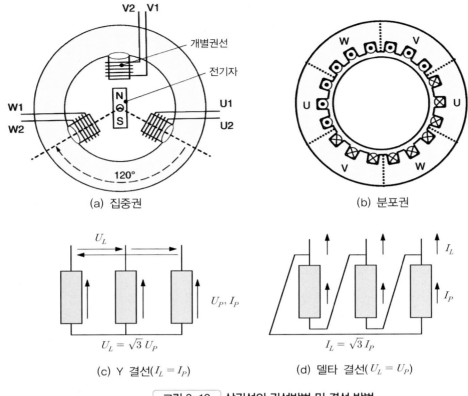

(a) 집중권   (b) 분포권

(c) Y 결선($I_L = I_P$)   (d) 델타 결선($U_L = U_P$)

그림 3-19   상권선의 권선방법 및 결선 방법

② **상권선의 결선 방식**

3상 권선의 결선 방식에는 Y결선과 델타(Δ)결선이 있다. 어느 방식이든 상권선(U1에서 W2까지)은 전동기로부터 단지 3개의 권선만 나오도록 결선된다. 숫자 1은 개별 권선의 시작점을, 숫자 2는 개별 권선의 종점을 의미한다.(그림 3 - 19(a) 참조)

Y결선에서는 각 권선의 종점 U2, V2, W2를 한데 묶어 중성점으로 한다. (그림 3 - 19(c) 참조) 각 권선의 시작점 U1, V1, W1은 각각 권선 U, V, W로 가는 입력선이 된다.

델타(Δ)결선에서는 각 권선의 시작점이 이웃하는 권선의 종점과 연결된다. 즉, U1은 W2와 연결되어 상권선 U를, V1은 U2와 연결되어 상권선 V를, W1과 V2는 상권선 W를 형성한다.(그림 3 - 19(d) 참조)

③ **상전압(U_P), 상전류(I_P), 선전압(U_L), 선전류(I_L)**

Y결선에서는 선전류(I_L)와 상전류(I_P)가 서로 같으며, 선전압(U_L)은 상전압(U_P) 보다 $\sqrt{3}$ 배 크다. 그리고 델타(Δ)결선에서는 선전압(U_L)과 상전압(U_P)이 같다. 이 관계는 각각의 벡터값(화살표 길이)뿐만 아니라, 표시된 유효값 U_P와 U_L에도 적용된다.

그리고 델타(Δ)결선에서는 선전류(I_L)가 상전류(I_P)보다 $\sqrt{3}$ 배 더 크다.

따라서 3상 전기기계의 정격 피상전력($P_{app.N}$)은 다음과 같이 표시할 수 있다.

$$P_{app.N} = 3U_P I_P = \sqrt{3}\ U_L I_L\ [\text{VA}]\quad \cdots\cdots\cdots\cdots\cdots\cdots\cdots\cdots\cdots\cdots\cdots\ (3\text{-}9)$$

여기서 $P_{app.N}$: 정격 피상전력 [VA] U_L : 선전압 [V]

                   U_P : 상전압 [V] I_L : 선전류 [A]

                   I_P : 상전류 [A]

식 (3-9)으로부터 3상 교류기에서 정격 피상전력은 상권선의 결선 방식과 상관없이 선전압과 선전류로 나타낼 수 있음을 알 수 있다.

발전기의 경우, Y결선은 상전압이 더 낮아서 절연이 쉽다. 전동기의 경우, Y결선보다 델타(Δ)결선을 주로 사용한다. 델타(Δ)결선은 Y결선에 비해 전류가 작고 상전압이 높다. 델타(Δ)결선은 부하들이 선로에 직접 연결되어 있으므로, 각 상의 부하를 추가하거나 제거하기 쉽다.

(3) 동기기의 고정자 (그림 3-20, 3-21 참조)

동기기의 고정자는 기본적으로 두 가지 권선 방식으로 제작된다. 전통적인 설계방식에서는 대부분 3상 분포권을 사용하는 데, 이는 비동기기(asynchronous machine)에서 사용하는 고정자 권선방식과 큰 차이가 없다.

예를 들어, 일반적으로 하나의 상(相) 권선에는 최소 3개 즉, 하나의 전기극에 6개의 슬롯(slot)이 사용된다. 제작상의 이유로 슬롯(slot)을 임의로 크게 할 수 없으므로 HEV용 전동기는 고정자 직경 약 200～300mm 범위에서 6～10개의 극수를 주로 사용한다.

전동기가 파워트레인에 통합된 병렬 HEV에서는 대부분 설치공간이 좁고 또 내연기관의 회전속도 범위가 제한적이기 때문에 집중권 방식의 고정자와 자극쌍 수가 많은 회전자를 사용한다.(그림 3-21 참조). 반면에 출력 분할식 HEV에서는 분포권 방식의 고정자와 자극쌍 수가 상대적으로 적은 회전자를 사용한다.(그림 3-20 참조)

① 분포권(distributed winding : Verteilte Wicklungen)

분포권은 상대적으로 고정자에 감긴 권선의 양단 노출부(end-windings ; 권선 헤드라고 한다)가 크다는 단점이 있다. 이는 수동적인 공간체적 즉, 회전토크 생성에 직접 관여하지 않는 공간을 점유하며, 옴저항 손실을 크게 증가시킨다. 이 외에도 복잡한, 고비용의 절연기술과 권선기술을 필요로 한다.

그림 3-20은 도요타 프리우스 2세대(2009년까지)와 3세대(2010년부터) 구동 전동기들이다. 2세대(좌측)에 비해 3세대(우측)는 크기도 작아지고 무게도 가벼워졌음을 한눈에 알 수 있다. 그러나 출력은 정반대로 2세대 50kW, 3세대 60kW이다. 그리고 전압은 2세대 500V, 3세대 650V이다.

② **집중권(concentrated winding : Einzel Zahnwickelung)**

집중권은 기계의 활용도를 떨어뜨리고, 제작비용도 상승시킨다는 단

이전 모델   2010프리우스

MG1

MG2

(a) 2세대 프리우스용   (b) 3세대 프리우스용

그림 3-20 분포권 방식의 동기기(출처 : Toyota)

점이 있다. 집중권은 권선 간격이 정확하게 하나의 이 피치(tooth pitch)에 일치한다. 즉, 권선은 각각 개별 이(tooth)에 감겨 있다. 예를 들어 3개의 권선을 배치할 경우, 3개의 고정자 피치에 2개 또는 4개의 회전자 극이 마주하고 있다. 이러한 권선 시스템을 사용하는 전기기계는 분포권 기계처럼 동일한 이 피치(tooth pitch)에 2배 또는 4배의 극수를 가지고 있다. 그리고 집중권은 광범위한 고조파 스펙트럼을 가지고 있어서 모든 회전자 유형에 다 적합한 것은 아니라는 단점이 있다.

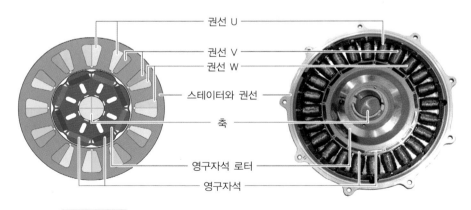

권선 U
권선 V
권선 W
스테이터와 권선
축
영구자석 로터
영구자석

그림 3-21 집중권 방식의 고정자 (내부 회전자식 PMSM) (출처 : BMW)

2　3상 동기전동기(3-phase synchronous electric motors)

(1) 3상 동기전동기의 구조

동기기의 고정자는 비동기기의 고정자와 그 구조가 비슷하다. 회전자에는 영구자석식 또는 직류로 여자하는 권선식이 있다. 권선식 회전자는 돌극(突極 : salient)형이며, 회전자 여자권선에는 슬립링을 거쳐 직류가 공급된다.

(2) 권선식 3상 동기전동기의 작동원리

고정자(stator)에 인가된 3상 교류는 교류 주파수와 같은 속도로 회전하는 회전자계(Φ_S)를 고정자에 형성한다. 이때 슬립링을 거쳐 회전자(rotor)의 여자권선에 공급된 직류도 회전자에 회전자계(Φ_R)를 형성한다.

회전자 회전자계(Φ_R)의 자력선은 고정자 회전자계(Φ_S)의 자력선과 같은 방향으로 정렬하고자 한다. 따라서 회전자는 고정자의 회전자계를 따라 회전한다. 이때 회전자의 회전속도(n_R)는 회전자의 부하와 상관없이 고정자 회전자계의 회전속도(n_S)와 같다. 즉, 동기(同期 : synchronizing) 된다.

(3) 동기속도(synchronous speed)

3상 동기전동기의 회전속도를 제어하기 위해서는 3상 교류전원의 주파수를 제어해야 한다. 고정자의 회전자계가 주파수 f_1로 회전하면, 기계적 동기속도 n_s 는 다음 식과 같다.

$$n_1 = n_s = \frac{f_1}{p} \quad \cdots\cdots\cdots\cdots\cdots\cdots\cdots\cdots\cdots\cdots\cdots\cdots\cdots\cdots\cdots\cdots\cdots \quad (3\text{-}10)$$

여기서　$n_1 = n_s$: 주파수 f_1에서의 동기속도 $[\mathrm{s}^{-1}]$
　　　　　　f_1 : 교류 전원의 주파수(＝고정자 회전자계의 주파수)
　　　　　　p : 자극쌍 수

(4) 비동기기(유도기)와 비교한 권선식 동기기의 특징

권선식 동기기는 직류기, 비동기기(유도기) 및 스위치-릴럭턴스-모터(SRM)와 비교해서 가장 가볍다. 그러나 회전자에는 직류, 고정자에는 3상 교류를 공급해야 한다는 점이 단점이다. 기본적으로 권선식 동기기는 크기가 작으면서, 효율이 높고, 슬립이 없다. 비동기기(유도기)와 비교한 권선식 동기기의 특징은 다음과 같다.

① 효율이 높다.

② 슬립이 없다.

  회전자의 회전속도는 고정자에 흐르는 3상 교류의 주파수에 따라 좌우된다.

  회전자의 회전속도와 고정자 회전자계의 회전속도는 일치한다. - 동기(synchronous)

③ 열 발생이 적다.

  전동기가 정지상태일 경우 비동기기와 비교하여 회전자에는 회전자계에 의한 높은 전압이 유도되지 않는다. 따라서 회전자를 심하게 가열시키는 큰 전류가 흐르지 않는다.

3 영구자석 동기전동기(PMSM 또는 PSM) - BLDC

(1) PMSM(Permanent Magnet Synchronous Motor)의 구조

  3상 동기기에 권선식 회전자 대신에 영구자석 회전자를 사용하면 슬립링과 브러쉬를 생략할 수 있으며, 동시에 회전자에 직류를 공급하지 않아도 된다. - **영구자석 동기전동기(PMSM)**.

  회전자에 영구자석을 배치하는 방식에는 여러 가지가 있다. 파워트레인에 통합된 병렬 하이브리드에서는 대부분 설치공간이 좁고 또 내연기관의 회전속도 범위가 제한적이기 때문에 집중권 방식의 고정자와 자극쌍 수가 많은 회전자를 사용한다.(그림 3 - 21 참조). 반면에 동력 분할식 하이브리드에서는 분포권 방식의 고정자와 자극쌍 수가 상대적으로 적은 회전자를 사용한다.(그림 3 - 20 참조). BMW i3, Nissan Leaf, Honda e, Porsche Taycan 등이 PMSM을 채택하고 있다.

  그림 3 - 22는 자석이 매입된 회전자들이다. 이 형식은 내부 회전자(내전형)에 주로 사용한다. 따라서 자석을 고정하기 위한 고가의 금속 띠가 필요 없다. 영구자석이 매입된 회전자의 공통적인 특징은 얇은 철제 프레임이 자석을 둘러싸고 있다는 점이다. 여기서 철 금속은 포화유도(saturation inductance)를 일으킨다. 따라서 공기와 같은 작용을 하여 자극 간의 자기적 단락을 최소화한다. 여기서 항상 전자기적 필요조건과 기계적 필요조건이 서로 충돌하므로, 적절한 타협점을 찾아야 한다. 얇은 프레임은 전자기적으로는 좋지만, 기계적 강성은 약하기 때문이다.

  자석이 매입된 회전자는 용도에 따라 자석의 매입 형태가 각기 다르다.

  반경 방향으로 설치공간에 제한을 받지 않는 자동차의 경우, 예를 들어 반드시 클러치를 설치하지 않아도 되는 자동차에서는 자석이 V - 형으로 배열, 매입된 회전자를 사용한다(그림 3 - 22(d) 참조). 자석을 V - 형으로 배열, 매입할 경우, 동일한 공간에 자석을 더 많이 배치할 수 있으므로 기본적으로 자속밀도를 더 높일 수 있다. 핵심적으로 중요한 장점은 물론 자기저항특성

(reluctance characteristics)이다.

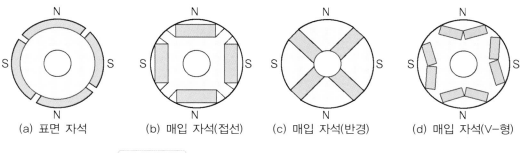

(a) 표면 자석   (b) 매입 자석(접선)   (c) 매입 자석(반경)   (d) 매입 자석(V-형)

그림 3-22 PMSM 회전자에 영구자석을 배치하는 방법(예)

표 3-4 PMSM의 회전자 형태에 따른 장단점 비교

	장 점	단 점
SPM 표면자석형	– IPM보다 제어성 양호, 고정밀제어용으로 적합 – 중저속용으로 유리 – 내전형 및 외전형으로 제작하기 쉬움. – 토크 리플(ripple) 최소화 가능(자석형상 변경)	– 표면자석 비산 방지구조 필요 – 약자속 제어에 불리 – 고속회전에 불리
IPM 매입자석형	– 공극이 작다(고효율화) – 릴럭턴스 토크의 발생, 출력밀도 높다. – 경량화/고출력화 유리 – 고속회전에 유리 – 기계적 안정성 우수 – 약자속 제어에 유리	– SPM보다 제어에서 불리(어려움) – 구조에 따라 성능변화가 크다. – 외전형으로 제작하기 어려움 – 초고속 적용 시 브리지 설계에 불리

※ SPM: Surface Permanent Magnet, IPM: Imbeded Permanent Magnet

(2) 영구자석 동기전동기(PMSM)의 또 다른 이름 – BLDC

영구자석 동기전동기(PMSM 또는 PSM)를 자기 동기형 AC – 전동기(self – synchronous AC motor), 가변주파수 동기전동기(variable frequency synchronous motor) 및 전자정류 전동기 (ECM : Electronically Commutated Motor)라고도 한다.

PMSM의 고정자에 공급되는 교류전원 대신에 직류 전원을 사용하되, 적절한 스위칭 회로 (ESC : Electronic Speed Controller)를 사용하여 직류를 교류로 바꾸어 공급하면 브러쉬를 사용하지 않는 소위, **브러쉬리스 직류 전동기**(BLDC : BrushLess DC motor)가 된다.

BLDC의 구조는 DC-전력에 의해 작동되는 PMSM(**영구자석 동기기**)과 유사하다.
다만 역기전력의 형태가 서로 다르다.

BLDC의 속도-토크 특성 및 전압-전류 특성은 브러쉬를 사용하는 DC-전동기(brushed DC-motor)와 매우 비슷하게 선형적이다. 그러나 BLDC와 PMSM이라는 이름을 구별하지 않는 회사도 많다. BLDC와 PMSM의 차이점에 대해서는 뒤에서 상세하게 설명할 것이다.

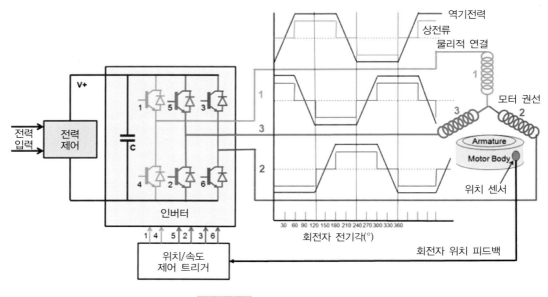

그림 3-23 BLDC의 구동 시스템

(3) 내부 회전자(inner rotor) 방식과 외부 회전자(outer rotor) 방식

① 외부 회전자 방식(외전형)

외부 회전자 방식은 PMSM의 독특한 형식의 구조이다. 내부 회전자 방식과 비교해서 상대적으로 회전자 직경이 크기 때문에 다수의 자극쌍(8쌍 또는 그 이상)을 설치할 수 있다. 따라서 저속에서도 높은 토크밀도와 출력밀도를 달성할 수 있다. 그리고 내부 회전자 방식에서는 원심력에 의해 자석에 걸리는 부하를 반드시 고려해야 하지만, 외부 회전자 방식에서는 드럼(drum)의 안쪽에 자석을 배치함으로써 이 문제를 쉽게 해결하고 있다.

단점으로는 기계적 안정성 때문에 고속기에 적용하기 어렵고, 감자(減磁)문제가 발생할 수 있다.

② 내부 회전자(inner rotor) 방식(내전형)

전동기도 내연기관과 마찬가지로 발생된 열을 효과적으로 방출할 수 있어야 한다. 외부 회전자 방식에서는 고정자 외부의 열방출 면적을 크게 할 수 없으나, 내부 회전자 방식에서는 고정자의 외부에 넓은 냉각수 통로를 확보할 수 있다. 그리고 기구적 안정성이 높고, 고속운전이 용이하다. 그러나 영구자석의 면적이 좁아서, 상대적으로 생성 토크가 낮고, 자석의 비산방지를 위한 별도의 기계적 기구가 필요하다는 점은 단점이다.

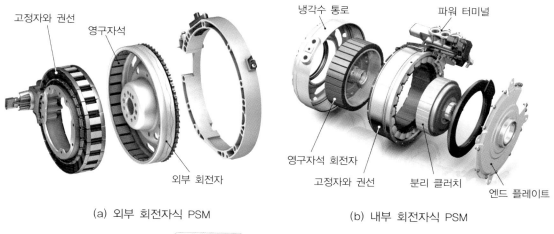

（a）외부 회전자식 PSM   （b）내부 회전자식 PSM

그림 3-24　영구자석 동기 전동기의 종류

(4) 영구자석 동기 전동기(PMSM)의 특징

PMSM(또는 PSM)은 오늘날 전기자동차의 구동 전동기로 가장 많이 사용되고 있다. 이유는 기본적으로 다른 형식에 비해 효율이 약간 더 높기 때문이다. 회전자 자석으로는 대부분 에너지 밀도가 높은 Nd‒Fe‒B 자석을 사용한다. Nd‒Fe‒B 자석은 고가이지만 에너지 밀도가 아주 높다. 따라서 회전자의 크기를 작게 만들 수 있다. 그러나 고정자와 회전자를 조립할 때는 아주 강력한 자력을 자유롭게 다룰 수 있는, 특별한 기술을 필요로 한다.

다수의 자극쌍으로 제작된 형식에서는 반경 방향의 설치공간을 절약할 수 있으므로 발진요소들을 함께 집적시킬 수 있다. 이는 통상적인 발진요소들을 갖추고 있는, 기존의 내연기관 변속기와 비교했을 때 설치공간을 더 차지하지 않으면서도 다른 발진요소들을 파워트레인(power train)에 설치할 수 있다. PMSM은 공극을 크게 설계할 수 있으므로 하이브리드 자동차에서 전기기계를 내연기관의 크랭크축에 설치할 수 있으며, 시스템 공차 변화에 잘 적응할 수 있다.

그리고 집중권 기술을 적용한 고정자를 사용할 수 있으므로 물, 윤활유 및 진동에 대한 저항성이 강한 권선을 사용할 수 있다. 그러나 회전할 때 기계의 도체에 전압이 유도되기 때문에, 대부분의 설계에서 값비싼 보호 개념의 전력전자(power electronics)를 적용해야 한다.

병렬 하이브리드에서는 큰 출력과 큰 토크밀도를 필요로 하므로 전동기에 고가의 강력한 영구자석을 사용한다. 따라서 표준‒비동기기와 비교하여 생산비가 더 비싸다. 이를 보완하기 위해서 때(예 : 동력분할 하이브리드)에 따라서는 동기전동기를 극수가 적은 버전으로 제작하여,

기계적 부하 감당능력 경계에서 가능한 한 고속으로 작동시킨다. 여기서 토크밀도는 회전속도 저항성으로 대체된다. 즉, 고속으로 작동시켜 큰 출력을 얻는다. 기준조건에서 동기전동기는 자기저항 토크(reluctance torque)의 이용을 포함해서 전체 회전속도 범위에 걸쳐서 일정한 출력을 발휘한다는 장점을 갖추고 있다. 이 장점은 시스템 비용을 최적화하는 데 도움이 된다. 동기전동기 기술은 하이브리드 및 전기자동차에 적용하기 적합한 전기기계 기술이다.

이 외에도 PMSM(영구자석 동기기)은 다음과 같은 특징이 있다.

① 비동기기와 비교해서 효율이 높고(최대 94%까지), 비출력[kW/kg]이 크다.
   영구자석 회전자를 사용하는 경우, 다른 전기기계 형식과 비교하여 토크밀도(단위 체적당 토크)를 30%까지 높일 수 있다. 영구자석을 사용함으로써 토크 개선 효과 특히, 부분부하에서의 효율 개선을 기대할 수 있다.

② 기계적 및 전기적으로 구조가 간단하다.
   ● 브러쉬와 정류자를 사용하지 않는다.
   ● 회전자에 권선을 사용하지 않는다.
      회전자에 권선이 없으므로 권선형에 비교해 전자기적 저항(electro-magnetic reluctance)이 작다.

③ 전자 스위칭 회로를 이용하여 자동차의 구동특성에 적합하게 전동기를 제어할 수 있다. 전류의 스위칭을 회전자의 위치와 정확하게 동기(同期)시킬 수 있다. 회전자의 위치검출은 센서를 사용하거나 논리회로를 이용할 수 있다. 위치검출 센서로는 주로 홀-센서(Hall sensor)를 사용하지만 광학센서도 사용한다.

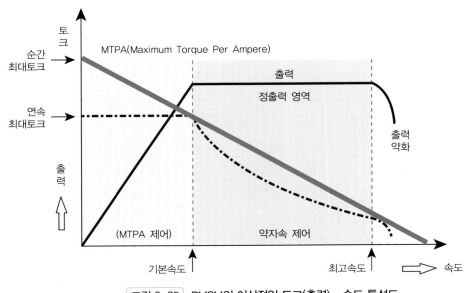

그림 3-25 PMSM의 이상적인 토크(출력)-속도 특성도

④ 회전속도가 증가하면 토크가 감소한다.

회전하는 자석은 권선에 역기전력을 발생시킨다. 역기전력의 크기는 속도에 비례하며, 권선에 흐르는 전류를 감소시킨다. 전류가 감소하면 자계가 약화하여 토크가 감소한다. 최종적으로 유도된 역기전력의 크기가 인가전압의 크기와 같아질 때, 최고속도에 도달한다.

⑤ 에너지 밀도가 높은 고가의 영구자석을 사용한다.

현재의 기술 수준에서 약 1.5kg/100kW의 NIB(Nd‐Fe‐B) 자석을 필요로 한다.

4 **3상 유도전동기**(3 phase induction motor : IM) **‐ 비동기기**

고정자의 회전자계로 작동하는, 간단한 구조의 농형 유도전동기는 아주 튼튼하며, 따라서 자동차용으로 아주 안성맞춤이다. 이 형식의 전동기는 철도차량 구동용으로 이미 오래전부터 사용하고 있으며, 그 진가를 인정받고 있다. (적용 예: Audi e‐tron, Mercedes EQC 등)

(1) 유도전동기의 구조

회전자계를 생성하는 고정자의 구조와 기능은 동기전동기의 고정자와 같다. 회전자는 권선형과 농형(籠形 ; 다람쥐 쳇바퀴 모양 : squirrel cage type)이 있으나, HEV/EV의 구동 전동기로는 주로 농형 회전자를 사용한다. **‐ 농형 유도전동기**

농형 회전자의 구조적 특징은 그림 3‐26과 같이 회전자에 매입된 단락(短絡)도체이다. 구리 또는 알루미늄을 다이‐캐스팅(die‐casting)하여 만든 도체 막대들의 양쪽 끝부분을 단락환(短絡環; short circuit ring)에 연결하여 전기적으로 모두 단락시켰다. 그림에서 회전자의 내부는 비어 있으나, 실제로는 박판(laminated)을 적층하여 채웠다. **‐ 단락된 농형 회전자**

(a) 사다리형 회전자(알루미늄)   (b) 사선형 회전자(구리)

(c) 회전자와 고정자

그림 3‐26   농형 유도전동기(비동기기)의 회전자 유형

3상 유도전동기의 고정자와 회전자는 회전 대칭적이다. 따라서 전체 둘레에 걸쳐서 공극(air gap)이 일정하다. 고정자는 주로 3상 권선을 사용하며, 원하는 극수(pole number)를 배치하기 위해서 Y-결선 또는 델타(△)-결선을 사용한다. 원칙적으로 공극은 가능한 한 작게 하며, 자극 쌍(pole pair)의 수는 전기자동차용으로는 2개~6개가 대부분이다. 공극은 대부분 0.4~0.8mm 정도이다.

(2) 농형 유도전동기의 작동원리

전기적인 측면에서 볼 때, 유도전동기는 하나의 변압기(transformer)이다. 고정자 권선은 1차 권선, 회전자 권선은 2차 권선에 해당한다.

① 고정자에서 생성된 회전자계가 회전자의 도체 막대들을 쇄교하면, 회전자에는 기전력이 유도되어 전류가 흐른다. - **오른손 법칙(발전기 법칙)**

② 회전자에 유도된 기전력에 의한 자계와 고정자의 회전자계가 합성된, 합성자계에 의해 회전자(=도체)는 회전한다. - **왼손 법칙(전동기 법칙)**

③ 회전자는 고정자의 회전자계와 같은 방향으로 회전하지만, 고정자의 회전자계에 비해 약간 느린 속도로 회전한다. - **슬립(slip)의 발생**

④ 고정자 회전자계의 회전속도(=동기속도)와 회전자의 회전속도가 같아지면, 자속이 쇄교되지 않으므로 유도기전력은 생성되지 않는다. 유도기전력이 생성되지 않으면 회전자는 회전력을 상실한다.

회전자가 고속으로 회전하면, 상대속도가 0(zero)인 순간에 도달할 수 있다. 이 순간, 회전자가 회전력을 상실하므로 회전속도는 낮아진다. 그러면 회전자와 회전자계 사이에 다시 속도 차이가 발생하므로 회전자에는 다시 회전력이 작용한다.

이처럼 고정자 회전자계로 회전자에 기전력을 유도한 다음, 이 기전력을 이용하여 회전자를 구동하는 전동기를 유도전동기(induction motor

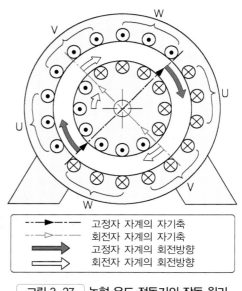

–·–·–►	고정자 자계의 자기축
–·–·–▷	회전자 자계의 자기축
➡	고정자 자계의 회전방향
▷	회전자 자계의 회전방향

그림 3-27 농형 유도 전동기의 작동 원리

: IM)라 한다. 또 유도전동기에서는 고정자 회전자계의 회전속도와 회전자의 회전속도가 서로 동기되지(같아지지) 않으므로 비동기(asynchronous) 전동기라고도 한다.

(3) 슬립(slip)

회전자의 회전속도가 고정자 회전자계의 속도와 일치하지 않는 한, 회전력은 생성된다. 회전자 회전속도와 고정자 회전속도의 차이인 슬립(slip)은 식 (3 - 11)로 구한다.

$$s = \frac{n_1 - n}{n_1}$$ ·· (3-11)

여기서 s : 슬립(slip)

n_1 : 주파수 f_1 에서의 동기속도 [s^{-1}]

n : 회전자 회전속도 [s^{-1}]

(4) 회전속도 제어

전동기의 회전속도를 제어하기 위해서는 고정자 회전자계의 주파수, 자극쌍 수 또는 슬립(slip)을 변화시켜야 한다. 비동기 전동기를 구동 전동기로 사용하는 HEV/EV에서는 주로 고정자 회전자계의 주파수를 제어한다.

항복 토크(breakdown torque)를 일정하게 유지하기 위해서는 주파수 외에도 전압/주파수의 비율을 일정하게 유지해야 한다. (표 3 - 5 참조)

표 3 - 5   3상 유도전동기의 속도제어 방법

제어변수	특 징	제어방법
전원 전압	가변속도 범위가 좁다.	− 전압 제어
전원 주파수	주파수만 가변시키면 토크 변동이 크다. 가변속도 범위가 좁다.	− 주파수 제어 − 전압/주파수 비율을 일정하게 유지
극수	극수 변경을 위한 특수한 권선법 필요함	− 극수 절환법
2차 저항	권선형 유도전동기에서만 가능함. 가변속도 범위가 좁다.	− 2차 저항 제어법

약자속(弱磁束)영역에 도달한 후부터 고정자의 최대전압은 일정하게 유지되는 데, 이를 낮아진 항복 토크에 대응해서 나타낼 수 있다. 고정자 회전자계의 전압과 주파수를 가변시키는 기능은 전력전자(인버터)가 담당한다. 전력전자를 이용하여 토크한계 / 회전속도 한계 범위 내에서 전체 동작점을 제어할 수 있다.

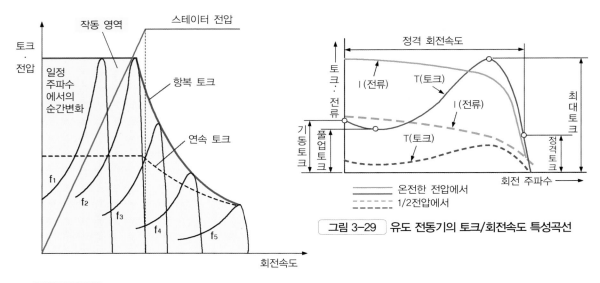

그림 3-28　유도 전동기의 이상적인 작동곡선(전압, 주파수 변화시)

그림 3-29　유도 전동기의 토크/회전속도 특성곡선

(5) 전기 자동차용으로서 유도전동기의 장단점

구조가 단순하고, 따라서 비용 경제적이다. 기본적으로 동일한 출력일지라도 토크/회전속도 비율에 따라서 여러 가지 방식으로 구분할 수 있다. 유도전동기는 근본적으로 고속에서 장점이 있다. 유도전동기에는 집중권을 사용하지 않고, 권선의 권선헤드 즉, 코일단(end‐windings)이 긴 3상 분포권을 주로 사용한다. 따라서 축방향 길이를 가능한 한 짧게 제작해야 하는 파워트레인에 사용할 때는 단점이 된다. 유도전동기는 다른 측면에서는 우수하나, BLDC나 SRM에 비해 체적이 크다. 특히 아주 높은 토크 밀도를 적용할 경우, 비동기기기의 자화에 필요한 전류 때문에 PMSM에 비해 아주 큰 컨버터를 사용해야 한다.

축방향 길이가 긴 구조가 허용되고, 필요 토크와 필요 출력 간의 비율이 균형을 유지하고, 최대회전속도가 8000～16000min^{-1} 범위를 유지할 수 있다면, 유도전동기는 HEV/EV용으로 아주 매력적인 특성을 제공한다.

효율은 PMSM에 비해 약간 낮다. 따라서 유도전동기를 HEV/EV에 적용하기 위해서는 무엇보다도 형태를 날씬하게 설계하여, 주 변속기에 병렬로 또는 액슬모듈 형태로 사용할 수 있어야 한다.

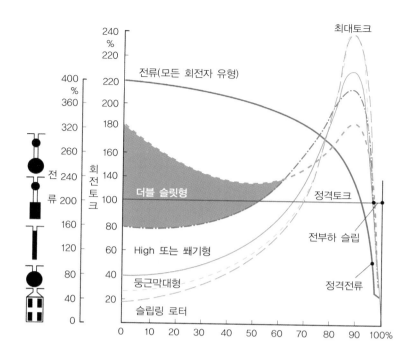

농형 유도전동기의 회전자 유형에 따른 토크 특성

5 스위치드 릴럭턴스 전동기(SRM : Switched Reluctance Motor)

유도전동기(IM : Induction Motor)는 내구성이 양호하고 가격 경쟁력이 있으나 회전자에서의 손실로 인한 발열과 냉각이 문제이다. 영구자석(PM) 전동기는 유도전동기와 비교해 효율과 출력밀도는 높지만, 회전자에 영구자석을 사용함으로써 고속운전 및 영구자석의 감자(減磁)로 인한 신뢰성 감소, 희토류 금속의 원가 상승에 의한 추가비용 등의 약점이 있다. 릴럭턴스 전동기가 희토류 저감형 전동기와 탈희토류 전동기의 대안으로 떠오르고 있다.

릴럭턴스 전동기(RM; Reluctance Motor)는 영구자석을 전혀 사용하지 않는 전동기로서, 동기형(SynRM; synchronous RM)과 스위치드형(switched RM; SRM)으로 구분한다.

스위치드 릴럭턴스 전동기(SRM)는 동기기의 특별한 형식으로, 원리는 아주 간단하다.

(1) 스위치드 릴럭턴스 전동기(SRM)의 기본 구조

그림 3 – 30과 같이 고정자와 회전자 모두가 돌극(突極 : salient pole) 구조이다. 회전자는 투자율(透磁率)이 큰 박판을 적층한 철심(laminated iron)이며, 자극의 형상은 기어이 모양으로 돌

출된 돌극이다. 고정자는 PMSM이나 유도전동기의 고정자와 비슷하다. 고정자 역시 투자율이 큰 박판을 적층한 철심(laminated iron)이며, 상(phase) 권선은 집중권이다.

일반적으로 상(phase) 수를 늘리면 토크 리플(ripple)은 감소하지만, 제어에 더 많은 전자장치가 필요하다. 시동(starting)을 보장하려면 최소 2상, 시동 방향을 보장하려면 최소 3상이 필요하다. 돌극수의 비율(Z_S / Z_R)이 고정자 자계의 회전방향을 기준으로 회전자의 회전방향을 결정한다. 대부분 고정자 돌극수(Z_S)가 회전자 돌극수(Z_R)보다 더 많으며, 주로 많이 사용하는 돌극수의 비율(Z_S / Z_R)은 16/12 또는 24/18 등이다. 그러나 반대인 경우도 가능하다. 회전자도 주로 내전형이지만 외전형도 가능하다.

(a) 8 고정자극 / 6 회전자극

(b) 실제 고정자와 회전자

그림 3-30 ┃ SRM의 기본 구조

(2) SRM의 작동원리

고정자 권선에 순차적으로 전류가 흐르면 고정자에 회전자계가 형성된다. 이 회전자계에 의해 회전자 철심도 자화된다. 고정자 돌극과 회전자 돌극이 서로 일치되지 않은 상태에서는 공극(air gap)이 크기 때문에 자기저항(reluctance)이 크며, 따라서 공극이 최소가 되어 자계가 일직선이 되도록 하는 토크가 발생한다. 즉, 자속은 공극을 통과하기를 "싫어하므로(reluctant)" 공극을 최소화하려는 토크(릴럭턴스 토크)를 발생시킨다. 이와 같은 이유에서 이 형식의 전동기를 릴럭턴스 전동기(reluctance motor)라고 한다.

그림 3-31에서 권선 aa'에 전류가 흐르면 회전자에 시계방향의 회전력이 발생한다. 회전자 돌극이 권선 aa'와 일직선이 되려고 하는 순간에 권선 aa'에 흐르는 전류를 차단한다. 이제 회전자의 다른 돌극이 고정자의 권선 cc'에 접근하고 있으므로 권선 cc'에 전류를 공급하면, 회전자는 부드럽게 회전한다. 이와 같은 방법으로 회전자의 위치에 따라 고정자 권선에 선택적으로 그리고 연속적으로 전류를 공급하면 회전자는 회전을 계속하게 된다. 이를 위해서는 회전자의 위치를 정확하게 파악하여 고정자의 해당 권선의 전류를 적당한 시점에 스위칭(switching)시켜야 한다.

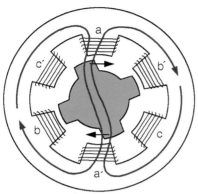 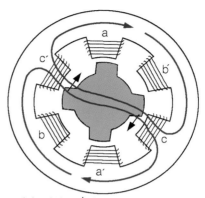

(a) 권선 aa'가 자화되고 회전자는
시계방향으로 회전한다.

(b) 권선 cc'가 자화되고 회전자는
시계방향으로 회전한다.

그림 3-31　SRM의 작동원리

회전자 위치 정보는 일반적으로 홀센서나 광학센서를 이용하여 검출하지만, 최근에는 센서를
사용하지 않고도 권선의 전압과 전류파형으로부터 회전자 위치를 정확하게 예측할 수 있다.

그러나 자기저항(reluctance) 효과를 이용하는 전기기계를 광범위한 토크 범위와 회전속도 범
위에서 사용하기 위해서는, 소음의 최적화에 특별히 유의해야 한다. 철의 포화도가 급격하게 변
화하는 작동영역에서는 소음이 크게 발생하기 때문이다.

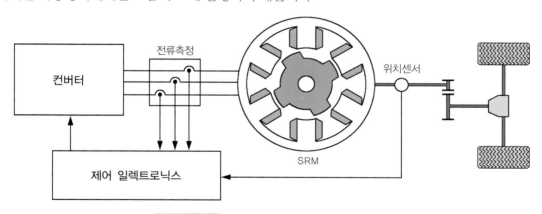

그림 3-32　SRM의 기본 제어회로의 구성(예)

(3) SRM의 속도-토크 특성

SRM의 토크-속도 작동점은 기본적으로 프로그래밍 가능하며, 거의 전적으로 제어(control)
에 의해 결정된다. 이 점이 SRM을 매력적인 해법(solution)으로 만드는 특징 중 하나이다. 물론
전동기의 작동한계 그리고 허용 가능한 최대 토크와 최대 출력은 일반적으로 하위 기계시스템

의 설계변수들, 예를 들면, 공급 전압, 부하 증가 시 전동기의 허용 가능 온도 및 하중부담 능력 등과 같은 물리적 조건에 근거한, 한정된 값으로 제한된다. (그림 3 - 33 참조)

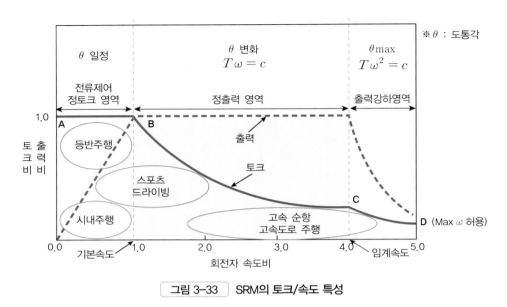

그림 3-33 SRM의 토크/속도 특성

다른 형식의 전동기와 마찬가지로 토크는 허용 최대전류에 의해 제한되고, 회전속도는 사용 가능한 버스 전압에 의해 제한된다. 전동기 전류가 기본속도 이하에서 토크를 제한한다.

아주 낮은 속도에서는 토크 - 속도 성능곡선이 클록(clock) 토크 특성에서 벗어날 수 있다. 초핑(chopping) 주파수가 제한되거나 전류 레귤레이터의 대역폭이 제한되는 경우, 전동기의 자체 역기전력의 도움 없이는 전류를 제한하기 어렵고, 전류 기준(reference)을 줄여야만 할 수도 있다.

회전속도가 증가함에 따라 회전자가 특정한 속도에 도달할 때까지 전류 제한 영역이 유지된다. 특정한 속도란, DC 버스 전압 제한이 주어져서 권선에서 더는 전류를 얻을 수 없고, 따라서 모터로부터 토크가 발생하지 않는, 모터의 역기전력에 도달하는 속도를 말한다. 이 속도를 기본속도(ω_b)라 하며, 기본속도에 도달할 때까지 전류제한(또는 전류제어) 영역(A - B)이 유지된다. 물론 간헐적 조건에서는 기본속도(ω_b)까지의 속도 범위의 어느 작동점에서나 훨씬 더 큰 토크를 얻을 수 있다.

그러나 도통각(θ)이 증가하면, 최대전류가 계속해서 전동기로 공급될 수 있는 상당한 속도 범위가 있다. 이 속도범위는 출력 특성을 유지하기 위해 토크를 더 높은 수준으로 유지한다. 그러나 철손과 풍손은 속도에 비례하여 증가한다. 따라서 영역 B - C는 허용 최대출력을 초과하지 않으면서 각각의 속도에서 허용하는 최대토크를 생성한다.

속도영역(B‒C)에서 축출력은 최대출력으로 일정하게 유지된다. ($P_{\max} = T\omega = constant$) 이 영역은 각 상(phase)에서 주(主) 스위칭 장치의 드웰각(θ_D)을 최댓값(θ_{Dmax})으로 변경하여 얻는다. 점 C는 허용 최대출력에 해당한다. 허용 최대 도통각(θ_{Dmax})과 초퍼의 듀티‒사이클은 일치한다.

더 높은 속도영역(C‒D)에서는 역기전력이 상승하고, 축출력은 낮아지기 시작한다. 이 영역(C‒D)에서는 도통각과 듀티‒사이클이 각각 최대로 유지되며, 속도의 제곱(ω^2)과 토크(T)와의 곱은 일정하게 유지된다. ($T\omega^2 = constant$). 최종적으로 허용 가능한 최대속도($\omega_{\max}$)인 점 D에 도달하게 된다.

곡선 ABCD와 X 축 사이의 영역이 SRM의 허용 작동영역이다.

(4) SRM의 장점

① **독특한 토폴로지(topology)**

회전자 구조가 단순하며, 구조적으로 튼튼하다. 적은 비용으로 생산할 수 있다.

회전자에 권선, 슬립링과 브러쉬가 없으므로 유지 보수가 거의 필요 없다.

② 고정자나 회전자 모두에 영구자석을 사용하지 않으므로 성능곡선이 양호하다.

회전자가 영구자석이 아니므로 PMSM에서와 같은 역기전력이 발생하지 않는다. 따라서 고속운전이 가능하다. 가속성능이 우수하고, 관성모멘트가 작다. 정지상태에서 소자(消磁) 손실이 없다. 기본 회전속도 영역에서 정격토크가 크다. (그림 3‒33 참조)

③ 손실은 대부분 고정자에서 발생하므로 환기 시스템이 더 간단하다.

④ 비상운전 특성이 우수하다.

⑤ 출력밀도가 높고, 최대효율은 PMSM보다 약간 더 낮지만, 다른 어떤 전동기보다 광범위한 속도범위에 걸쳐서 자신의 효율을 유지한다.

⑥ 전력반도체 스위칭 회로가 더 간단하며, 숏 스루 오류(shoot‒through fault)가 발생하지 않는다. "Shoot‒through"는 예를 들어 전압 소스 인버터의 인접한 두 스위치가 동시에 켜져서 전원이 단락될 때 발생하는 고장을 말한다.

⑦ 생성된 토크는 위상 권선의 전류 극성에 의존하지 않는다.

⑧ 도통영역을 변경하여, 모터모드에서 발전기모드로 쉽게 변경할 수 있다.

⑨ 필요에 따라 원하는 토크‒ 속도 특성을 맞춤화할 수 있다.

⑩ 과도한 돌입(rush‒in) 전류가 없어도 기동 토크가 매우 클 수 있다.

돌입전류란 전기기기에 전원을 인가하는 순간, 정상전류보다 큰 전류가 흐르는 과도현상을 말한다.

(5) SRM의 단점

① 고정자 상권선은 공극에 자속을 설정하기 위해, 자화전류도 전달할 수 있어야 한다.

② 회전자 위치별 인덕턴스의 비선형성에 의한 토크 맥동(ripple)이 다른 유형의 전동기에 비해 크다. 특히 고속에서 결과적으로 원하지 않는 음향 손실(소음)이 발생한다.

③ 고속에서는 전류 파형에도 바람직하지 않은 고조파가 있다. 이 효과를 억제하기 위해 대형 커패시터를 연결해야 한다.

⑤ 정렬된 축의 공극(air gap)은 매우 작아야 하고, 극간축(inter‑polar axis; 자극 사이의 축)의 공극은 아주 커야 한다. 이는 달성하기 어렵다.

⑥ 전류의 ON/OFF를 정밀하게 제어해야 한다 (불량할 경우, 진동소음의 원인이 될 수 있다). 회전자의 부드러운 회전과 정밀한 속도제어를 위해서는 회전자를 정밀하게 설계해야 하고, 전동기 최적제어 기능도 필요하다. 제어시스템이 복잡하다.

⑦ 약자속(弱磁束) 영역에서의 작동상태가 불량하다.

　　기본적으로 위치 센서가 필요하다. 그러나 오늘날은 권선 전압과 전류의 파형으로부터 회전자 위치를 정확하게 검출할 수 있다.

⑧ 전원이 차단되면, 회전자에 자계가 발생하지 않아 회생제동에 어려움이 있다.

◉ 참고 : 동기 릴럭턴스 전동기(SynRM; Synchronous Reluctance Motor)

1. 동기 릴럭턴스 전동기(SynRM)

　　고정자는 분포권(Distributed Winding) 방식의 유도전동기와 비슷하며 돌극이 없다. 회전자는 영구자석이나 권선을 사용하지 않으며, 빗살형 자속 장벽(flux barrier)을 통해 돌극을 형성하는 간단한 구조이다. 가변속 구동이 가능하고 고정자 권선에 의해 정현파에 가까운 기자력이 발생하므로 스위치드‑릴럭턴스‑전동기(SRM)와 비교해 소음이나 토크 맥동이 적고, 넓은 범위의 정출력 특성과 낮은 생산비 등이 장점이다. 전기자동차 구동용으로 충분한 경쟁력을 가지고 있다. 그러나 영구자석이 매입된 다른 형식의 전동기에 비해 출력과 효율이 낮아, 이를 개선하기 위한 연구가 진행되고 있다.

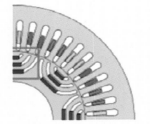

SynRM의 단면 구조　　　　PMa‑SynRM의 단면 구조

2. 영구자석 매입형 동기 릴럭턴스 전동기(PMa‑SynRM; Permanent Magnet assisted Synchronous Reluctance Motor)

　　기존의 동기 릴럭턴스 전동기의 회전자에 영구자석을 추가한 방식으로, 자속장벽에 의한 릴럭턴스 토크뿐만 아니라 회전자에 삽입된 영구자석에 의한 자기(magnetic) 토크도 활용할 수 있어서 출력과 효율을 개선할 수 있다. 기존의 매입형 희토류 영구자석 전동기의 대안으로, 그리고 희토류 영구자석 저감형 전동기로 부상하고 있다. Tesla X, Performance 2020에서 제2 전동기(193kW, 앞차축용)로 채택하였다.

6 영구 여자식 횡자속 전동기(TFM; Transversal Flux Motor)

(1) 횡자속 전동기(TFM)의 특성

자속 방향에 따라 전동기를 분류할 경우, 흐르는 전류의 방향과 전동기의 운동방향이 수직이 되어 자속이 운동방향에 평행한 단면에 발생하는 형식을 종자속 전동기, 전류의 방향이 전동기의 운동방향과 일치하여 자속이 운동방향에 직교하는 단면에 발생하는 형식을 횡자속 전동기라고 한다.

횡자속 전동기에서 자속이 운동방향에 대해 직각(횡방향)으로 흐르는 이유는, 원주 방향으로 흐르는 전류, 그리고 축류 방향으로 흐르는 다수의 개별 자기회로로 둘러싸인 동축(coaxial) 링(ring) 권선의 영향이다 (그림 3 - 34 참조). 횡자속 전동기는 권선을 배치할 수 있는 공간(전기회로)과 자속이 흐를 수 있는 공간(자기회로)이 서로 분리되어 있어서, 전기회로와 자기회로가 같은 공간에서 각각의 공간을 차지하는 종자속 전동기와 비교해 출력밀도가 높을 뿐만 아니라, 다양한 형태의 형상 설계가 가능하다는 장점이 있다.

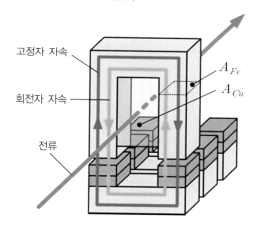

[그림 3-34(a)] **횡자속 전동기의 기본 원리** [29]

반대 극성의 영구자석이 회전자 요크(yoke)에 부착되고, 공극의 건너편에는 원주방향으로 두 극피치(pole pitch) 간격으로 고정자 요크가 설치되어 있다. 고정자 요크의 자속에는 두 가지 특징이 있다; 링 권선을 따라 흐르는 전류에 의해 회전자 위치와 상관없이, 모든 고정자 요크에서 동일한 자속이 생성되며, 회전자의 영구자석이 일정한 자속 성분의 원인이다. 회전자가 한 극피치만큼 회전할 때마다 이 자속 성분은 방향을 변경한다. 모든 고정자 요크 자속의 합은 권선의 쇄교자속(flux linkage)과 같다.

구동 전동기의 경우, 최소 2개의 시스템이 필요하며 서로 반드시 전위(offset)되어 있어야 한다. 각 권선에는 전용 컨버터를 사용하는, 자체 고정자/회전자 시스템이 필요하다. 새로운 자석 재료를 사용하고 자속경로를 새로 설계한다면, 기존의 직류, 비동기 및 동기기와 비교해 출력밀도가 3~5배 더 높은 고성능 구동전동기가 가능한 것으로 알려져 있다. 효율이 높은 이유는, 권선 헤드(end‑winding)가 없어서 구리 손실이 감소하고, 자기회로와 전기회로가 동일한 공간에서 경쟁하지 않기 때문이다 [30].

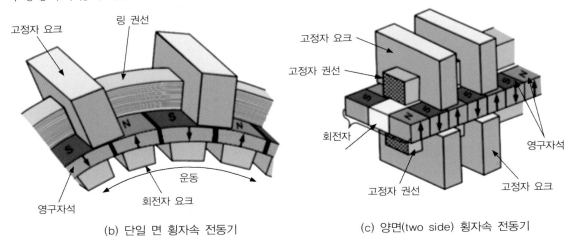

고정자 요크
링 권선
영구자석
회전자 요크
운동

(b) 단일 면 횡자속 전동기

고정자 요크
고정자 권선
회전자
고정자 권선
영구자석
고정자 요크

(c) 양면(two side) 횡자속 전동기

그림 3–34 횡자속 전동기의 작동원리도

횡자속 전동기는 링 형태의 권선을 사용하기 때문에, 전동기 양단부의 권선 헤드(end‑winding)가 많은 부피를 차지하는 종자속 전동기와 비교해 전동기 전체의 크기를 작게 제작할 수 있고, 또 사용하는 구리의 양이 적어도 된다는 장점이 있다.

그러나, 횡자속 전동기는 3차원적인 자속의 흐름을 가지고 있어서 종자속 전동기와 비교해 제작이 어렵고, 3차원적인 자속 흐름에 알맞은 적층 구조를 채택하기가 쉽지 않다는 문제점이 있으며, 이러한 문제점은 선형기보다 회전기에서 더 대두되고 있다.

횡자속 전동기는 매우 복잡한 구조(3차원 자속 흐름)를 구현하기 위해서 비용이 추가되며, 또한 토크 리플(ripple), 수직력 맥동, 관련 파괴 효과 및 상당한 소음이 발생한다는 약점을 가지고 있다. 그러나 개발이 더 진행된다면, 이 전동기는 특히 달성 가능한 높은 토크 밀도와 조밀한 (compact) 디자인 덕분에 향후 자동차용 구동전동기로, 바람직하게는 휠 허브 모터로 안성맞춤 이다. 또 횡자속 전동기는 비동기기나 타여자 전동기와 비교해 느린 저속에서 출력밀도가 훨씬 커서, 변속기(또는 감속기)가 필요 없다는 점도 휠 허브 모터로서의 장점이 된다.

휠 허브 모터의 경우, 고정자를 차축에 단단히 고정하고, 회전자는 허브 하우징에 고정한다. 제어를 통해 회전자 위치에 따라 권선에 전류를 공급한다. 파워트레인은 충격이 없이, 전자적으로 모터 모드(mode)에서 발전기 모드로 전환할 수 있다.

(2) 횡자속 전동기의 구조

영구 여자식 횡자속 전동기는 단일 면 및 양면 디자인으로 나눌 수 있다. 그림 3 – 35는 반경 방향 단면을 나타내고, 그림 3 – 36은 회전자가 내부와 외부 고정자 사이에 있는 양면 구조의 분해도이다. (자속 집중식 자극 피치 구조). 두 공극은 힘의 생성에 관여하고, 자성재료의 높은 활용도를 가능하게 한다. 자석이 측면에서만 고정되어 있으므로 조립 중에 두 고정자 사이에 회전자를 삽입할 수 없어 기계적 구조가 복잡하다. 또한, 하나의 회전자로 2개 이상의 상(phase) 권선을 구현할 수 없다. 고정자가 하나뿐인 그림 3 – 37에 제시된 단면 디자인은 사용률의 절반만 허용하지만, 기계적으로 훨씬 쉽게 제작할 수 있으며, 상(phase) 수의 제한이 없다. 개별 상(phase)의 영구자석은 고정자에서 절단된 리본 코어의 극과 정확히 반대되는 거리에서 축 방향으로 나란히 고정된다 (평평한 자석 배열). 표준 컨버터를 사용할 수 있으므로 3개의 상(1, 2, 3)을 사용하는 설계가 권장되고 있다.

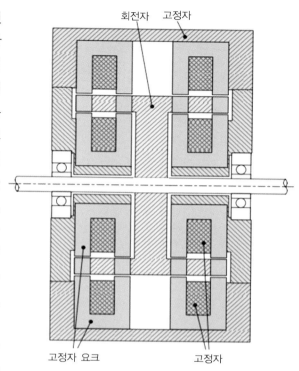

그림 3–35 방사형 설계에서 자속 집중 및 이중 고정자를 사용한 배치구조

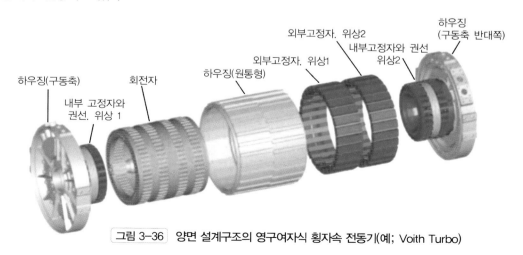

그림 3–36 양면 설계구조의 영구여자식 횡자속 전동기(예; Voith Turbo)

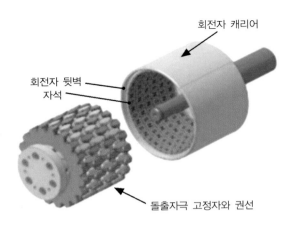

회전자 캐리어

회전자 뒷벽
자석

돌출자극 고정자와 권선

그림 3-37 단일 면(one-sided) 설계구조(평면 자석 배열)의 횡자속 전동기(Compact Dynamics)

7 전동기 상호 비교

앞에서 전기자동차의 구동 전동기를 종류별로 검토하였다. 이를 바탕으로 전동기들의 공통적인 특성 및 고유 특성들을 개략적으로 비교할 것이다.

(1) 효율과 관련된 공통적인 특성

① 전동기의 출력이 클수록 효율이 높다.(pp.164 표 3-6 참조)

표 3-6은 IEC 60034-30(2008)에 규정된 일반 전동기의 표준 효율 등급이다. 제시된 값을 보면, 출력이 클수록 효율이 높음을 알 수 있다. 내연기관에서도 적정 배기량의 기관이 배기량이 적은 소형기관에 비해 효율이 더 높다. 그리고 출력이 크면 비출력[kW/kg]도 커진다.

② 전동기의 회전속도가 효율을 좌우한다. (속도는 효율에 결정적인 영향을 미친다.)

고속 전동기는 저속 전동기에 비교해 효율이 높다. 이유는 손실이 토크에 비례해서 커지기 때문이다. 출력이 동일한 전동기의 경우, 저속 전동기는 고속전동기에 비해 큰 토크를 생성하기 때문에 손실이 더 크다. 따라서 효율이 더 낮다. 그리고 속도가 높아지면 출력밀도도 높아진다. 그래서 하이브리드 자동차나 전기자동차에서는 구동 전동기를 고속으로 작동시키고, 1단 기어박스를 거쳐서 구동축에 연결하는 경우가 많다.

③ 냉각방식에 따라 효율이 달라진다.

저온에서 액체 냉각방식으로 운전되는 전동기는 권선저항이 감소하여, 효율이 약간 더 개선된다.(1% 내외)

④ 최적 속도-토크 작동점에서 멀리 떨어져 작동하면 효율이 낮아진다.

효율 특성도(efficiency map)에서 작동점이 최적 효율영역으로부터 멀어지면 효율은 낮아진다. 그림 3 - 38은 VW Touareg 하이브리드에 적용된 최대출력 50kW인 영구자석 동기기(PMSM)의 성능곡선도이다. 최고효율 영역은 5단~7단 기어로 약 2000~2500min⁻¹에서 주행할 때 이용할 수 있음을 알 수 있다.

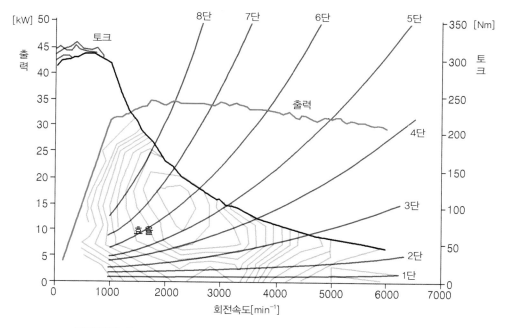

그림 3-38 VW TOUAREG 하이브리드 PMSM의 특성곡선도(출처 : VW)

⑤ 전기적 손실과 기계적 손실의 발생

전동기의 종류와 구조에 따라 차이는 있으나, 전기적 측면에서는 도체에서의 발열(전류열) 손실, 자기 철심에서의 이력현상(magnetic hysteresis)과 와전류(eddy current)로 인한 손실(철손), 그리고 기계적 손실(마찰로 인한 마찰손실과 바람에 의한 손실) 등이 발생한다.

표 3-6	전동기 효율 등급 규정 – IEC 60034-30(2008) for 60Hz (Abstracted)								
PN kW	IE1 STANDARD			IE2 High Efficiency			IE3 Premium Efficiency		
	2극	4극	6극	2극	4극	6극	2	4	6
0.75	77.0	78.0	73.0	75.5*	82.5	80.0	77.0	85.5	82.5
1.1	78.5	79.0	75.0	82.5	84.0	85.5	84.0	86.5	87.5
1.5	81.0	81.5	77.0	84.0	84.0	86.5	85.5	86.5	88.5
2.2	81.5	83.0	78.5	85.5	87.5	87.5	86.5	89.5	89.5
3.7	84.5	85.0	83.5	87.5	87.5	87.5	88.5	89.5	89.5
5.5	86.0	87.0	85.0	88.5	89.5	89.5	89.5	91.7	91.0
7.5	87.5	87.5	86.0	89.5	89.5	89.5	90.2	91.7	91.0
11	87.5	88.5	89.0	90.2	91.0	90.2	91.0	92.4	91.7
15	88.5	89.5	89.5	90.2	91.0	90.2	91.0	93.0	91.7
18.5	89.5	90.5	90.2	91.0	92.4	91.7	91.7	93.6	93.0
22	89.5	91.0	91.0	91.0	92.4	91.7	91.7	93.6	93.0
30	90.2	91.7	91.7	91.7	93.0	93.0	92.4	94.1	94.1
37	91.5	92.4	91.7	92.4	93.0	93.0	93.0	94.5	94.1
45	91.7	93.0	91.7	93.0	93.6	93.6	93.6	95.0	94.5
55	92.4	93.0	92.1	93.0	94.1	93.6	93.6	95.4	94.5
75	93.0	93.2	93.0	93.6	94.5	94.1	94.1	95.4	95.0
90	93.0	93.2	93.0	94.5	94.5	94.1	95.0	95.4	95.0
110	93.0	93.5	94.1	94.5	95.0	95.0	95.0	95.8	95.8
150	94.1	94.5	94.1	95.0	95.0	95.0	95.4	96.2	95.8
185 – 370	94.1	94.5	94.1	95.4	95.0**	95.0	95.8	96.2	95.8

IE1 : 60Hz IP2x, IP4x, IP5x and IP6x motors

IE2 : 60Hz IP4x, IP5x and IP6x motors

  * NOTE – This value has been copied from NEMA MG1 and not a typing error.

  ** NOTE – In NEMA Energy Efficiency the nominal limit is 95.4% for 220 kW and larger motors.

IE3 : 60Hz, IP4x, IP5x and IP6x motors

(2) 전동기 간의 상호 비교

전동기들을 상호 비교할 때는 항상 전력전자(power electronics)의 효율도 함께 고려해야 한다. 전력전자의 최대효율은 93%~99% 범위이다. 구동 시스템의 실현 가능한 최대효율은 주로 사용하는 전동기의 형식에 따라 좌우된다. 그리고 전동기는 자동차의 전체 주행영역을 감당할 수 있어야 한다. 최대효율 영역에서의 회전속도와 토크는 전동기의 형식에 따라 서로 차이가 있다.

일반적으로 영구자석 동기기(PMSM)와 SRM은 유도전동기와 비교해 회전자에서의 손실이 적어서 효율이 약 1~2% 정도 더 높고, 출력밀도도 높다. 유도전동기는 더 넓은 회전속도 범위에서 작동할 수 있다는 장점이 있다.

표 3-7 전동기 형식에 따른 평가(예) [1, 31]

특성값	직류기	동기기 타여자	동기기 영구자석	비동기기 (유도기))	횡단 자속 전동기	스위치드 릴럭턴스
효율	−	+	++	0	+	+
출력밀도	−	0	++	+	+	+
최대회전속도	−−	+	++	++	++	+
체적(크기)	−−	+	++	+	−	+
무게	−−	+	++	+	+	+
냉각	−−	+	++	+	+	++
열적과부하능력		+	0	++		++
제어능력(용이성)	++	+	+	0	+	+
기술 수준	++	−	++	++	−	0
고유 안전성		++	−	++	+	++
회생제동능력	0	−	++	−	++	
전동기가격	−	+	−−	+	−−	++
장치전체가격	+	0	0	++	−	+
소음	−		++	+		

[표시기호] ++ 아주 양호, + 양호, 0 만족, − 불량, −− 아주 불량

표 3-7에서 보면, 현재의 기술 수준에서 효율과 출력밀도는 영구자석 동기기(PMSM)가 가장 우수하지만, 안전도 측면에서 다른 교류 전동기와 비교해 불리하다.

구동축에 설치된 전동기가 고장일 경우, 안전을 위해서 구동축에 토크가 전혀 작용하지 않거나 아주 조금만 작용해야 한다. 더 나아가 전압이 허용 최댓값을 초과해서도 안 된다. 이를 고려하면 PMSM의 설계구조가 최선이라고 할 수는 없다.

표 3-8 전동기 형식별 출력 성능 비교 [1]

항목 \ 전동기	DC 전동기	동기 전동기 타여자	동기 전동기 자석식	유도전동기	횡자속 전동기	SRM
최대 회전속도[min⁻¹]	7000	10000 이상				
정격 비출력[kW/kg]	0.15~0.25	0.15~0.25	0.3~0.95	0.2~0.55		0.2~0.62
정격 비토크[Nm/kg]	0.7	0.6~0.75	0.95~1.72	0.6~0.8		0.8~1.1
자계 약화비	3	3~7	3	3~7		2
최대 전동기효율	0.82~0.88	0.87~0.92	0.87~0.94	0.89~0.93	0.96	0.9~0.94
최대 전력전자효율	0.98~0.99	0.93~0.98	0.93~0.98	0.93~0.98	0.93~0.97	0.93~0.97
최대 시스템효율	0.8~0.85	0.81~09	0.81~0.92	0.83~0.91		0.83~0.91

회전자 권선식 동기기는 외부로부터 슬립링을 통해, 또는 유도적인 방법으로 회전자에 여자 전류를 공급해야 한다는 단점이 있으나, 외부에서 전자기장(electro‑magnetic field)을 간단히 스위치 "OFF"할 수 있다. 따라서 비싼 영구자석의 사용을 점차로 줄이거나 완전히 대체할 가능성도 배제할 수 없다.

또 동기 릴럭턴스 전동기(SynRM)의 단점을 보완한 영구자석 매입형 동기 릴럭턴스 전동기 (PMa‑SynRM)가 대안으로 떠오르고 있다.

스위치드 릴럭턴스 전동기(SRM)는 열부하 감당능력, 가격, 안전도 측면에서 우수하며, 기술 개발의 여지도 있다.

8 토크제어와 속도‑토크 제어

EV와 HEV용 구동 전동기는 전기에너지로 구동 축전지의 직류를 사용한다. 전력전자 (power electronics)를 이용하여 직류를 3상 교류로 변환한다. 이 기능은 전기에너지 변환뿐만 아니라 액추에이터 역할을 하는 인버터(inverter)가 수행한다 [32]. 각 위상의 순시 전압은 컨트롤러로부터 전송되는 신호로 제어한다.

170쪽의 그림 3‑42, 3‑43의 토크제어 블록선도에서 인버터는 사각형 블록으로 표시되어 있다. 인버터에는 직류 접점과 3상교류 접점이 있다. 직류 접점은 직류 전압원 또는 에너지 저장기와 연결되고, 교류 접점은 전기기계와 연결된다. 제어 관련 신호들은 화살표를 따라서 흐른다.

(1) 인버터에서의 제한 사항

인버터에서는 전류제한과 전압제한을 고려해야 한다.

① 전압 제한

교류전압 수준이 직류전압 수준보다 낮을 수 있다. 인버터의 일반적인 제어 절차(벡터 펄스폭 변조)에는 다음이 적용된다.

$$|u| < \frac{u_{dc}}{\sqrt{3}} \quad\text{.. (3-12)}$$

여기서 u는 3상 측의 전압 공간벡터이고, u_{dc}는 직류 측의 전압이다.

② 전류 제한

전류는 반도체와 연결된 전기기계의 허용전류를 초과해서는 안 된다.

$$|i| = \sqrt{i_q^2 + i_d^2} < i_{\max} \quad\text{.. (3-13)}$$

또한, 전압 설정값은 스위칭 주파수에 좌우되는 $60\sim200\mu s$ 사이의 짧은 실행시간이 지난 후에 변환된다. 전류제어 루프(loop)를 설계할 때 이 점을 고려해야 한다.

● 참고 : 벡터 제어(Vector Control)

　3상 교류기(PMSM과 유도전동기)를 제어하기 위해 3상의 전압, 전류를 개별적으로 제어하는 것을 스칼라 제어(Scalar Control), 3상 전압과 전류를 $d-q$ 변환 등을 통해 직교 관계인 2개의 신호로 변환하고, 이 2개의 신호를 이용하여 순간 제어하는 방법을 벡터 제어라 한다. 오늘날은 주로 벡터 제어를 사용한다. 정확한 벡터제어에 필요한 정보는 자속각 θ이다. θ를 얻는 방법에 따라 '직접 벡터제어'와 '간접 벡터제어'로 구분한다.

　벡터 제어 알고리즘의 기본 개념은 고정자 전류를 자계(자속) 방향 성분 그리고 자계(자속)와 직교하는 토크 방향 성분으로 분해하여, 직류 전동기와 동일하게 두 성분을 독립적으로 순간 제어하는 것이다. 회전 좌표계는 $d-q$축이 벡터 합의 방향에 맞게, 즉 회전 각속도 ω에 따라 회전하는 좌표계이다.

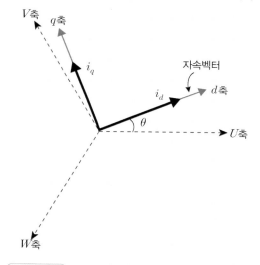

> 참고도 ｜ 3상 좌표에서 $d-q$축 좌표계로의 변환

　3상 교류 전동기의 전압과 전류는 3상 정현파(sine wave)이지만 $d-q$ 변환으로 생성된 신호는 직류 신호이므로 직류 전동기처럼 제어를 쉽게 할 수 있다는 장점이 있다.

　d축(direct axis; 직축)은 전동기의 자속이 발생하는 축으로, 통상적으로 고정자 U(또는 A)상 권선에서 발생하는 자속의 방향으로 설정한다. 전동기 벡터 제어의 기준축이다.

　q축(quadrature axis: 횡축)은 d축과 직각을 이루는 축으로, 벡터제어에서 토크를 생성하는 전류(또는 역기전력)의 축이다. 전동기의 물리량(예: 자속)이 시간에 따라 정방향(반시계방향)으로 회전할 때 d축에 대해 90° 선행해서 회전한다.

　n축(중성축; neutral axis)은 $d-q$평면의 원점에서 세운 수직 직교축이다. n축 성분은 손실을 나타낸다.

　교류 전동기에서 기계적 출력의 생성에 관여하는 성분은 $d-q$축 성분이다. d축 성분을 제어하면 자속의 크기가 제어되고, q축 성분을 제어하면 전류와 토크의 크기가 제어된다.

(2) 전류제한 및 전압제한에 의한 전기기계의 작동범위

전류와 전압의 제한은 전기기계의 작동영역에 영향을 미친다.

① 영구자석 동기기(PMSM)의 경우

토크는 전류의 q축 성분(i_q)에 비례하지만, 전류(i_q)가 제한되므로 이에 대응하여 토크도 제한된다. 또한, 전류는 인버터 전압(u)이 전동기 유도전압(e)에 비해 높은 경우에만 흐른다. 인버터 전압(u)은 제한되고 전동기 유도전압(e)은 회전속도에 비례하여 상승한다. 따라서 회전속도가 상승함에 따라 인버터 전압(u)과 전동기 유도전압(e)의 차이가 작아지므로 최대 회전속도도 제한된다.

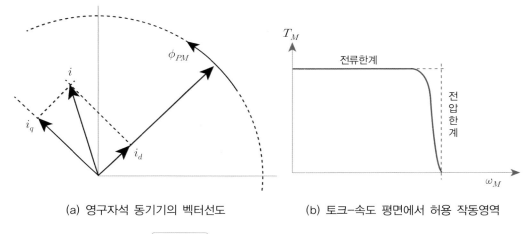

(a) 영구자석 동기기의 벡터선도   (b) 토크-속도 평면에서 허용 작동영역

그림 3-39 영구자석 동기기의 토크 특성

자속의 변화를 방해하는 방향으로 유도전압(역기전력)을 발생시키는 도체의 특성인 인덕턴스(inductance)가 충분히 큰 경우라면, PMSM의 회전속도 범위의 확장도 가능하다. 확장된 속도 범위에서 작동하면, 손실은 더 커진다.

허용전류를 초과하면, 전류열로 인해 인버터의 반도체와 전기기계의 권선에서 과도한 열이 발생한다. 이때 열적 공정(thermal process)의 시간상수는 수 초에서 수 분까지에 이를 수 있다. 동기기와 비동기기 유형의 모든 전기기계에서, 반도체와 기계장치의 온도를 감시하는 경우에는, 전류 또는 토크가 잠시 상한을 초과해도 큰 문제가 발생하지 않는다.

② 비동기기(유도전동기)의 경우

비동기기도 마찬가지로 허용전류로 인해 토크가 제한된다. 영구자석 동기기와 다르게, 비동기기에서 자속은 전류의 d축 성분(i_d)으로 제어할 수 있다. 저속 영역에서 자속은 최대 토크를 얻기 위해 철의 포화로 인한 최댓값으로 설정된다. 속도의 상승으로 전동기 유도전압(e)이 인버터 전압(u)에 도달하면, 자속이 약화하므로 유도전압(e)이 감소한다, 즉 전류의 d축 성분(i_d)이 감소하면 자속은 약화한다. 이는 토크를 감소시키는 정도에 따라 더 높은 속도에 도달할 수 있음을 의미한다. 토크가 감소함에 따라 회전속도는 증가하므로, 도달 가능한 출력(=토크×속도=$T\omega$)은 일정하게 유지된다.

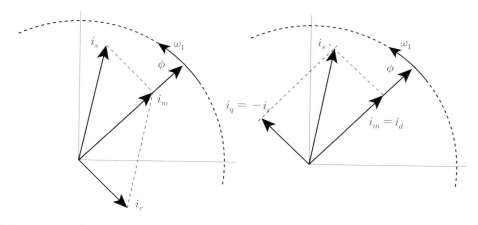

(a) 고정자전류(i_s), 회전자전류(i_r), 자화전류(i_m)   (b) 고정자 전류(i_s)의 $d-q$ 성분

그림 3-40 비동기기(유도전동기)의 벡터선도

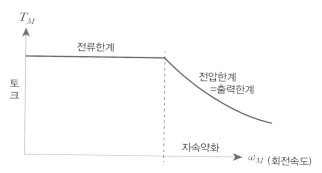

그림 3-41 토크 − 속도 평면에서 비동기기(유도전동기)의 허용 작동영역

(3) 토크 제어

승용자동차용 구동전동기 제어의 기본 목표는 토크이다. 이를 기반으로 회전속도 제어 또는 효율 최적화를 실현할 수 있다.

① PMSM의 토크 제어

전류의 q축 성분(i_q)에 비례하는 토크 방정식이 적용된다. 인버터는 전압을 직접 설정할 수 있으므로 추가로 전류제어 회로를 도입한다. 이는 자속 기준 좌표계, 즉 자속 기준 제어에서 실현할 수 있다[33]. 이를 위해 상전류의 크기(예 : i_A, i_B, i_C)가 d축 및 q축의 전류 성분(예 : i_d, i_q)으로 변환된다. 변환에는 필요한 자속 각도(θ)는 영구자석 동기기의 경우, 회전자 자속의 각도와 같다.

그림 3‑42는 PMSM의 토크 제어에 대한 블록선도를 나타내고 있다. 인버터, PMSM, 변류기 및 위치 엔코더(encoder)가 함께 제시되어 있다. 나머지 블록은 제어장치에 속하며, 견본(sample) 채취 주기가 1~ 60μs인 마이크로 컨트롤러의 소프트웨어를 이용하여 제어한다.

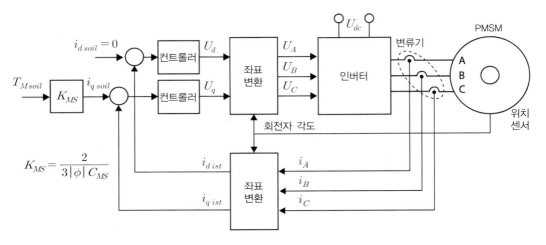

그림 3-42 영구자석 동기기(PMSM)의 토크 제어의 블록선도

제어장치에서, 상전류(i_A, i_B, i_C)의 신호는 공간벡터의 d축(자속축) 성분(i_d)과 q축(토크축) 성분(i_q)으로 변환된다. 목푯값과 비교해, 편차는 컨트롤러(controller)에서 처리된다. 컨트롤러는 제어 편차를 0으로 만들기 위해 전압 공간벡터의 d축 성분(i_d)과 q축 성분(i_q)을 설정한다. 이때 컨트롤러(controller)는 전류의 실제값이 규정값보다 작을 때는 더 높은 전압을 설정하고, 전류의 실제값이 규정값보다 클 때는 더 낮은 전압을 설정한다. 컨트롤러의 효과는 편차의 지속시간과 편차의 크기에 비례한다(PI‑컨트롤러). 마지막으로 인버터를 제어하기 위한 전압은 위상 크기로 다시 역변환된다. 변환 및 역변환에는 위치센서에 의해 결정되는 회전자 각도 정보를 사용한다.

PMSM의 경우, 전류의 d축 성분(i_d)은 토크에 영향을 미치지 않는다. 따라서 규정값을 0으로 설정한다. q축 성분(i_q)이 토크를 결정하고, 그 규정값은 토크 규정값으로부터 계산된다.

② 비동기기(유도전동기)의 토크 제어

그림 3‑43은 유도전동기의 토크 제어 블록선도이다. 유도전동기의 제어는 본질적으로 두 가지 기능 측면에서 동기기의 제어와 다르다. 유도전동기의 경우는 자속 벡터가 회전자

에 대해 비동기적으로 회전한다. 따라서 변환에 필요한 자속각도는 기계 모델을 사용하여 계산해야 한다. 이를 위해서는 전동기 변수뿐만 아니라 회전자 각도 및 상전류 신호가 필요하다. 둘째, 자속 값은 전류의 d축 성분(i_d)에 따라 달라지므로 규정값을 정격값(i_{nenn})으로 설정해야 한다.

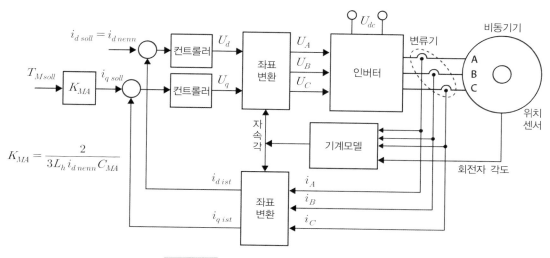

그림 3-43 비동기기의 토크 제어의 블록선도

(4) 유도전동기(비동기기)와 PMSM(영구자석 동기기)의 차이점

PMSM은 유도전동기보다 효율과 출력밀도가 모두 높다. 그러나, 자속 약화가 비효율적이므로 높은 회전속도 범위에는 적합하지 않다. PMSM이 고속용으로 설계된 경우, 전체 속도 범위에서 토크가 감소한다. PMSM은 출력밀도가 높으면서도 조밀하고, 납작한 형태가 가능하므로 특히 휠 허브 모터(wheel hub motor)로 적합하다.

유도전동기 시스템에서는 자속 약화(FW; Flux Weakening)가 더 효율적이다. 결과적으로, 유도전동기는 저속 영역에서 높은 토크를 생성하도록 설계할 수 있고, 토크를 감소시켜 고속을 달성할 수 있다.

3-4 PMSM과 BLDC 전동기의 제어

Control of PMSMs & BLDC motors

1 PMSM(영구자석 동기전동기)과 BLDC 전동기의 비교

두 전동기는 구조가 거의 같아 외관상으로 구분이 어렵고, 실제로 소비자들은 그 명칭을 혼용하는 경우가 많다. 일반적으로 역기전력의 형태로 이들 두 전동기를 구분한다.

(1) PMSM의 역기전력 파형

PMSM은 정현파(sinusoidal wave)와 작용하여 일정한 토크를 생성해야 하므로 정현파 형태의 역기전력(back EMF)을 발생시키도록 영구자석을 그림 3 – 44(a)와 같이 평행으로 착자(着磁 : magnetization)한다.

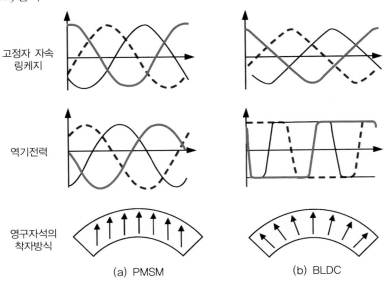

고정자 자속 링케지

역기전력

영구자석의 착자방식

(a) PMSM   (b) BLDC

그림 3-44 PMSM과 BLDC 전동기의 역기전력과 착자방식

(2) BLDC 전동기의 역기전력 파형

BLDC 전동기의 영구자석은 고정자 권선에 흐르는 구형파 전류와 작용하여 일정한 토크를 발생시켜야 하므로 영구자석을 그림 3 – 44(b)와 같이 방사상(radial)으로 균일하게 착자하여, 역기전력의 파형이 사다리꼴(trapezoidal) 파형이 되도록 한다.

(3) PMSM과 BLDC 전동기의 차이점

BLDC 전동기는 PMSM에 비교해 전력밀도(power density)가 약 15% 정도 더 높다. 이는 동일한 자속밀도(flux density)일 경우, 사다리꼴 파형의 실횻값이 정현파 파형의 실횻값보다 더 크기 때문이다. 그러나 BLDC에서는 도통하는 전류가 바뀌는 상전류 전환(commutation) 구간에서 토크 리플(ripple)이 발생하는 문제점을 가지고 있다.

이 외에도 PMSM과 BLDC 전동기의 차이점은 표 3 – 9와 같다.

표 3 – 9 PMSM과 BLDC 전동기의 비교

	PMSM	BLDC 전동기
자속밀도(공간에서)	정현파(sinusoidal) 분포	사각형(square) 분포
역 기전력	정현파	사다리꼴 파형
고정자 권선	분포권	집중권
고정자 전류	정현파	사각파
구동장치	3상 인버터 3상 여자방식으로 구동, 각 스위치는 180° 통전	인버터 2상 여자방식으로 구동, 각 스위치는 120° 통전
제어 방식	복잡함 위치센서 이용한 벡터 제어 순시 토크 제어	간단함. 홀–센서 이용.
토크 리플(ripple)	토크 리플 작음	상전류 전환 시 토크 리플 발생
시스템 가격	고가	저가

(1) d-축과 q-축(그림 3-45)

PMSM에서는 회전자(영구자석)의 위치가 벡터 제어의 기준이 되는 자속의 위치가 된다.

① d - 축

PMSM에서 d - 축은 회전자 자속을 발생시키는 영구자석의 자속축(axis of rotor flux) 그 자체를 기준으로 한 축을 말한다. 다른 말로 말하면, d - 축은 회전자 자속축과 중복된다.

② q - 축

q - 축은 고정자 자장에 의해 생성되어야 하는 모터 토크의 축(axis of motor torque)이다. 즉, q - 축은 d - 축에 대해, 항상 공간적으로 90° 간격을 유지하는 토크 성분 전류의 축이다.

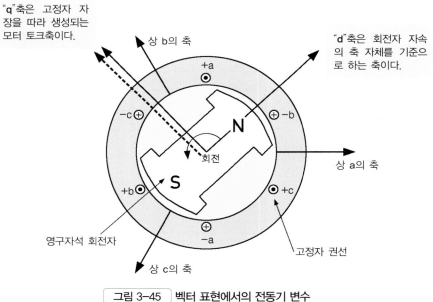

그림 3-45   벡터 표현에서의 전동기 변수

(2) PMSM에서 순시 토크 제어를 위한 3가지 전제 조건

PMSM에서 순시 토크 제어를 위한 전제 조건은 다음과 같다.

① 자속과 토크 성분 전류는 서로 간에 항상 공간적으로 90° 간격을 유지해야 한다.

② 자속과 토크 성분 전류는 각각 독립적으로 제어할 수 있어야 한다.

③ 토크 성분 전류는 즉각적으로 제어할 수 있어야 한다.

PMSM에서 자속은 영구자석에 의해서 생성되며, 토크 성분 전류는 고정자 전류에 의해 공급된다. 따라서 자속과 토크 성분 전류를 각각 독립적으로 제어할 수 있으므로 조건 ②를 만족한다.

그리고 PWM - 인버터를 통해 토크 성분 전류(고정자 전류)를 자속과는 관계없이 빠르게 제어할 수 있으므로 조건 ③이 충족된다.

PMSM에서 d - 축을 회전자 자속을 발생시키는 영구자석의 위치로 맞추어 주면, 변환된 q - 축 전류는 회전자 자속과 상호 간에 공간에서 항상 90° 간격을 유지하는 토크 성분 전류가 된다.

그런데 PMSM의 자속(영구자석)은 회전자의 회전속도(동기속도)로 회전한다. 그러므로 d - q 축을 자속(회전자)의 회전속도와 동일한 속도로 회전시켜야만 토크 성분 전류가 항상 공간상에서 자속과 90°를 유지하게 된다.

그러므로 회전자의 회전속도(동기속도)로 회전하는 회전자 좌표계(rotor reference frame)를 사용하여, 고정자 전류의 좌표를 변환할 필요가 있다. 이러한 좌표 변환을 위해서는 회전자(영구자석)의 위치정보(θ_R)를 필요로 한다. 즉, PMSM에서는 d - 축의 기준이 되는 회전자 영구자석의 절대(absolute) 초기위치를 알아야만, 조건 ①을 충족시킬 수 있다.

회전자 영구자석의 절대 초기위치 정보는, 절대형 위치 검출기를 사용하여 검출한다.

절대형 위치 검출기로는 레졸버(resolver), 엔코더(encoder), 그리고 홀 - 센서 등이 있으며, PMSM에서는 레졸버와 엔코더를 주로 사용한다. 여기서는 레졸버에 대해서만 설명한다.

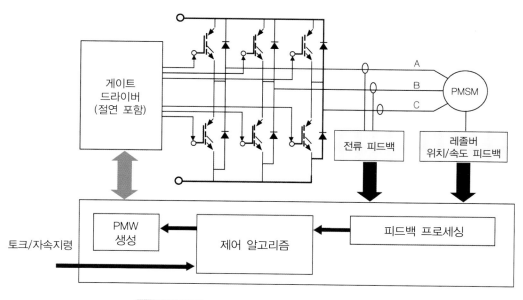

그림 3-46 | 표면 부착형 PMSM의 벡터 제어 시스템(예)

(3) 레졸버(resolver)

① 레졸버의 구조

레졸버는 아날로그 방식의 절대(absolute) 위치 검출기이다. 레졸버는 고정자, 회전자 그리고 회전 변압기로 구성된다. 레졸버는 일종의 회전 변압기(rotary transformer)로서 전동기 축에 설치되어 회전자의 위치(회전각)에 비례하는 교류 전압을 출력한다. 회전자 권선은 여자 권선이며, 고정자 권선 2개는 서로 위상차 90°로 배치되어 있다.

하이브리드 자동차에서 레졸버는 하이브리드 파워 – 트레인 내에 전동기와 함께 설치된다. 변속기 윤활유가 순환하는 변속기 내부의 뜨겁고 가혹한 환경에서도 완벽하게 작동해야 한다. 고온의 가혹한 환경에서도 진동과 충격에 대한 저항성, 내열성 및 내유성이 좋아야 한다. 또 출력신호가 온도 드리프트 및 오프셋의 영향을 받지 않아야 한다.

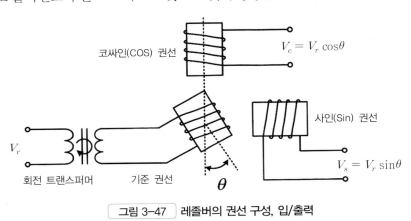

코싸인(COS) 권선

$V_c = V_r \cos\theta$

사인(Sin) 권선

V_r

$V_s = V_r \sin\theta$

회전 트랜스퍼머   기준 권선 θ

[그림 3-47] 레졸버의 권선 구성, 입/출력

최근에 개발되어 하이브리드 자동차들에 적용된 VR(Variable Reluctance) – 레졸버의 경우, 회전자는 적층된, 얇은 규소 강판(디스크)이며, 회전자(rotor)에는 권선이 설치되지 않는다. 회전자와 고정자 사이의 투자(透磁 : permeance) 간극(gap)은 각도에 따라 사인 곡선으로 변화하며, 1개의 여자 권선과 2개의 출력 권선은 고정자의 각 슬롯에 분포되어 있다.

② 레졸버의 작동 원리

레졸버는 회전자의 위치에 따라 변압비가 변화하는, 일종의 회전 변압기로 생각

고정자

회전자

[그림 3-48] VR-형 레졸버

할 수 있다. 고정자의 입력 코일에 일정한 크기, 일정한 주파수의 AC-기준 전압이 인가되면, 고정자에는 자기장이 생성된다. 축의 위치에 따라 2개의 출력 코일에는 각각 $\sin\theta$ 및 $\cos\theta$의 진폭에 비례하는, 유도전압이 생성된다.

인버터에 내장된 RDC(Resolver to Digital Converter)가 두 코일의 아날로그(analog) 출력을 디지털화하여 레졸버 회전자의 위치를 계산한다. 즉, 출력된 사인파와 코사인파의 벡터합($\sin\theta/\cos\theta = \tan\theta$)의 아크 탄젠트(arc-tangent) 값을 구하면 레졸버 회전자의 위치정보 θ를 얻을 수 있다. (그림 3-49에서 각도 정보 좌표 참조)

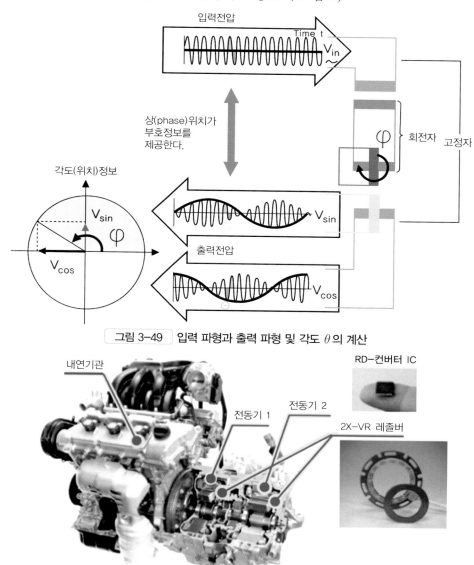

그림 3-49 입력 파형과 출력 파형 및 각도 θ의 계산

그림 3-50 구동 전동기 1, 2와 함께 하이브리드 변속기 내에 설치된 레졸버

그러나 레졸버 회전자의 위치로 구동 전동기 회전자의 위치를 파악하기 위해서는, 구동 전동기 회전자 위치와 레졸버 회전자 위치 사이의 오프셋을 반드시 보정해야 한다.

3 홀 센서를 이용한 BLDC 전동기 제어

(1) BLDC 전동기의 고정자 전류

고정자의 3상 권선은 스타(Y) 연결되어 있다. 3상의 권선에는 사다리꼴 파형의 전류가 흐른다. 이 전류는 중성점을 기준으로 양(+)과 음(−)으로 구별되며, 직류회로를 기준으로 항상 (+)극에서 (−)극으로 흐른다. (그림 3 − 51 참조)

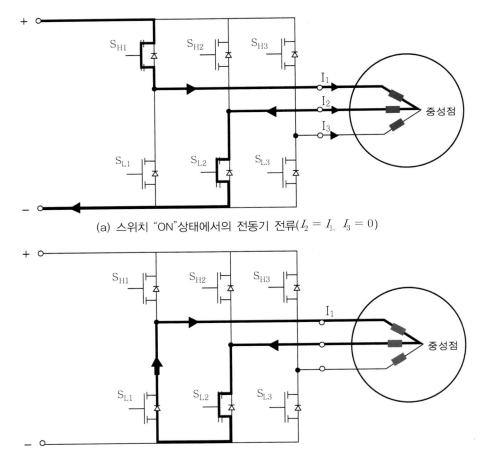

(a) 스위치 "ON"상태에서의 전동기 전류($I_2 = I_1,\ I_3 = 0$)

(b) 스위치 "OFF" 직후 프리휠링(S_{L1}의 역전류 다이오드를 통해) 시의 전동기 전류

그림 3-51 BLDC 전동기에서의 전류 흐름

3개의 사다리꼴 파형 간의 위상차는 120°이며, 중성점에서는 모든 전류의 합이 '0(zero)'이다.

이 두 가지 특성은 정현파 교류로 작동하는 교류기와 마찬가지이다. 정속운전 상태에서 전기기계의 회전속도는 전류의 기본 주파수(f_1)와 자극쌍 수(고정자 원주상에서 3상 권선의 반복)를 이용하여 계산한다.

반도체 스위치가 전류의 방향을 대칭적으로 전환(commutation) 시키면(동일한 속도로 ON/OFF), 직류회로에서는 전류의 변화가 없으며, 따라서 유도전압도 유도되지 않는다.

전동기 작동 중에는 반도체 스위치에 의해, (+)측 스위치 1개와 (−)측 스위치 1개가 항상 개방된다. 전체 전류를 스위치 OFF시키면, (−)측 스위치만 열린다. 이를 통해 전류는 다른 (−)측 스위치의 프리휠링 다이오드를 거쳐서 흐를 수 있다. 그리고 이때 유도전압은 유도되지 않는다. 이는 전체 전류의 펄스폭 변조(PWM)를 통해 출력을 제어하는 경우에 대단히 중요하다.
스위치의 트리거링은 드라이버의 마이크로 컨트롤러에 의해 실행된다.

(2) 홀-센서를 이용한 BLDC-전동기의 제어

동기 전동기의 운전은 간단하지 않다. 직류 여자 권선을 사용하는 전동기의 경우, 기동 시에는 이 권선들을 단락시켜, 비동기처럼 시동시킬 수 있다. BLDC – 전동기의 경우에는, 회전자 위치에 대한 고정자의 상대(relative) 위치를 검출하여, 정확한 전류를 정확한 시간에 공급하는 방법으로 기동시킬 수 있다.

그림 3‑52의 원리도와 같이, 회전자의 영구자석은 S극과 N극이 교대로 고정자를 향하도록 배열되어 있다. 따라서 생성된 자력선은 회전자의 중심을 향하거나 회전자의 원주 방향을 향하게 된다.

고정자의 전자석도 똑같은 방식으로 배열되어 있다. 즉, 상전류가 공급되면 자장은 반경 방향으로 안쪽 또는 바깥쪽을 향하게 된다.

회전자 자장과 고정자 자장이 동일한 방향을 가리키면 서로 간에 인력이 작용한다. 서로 반대방향을 가리키면 반발한다(밀어낸다). (자속밀도의 차이에 의해 회전방향

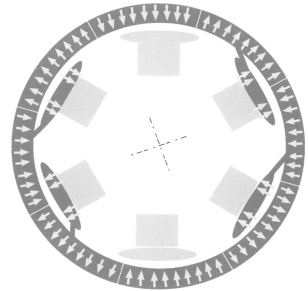

그림 3‑52 BLDC 전동기에서의 자장의 방향 및 회전 원리

으로의 회전력이 생성된다.)

3개의 홀-센서를 이용하여 회전자의 위치를 계속 감시할 수 있으며, 이외에도 전동기의 회전속도를 결정할 수 있다.

인-휠(in-wheel) - 또는 휠-허브(wheel-hub) 모터에 설치된 홀-센서는 자장에 의해 작동하는 스위치처럼 행동한다. 영구자석의 S-극이 바로 자신의 정면에 있으면, 홀-센서는 5V-센서 배선의 풀업(pull-up) 저항을 거쳐 접지로 단락된다. 홀-센서의 상태는 곧바로 마이크로-컨트롤러에서 평가된다. 홀-센서의 배열에 근거하여 3개의 홀센서의 상태에 대한 6가지 조합을 구성할 수 있다. 이들 상태의 조합은 항상 똑같은 순서로 반복된다.

그림 3-53 | 휠-허브 전동기에 설치된 홀-센서

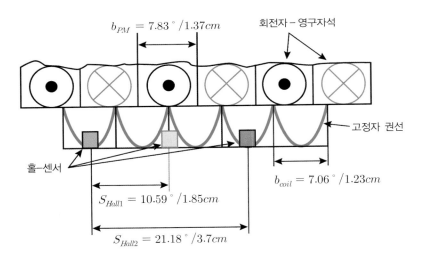

그림 3-54 | 회전자 자석과 고정자 권선의 상대적/절대적 폭, 홀-센서 상호 간의 상대적/절대적 간격(예)

표 3 - 10은 홀 - 센서의 조합을 나타내고 있다. 맨 처음에 시작되는 조합의 번호가 정해져 있는 것은 아니다. 전동기가 우측으로 계속 회전하는 경우, 이 조합의 순서는 계속 반복된다. 역회전의 경우는 조합 순서가 역순으로 반복된다.

표 3 - 10 홀 - 센서 상태 조합

	홀 - 센서 1	홀 - 센서 2	홀 - 센서 3
조합 1	0	1	0
조합 2	0	1	1
조합 3	0	0	1
조합 4	1	0	1
조합 5	1	0	0
조합 6	1	1	0

하나의 조합에서 다음 조합으로 전환되는 단계에서는 단지 홀 - 센서 하나만 상태가 바뀐다. 즉, 2개의 홀 - 센서는 항상 앞서와 동일한 상태를 유지하고, 제3의 홀 - 센서는 상호 보완적인 상태가 된다. 3개의 홀 - 센서가 모두 같은 상태가 되는 경우는 절대로 발생하지 않는다.

6가지의 홀 - 센서 상태 조합에 따르면, 3상의 권선중 2상의 권선에 전류를 흐르게 하는 방법에는 6가지가 있다. (표 3 - 11 참조) 여기서도 맨 처음에 시작되는 조합의 순번이 정해져 있는 것은 아니다. 어느 조합이나 1번이 될 수 있다. 예를 들어 전동기가 우측으로 계속 회전할 때 3번 조합부터 시작한다면 3, 4, 5, 6, 1, 2, 3의 순서로 계속 반복된다. 역회전의 경우는 조합 순서가 역순으로 반복되어야 한다.

표 3 - 11 상전류 상태의 조합

	상 1	상 2	상 3
조합 1	High(+1)	Low(−1)	—
조합 2	High(+1)	—	Low(−1)
조합 3	—	High(+1)	Low(−1)
조합 4	Low(−1)	High(+1)	—
조합 5	Low(−1)	—	High(+1)
조합 6	—	Low(−1)	High(+1)

전동기를 "올바르게" 회전시키기 위해서는, 정회전 또는 역회전에 상관없이 홀 - 소자 조합은 모두 적합한 상(phase) - 조합에 배정되어야 한다. 그리고 이 조합의 배열은 항상 유지되어야 한다. 그렇지 않으면 트랜지스터 브리지(단락)에 시스템 고장으로 이어질 수도 있는, 정의되지 않

은 상태가 발생할 수도 있다.

순열이 유지되는 경우에, 홀-센서의 조합(표 3 - 10)과 트랜지스터 - 브리지를 연결하기 위한 조합(표 3 - 11)을 이용하여, 제3의 조합을 만드는 방법에는 6가지가 있다. (표 3 - 12 참조)

표 3 - 12 홀 - 센서 조합과 상전류 조합의 결합 방법

홀-센서 조합	홀 - 센서 - 조합과 상전류 - 조합의 결합 방법					
	1	2	3	4	5	6
	상전류 조합	상전류 조합	상전류 조합	상전류 조합	상전류 조합	상전류 조합
1	1	2	3	4	5	6
2	2	3	4	5	6	1
3	3	4	5	6	1	2
4	4	5	6	1	2	3
5	5	6	1	2	3	4
6	6	1	2	3	4	5

고정자와 회전자의 극수 차이 또는 전동기의 구조적 조건 때문에 정의된 운동 방향을 보증하는 조합은 단 2개뿐이다. 이 두 조합은 고정자 자극과 회전자 자극 사이의 인력(引力)이 회전 방향(우회전 또는 좌회전)으로 나란히 즉, 영구자석의 전체 스트링(string)을 항상 같은 방향으로 끌어당긴다.

나머지 4가지 조합의 경우에는, 영구자석이 부분적으로 반대 방향으로 밀어낸다. 따라서 전동기가 어느 방향으로 회전할지 불분명하다는 점에 유의해야 한다.

홀 - 센서는 정확한 위상 조합을 선택하는 것 외에도, 전동기의 회전속도를 검출할 수 있다.

회전자가 두 영구자석의 폭(예 : 15.66°) 만큼 회전할 경우, 6개의 홀 - 센서 - 조합은 정확하게 1 사이클을 완성한다. 회전자가 한 번 회전하면, 이 사이클은 정확하게 23회 실행된다. 결과적으로 위상 - 조합은 138회 반복된다.

마이크로 컨트롤러를 이용하여 특정한 시간(예 : 1초) 동안의 이 상태변화를 계수(count)할 수 있다. 계수기 값을 138로 나누어, 전동기의 회전속도(1/s)를 구할 수 있다.

구동 차륜의 회전속도와 타이어의 동하중 원주를 곱해, 자동차의 주행속도를 계산할 수 있다.

이와 같은 방법으로 자동차의 실제 주행속도를 감시할 수 있다. 허용 최고속도에 도달하면, 인버터의 (+)측 스위칭 - 트랜지스터 제어신호의 듀티사이클을 제어하여 주행속도를 제어할 수 있다.

(3) BLDC 전동기의 센서리스(sensorless) 제어 – 역기전력을 이용하는 방법

홀-센서를 사용하여 회전자의 상대적 위치와 회전속도를 검출하는 방법 외에도, 센서를 사용하지 않고 회전자의 위치정보를 얻을 수 있다.

주로 고정자의, 전류가 흐르지 않는 권선(도통하지 않은 권선)의 유도전압을 측정하여 필요한 정보를 얻는 방법을 사용한다. 이를 위해서는 옴 – 저항값이 큰 측정저항을 이용하여 가상 중성점을 만들어 역기전력(back EMF voltage)을 측정한다.

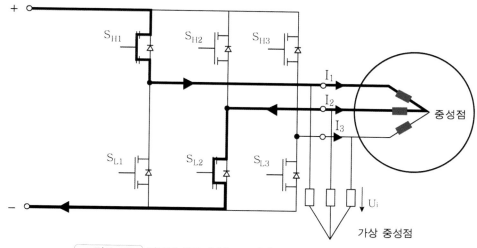

그림 3-55 | 전류가 흐르지 않는 고정자 권선으로부터 유도전압 측정

회전하는 회전자(영구자석)의 자장 아래 수직으로 배치된, 전류가 흐르지 않는 3개의 권선에는 유도법칙에 따라 권선에 전압이 유도된다. 이 전압은 자속 변화 또는 회전속도에 비례한다. 회전자가 정지해 있으면, 물론 유도전압은 0이다. 또한, 저속에서는 통전된 두 권선의 유도전압 성분에 의한 자기장의 변화로부터 역기전력의 왜곡 및 노이즈의 영향을 많이 받기 때문에 정확한 스위칭 순간을 확인하는데 어려움이 있을 수도 있다. 역기전력에 의한 유도전압으로부터 회전자의 위치정보를 얻기 위해서는 지능적인 절차와 알고리즘을 필요로 한다.

전동기를 기동시킬 때, 전류가 흐르지 않는 코일은 전압을 유도하지 않는다. 따라서 다음과 같은 절차를 거친다.

3개의 상권선 중 2개의 상권선에는 (+), 나머지 하나의 상권선에는 (−) DC – 전류를 공급한다. 그러면 고정자와 회전자에 일정 수준의 직류자장이 형성되어, 회전자(영구자석)가 정의된 위치를 찾을 수 있다. 이제 6개의 위상순서를 올바르게 배정할 수 있으며, 전동기를 기동시킬 수 있다.

3-5

전동 파워트레인
Electric Powertrain

HEV와 EV(BEV, FCEV 포함)의 구동계에 다양한 유형의 전기기계를 통합하여, 특별한 구조의 전동 파워트레인을 설계할 수 있다. 일반적으로 기계식 구동부품 수가 감소하면, 파워트레인(구동 축전지→차륜)의 총효율은 향상된다. 또 동력원인 구동 전동기가 내연기관과 비교해 설치 위치의 자유도가 훨씬 크므로, 에너지 저장장치(구동 축전지)에서 차륜까지(tank to wheel)의 효율을 크게 개선할 수 있는, 새로운 형태의 파워트레인 – 배치구조(powertrain – topology)를 실현할 수 있다.

1 개요

주행 동력원으로 전동기를 사용하면, 전동기의 특성상, 구동계(drivetrain) 구성요소 배치구조의 자유도가 훨씬 커진다. 전동기는 거의 전체 회전속도 범위에 걸쳐서 큰 토크를 제공할 수 있으므로, 기어비 간의 차이가 적고 단수(段數)가 적은 변속기, 고정기어비를 가진 기어박스(gear box) 또는 변속기를 사용하지 않는 직접 구동장치를 구현할 수 있다.

전동 파워트레인은 고전적인 파워트레인(예 : 내연기관, 변속기와 차동장치로 구성)에서와 같은 관성과 손실이 없으며, 내연기관과 비교해 효율이 양호하므로 총효율을 더욱 개선할 수 있다. 동시에, 전동기는 성능 사양은 동일하게 유지하면서도 그 형상은 각각 다르게 설계할 수도 있다. 이를 통해 전기기계를 조밀하게, 휠 근처에 설치된 동력전달부품에 통합할 수 있다. 예를 들어 개별적으로 제어 가능한 2대의 전동기를 사용하는 전동 후차축(rear axle), 또는 1대의 전동기의 구동 토크를 능동적으로 좌/우 차륜으로 분배할 수 있는 소위, e – differential을 적용할 수도 있다 [34].

휠 허브 모터는 차륜에 가장 근접한 위치에서 구동력을 생성하여, 효율의 장점을 극대화한 배치구조이다. 따라서 구동장치 부품을 위한 일반적인 형태의 설치공간 및 배치구조는 더는 필요 없게 되었고, 차량 무게중심의 설정에도 유연하게 대처할 수 있게 되었으며, 차실 내부의 형상 또한 일반적인 센터‑콘솔(center console)을 폐지할 수 있게 되었다. 따라서 완전히 새로운 형태의 차량을 설계할 수 있게 되었다 [35]. 더 나아가 내연기관과 변속기 또는 변속기의 일부 단(段)기어를 제거함으로써, 파워트레인의 음향을 개선할 수 있는 여력도 생겼다.

2 파워트레인‑배치구조 (Powertrain‑Topology)

구동 전동기의 형태와 구조가 다양하므로 기존의 내연기관 자동차의 구조와는 완전히 다른, 다양한 형태의 파워트레인이 가능하다. 하나의 차축만을 구동하는 경우에는 전동기를 기존의 내연기관 위치에 설치할 수 있다. 전동기는 차축 또는 개별 차륜을 직접 구동할 수 있으며, 하나의 차축에 2대의 전동기를 결합하면, 차동장치까지도 생략할 수 있다.

표 3–13 순수 전기 파워트레인으로 가능한 구동계-배치구조 평가 매트릭스 [43]

앞차축 / 뒷차축	중앙모터, 수동변속기와 차동장치	액슬구동 (차동장치 포함)	감속기를 거쳐 개별 차륜구동	개별 차륜구동, 휠 허브 모터	기계적 연결 없음	액슬 디퍼렌셜
(SG·M / DG)	수동 변속기 2대는 불가함 (비합리적)	Boost, 전/후 분배	Boost, 전/후 분배 (좌/우 분배)	Boost, 전/후 분배 (좌/우 분배)	후륜구동 기존 방식	층륜구동 기존 방식
(M / DG)	Boost, 전/후 분배	전/후 분배	전/후, 좌우 분배(앞)	전/후, 좌우 분배(앞)	후륜구동	결합 불가
(M·M / G·G)	Boost, 전/후 분배 (좌/우 분배)	전/후, 좌우 분배(뒤)	전/후, 좌우 분배	전/후, 좌우 분배	동력분할 후륜구동	결합 불가
(M·M)	Boost, 전/후 분배 (좌/우 분배)	전/후, 좌우 분배(뒤)	전/후, 좌우 분배	전/후, 좌우 분배	동력분할 후륜구동	결합 불가
(없음)	전륜 구동 (기존 방식)	전륜 구동	동력분할 전륜 구동	동력분할 전륜 구동	동력원 없음	동력원 없음
(DG)	종륜구동 기존방식	결합 불가	결합 불가	결합 불가	동력원 없음	동력원 없음

(M : 전동기, SG : 수동변속기, DG : 차동기어, G : 기어비가 고정된 변속기)

구동 전동기로부터 차동장치를 거쳐 직접 액슬 드라이브(axle drive)로, 기어비가 고정된 감속기와 결합된 전동기로 차륜을 독립적으로, 짧은 구동축을 사용하여 개별 차륜을 직접, 또는 휠 허브 모터(wheel hub motor)로 차륜을 직접 구동하는 방식 등, 다양한 형태의 배치구조가 가능하다. 앞/뒤 차축에 분산된 이러한 파워트레인의 다양한 배치구조는 표 3‑9에 제시된, 많은 조합이 된다.

(1) 기존 방식의 파워트레인 배치구조

현재 내연기관 자동차와 전기자동차 모두에서 가장 많이 사용하고 있는 파워트레인의 구조는 중앙에 배치된 동력원(내연기관 또는 전동기)과 수동변속기와 차동장치가 직결된 형태이다. 수동변속기를 전동기와 함께 사용하면 전체 주행속도 범위에서 적절한 토크를 생성할 수는 있지만, 파워트레인의 총효율은 현저하게 낮아진다. 구동 전동기는 정격회전속도 $4000\sim16,000min^{-1}$, 정격토크 40~200Nm 그리고 정격출력 20~120kW 범위가 대부분이다.

동력원으로 전동기를 사용함에 따라 내연기관의 소음이 없으므로 수동변속기와 같은 다른 소음원의 소음이 지배적일 수 있다. 이 현상은 특히 전동기와 동조되지 않은 기존의 변속기를 사용하는 부분 개조 차량을 고속으로 주행할 때 분명하게 나타난다.

완전한 전동 파워트레인에서는 전동기와 구동 축전지를 제어하기 위한 전력전자장치가 필수이다. 그림 3‑56은 앞차축에 전동기(EM), 수동변속기(MT)와 차동장치(Diff)가 함께 설치된 기존의 구동계 구성으로서 구동 축전지에서부터 차륜까지의 전체 에너지 사슬(energy chain)을 간략하게 나타내고 있다.

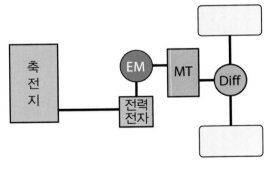

그림 3–56 기존 방식의 파워트레인 배치구조

(2) 수동변속기를 생략한 파워트레인 배치구조

그림 3‑57은 수동변속기를 생략하고, 기어비가 고정된 변속기와 결합된, 중앙에서 설치된 전동기(EM)를 앞차축 차동장치(Diff)에 직결하여 좌/우 차륜을 구동하는 방식이다. 이를 위해

서는 가속에 필요한 토크를 보장하는, 큰 토크를 생성할 수 있는 전기기계를 사용해야 한다. 그러나 고속에서는 전동기가 매우 빠르게 회전하므로, 전동기 유형에 따라서는 손실이 커지고 음향에 부정적인 영향이 나타난다. 차동장치(통상적인 손실 발생기)가 토크를 구동차륜으로 분배한다. 사용되는 전동기는 대부분 출력 30~120kW, 회전속도 4000~12,000min^{-1} 그리고 토크 90~300Nm 범위이다.

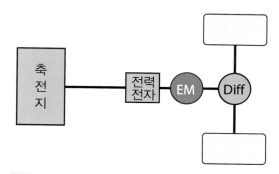

그림 3-57 수동변속기를 생략한 파워트레인 배치구조

(3) 개별 차륜 구동방식의 파워트레인 배치구조

그림 3 - 58의 파워트레인 배치구조는 융통성이 많은, 토크를 전자적으로 제어, 분배하는 개별 차륜 구동장치 구성이다. 효율 관점에서 또 다른 장점은 수동변속기 또는 차동장치와 비교하여 사용되는 변속기의 효율이 아주 높다는 점이다. 토크와 회전속도에 대한 요구사항은 수동변속기를 생략한 파워트레인 배치구조(그림 3 - 57)와 비교할 수 있으며, 여기서 동력은 2대의 구동 전동기로 분배된다. 전기기계(EM)와 기어박스를 분할하면, 배치 유연성은 커지지만, 비용, 무게 및 설치공간에 대한 요구사항은 증가한다.

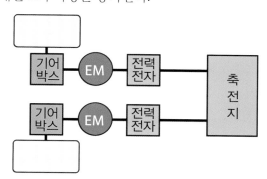

그림 3-58 독립적으로 제어 가능한 전동기가 고정기어비 변속기를 거쳐
후차축 차륜을 개별적으로 제어, 구동하는 방식

(4) 휠 허브 모터 방식의 파워트레인 배치구조

그림 3-59는 마지막 단계인, 휠-허브-모터 (wheel hub motor)를 사용하는 직접 구동 방식으로, 기계식 변속기를 사용하지 않고도 필요한 구동력을 차륜에 직접 전달할 수 있다. 휠-허브-모터 방식은 전동기 회전속도와 차륜 회전속도가 같으므로, 전동기는 회전속도는 다소 낮지만 큰 토크를 생성할 수 있어야 한다. 승용자동차에 사용되는 오늘날의 휠 허브 모터는 최대 회전속도 2000min^{-1}, 최대토크 600Nm에서 출력은 15~60kW 범위이다.

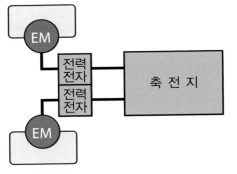

그림 3-59 휠-허브-모터 방식의 직접 구동장치

전동기의 높은 동특성(dynamics)은 휠 토크를 매우 빠르게 개별적으로 제어할 수 있게 함으로, 차량의 주행 동특성(dynamics)에도 긍정적인 영향을 미친다. 전동기를 차륜에 직접 설치하면, 전동기 질량으로 인해 스프링 아래질량(unsprung mass)은 약간 증가한다.

3 효율 분석

파워트레인(powertrain)에서 기계 부품의 단계별 제거가 구동 축전지로부터 차륜까지의 총효율에 미치는 영향을 살펴보자. 에너지 소비에 대한 개별 장치의 영향을 파악하기 위해서 다양한 주행시험을 통해, 결과를 정량적으로 나타낸 연구들이 발표되고 있다.

전기자동차에 사용되는 개별 장치의 일반적인 효율 범위는 대략 표 3-14와 같다.

표 3-14 오늘날 전기구동계 구성장치의 효율 범위 개요(표준값)

장 치	효율	
	최소	최대
구동 축전지	92%	96%
전력전자장치	95%	97%
수동변속기	80%	95%
기어비가 고정된 변속기	93%	98%
차동장치	92%	98%
구동 전동기	87%	95%

축전지의 화학적 에너지를 1차 에너지원으로 가정하면, 실제 기계적 구동 에너지를 통한 다양한 에너지 변환과정으로 인해 전기구동계에서 손실이 발생한다. 현재의 리튬－이온 축전지 시스템은 이미 최적화된 작동전략을 통해 전기에너지 공급에서 96% 이상의 효율을 달성하고 있다. 그리고 전력전자(power electronics)도 고집적 반도체 소자를 사용하여 차량 구동에 필요한 전력 범위에서 97% 이상의 효율을 달성하고 있다. 전동기에서 전기에너지를 기계적 에너지로 변환하는 효율은 사용하는 전동기의 유형에 따라 차이가 크다. 영구자석 동기기(PMSM)는 95% 이상의 효율을 달성할 수 있지만, 3상 유도전동기는 일반적으로 약 87% 수준이다.

단(段)－변속기(자동/수동)를 사용하면 회전속도와 토크를 현재 주행 상황(주행속도와 주행저항)에 적절하게 대응할 수 있다. 오늘날 널리 사용되는 5단 및 6단 수동변속기를 사용하면 넓은 주행속도 범위에 걸쳐서 내연기관을 성능 또는 연비 최적화 작동영역에서 작동시킬 수 있다. 그러나 부하점에 따라 이들 변속기의 효율은 80~95% 사이에서 크게 변화한다. 또한, 자동차를 가속할 때 사용되지 않은 단(段)－기어들의 관성을 극복해야 한다. 이는 전동 파워트레인에서 변속기의 기어 단수를 줄이면 효율을 더 높일 수 있음을 의미한다[36]. 반면에 1개의 기어 단(段)만을 가진 변속기의 최고효율은 98%에 이른다. 표 3－14에 요약된 구동계 구성요소의 효율 범위를 근거로 총효율에 대한 범위를 추산할 수 있다.

그림 3－56에 제시된 기존 형식의 파워트레인 배치구조는 전동기, 단-변속기와 차동기어로 구성되어 있어서, 다수의 동력 및 토크 변환 단계를 거치기 때문에 다른 구동계－배치구조와 비교하여 총효율(구동 축전지에서 차륜까지)이 평균 66.5%로 가장 낮으나, 총 효율의 범위는 54.8~79.8%로 매우 넓은 것으로 파악되고 있다.

그림 3－57과 같이 적합하게 개조한 변속기 또는 기어비가 고정된 1단 변속기를 사용하는, 개별 차륜 구동방식은 평균효율 78%(70.7~86.7%)를, 그림 3－58과 같이 변속기를 생략하고 휠 허브 모터를 사용하는, 개별 차륜 직접 구동방식의 평균 총효율은 82%(76.0~88.5%) 정도로 나타나고 있다. 장기적으로는 개별 차륜 구동방식의 점유율 증가를 예상할 수 있다.

4 개별 차륜 직접 구동

가능한 구조는 차륜 근처에 설치된 구동전동기를 짧은 축으로 차륜과 직결하는 방식, 또는 휠 허브 모터(wheel hub motor) 방식이다. 원리적으로는 두 방식이 혼합된 형태도 가능하다. (그림 3－60). 파워트레인을 설계할 때 차량의 예상 무게중심에 따라 구동력을 적절하게 전/후 차축에 미리 배분할 수 있다. 차량의 유형과 사용 분야에 따라 구동차륜에 필요한 기계적 동력은 대략 20~120kW 범위이다.

하나 이상의 기어 단을 절약하면 그만큼 동력전달 효율이 향상되고, 동력전달 구성요소의 새로운 배열 형태가 가능하게 된다. 또한, 차륜을 개별적으로 제어하면 구동력을 능동적으로 배분할 수 있으며, 최신 전력전자장치를 사용하기 때문에 ABS, ASR 또는 ESP와 같은 현재의 차량 동특성 제어시스템보다 더 빠르고, 보다 효율적으로 차량 동특성을 제어할 수 있다. 해당 기능은 사용된 모터제어가 구현한다 [37, 38, 39].

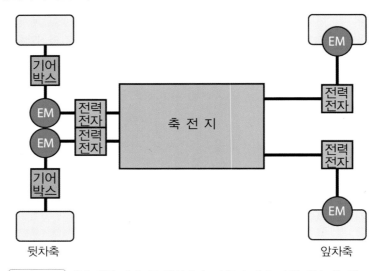

그림 3-60 개별 차륜 직접구동 방식에서 구성요소의 축 단위 배열 가능성

구동 전동기와 전력전자장치를 차륜에 직접 통합하면 차량에 설치공간이 필요하지 않기 때문에 설계 측면에서 자유도는 크지만, 안정성, 신뢰성 및 안전성 측면에서는 많은 큰 과제를 가지고 있다. 이 외에도 진동, 충격 및 주행운동, 견고성 및 기술적 및 기능적 안전이 중요하다

자동차가 온도 −40 ~ +85°C 범위에서 작동하려면, 특히 높은 온도에서는 전기기계에서 발생하는 열부하를 적극적으로 냉각, 방출해야 한다. 전동기에 사용되는 영구자석, 센서와 전자장치를 보호하고 배선과 전동기 권선의 절연재료의 성능을 유지하기 위해서는 반드시 냉각시켜야 한다.

전동기의 견고성을 보장하려면 사용되는 씰(seal)과 피팅(fitting)이 특별한 요구조건을 만족해야 한다. 또한, 씰과 배선을 통한 습기 유입을 방지하기 위해서는 온도 변동으

그림 3-61 수랭식 구동전동기(예; Audi R8 e-tron)

로 인한 압력 차이를 방지해야 한다.

구동 전동기를 차륜에 통합하면 스프링 아래질량이 증가하여 주행 행태와 주행 안락성에 부정적인 영향을 미칠 수 있다. 따라서 사용된 스프링 - 댐퍼 시스템을 미세하게 조정해야 할 필요가 있다. 최근 개발된 기술[40]에 따르면, 출력질량이 2kW/kg인 휠 허브 모터는 기술적으로 실현할 수 있다. 즉, 출력 40kW 휠 허브 모터의 무게는 20kg에 불과하다. 이러한 문제점에도 불구하고, 휠 허브 모터 방식은 주행 동특성(dynamics) 제어의 가능성뿐만 아니라 효율성, 요구되는 설치공간 및 무게 측면에서 다른 구동방식보다 우수한 것으로 평가되고 있다 [39].

(1) 개별 차륜 직접 구동의 잠재력

차륜 직접 구동방식에서 필요한 전동기 회전속도의 범위는 원하는 최대 주행속도로부터 계산할 수 있다.

표 3 - 15에 제시된, 소형(compact) 승용차의 경우, 최고 주행속도가 160km/h라면, 구동전동기의 최대 회전속도는 1350min^{-1}이 되어야 한다. 동시에 구동전동기는 필요한 정격출력을 발휘하여 상응하는 주행저항을 극복해야 한다.

예를 든 차량이 개별 차륜 구동방식일 경우, 각 전동기는 토크 약 130Nm 또는 기계적 출력 18kW를 필요로 한다. 요구되는 최대 토크는 차량에 요구되는 등반능력과 원하는 가속성능과 관련이 있다. 일반적으로 15% 이상의 도로구배가 허용되므로, 위에 제시된 차량 유형의 경우 언덕길에서 발진하기 위해서는 전동기별로 340Nm 이상의 토크를 발휘해야 한다[41]. 주행저항을 극복하고도 구동력에 여유가 있어야 차량을 가속할 수 있다. 이 예에서, 정지상태에서 100km/h까지 10초 이내에 가속하려면 평지 도로에서 약 650Nm의 일정한 토크 또는 차륜당 평균출력 28kW가 필요하다. 최신 영구자석 동기전동기(PMSM)는 2kW/kg 이상의 출력밀도를 달성할 수 있으므로[40], 개별 차륜 구동방식에서 하나의 구동차축에는 각각 출력 30kW, 무게 15kg인 전동기 2대가 필요함을 알 수 있다.

표 3 - 15 기준 소형 자동차의 제원(예)

자동차 질량	$m = 1463\text{kg}$
전동 반경(타이어; 195/65R 15)	$r = 0.315\text{m}$
공기저항계수	$c_W = 0.315$
전면 면적	$A = 2.22\text{m}^2$
전동저항계수	$c_R = 0.01$
공기밀도(20℃에서)	$\rho_L = 1.2\text{kg/m}^3$

(2) 주행 동특성(dynamics) 제어의 새로운 방법

일반 도로 교통에서는 0.3g 이상의 전/후, 좌/우 방향 가속은 거의 발생하지 않기 때문에, 슬립각과 횡활각뿐만 아니라 차륜 원주 슬립도 작다. 결과적으로, 차량은 타이어 슬립 특성의 안정적인 직선 범위(그림 3 - 62) 안에 있으며 운전자의 제동, 주행 또는 조향 요구에 따라 반응한다. 타이어가 접촉마찰과 미끄럼마찰 사이의 경계에 도달하여, 슬립각(slip angle)이나 휠슬립(wheel slip)이 증가하면, 타이어와 도로 사이에 더는 힘이 전달될 수 없으므로 임계 슬립을 초과하게 되어 차량의 운동이 비선형적이거나 심지어 불안정하게 된다 (그림 3 - 62).

그 결과, 필요한 선회력을 형성할 수 없으므로 차륜의 블로킹(blocking) 또는 스피닝(spinning)으로 인해 감속력 또는 가속력이 저하하고 조향능력과 차선유지능력이 상실된다. 능동 안전시스템 즉, ABS, ASR 및 ESP와 같은 주행 동특성(dynamics) 제어는, 이러한 상황에 압도될 수 있는 운전자에게 차량을 다시 안정화시켜 통제할 수 있도록 해준다. 능동형 전자/기계식 조향 시스템을 사용한 조향 및 제동장치 개입의 결합 개념 외에도 현재의 차량 동특성 제어는 제동장치를 차륜 개별적으로 제어하는 개념을 적용하고 있다[37, 42].

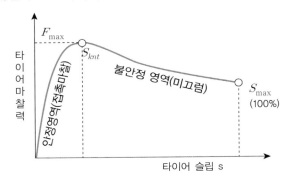

그림 3-62 타이어의 마찰력/슬립 특성곡선의 정성적 표현

전동식 개별 차륜 구동장치를 사용하면, 중앙 모터를 사용하는 기존의 구동계 - 배치구조 대신에 높은 동특성으로 차륜의 개별 위치와 (+)토크 및 (-)토크를 사용할 수 있다. 과도한 구동력을 열로 변환시켜 방출하는 기계식 제동장치와는 다르게 전기기계는 구동력 자체를 낮추거나 운동에너지의 일부를 회수하는 방법을 이용할 수 있다. 따라서, 제동장치와 전동기의 협조적 간섭은, 마모가 거의 발생하지 않으며, 더 효율적인 주행 동특성 제어를 구현할 수 있다. 그러나 조향각, 요잉률, 차륜 회전속도, 횡활각 또는 슬립과 같은 자동차 상태 매개변수를 감지하거나 추정하기 위해 오늘날 양산 차량에서 일반적으로 사용하는 센서는 필수 요소로 남아 있어야 한다. 개별 전동기의 토크와 회전속도를 높은 정확도로 감지하면, 관찰자의 도움을 받아 주행상태 추정에 대한 새로운 접근방식을 정의하고, 이 새로운 접근방식을 바탕으로 새로운 제어방법을 모색할 수 있다.

제4장

연료전지 Fuel Cell

eco-friendly electric powered vehicles

4-1

연료전지 기술의 기초
Basics of Fuel Cell Techniques

연료전지 생산회사들은 연료전지를 연료전지 엔진(fuel cell engine) 또는 연료전지 파워트레인(fuel cell powertrain)이라고 한다. 아마 우리도 머지않아 이 이름에 익숙해질 것이다. 장기적으로는 유해물질을 배출하지 않는 친환경 동력원이 고객의 이동성 욕구를 충족시킬 것이다. 알려진 모든 선택안 중에서 연료전지 자동차가 기본적으로 가장 유리한 조건을 갖추고 있다.

연료전지는 연료(수소나 메탄올 등)와 산화제(산소 : 주로 공기)를 계속 공급하여, 연료의 화학적 에너지를 곧바로 전기 에너지로 변환하는 '전기화학 에너지 변환기'이다. – **전기화학 발전기**

연료의 화학적 에너지 → 열에너지 → 기계적 에너지 → 발전기를 구동하여 전기 에너지를 얻는, 전통적인 에너지 변환 사슬을 지금도 활용하고 있다. 그러나 연료전지는 연료의 화학적 에너지가 열에너지와 기계적 에너지로 변환되는 중간 과정을 거치지 않고 곧바로 전기 에너지를 생산한다. 그러므로 연료전지는 발전장치(열기관+발전기 형태)와 비교해 원리적으로 에너지 변환 효율이 더 높다.

연소(＝산화)할 때 유리된 에너지가 전기(＝직류)로 변환되며, 부수적으로 열(폐열)을 방출한다. 이런 이유로 연료전지에서의 산화과정을 '화염을 동반하지 않는 저온연소'라고 한다.

> **연료전지는 기계식 발전장치처럼 전기를 생산하는 에너지 변환기 즉, 전기화학 발전기이다.**
> **연료전지는 에너지 저장장치(축전지)가 아니다.**

따라서 연료전지 자동차에는 전력(전기 에너지)의 수급 균형을 유지하기 위해 용량이 적을지라도 축전지가 있어야 한다. 순수 전기자동차에서 축전지와 연료전지는 에너지 저장기와 에너지 변환기로서 서로 경쟁한다. 사용자 관점에서 볼 때, 축전지는 아직도 가격이 비쌀 뿐만 아니라 1회 충전 주행거리가 짧다는 단점이 있다. 수소연료전지를 이용한 차량의 전동화는 이러한 문제점을 제거해주므로 미래의 이상적인 차량 동력원으로 가치가 있다. 연료전지 시스템의 가격은 현재로서는 기존 내연기관 자동차의 동력원보다 아주 비싸다. 그리고 수소의 지속 가능한 생산 및 가용성에 대한 집중적인 노력도 필요하다. 연료전지 기술의 발전과는 무관하게 수소 자체의 생산, 저장, 운송 및 유통의 전 과정이 친환경적이고 동시에 비용－경제적일 때 비로소 진정한 의미의 친환경 수소자동차 시대가 도래할 것이다. [44]

궁극적인 기후목표를 달성하기 위해서는 오늘날 관점에서 순수 전기구동 자동차가 더 늘어나야 한다. 축전지 전기자동차(BEV)는 소형 승용 및 단거리 주행에 적합하다. 장기적으로는 연료전지(Fuel Cell)가 대형 자동차와 장거리 주행에 적합한 동력원이 될 가능성이 있다.

자동차용 연료전지의 기술적 구비 요건 중, 중요한 사항은 다음과 같다.
① 가볍고 체적이 작을 것
② 급속 기동이 가능하고, 저온 시동성이 우수할 것
③ 부하 추종 성능이 우수할 것
④ 넓은 운전영역에 걸쳐 효율이 높을 것
⑤ 유해물질을 적게 생성할 것
⑥ 내구성이 우수하고, 유지관리가 쉬울 것
⑦ 재료가 구하기 쉽고 값이 쌀 것

연료전지를 기반으로 한 전기자동차의 주요 장점은 다음과 같다:
① 연료전지의 효율이 높다.
② 전기 구동장치의 효율이 높다.
③ 이동하면서 유해물질을 배출하지 않는다.
④ 낮은 회전속도에서 큰 회전토크를 얻을 수 있다.
⑤ 연료 충전소요 시간이 짧고, 주행거리가 길다.
⑥ 동력원 전체의 작동소음 수준이 낮다.
⑦ 공운전 소비가 없다.
⑧ 실내 난방에 폐열을 사용할 수 있다.
⑨ 연료전지의 모듈 구성이 가능하다.
⑩ 관리, 유지비용이 적다.

오늘날 기술 수준에서 다음과 같은 단점도 언급되고 있다.
① 높은 생산비용
② 높은 출력 중량(kg/kW)
③ 큰 설치공간
④ 일부 연료전지는 순도가 높은 수소를 사용한다.

⑤ 수소의 생산비용이 비싸다.

⑥ 일부 연료전지는 이동용으로 부적합하다.

⑦ 장기간에 걸친 작동상태 및 수명은 아직 실험 중이다.

자동차산업에서, 연료전지는 일반적으로 수소 연료전지를 의미한다. 연료인 수소는 임의의 1차 에너지로부터 얻을 수 있다. 일반적으로 연료전지는 순수한 수소, 수소가 풍부한 개질 기체, 천연가스 또는 메탄올을 연료로 사용한다. 산화제로는 순수한 산소 또는 공기 중의 산소를 이용한다.

수소 연료전지는, 전기분해의 역반응으로서 연료전지의 원리를 매우 간단하게 설명할 수 있다. 전기 에너지를 사용하여 물을 전기분해하면, 물은 수소와 산소로 분리된다. 연료전지는 물의 전기분해 반응을 역으로 수행하고, 전기 에너지를 생성(방출)한다.

 1 물의 전기분해와 수소연료전지의 기본 원리

(1) 물의 전기분해(그림 4-1 참조)

전해액(예; 소금물)에 들어있는 2개의 전극으로 구성된 회로에 직류전압을 인가하면, (+)전극에서 산소(O_2), (-)전극에서 수소(H_2)가 생성된다. 이때 전류는 (+)전극(anode; 그리스어로 입구, 여기서는 전해액으로 들어가는 입구)에서 (-)전극(cathode; 그리스어로 출구, 여기서는 전해액으로부터 나오는 출구)으로 흐른다.

즉, 수소이온(H^+)은 자신의 (+)전하 때문에 (-)전극으로 이동한다. 수소이온(H^+)은 (-)극에서 이미 원자가 부족한 상태로 대기 중인 수소(H^-)와 결합하여 수소분자(H_2)가 된다. 유사한 과정을 거쳐 (+)전극(anode)에서는 산소(O_2)가 생성된다.

(2) 수소 연료전지의 기본 원리

물의 전기분해 과정은 원칙적으로 가역적(reversible)이다. 따라서 산소(O_2)와 수소(H_2)를 이용하여 직류전압을 생성할 수 있다. 이때 반드시 (+/-)전극, 그리고 기체상태의 산소(O_2)와 수소(H_2) 간의 화학반응을 유도하여 물(H_2O)을 생성하는 전해액이 있어야 한다.

물의 전기분해에 대한 역반응은 이미 1839년에 증명되었다. **- 연료전지의 탄생(pp.24 연료전지 자동차 역사 참조)**

물의 전기분해와 비교할 때, 연료전지에서는 전류방향이 반대이므로, (+)전극은 캐소드(cathode), (-)전극은 애노드(anode)가 된다. (그림 4 - 1, 4 - 2 참조)

그림 4 - 1(b)와 같은 연료전지는 실질적인 이용가치가 없다. 반응속도가 아주 느리고 내부의 전기저항이 너무 크기 때문이다. 따라서 반응속도를 증가시키기 위해 반응 표면적을 아주 넓게 하고, 내부 저항을 줄이고, 온도를 높이고, 촉매를 사용한다. 전극재료와 전해액(전해질)의 종류도 중요한 요소이다.

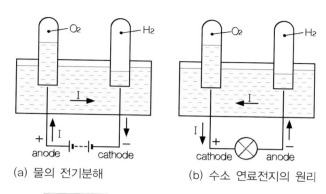

(a) 물의 전기분해 (b) 수소 연료전지의 원리

그림 4-1 물의 전기분해와 수소 연료전지의 원리

수소 연료전지는 최소한 2개의 전극, 그리고 수소와 산소가 서로 반응하는 전해액으로 구성된다. 수소 연료전지에서는 연료인 수소가 산화제인 산소와 반응하여 전기와 열을 생성한다.

○ 참고

  우리는 납-축전지에서 음이온(anion)은 양극(anode)으로, 양이온(cation)은 음극(cathode)으로 이동한다고 정의한다. 또 전류가 흐를 때, 음의 전하는 (−)극에서 (+)극으로, 양의 전하(또는 전류)는 (+)극에서 (−)극으로 흐른다고 표현한다. − 방전할 때 양의 전하 또는 전류의 방향 기준

  연료전지에서는 반대로 (+)극은 캐소드(cathode), (−)극은 애노드(anode)가 된다. 전자가 흘러나오는 전극 즉, 전류가 흘러 들어가는 (−)극은 애노드(negative anode), 그리고 전자가 흘러 들어가는 전극 즉, 전류가 흘러나오는 (+)극은 캐소드(positive cathode)가 된다. (그림 4-1 참조)

  전자와 전류는 이동 방향이 서로 반대이고, 연료전지와 축전지에서 전자의 이동 방향은 서로 반대이다. 축전지에서도 연료전지에서처럼 (+)극은 캐소드, (−)극은 애노드로 표기하는 서적이나 논문 그리고 자칭 전문가들이 많다. 이는 오류이다. 개념이 확실하게 이해되지 않은 경우, 축전지에서는 애노드, 캐소드 대신에 그냥 (+)극 또는 (−)극으로 표현하기를 권유한다.

OXFORD Dictionary에 따르면 **캐소드(cathode)**는 다음과 같이 2가지로 정의되어 있다.

1. The **negatively** charged electrode by which electrons enter an electrical device. The opposite of anode

1.1 The **positively** charged electrode of an electrical device, such as a primary cell, that supplies current.

1. 전자들이 전기장치에 들어감으로써 **음으로 대전된 전극(−전극)**. 애노드의 반대

1.1 전류를 공급(생성)하는 1차 전지(예: 연료전지)와 같은 전기장치의 **양으로 대전된 전극(+전극)**

캐소드에 대해 이처럼 두 가지 상반된 정의를 사용하고 있음에 유의해야 한다. 즉, **캐소드**는 축전지가 방전할 때 기준으로 **음극(캐소드)**, 연료전지가 발전할 때 기준으로 **양극(캐소드)**이 된다.

(3) 수소 연료전지

 간단하면서도 친환경적인 연료전지는 수소 연료전지이다. 수소와 산소가 가진 화학적 결합에너지로부터 직접 전기를 생산하는 전기화학적 발전장치로서 수소를 애노드(−극, 연료극)에, 산소를 캐소드(+극, 공기극)에 계속 공급하여 연속적으로 전기를 생산한다. 이 반응에서는 평균약 80℃ 정도의 열이 발생하며, 동시에 물이 생성된다. (저온 수소 연료전지에서)

 연료극(anode) 반응 : $2H_2 \rightarrow 4H^+ + 4e^-$ 또는

$$H_2 \rightarrow 2H^+ + 2e^- \quad \text{...} \quad (4\text{-}1a)$$

 공기극(cathode) 반응 : $O_2 + 4e^- + 4H^+ \rightarrow 2H_2O +$ 에너지(전기 또는 열에너지) 또는

$$\frac{1}{2}O + 2e^- + 2H^+ \rightarrow H_2O + \text{에너지(전기 또는 열에너지)} \quad (4\text{-}1b)$$

 전체 반응   : $2H_2 + O_2 \rightarrow 2(H_2O)$ .... (4-1c)

 수소 - 연료전지는 연료로 수소 외에도 탄화수소계 연료(CNG, 휘발유, 경유 등), 알코올(메탄올, 에탄올) 등을, 그리고 산화제로 순수한 산소 외에도 공기, 염소, 이산화염소 등을 사용할 수 있다.

 그림 4 - 2를 살펴보자. (−)전극 측에 수소를, 그리고 (+)극 측에 산소를 공급한다. 화학반응을 할 때마다 수소원자는 (−)전극에 1개의 전자(e^-)를 주고 나머지 H^+ 이온(수소이온, 양자 또는 양성자)은 전극을 투과하여 전해액으로 들어간다. 전극을 투과하지 못하고 (−)전극에 남아있는 전자(e^-)는 외부 부하를 거쳐 반대편 (+)전극으로 이동한다.

 전자(e^-)는 (+)전극에서 산화제인 산소와 결합하여 OH^- 이온을 형성한다. 이 OH^- 이온은 (+)전극을 투과하여 전해액으로 들어가서, 이미 대기하고 있는 H^+ 이온과 결합하여 물(H_2O)이 된다.

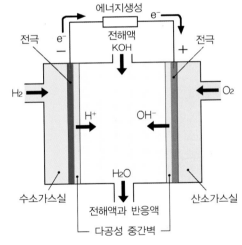

그림 4-2 수소 연료전지의 기본 원리

이렇게 생성된 물은 셀(cell) 밖으로 배출시켜야 한다. 그리고 반응과정에서 발생한 열은 재활용하거나 냉각장치를 통해 외부로 방출한다.

 연료전지 전극에서의 기전(起電)반응은 촉매의 영향을 많이 받는다. 오늘날은 촉매로 백금을 사용한다. 실제로 자동차에 사용하는 수소 연료전지에 대해서는 뒤에서 상세하게 설명할 것이

다. (pp.204 PEM 연료전지, pp.247 수소연료전지자동차의 효율 참조)

연료전지는 애노드(－전극)와 캐소드(＋전극), 그리고 전해액을 포함한 다수의 셀(cell)로 구성된다. 연료가 공급되는 애노드(anode) 측을 (－)전극 또는 연료극, 산화제가 공급되는 캐소드(cathode) 측을 (＋)전극 또는 공기극이라고 한다. 이 책에서는 이들을 혼용한다.

2 연료전지의 종류

연료전지는 일반적으로 전해질에 따라 분류한다. 기술 성숙도가 일정 수준에 도달한 연료전지로는 고분자 전해질형(PEMFC), 직접 메탄올형(DMFC), 용융 탄산염형(MCFC), 고체 산화물형(SOFC), 인산염형(PAFC), 알칼리형(AFC) 등이 있다. 자동차에는 주로 고분자 전해질형(PEMFC)과 직접 메탄올형(DMFC) 연료전지를 사용한다.

(1) 고분자 전해질 연료전지 (PEMFC; Polymer Electrolyte Membrane Fuel Cell)

수소이온 교환막 연료전지 또는 양성자 교환막 연료전지(PEMFC : Proton Exchange Membrane FC)라고도 한다. 이 책에서는 이들을 똑같은 의미로 혼용하며, 특별한 경우를 제외하고는 PEMFC라고 줄여서 표기할 것이다.

수소이온을 투과시킬 수 있는 PEMFC는 다른 연료전지와 비교해 전류밀도가 높은 고출력 연료전지로서, 20℃~120℃(평균 80℃)의 비교적 저온에서 작동하며, 그 구조가 간단하다. 또한, 시동성과 응답성이 빠르고, 내구성이 우수하며 수소 이외에도 메탄올이나 천연가스를 연료로 사용할 수 있어서, 자동차 동력원으로서 적합한 시스템이다. – 저온형 PEMFC

고온형(HT－PEMFC)에서는 PEM(양성자 교환막) 내부에서 물이 생성되지 않게 작동시킬 수 있다. 새로 개발된 폴리벤지미다졸(Polybenzimidazol)－박막은 양이온의 교환을 보장하는 전하 반송자로서 인산염을 사용한다. 별도의 항에서 상세하게 설명할 것이다.

(2) 직접 메탄올 연료전지 (DMFC; Direct Methanol Fuel Cell)

직접 메탄올 연료전지(DMFC)의 구조는 PEMFC의 구조와 큰 차이가 없다. DMFC에서는 액체 또는 증기 상태의 메탄올－물 혼합을 사용한다. 메탄올은 휘발유와 마찬가지로 기존의 연료 탱크에 쉽게 저장할 수 있다는 장점이 있다. DMFC의 애노드(－극)에는 메탄올을 직접 공급하며, 캐소드(＋극)에는 공기(산소)를 공급한다. 애노드(－극)에서는 메탄올과 물이 반응하여 수소이온과 전자를 생성한다. 생성된 수소이온은 전해질막을 통해 캐소드(＋극)로 이동한다. 이때 전자가 외부 회로를 통과하면서 전류를 생성한다. 이제 캐소드(+극)에서는 수소이온과 산소가 결합하여 물을 생성한다. 작동온도는 50℃~120℃로서 PEMFC의 작동온도와 거의 비슷하다.

그러나 DMFC의 가장 큰 문제는 메탄올의 특성 때문에 발생한다. 즉, 메탄올이 박막의 애노드(－극) 측에서 캐소드(+극) 측으로 확산(diffusion) 및 삼투(osmotic)하는 과정에서, 분리된 메탄올이 원하지 않는 부반응으로 인해 산화됨으로써 문제를 일으킨다. 결과적으로, 산화되는 비율만큼의 메탄올은 에너지를 전류로 변환하는 데 참여하지 않으며, 따라서 효율을 감소시킨다. 지금까지 DMFC는 전기자동차용으로는 충분하지 않은, 작은 출력용으로만 사용되고 있다. 예를 들면 캠핑용 휴대 전원으로 사용한다. 연료로서의 메탄올 그리고 DMFC의 비교적 간단한 구조는 자동차용으로 잠재력을 가지고 있다. 그러나 이를 위해서는 메탄올의 돌파(breakthrough)를 막아 효율과 출력밀도를 크게 향상할 수 있는 박막을 개발해야 한다.

일반적인 연료전지 스택에서는 양극판(兩極板, bipolar plate)을 사용하지만, 마이크로 연료전지에서는 단극판(單極板, mono-polar plate)을 사용한다.

DMFC는 PEMFC와 똑같은 구성요소들을 사용하지만, 메탄올을 개질하여 수소로 만드는 과정을 생략하고 직접 사용할 수 있으므로 소형화가 가능하다. DMFC의 출력밀도는 전극면적 $1cm^2$당 약 $60mW$ 정도로서 PEMFC보다는 낮지만, 2차 전지(축전지)보다는 높다.

그리고 연료 수급이 쉽다는 점이 장점이다. 참고로 메탄올 제조공정을 가동하는데 필요한 에너지는 원래 연료의 저발열량을 기준으로 약 $29kJ/kg$ 정도로서, 이는 메탄올의 저발열량 $19.93kJ/kg$과 비교할 때 약 70% 수준의 효율로 아주 매력적이다.

- **연료극(－극) 반응** : $CH_3OH + H_2O \rightarrow 6H^+ + 6e^- + CO_2$ ········· (4-2a)
- **공기극(+극) 반응** : $1\frac{1}{2}O_2 + 6H + 6e^- \rightarrow 3H_2O$ ····················· (4-2b)

(3) 직접 에탄올 연료전지 (DEFC; Direct Ethanol Fuel Cell)

직접 에탄올 연료전지(DEFC)는 직접 메탄올 연료전지와 메커니즘은 같으나, 연료로 에탄올을 사용한다는 점만 다르다. 출력전압 20~45V 범위의 직접 에탄올 연료전지가 발표되었다.

- **반응식** : $C_2H_5OH + 3(H_2O) \rightarrow 2(CO_2) + 12H^+ + 0.5V$ ············ (4-3)

(4) 용융 탄산염 연료전지 (MCFC; Molten Carbonate Fuel Cell)

용융 탄산염 연료전지(MCFC)는 다른 형태의 연료전지와 마찬가지로 높은 열효율, 높은 환경 친화성, 모듈화 특성 및 설치공간을 작게 차지한다는 장점이 있다. 전해질로는 용융 알칼리

카보네이트를 사용한다. 연료로는 천연가스를 사용하며, 선행 개질공정에서 MCFC용으로 처리한다. 그러나 약 600~700℃의 고온에서 작동한다. MCFC 기술은 주로 지역 열병합발전소에서 용량 MW(메가와트) 범위의 발전에 사용한다. 복잡한 공정 제어, 높은 공정 온도, 부적절한 시간 행태, 부식 문제와 낮은 효율 등으로 인해 자동차기술에는 적용할 수 없다.

다공성 니켈 애노드, 용융 전해액, 다공성 니켈 캐소드 그리고 가스 유입을 보장하는 양극판(bipolar plate)으로 구성된 요소들을 약 300개까지 겹겹이 적층하여 사용한다.

정치식(定置式) 연료전지로서는 고온에서 작동한다는 점이 장점이다. 고온에서는 전기화학적 반응이 빠르므로 전극 재료에 사용되는 백금촉매 대신에 저렴한 니켈을 사용할 수 있어 원가를 낮출 수 있다. 그리고 니켈 전극을 사용하면, 백금에 독성물질로 작용하는 일산화탄소(CO)마저도 수성가스 전환반응을 통해 연료로 이용할 수 있다. 따라서 백금을 촉매로 사용하는 저온형 연료전지에서는 CO를 생성할 수 있어서 사용하기 어려운 석탄가스, 천연가스, 메탄올, 바이오매스(biomass) 연료 등을 연료로 사용할 수 있다.

표 4 – 1 연료전지의 형식 및 특성

형식	전해질(액)	애노드(+) 기체	전지 반응	캐소드(-) 기체	작동온도 [℃]	전기적 효율	특징	용도
PEMFC	수소이온 교환막	수소(H_2)	→	O_2, 공기	20~120 (80)	50~70%	출력밀도 높다 작동특성의 융통성이 많음	자동차 우주선 군용, 소규모 발전
					120 ~200		복잡한 물관리 생략	주택용 에너지공급
DMFC	수소이온 교환막	메탄올 (CH_3OH)	→	O_2, 공기	50~120	20~30%	메탄올로 직접 운전 (확산)	포터블 발전 축전지 대체
AFC	가성칼륨 용액	최고순도 수소(H_2)	←	최고순도 O_2	60~80	60~70%	고순도 H_2와 O_2만 사용, CO_2에 민감	우주선 군용
PAFC	인산	수소(H_2) 천연가스 (CH_4),	→	공기, O_2,	160 ~220	40~55%	부식 문제 백금촉매 긴 시동시간	소규모 발전 열병합발전
SOFC	지르코니아 산화물	수소(H_2) 천연가스 (CH_4),(CO)	←	공기	850 ~1000	45~65%	고온 세라믹, 부식 문제, 천연가스로 직접 발전가능	소규모 발전소, 열병합발전
MCFC	알칼리 탄산염 용융액	수소(H_2) CH_4	←	공기, O_2, CO_2	600 ~700	45~55%	사이클 복잡 부식 문제	중/대규모 발전소 열병합발전

효율은 약 45~50% 정도이다. 그러나 HRSG(Heat Recovery Steam Generator) 등을 이용한 기반 사이클(bottoming cycle)로 양질의 고온 폐열을 회수하여 사용하면, 전체 발전시스템의 열효율을 약 60% 이상으로 높일 수 있다. 또한, MCFC의 작동온도가 높아서 연료전지 스택 내부에서 연료의 개질반응과 전기화학 반응을 동시에 진행하는 내부개질 방식이 가능하다.

이러한 내부 개질형 MCFC는 전기화학반응으로 발생된 열을 외부로 바로 방출하지 않고 흡열반응인 개질반응에 직접 이용하므로 외부 개질형 MCFC보다 전체 시스템의 열효율이 추가로 상승하며, 시스템의 구성이 간단해진다. 그러나 현재 MCFC는 고온에서 부식성이 높은 용융탄산염을 사용하기 위해서는 내식성 재료의 개발이 필수적이며, 이에 따르는 경제성과 수명, 신뢰성 확보 등 기술적 문제가 완전히 해결되지는 않았다.

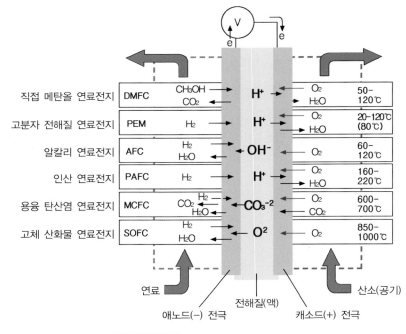

그림 4-3 연료전지의 종류 및 작동 원리

(5) 고체 산화물 연료전지 (Solid Oxide Fuel Cell, SOFC)

고체 산화물 연료전지(SOFC)는 산소 또는 수소이온을 투과시킬 수 있는 특수 세라믹(예 : 산화 지르콘)을 전해질로 사용한다. 현존하는 연료전지 중 가장 높은 온도(850~1000℃)에서 작동한다. 모든 구성요소가 고체이므로 다른 연료전지와 비교해 구조가 간단하고, 전해질의 손실 및 보충, 그리고 부식의 문제가 없다. 또한, 고온에서 작동하므로 귀금속 촉매가 필요 없으며, 직접 내부 개질을 통한 연료공급이 쉽다.

특성은 세라믹 재료와 셀(cell)의 구조에 있다. 셀의 구조는 평판형과 튜브형으로 구분할 수 있다. 단점은 비용 집약적인 제조공정과 장기적인 안정성을 충분히 보장할 수 없다는 점이다.

SOFC 셀은 예를 들어 가솔린 구동 차량에서 보조구동장치로 사용하기에 적합할 수 있다. 가솔린 연료는 개질기에서, 수소 함유 개질기 가스로 변환되고, SOFC에서 전기로 변환된다. 고온의 가스를 배출하므로 폐열을 이용한 열병합발전이 가능하다는 점도 장점이다.

2016년 Nissan은 바이오 – 에탄올을 연료로 사용하는 SOFC – 파워트레인을 연구, 개발 중이라고 발표하였다. 소위 e – Bio – 연료전지이다. 그러나 무엇보다도 고온에서 작동한다는 점에서 자동차용으로는 해결해야 할 과제가 많다. 중앙 및 지역난방을 겸한 발전용으로 개발되고 있다. 효율은 약 60% 정도이고 출력밀도도 높다.

(6) 인산 연료전지 (Phosphoric Acid Fuel Cell, PAFC)

인산 연료전지(PAFC)는 액체 인산을 전해질로 사용한다. 연료로서는 수소 또는 수소를 많이 함유한 기체(예; 천연가스) 및 메탄올을 사용할 수 있다. 전극으로는 카본지(carbon paper)를 사용하며, 백금을 촉매로 사용하므로 값이 비싸다. 그러나 카본지의 백금은 연료인 수소기체에 포함된 일산화탄소에 의해 손상되지 않는다. 셀 반응은 PEMFC에서와 똑같다. 한편, 액체 인산은 $40℃$에서 응고되므로 시동이 어려우며, 지속적인 운전 또한 제약이 따른다. 그러나 $160{\sim}220℃$의 정상 작동온도에 이르게 되면 반응 결과물로 생성되는 물을 증기로 바꾸어 공기나 물의 가열에 이용할 수 있다. 이렇게 발생하는 열과 전력의 전체 효율은 80%에 이른다. (통상 40% 정도). PAFC는 출력 200kW 정도의 열병합발전에 많이 이용된다. PAFC의 장점은 연료가스의 불순물에 대한 민감도가 낮아서, 공기 중의 산소와 약간의 CO_2가 함유된 가스를 사용할 수 있다. 출력밀도가 낮다는 점은 단점이다. 아직은 예상하는 만큼의 비용 절감이 이루어지지 않고 있다. PAFC는 작동온도가 높고 출력밀도가 낮아서 자동차용으로는 사용하지 않는다.

(7) 알칼리 연료전지 (Alkaline Fuel Cell, AFC)

전해액으로 수산화칼리 용액을 사용하며, 연료전지 중에서 효율이 가장 높다. 이유는 산소의 반응이 산성 전해질에서보다 알칼리 전해질에서 더 빠르기 때문이다. 수산화칼리 용액을 사용하므로 순수한 수소와 산소만으로 작동시켜야 한다. 순도가 낮은 연료를 사용할 경우, 공기에 포함된 탄산가스(CO_2)가 알칼리성 전해질(수산화 칼리 용액)과 반응하여 탄산칼륨을 생성하고, 사이클 과정을 차단하기 때문이다. 순수 수소로 작동하는 AFC는 다른 어떤 연료전지보다 전압이 높다. 그리고 비출력[kW/kg], 비에너지[kWh/kg] 및 수명도 다른 형식의 연료전지에 비교해 높다. 주로 우주항공 및 군용으로 사용한다. 정상 작동온도 범위는 $60{\sim}120℃$, 수명은 약 4,000시간, 효율은 약 60% 정도이다. [45]

고분자 전해질 연료전지(PEMFC; Polymer Electrolyte Membrane Fuel Cell)

PEMFC는 기술의 성숙도가 높으며, 자동차산업용으로 큰 의미가 있다. 작동온도가 평균 $80\,^{\circ}\mathrm{C}$ 인 저온 연료전지로서, 기본적으로 산소와 수소로 작동한다. 이산화물을 함유한, 수소가 풍부한 개질 기체와 공기 중의 산소를 이용하여 작동시킬 수도 있다.

(1) PEM 연료전지의 구성(그림 4-5, 4-6 참조)

PEM 연료전지를 구성하는 핵심 요소는 PEM, 백금 촉매층, 확산층, 양극판(兩極板 : bipolar plate) 그리고 이들 다수의 셀을 직렬로 결합한 스택(stack)이다.

① PEM(Proton Exchange Membrane ; 양성자 교환막, 이온 교환막, 고분자 전해질 박막)

PEM은 수소 연료전지의 핵심으로서 수소 양성자 또는 수소이온(H^+)은 흡수하고, 전자 (e^-)는 표면에 달라붙어 있게 하는 고분자 고체 전해질(electrolyte)의 얇은 막(foil)이다.

PEM은 애노드 - 촉매와 캐소드 - 촉매의 담체이며, 기체 반응물(수소 및 산소)의 분리기 기능을 담당한다. 전도성이 아주 우수하고 두께가 약 $100 \sim 250\mu\mathrm{m}$로 매우 얇아서 높은 비출력을 달성할 수 있다. 예를 들면 듀폰사는 이를 나피온(Nafion)이라는 제품명으로 공급하고 있다.

PEM 재료의 정확한 성분 구성은 특허 사안이다. 그러나 화학적으로 퍼플루오로 슬폰산 (perfluoro - sulphone - acid)/폴리 - 테트라 - 플루오르 - 에틸렌(PTFE; Poly - tetra - fluor - ethylene)의 공중합체산(共重合體酸 : copolymer acid) - 이를 슬폰화 플르오로 에틸렌이라고도 함 - 을 기반으로 하며, 사슬형의 PTFE - 분자들에 황산 그룹들이 달라붙어 있다는 사실은 널리 알려져 있다. 수소이온(H^+)은 SO_4그룹을 거쳐 중합체 사슬(polymer chain) 을 따라서 PEM을 통과할 수 있다.

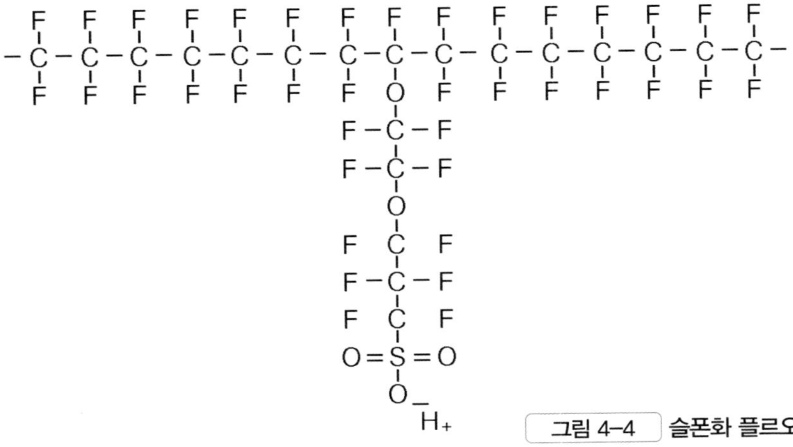

그림 4-4 | 슬폰화 플르오로에틸렌의 구조(예)

② 백금 촉매층

　PEM의 양면에는 두께 약 $5\mu m$로 백금을 증착, 도포(coating)하였다. 이 얇은 백금 촉매층은 PEM의 표면에서 수소가 양성자(H^+)와 전자(e^-)로 쉽게 분리되도록 촉진한다. 개발 초기에는 백금을 $28mg/cm^2$ 정도 사용하였으나 현재는 $0.2mg/cm^2$ 정도를 사용하면서도 성능은 훨씬 더 우수하다.

③ 양극판(兩極板 : bipolar plate)

　PEM 양쪽의 백금 촉매층 위에 도포된 탄소종이(carbon paper) 층이다. 연료극(-극)의 표면 전체를 인접한 셀의 공기극(+극)과 연결하므로, 두 극의 성격을 가진 극판이라는 뜻으로 양극판(兩極板 : bipolar plate)이라고 한다. (+)극을 의미하는 양극판(陽極板; positive plate)이 아니다. 양극판(兩極板)은 동시에 연료극(-극)에 수소를, 공기극(+극)에 산소를 공급하는 수단이다. 연료극과 공기극은 전기적으로는 양호하게 연결되어야 하지만, 반응가스인 수소와 산소가 서로 직접 접촉해서는 절대로 안 된다.

　양극판(兩極板)은 인접한 셀을 직렬로 연결하는 내부 연결자(inter-connector)의 역할도 한다. 그리고 이 판(또는 셀의 인터커넥터)에는 전극의 전체 표면에 가스를 공급하기 위한 통로가 가공되어 있다. 이를 유로(流路)라고 한다. 유로의 표면을 확대해 보면, 물결 모양으로 울퉁불퉁하게 가공되어 있어서 수소나 산소가 이 미세한 통로를 통과하여 PEM의 표면에 쉽게 도달할 수 있다.

④ 셀(fuel cell)과 스택(stack)

　PEM 연료전지의 셀(cell) 즉, 단전지(單電池)는 전체적으로 볼 때, '양극판 → 가스 확산층 → 촉매층 → PEM → 촉매층 → 가스 확산층 → 양극판'의 순으로 즉, PEM을 중심으로 구성요소들이 대칭으로 배열된다. 이 셀을 여러 개 직렬로 연결하여 일체로 만든 것을 스택(stack)이라고 한다.

　실제 전체 반응은 박막(전해질), 전극(촉매) 그리고 가스가 함께 만나는 영역에서 발생한다. 이 조합을 박막-전극-어셈블

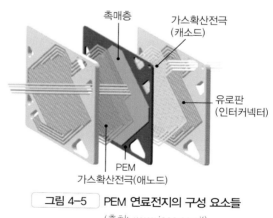

그림 4-5 ｜ PEM 연료전지의 구성 요소들

(출처: www.ieee.ca.gif)

리(MEA: Membrane-Electrode-Assembly)라고 한다. 따라서 MEA는 연료전지의 핵심 기능요소이다. MEA를 가스확산층-MEA-가스확산층 순서로 배열하고, 이들을 압착한 후에, 그 양쪽에 가스 유동 채널이 가공된 양극판(bipolar plate)을 추가로 밀착시킨다. 이 조합이 단위 전지(cell) 즉, 단전지(單電池)이다.

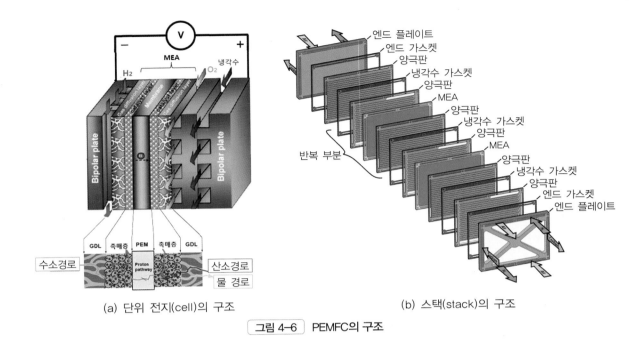

(a) 단위 전지(cell)의 구조   (b) 스택(stack)의 구조

그림 4-6   PEMFC의 구조

(2) PEM 연료전지의 작동 원리

수소원자는 연료전지의 애노드(-극)에서 촉매에 의해 쉽게 수소이온(H^+)과 전자(e^-)로 분리된다. PEM(이온 교환막)은 수소이온(H^+)만을 통과시켜 캐소드(+극)로 보내고 전자(e^-)는 통과시키지 않는다. 따라서 전자는 애노드(-극) 측의 양극판(兩極板)에 달라붙어 애노드(-극) 측을 전자과잉 상태로 만든다. 캐소드(+극) 측의 촉매는 공기 중에 포함된 산소분자가 전자를 쉽게 흡수하도록 들뜨게(勵起 : excitation) 하는 작용을 한다.

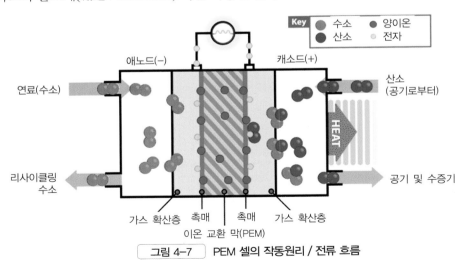

그림 4-7   PEM 셀의 작동원리 / 전류 흐름

이제 이들 두 양극판(兩極板)에 전기부하를 연결하면, 전자는 좌측의 애노드(−극) 양극판(兩極板)으로부터 전기부하를 거쳐 우측의 캐소드(+극) 양극판(兩極板)으로 흐른다. → **기전력의 생성.** ("수소원자에서 그리고 산소원자에서의 전자에 대한 에너지 준위의 에너지 차이에 의해 구동된다."라고도 말한다.) (pp.209 그림 4 - 10 참조)

캐소드(+극) 극판에 도달한 전자(e^-)들은 산소를 음(−)으로 대전시킨다.(산소원자 1개당 전자 2개씩 ; O^{--}). 이제 음(−)으로 대전된 산소(O^{--})는 수소이온(H^+)들을 PEM으로부터 흡수, 결합하여 물(H_2O)이 된다. 이 반응은 전자 이송(전류의 흐름)이 가능한 한 계속된다.

부분 반응은 마찬가지로 애노드(−극, 연료극)에서 $H_2 \rightarrow 4H^+ + 4e^-$ 그리고 캐소드(+극, 공기극)에서 $O_2 + 4e^- + 4H^+ \rightarrow 2H_2O$ 이다. (식 4 - 1a, - 1b, - 1c 참조). 그림 4 - 7은 수소의 공급과 생성된 물을 방출하는 PEMFC의 작동원리를 나타내고 있다.

가스 확산층(GDL; Gas Diffusion Layer)은 반응물(수소와 산소)이 PEM(전해질 박막)의 표면 전체에 걸쳐 확산되도록 하며, PEM이 항상 젖은 상태를 유지하도록 한다(습윤 보장). 전극(애노드와 캐소드)은 전자의 흐름을 보장한다. 촉매는 화학반응(산화/환원 반응)을 담당한다.

생성되는 셀 전압은 이론적으로 표준상태(25℃, 1bar)에서 약 1.23V이며, 부산물로 물이 생성된다. 이 값은 표준 전극전위를 근거로 계산한 값이다 (pp.217 발열량 기준 기전력 참조). 이론 셀 전압은 효율 100%에 해당한다.

그러나 실제 개회로 전압은 약 0.5～1.0V 정도이다. 손실에는 예를 들어 일차적으로 수소와 산소의 순도가 영향을 미친다. 다만 산소 대신 공기를 사용할 경우, 효율에 미치는 영향은 그리 크지 않으며, 실제로 이 영향은 무시한다. 이 외에도 내부저항, 가스 확산손실, 작동온도, 압력, 수소와 산소의 이론 공급비 및 전류밀도의 영향을 크게 받는다. 전지의 실제 전압은 연료전지가 출력전류로 부하되면, 곧바로 감소한다. 그림 4 - 9는 전기화학적 변환에서 이러한 상관관계의 일반적인 결과를 정성적으로 나타내고 있다.

좁은 셀 피치
(얇은 분리막 적용)

내장된 셀 전압 감시회로

흡기와 배기 시스템

그림 4-8 PEM 연료전지 스택 어셈블리(Nissan; 90kW)

각각의 개별 전지(cell)가 생성하는 전압은 설명
한 바와 같이 아주 낮으므로, 수 100V 수준의 전
압을 얻기 위해서는 수백 개의 전지를 전기적으로
직렬 연결해야 한다. 직렬 연결된 전지의 수에 따
라 스택(stack)의 총 전압이 결정된다. 예를 들어,
40~450개의 전지를 직렬로 결선하면, 약 40~
450V의 전압을 얻을 수 있다. 큰 전류를 확보하기
위해서는 MEA(박막 – 전극 어셈블리)의 반응 표
면적이 넓어야 한다. MEA의 표면적에 비례하여

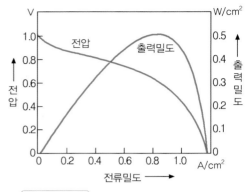

그림 4-9 PEM 연료전지의 전기적 특성값

전류가 결정된다. (그림 4 – 6b 참조). 승용 자동차용으로는 최대 약 500A까지의 전류를 얻도록
설계한다. 승용 자동차용 연료전지의 출력은 대부분 5~100kW 범위이며, 최대 약 120kW이다.
현재의 기술 수준에서 PEM 연료전지의 효율은 100kW 정도의 시스템에서 약 50% 정도이며,
출력밀도는 스택(stack) 1ℓ당 1500~2000W 범위이다.

PEMFC는 작동온도(평균 80℃)가 낮으므로 자동차 구동 동력원으로 사용하기에 아주 안성
맞춤이다. PEMFC의 냉시동 거동 또한 자동차용으로 유리하다. 결론은, PEMFC는 전기자동차
용 발전기로서 아주 적합한 특성을 갖추고 있다.

(3) PEM(이온 교환막, 양성자 교환막 또는 고분자 전해질 박막)의 장점

① PEM은 저온(20℃부터)에서 동작하므로 PEM 연료전지를 빠르게 시동시킬 수 있다.
② 박막 – 전극 어셈블리(MEA)가 얇아서 연료전지를 조밀하게 만들 수 있다.
③ 부식성 액체가 생성되지 않는다. (연료로 순수 수소를 사용할 경우)
④ 전지(cell)를 전후, 좌우, 상하 어느 방향으로 놓아도 작동한다.

(4) 저온 이온 교환막(LT-PEM)과 고온 이온 교환막(HT-PEM)의 차이점

저온 이온 교환막(이하 LT – PEM)에서는 수소이온(H^+)이 일시적으로 물분자(H_2O)와 결합
하여 PEM을 통과한다. 즉, 물분자가 이온 반송자(ion carrier)가 된다.

고온 이온 교환막(이하 HT – PEM)에서는 수소이온(H^+)이 일시적으로 인산 분자(PO_4)와
결합하여 PEM을 통과한다. 즉, 인산 분자가 이온 반송자가 된다.

따라서 LT – PEM(저온 이온 교환막)에서는 가습이 필수적이며, PEM 안에 액상의 물이 존재
한다. 반면에 HT – PEM(고온 이온 교환막)에서는 가습할 필요가 없으며, 반응과정에서 생성된
열을 간단한 방법으로 제거할 수 있다.

최근에는 분리막과 MEA(Membrane Electrode, Assembly)를 개선하여 발전 성능을 높여서

개발 초기와 비교해 전력밀도를 크게 높이고(예; 3배), 스택의 구조를 단순화하고, 백금 사용량 (1/10), 부품 편차, 스택 비용을 크게 줄인 연료전지 시스템들이 발표되고 있다.

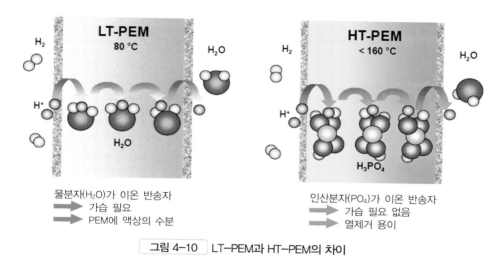

물분자(H₂O)가 이온 반송자
➡ 가습 필요
➡ PEM에 액상의 수분

인산분자(PO₄)가 이온 반송자
➡ 가습 필요 없음
➡ 열제거 용이

그림 4-10   LT-PEM과 HT-PEM의 차이

(5) 범용 연료전지 시스템(예 : BALLARD HD-6)

다수의 기업이 조합(consortium)형태로 연료전지의 개발에 참여하고 있다. 예를 들면, Ballard power systems(Mercedes Benz, Ford, Honda, Mazda), GM Hydrogenics, United Technologies Fuel cells(Hyundai, Nissan, Renault), Toyota 등은 잘 알려진 회사들이다.

예를 들어 BALLARD사의 수소 연료전지 시스템 HD6의 사양은 아래와 같으며, 수명은 약 200,000시간에 이른다.

표 4 - 2   Ballard FC-Velocity HD6의 기술 사양 (출처 : Ballard)

	총 출력	75kW	150kW
	DC 전압	230-365V	465-730V
	전류	300A	300A
	무게(dry)	350kgf	404kgf
	크기(LxWxH)	1530×871×495mm	
	연료	수소 가스	상용급(SAE J2719)
	산화제	공기	
	냉각제	50/50, 순수 에틸렌글리콜/물	
작동 조건	냉각수 온도(정격)	63℃	
	연료 압력(최소)	16bar	
	공기 압력(정격)	1.2bar	
기타 사양	제어 인터페이스	CAN bus	
	격납 기준	IP53	

그림 4-11은 Intelligent Energy사의 10kW PEMFC이다. PSA Peugeot Citroën의 소형 승용자동차에 공급된 연료전지 엔진이다. 스택과 주변장치(BoP; Balance of Plant)들이 확인하기 쉽게 노출되어 있다. 냉각 공기용 송풍기는 좌측에, 반응 공기용 송풍기는 우측에 설치되어 있다. 반응용 공기는 펌프에 의해 여과기와 가습기를 통과한 후에 연료전지 스택으로 압입되는 형식이다.

그림 4-11 Intelligent Energy사의 연료전지 엔진
(출처 : Intelligent Energy, UK)

4 ▎ 수소 연료전지 자동차용 수소의 생산

수소는 생산방법에 따라 자동차 외부에서 친환경 전기(수력, 풍력, 태양광 등을 이용하여 생산한 전기)로 물을 전기분해하여 생산하는 녹색(green) 수소, 그리고 천연가스나 석유가스와 같은 화석연료를 개질기에서 고온·고압으로 처리하여 생산한 개질(改質)수소 및 제철소나 석유화학공장 등의 공정에서 '원하지 않아도' 부가적으로 생산되는 부생(副生)수소를 통칭하는 회색(gray) 수소로 분류할 수 있다.

고압 탱크에 수소를 저장하는 대신에 자동차에서 필요한 만큼의 수소를 직접 생산할 수도 있다. 수소 기반시설(infra) 관련 내용은 뒤에서 다시 설명할 것이다. 여기서는 자동차에서 개질을 통해 수소를 생산하는 방법을 간략하게 설명한다.

(1) 전기분해

전해질($NaOH$, H_2SO_4, KNO_3 등)이 첨가된 물을 전기분해하여 수소를 생산할 수 있다. 이를 위해서는 2개의 전극을 물에 담그고 1.229V 이상의 직류를 인가해야 한다. 그러면 ($-$)전극에서는 수소(H_2), ($+$)전극에서는 산소(O_2)가 생성된다. 이때 수소 : 산소의 생성비율은 체적비로 "2 : 1"이다. 물의 전기분해 반응식은 아래와 같다.

- ($-$)극 : $4(H_2O) + 4e^- \rightarrow 2(H_2) + 4(OH^-)$ ·············· (4-4a)

- ($+$)극 : $2(H_2O) \rightarrow O_2 + 4H^+ + 4e^-$ ··························· (4-4b)

- **전체 반응** : $2(H_2O) \rightarrow 2H_2 + O_2$ ······················· (4-4c)

그러나 전기분해에 화력발전소로부터 공급되는 '회로망 전력'을 사용할 경우, 전체적인 환경오염문제를 발전소로 이전하는 결과가 될 뿐이다. 예를 들어 석탄 화력발전소에서 폐열을 별도로 이용하지 않고 전기만을 생산한다면, 지구환경 측면에서 CO_2 총배출량은 개선되지 않는다.

(2) 메탄올 개질(改質 : reforming) – 자동차에서 수소를 생산하는 공정

액상의 메탄올(CH_3OH)을 염분이 전혀 들어있지 않은 물과 혼합하여 증발기에서 수 bar의 압력 상태에서 고온(약 $150\sim300℃$ 범위)으로 가열, 기화시킨다. 기화된 혼합기는 촉매연소기를 갖추고 있는 개질기(reformer)에서 수소(H_2), CO_2 및 CO로 분리된다. 계속되는 다음 공정에서 CO는 CO_2로 변환된다.

CO_2는 세정공정에서 분리하여 외부로 방출하고, 순수한 수소만을 연료전지에 공급한다. 외부로 방출되는 CO_2의 양은 아주 적다. 이처럼 기체 또는 액상의 연료로부터 수소를 얻는 방법을 개질(改質; reforming)이라고 한다. 메탄올을 개질하여 전기를 생산할 경우, 효율은 약 40% 정도이다.

그림 4‑12는 SerEnergy사 시제품으로 저온 PEM과 메탄올 개질기로 구성된 DMFC이다. 출력은 5kW이다.

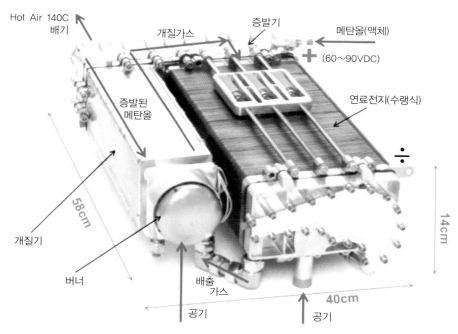

그림 4-12   저온 PEM과 메탄올 개질기로 구성된 SerEnergy사의 DMFC

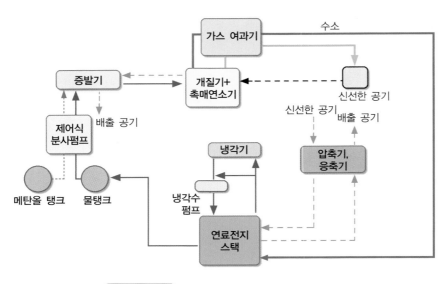

메탄올 개질기를 사용하는 연료전지 시스템의 구성

(3) 가솔린/경유의 개질

가솔린이나 경유를 개질하여 자동차 동력원이 아닌 전기부하(예 : 등화장치, 계기판 회로 등)에 필요한 전기 에너지만을 공급하는 방안도 연구되고 있다. 즉, 연료탱크에 주입된 가솔린/경유로 기존의 왕복피스톤 내연기관을 구동하면서, 동시에 그 일부를 개질하여 수소를 생산한 다음에, 그 수소로 연료전지를 작동시켜 전기를 생산하는 방식이다.

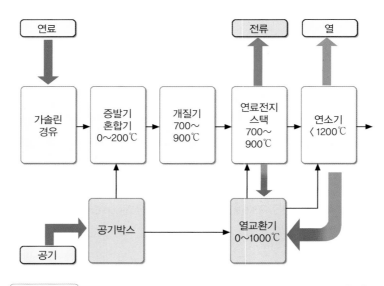

그림 4-14 가솔린/디젤 개질기를 사용하는 연료전지 시스템의 구성[46]

중/대형 승용자동차의 통상적인 전기부하는 약 4~5kW 정도이다. 그러나 앞으로 약 10kW까지 필요할 수도 있을 것으로 예상한다. 이에 필요한 전기 에너지를 기존의 기계식 발전기가 아닌 소형 연료전지를 일정한 수준의 낮은 부하로 연속 운전하여 생산하는 것이 더 효율적이라는 개념이다.(그림 4 - 14 참조)

5 자동차 동력원으로서 연료전지의 장단점

연료전지의 장점은 다음과 같다.

① 소음 수준이 낮다.

② 기존의 내연기관에 비해 효율이 높다. 특히 부분부하 효율이 높다.

③ 주행 현장에 유해물질을 전혀 배출하지 않는다. (아주 적게 배출한다)

④ 열 발생이 적다.

⑤ 가동 부품이 없다.

연료전지의 단점은 다음과 같다.

① 촉매 금속(예 : 백금)이 고가이다.

② 수소의 저장 및 충전장치가 복잡하고 가격이 비싸다.

순수 수소는 아세틸렌의 경우와 비슷하게 특수금속에 흡착시키거나, 또는 기체로 저장할 때는 초고압(35~90MPa) 탱크에, 액상으로 저장할 때는 초저온(−253℃) 탱크에 저장해야 한다. 흡착시키는 방법을 사용할 때는 아주 큰 저장 공간이 필요하므로 자동차의 적재량 및 적재 공간이 크게 제한된다. 그러나 기체수소를 액체수소(LH_2)로 전환하는 데는 수소가 가진 에너지의 약 25~30% 정도를 소비한다는 점에 유념해야 한다.

③ 이동식은 정치식(定置式)에 비교해 수명이 짧다.

④ 비출력[kW/kg]이 작다. 출력에 비교해 무게가 무겁다.

⑤ 출력밀도[kW/l]가 낮다. 큰 설치공간이 필요하다.

⑥ 전부하 효율이 불량하다.

⑦ 겨울철(특히 혹한) 친화성이 제한적이다. PEMFC의 최저 작동온도는 20℃이다.

따라서 혹한의 계절에는 정상작동온도에 도달하기까지 시간이 걸린다.

연료전지의 효율과 수명

연료전지의 효율을 이해하기 위해서는 다음의 몇 가지 용어들에 대한 기본 개념을 이해하고 있어야 한다.

(1) 패러데이 상수(Faraday Constant ; F). (※ [C] : 쿨롱, coulomb)

물질 1몰(mole)의 전자가 가진 전하량으로서, 1[mol]의 전자 수(아보가드로수 $N_a = 6.022 \times 10^{23}$)에 전자 1개의 전하량($e = 1.602 \times 10^{-19}$[C])을 곱하여 구한다.

$$F = N_a \cdot e = 6.02214 \times 10^{23} \times 1.60217 \times 10^{-19} = 96,485[\mathrm{C/mol}] \cdots (4-5)$$

(2) 깁스(Gibbs)의 자유에너지(g_f)

압력이나 부피의 변화에 의한 일은 무시하고, 외부에 일한 에너지.

연료전지에서는 외부로 출력된 전기 에너지(또는 전하량)

(3) 엔탈피(enthalpy ; h)

깁스(Gibbs)의 자유에너지(g_f)에 엔트로피와 관련된 에너지를 합한 값

(4) 1 [mol]당 깁스의 생성 자유에너지($\Delta \overline{g_f}$)

생성물질의 깁스 자유에너지에서 반응물질의 깁스 생성 자유에너지를 뺀 값

$$\Delta \overline{g_f} = 생성물질의 \ \overline{g_f} - 반응물질의 \ \overline{g_f} \quad \cdots\cdots\cdots\cdots\cdots (4-6)$$

물(H_2O)의 경우, 생성물질은 1[mol]의 H_2O 이고, 반응물질은 1[mol]의 수소(H_2)와 1/2[mol]의 산소(O)이므로, 깁스의 생성 자유에너지는 다음과 같다.

$$\Delta \overline{g_f} = (\overline{g_f})_{H_2O} - (\overline{g_f})_{H_2} - \frac{1}{2}(\overline{g_f})_{O_2}$$

(5) 표준상태(STP : Standard Temperature & Pressure)

온도 25℃, 압력 1bar의 상태 즉, $T = 298.15 \ \mathrm{K} \ (25℃), \ P = 0.1 \, \mathrm{MPa} (= 1\mathrm{bar})$

(6) 엑서지(exergy)

부피와 압력의 변화를 포함해서, 외부에 일을 한 모든 에너지의 합

(7) 수소 연료전지의 기전력(emf) 또는 개회로 전압(OCV)

전기적 일은 전하(e)와 전압(U)의 곱으로 표시할 수 있다.

$$전기적\ 일 = 전하 \times 전압 = e \cdot U \quad \cdots\cdots\cdots\cdots\cdots\cdots (4-7)$$

수소 1분자(H_2)에서 이동하는 전자는 2개이므로 총 전하는 "$-2N_a \cdot e$"가 된다. ($-$)부호는 시스템으로부터 전하를 방출함을 의미한다. 따라서 패러데이 상수(F)를 이용하면, 다음과 같이 표현할 수 있다.

$$-2N_a \cdot e = -2F$$

시스템이 가역적이라면 또는 손실이 전혀 발생하지 않는다면, 외부로 행해진 전기적 일은 방출된 깁스 생성 자유에너지($\Delta\overline{g_f}$)와 같다. 이를 식으로 표현하면

$$\Delta\overline{g_{f.H_2}} = -2F \cdot U$$

$$\therefore U = -\frac{\Delta\overline{g_{f.H_2}}}{2F} \quad\longrightarrow\quad U = -\frac{\Delta\overline{g_f}}{zF}\ (일반식) \quad\cdots\cdots\cdots\cdots (4-8)$$

$$여기서, \quad U : 전압\ [V]$$
$$\Delta\overline{g_f} : 생성\ 자유에너지\ [J/mol]$$
$$F : 패러데이\ 상수(96,485\ C/mol)$$
$$z : 연료\ 1분자당\ 이동하는\ 전자\ 수\ [1/mol]$$

위 식을 이용하여 수소 연료전지의 기전력(emf) 또는 가역 개회로 전압(OCV : Open Circuit Voltage)을 구할 수 있다.

○ 예 1

200℃에서 동작하는 수소 연료전지의 깁스 생성 자유에너지는 $\Delta\overline{g_f} = -220[kJ/mol]$이므로, 출력전압은 다음과 같다.

$$U_{H_2\,cell} = \frac{\Delta\overline{g_f}}{zF} = \frac{220000}{2 \times 96485} = 1.14[V]$$

○ 참고 : 생성 엔탈피와 패러데이 상수로부터 전압단위 유도하기

1[C]=1[As], 1[J]=1[Nm]=1[Ws]=1[VAs], (J/mol)/(C/mol) = [J/C] = [VAs/As] = [V]

○ 예 2

직접 메탄올 연료전지(DMFC)의 연료극에서 메탄올의 반응은 다음과 같다.

$CH_3OH + H_2O \rightarrow 6H^+ + 6e^- + CO_2$이다. 메탄올 1분자당 6개의 전하가 이동하며, 1[mol]당 깁스의 자유에너지 변화는 −698.2[kJ/kmol]이다. 따라서 개회로 전압(OCV)은 다음과 같다.

$$U_{DMFC} = \frac{\Delta\overline{g_f}}{zF} = \frac{698.2 \times 10^3}{6 \times 96485} = 1.21[V]$$

DM 연료전지의 개회로 전압과 PEM 연료전지의 개회로 전압은 서로 큰 차이가 없다. 그리고 이들은 가역적이고 이상적인 경우이다. 그러나 실제로는 비가역적이며 손실이 많이 발생하므로 이론값보다는 훨씬 낮다는 사실을 항상 유념해야 한다.

(8) 연료전지의 효율 (pp.218 그림 4-15 참조)

연료전지의 효율을 정의하는 일은 상당히 복잡하다. 그리고 연료전지회사와 자동차회사들이 주장하는 효율을 액면 그대로 받아들여서도 안 된다. 또 연료전지가 기존의 내연기관보다 항상 효율이 좋은 것만도 아니라는 사실을 기억하고 있어야 한다.

연료전지의 효율을 다음과 같이 정의하는 것은 좋은 방법이 아니며, 거의 사용하지도 않는다.

$$효율 = \frac{발생된 \; 전기에너지}{깁스 \; 생성 \; 자유에너지의 \; 변화량}$$

어떠한 조건을 사용해도 위 식에 의한 효율의 한계는 항상 100%가 되기 때문이다.

연료전지는 연료의 산화 즉, 연소로 발생하는 전기 에너지를 사용하므로, 생성된 전기 에너지와 연료의 발열량(정확한 표현은 생성 엔탈피)을 비교하는 것이 합리적이다. 생성 엔탈피($\Delta \overline{h_f}$)도 깁스 자유에너지와 마찬가지로 에너지가 방출될 때는 ($-$)부호를 붙인다.

일반적으로 연료를 사용하는 다른 시스템(예 : 열기관)과의 상대비교를 위해 연료전지의 효율을 다음과 같이 정의한다.

$$연료전지의 \; 효율 = \frac{1mol의 \; 연료가 \; 생성하는 \; 전기에너지}{생성 \; 엔탈피 \; (-\Delta \overline{h_f})} \; \cdots\cdots (4-9)$$

그러나 생성 엔탈피($\Delta \overline{h_f}$) 즉, 발열량에는 고발열량과 저발열량이 있다. 수소 연료전지에서 생성되는 물이 기체일 때(저발열량)와 액체일 때(고발열량)를 구분해야 한다. 액체일 때는 기체 일 때와 비교해 몰(mole)당 물의 증발 엔탈피에 해당하는 44.01 [kJ/mol]만큼 발열량이 더 크다.

내연기관의 효율은 저발열량을 기준으로 구한다. 그리고 연료전지에서도 반응 후의 물은 수증기 상태로 스택을 빠져나간다. 따라서 저발열량을 기준으로 효율을 구하는 것이 더 합리적일 것이다.

이용 가능한 전기 에너지 최댓값은 깁스 자유에너지의 변화량($\Delta \overline{g_f}$)과 같으므로 다음 식이 성립한다.

$$연료전지에서 \; 가능한 \; 최대효율 = \frac{\Delta \overline{g_f}}{\Delta \overline{h_f}} \; \cdots\cdots\cdots\cdots\cdots\cdots\cdots\cdots (4-10)$$

최대효율의 한계는 열역학적 효율이다. 실제로 수소 연료전지의 효율은 저온영역에서 높지만, 전압손실은 고온에서 항상 더 적다. 따라서 수소 연료전지의 전압은 고온에서 더 높다. 그리고 고온 연료전지에서 배출되는 열은 저온 연료전지에서 배출되는 열보다 효용 가치가 더 크다.

(9) 연료전지의 기전력과 효율

수소 연료전지에서 생성된 모든 에너지인 생성 엔탈피($\Delta \overline{h_f}$) 또는 발열량이 모두 전기 에너지로 변환되었다고 가정하면, 기전력은 다음 식으로 표시된다.

$$U_{H_2cell} = \frac{-\Delta \overline{h_f}}{2F}$$ ·· (4 – 11)

여기서　U_{H_2cell} : 연료전지의 기전력[V]　　　$\Delta \overline{h_f}$: 생성 엔탈피[J/mol]

F : 패러데이 상수 (96845 C/mol)

위 식에 따라 셀 전압을 구하면 고발열량 기준으로는 1.48V, 저발열량 기준으로는 1.25V가 된다. 이는 셀 효율 100%일 때의 값이다.

식(4-11)을 이용하여 구한 값으로 실제 셀 전압($U_{cell.actual}$)을 나누면 셀 효율(η_{cell})이 된다.

$$\eta_{cell} = \frac{U_{cell.actual}}{1.48} \times 100[\%] \text{ (고발열량 기준)}$$ ····················· (4 – 12a)

$$\eta_{cell} = \frac{U_{cell.actual}}{1.25} \times 100[\%] \text{ (저발열량 기준)}$$ ····················· (4 – 12b)

이 외에도 연료전지에서는 다음과 같은 손실로 인해 전압강하가 발생한다.
① 내부 저항(internal resistance)
② 활성화 손실(activation losses)
　　전극의 표면에서 반응이 늦게 일어나기 때문에 발생하는 손실
③ 연료 교차 손실(fuel crossover)
　　연료가 이온화되지 않은 상태로 전해질을 통과할 때 발생하는 손실
④ 내부 전류(internal currents)
　　전해질(PEM)을 통한 전자의 이동에 의한 손실
⑤ 옴 저항 손실(ohmic losses)
　　전해질(PEM)의 이온 통과에 대한 저항, 각 전극/연결부의 저항에 의한 손실
⑥ 물질 수송 손실(mass transport losses) 또는 농도감소(concentration losses)
　　반응물질이 전극표면에 충분히 전달되지 못해 발생하는 손실

연료전지에 공급된 연료가 모두 반응에 참여하는 것은 아니다. (예 : 교차 손실 및 수송 손실) 연료의 이용률(μ_f)은 다음과 같이 정의할 수 있다.

$$\mu_f = \frac{cell\text{에서 반응한 연료의 질량}}{cell\text{로 공급된 연료의 질량}} \quad \cdots\cdots\cdots\cdots\cdots\cdots\cdots\cdots\cdots\cdots (4-13)$$

μ_f를 고려하면 연료전지의 실제 효율은 다음과 같이 된다.

$$\eta_{cell} = \mu_f \times \frac{U_{cell.actual}}{1.48} \times 100[\%] \ (\text{고발열량 기준}) \quad \cdots\cdots\cdots\cdots\cdots (4-14a)$$

$$\eta_{cell} = \mu_f \times \frac{U_{cell.actual}}{1.25} \times 100[\%] \ (\text{저발열량 기준}) \quad \cdots\cdots\cdots\cdots\cdots (4-14b)$$

일반적으로 μ_f의 값으로는 0.95를 사용한다. 단전지 전압을 측정하여 위의 식에 대입하면, 연료전지의 실제 효율을 개략적으로 구할 수 있다.

그러나 이 외에도 공기 압축기나 수소 재순환 송풍기 그리고 열관리 시스템에서 소비하는 에너지를 감안하면, 실제효율은 크게 낮아진다.

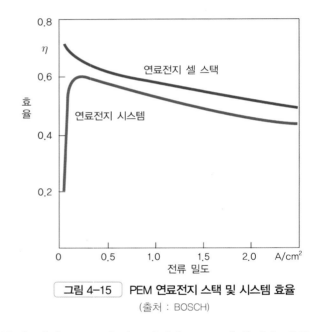

그림 4-15   PEM 연료전지 스택 및 시스템 효율
(출처 : BOSCH)

(10) 연료전지의 수명 판정 기준

시간당 열화 백분율(percentage deterioration per hour) 즉, 전압이 점진적으로 감소되는 비율[mV/1000h]로 표시한다. 공식적인 연료전지 수명은 예를 들면, 정격 10kW인 연료전지가 10kW의 출력을 생성할 수 없을 때까지이다.

4-2

자동차용 연료전지 시스템
complete fuel cell system in Automobile

연료전지 기반 전기자동차에서는 필요한 전기 에너지를 연료(주로 수소)와 대기 중의 공기 (산소)를 이용하여 직접 생산한다. 그림 4 – 16은 연료전지 기반 전기자동차의 구성을 간략하게 나타낸 것이다. 연료전지는 고압탱크로부터 공급되는 수소와 공기 중의 산소를 이용하여 전기 에너지를 생성한다. 구동 전동기에는 전력전자(power electronics)를 통해 전류가 공급되고, 전동기의 토크는 기어를 거쳐 차량을 구동한다. 여분의 전기 에너지와 회생제동 에너지를 저장하기 위해서 상대적으로 용량이 작은 축전지를 갖추고 있다.

순수 축전지 전기자동차(BEV)와 비교할 때, 액체 또는 기체 형태의 연료를 사용하는 자동차에서 에너지 저장량은 연료탱크의 크기에 의해서만 제한되며, 무엇보다도 주행거리가 길다는 장점이 있다. 또한, 급유(충전) 소요시간이 수 분 이내로 아주 짧다.

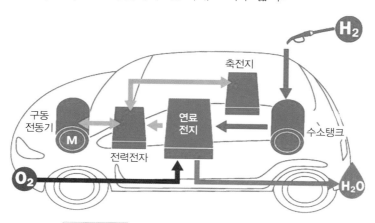

그림 4-16 | 연료전지 기반 전기자동차의 구성

내연기관 자동차와 비교하여 연료전지 자동차는 카르노 사이클의 제한을 받지 않는다는 장점이 있다. 연료전지의 효율은 아주 높아서 거의 60% 수준에 도달할 수 있다. 특히 부분부하 운전 영역에서는 열기관과는 분명한 차이가 있다. 예를 들어 가솔린기관의 부분부하 영역에서의 열

효율은 20% 미만이 대부분이다. 그림 4 - 17은 연료전지 시스템과 내연기관의 열효율을 개략적으로 비교한 것이다. 연료전지의 효율은 시내 주행에 충분한, 저출력 영역에서 내연기관보다 효율이 거의 2배나 높음을 알 수 있다.

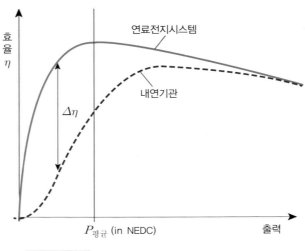

그림 4-17 연료전지 시스템과 내연기관의 효율 비교

연료전지 시스템은 레인지 익스텐더(RE: Range Extender) 방식의 전기자동차(REEV)와 순수 BEV와 비교하여 에너지를 직접 변환한다는 이점이 있다. 예를 들어, 직렬 하이브리드(HEV)와 REEV의 경우, 에너지가 여러 번 변환되며 변환과정마다 손실이 발생하여 효율이 크게 낮아진다.

1 연료전지를 이용하는 구동계 (Drivetrain with fuel cell)

앞에서 설명한 바와 같이 연료전지는 비교적 간단한 에너지 변환기로서, 연료의 화학적 에너지를 전기 에너지로 직접 변환시킨다. 그러나 완벽한 구동계를 구성하기 위해서는 에너지 변환기 외에 다른 구성요소들이 필요하다. 가장 유망한 연료전지인 PEM 연료전지를 기반으로 하는 구동계의 구조를 예를 들어 설명할 것이다.

자동차에서 연료전지 시스템을 구동하여 전기를 생산하기 위해서는 연료전지 스택 외에도 연료 공급 시스템, 산화제(공기) 공급 시스템, 열관리 시스템(물 관리/냉각/가열/가습 등) 그리고 제어유닛 등을 갖추어야 한다.

그림 4 - 18은 현대자동차 연료전지 자동차 NEXO(2020)의 연료전지 엔진이다. 필요한 주변장치(BOP : Balance of Plant)들이 연료전지 스택을 감싸고 있다.

그림 4-18 현대 NEXO 연료전지 엔진(2020)

그림 4 - 19는 자동차 연료전지 시스템의 주요 장치들의 구성을 개략적으로 나타내고 있다. 박막 - 전극 - 어셈블리(MEA)와 양극판를 포함한 연료전지 스택 외에도, 고압탱크와 감압밸브 및 이젝터(ejector)를 포함한 수소(연료) 공급장치, 공기압축기를 포함한 공기(산화제) 공급장치 그리고 방열기와 물펌프를 포함한 냉각장치가 주요 장치임을 확인할 수 있다.

생성된 전기는 다른 유형의 전기자동차에서와 마찬가지로 전력전자(power electronics)를 거쳐서 구동 전동기와 구동 축전지로 공급된다.

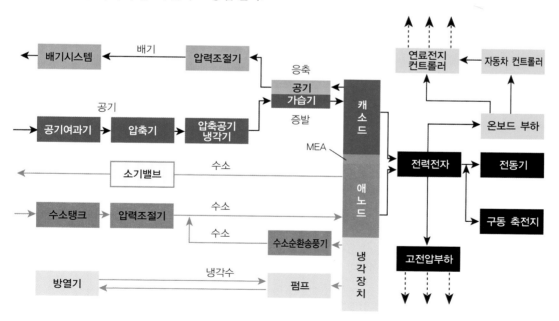

그림 4-19　시스템 연료전지의 블록선도(예)

(1) 수소(연료) 공급(Hydrogen supply)-그림 4-19, 4-20 참조

수소의 공급은 수소 공급 밸브(유입 차단용), 전자제어 압력조절기(연료전지 스택의 수소압력 제어용; 1.15~1.45 bar), 수소 분사 이젝터(ejector), 수소 순환 송풍기, 레벨센서를 포함한 소기(purge)밸브, 배출밸브를 포함한 물분리기, 유입/유출 압력센서 및 수소 누설감지 센서로 구성된, 연료처리 시스템(FPS; Fuel Processing System)이 담당한다.

① 수소의 공급 및 분사

연료탱크에 고압(약 700bar)으로 저장된 수소기체는 감압밸브를 거쳐 약 10bar로 감압된 상태로 공급밸브를 통과한다. 이어서 수소기체는 압력조절기를 통과, 약 1.15~1.45 bar의 압력으로 계량유닛의 이젝터(ejector)를 통해 연료전지 스택의 애노드(- 극) 측에 분사된다.

계량유닛은 새로 유입되는 수소와 재순환되는 수소를 혼합하고, 전체 시스템의 출력을 조절하기 위해서 수소의 질량유량을 계량한다. 이 외에도 계량유닛은 애노드(- 극) 측에서 수소 부족 현상의 발생을 방지하는 기능을 수행한다. 계량유닛은 연료전지가 작동하는 동안, 이젝터를 통해 수소를 계속 분사하며, (-)극 측의 수소압력을 규정 최댓값 이하로 제어한다. 동시에 계량유닛은 (-)극 측과 (+)극 측 사이의 압력평형을 보장하고, 새로운 기체의 가습에 기여한다.

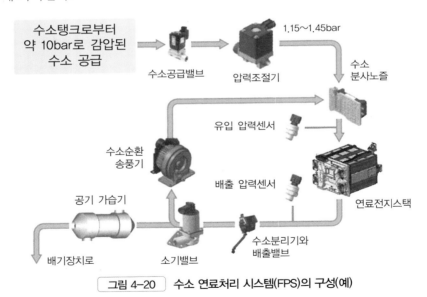

그림 4-20　수소 연료처리 시스템(FPS)의 구성(예)

② 수소의 재순환(recirculation)

제어유닛에 의해 전자적으로 제어되는 재순환 송풍기는 연료전지에 유입되었으나 소비하지 않은 잔류 수소를 모아서, 다시 연료전지로 보내는 일을 한다. 새로운 수소의 가습은 재순환되는 수소의 잔류수분에 의해 이루어진다. 재순환 송풍기에 의한 애노드에서의 재순환 유동(flow)은 질소와 수분의 축적을 줄이고 애노드의 습도를 조절할 수 있는, 여력을 제공한다. 더 나아가 이 유동(flow)이 애노드 전극에 수소가 균일하게 분포하도록 지원한다.

③ 애노드 측의 소기(purge) 과정

연료전지가 작동하는 동안에 약간의 질소분자(N_2)와 수분(H_2O)이 캐소드(+극) 측으로부터 전해질 박막(PEM)을 통과하여 애노드(- 극) 측으로 넘어와, 수소에 축적된다. 수소의 재순환에도 불구하고 애노드 측에 질소와 수분이 점점 증가하게 된다. 이와 같은 현상으로 수소가 오염되면, 연료전지의 효율이 감소한다. 따라서 수소의 오염도가 일정 수준에 도달하면, 질소와 수분을 지나치게 많이 함유한 오염된 가스는 소기(purge)밸브를 통해 대기로 방출한다.

④ 수분의 배출 - 배출 밸브를 갖춘 물 분리기

애노드의 영역에서 수증기로부터 응축된 물이 생성된다. 이 물은 전자제어식 배출 밸브를 통해 물 분리기에 모이게 된다. 규정값 이상으로 물이 차면, 배출 밸브가 열린다. 이 물은 공기 가습기로 또는 배기장치를 거쳐 대기로 방출된다.

⑤ 유입/유출 압력 감시

제어유닛은 유입/유출 센서로 연료전지 셀의 수소 유입 측과 배출 측의 압력차를 감시한다. 이는 전자제어 계량유닛과 능동적인 재순환 제어에 필요하다.

⑥ 수소 누설 감시

누설감지 센서가 수소의 누설을 감지하면, 제어유닛은 전체 시스템의 작동을 정지한다.

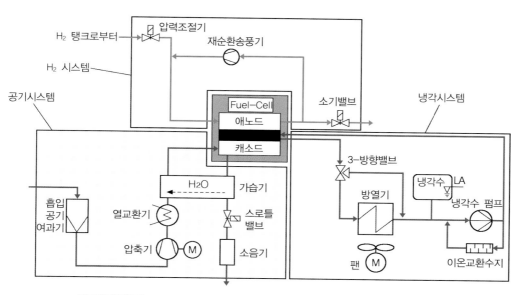

그림 4-21 연료전지 시스템(FPS/APS/TPS) 구성(출처 : Hyundai Motor)

(2) 공기의 공급과 가습(Air supply and humidification)

공기의 공급과 가습은 공기여과기, 공기질량센서(공기온도센서 포함), 공기 입구/출구의 공기 차단 밸브, 전동식 공기압축기(송풍기) 및 공기 가습기 등으로 구성된, 공기(산화제) 공급 시스템(APS; Air Processing System)이 담당한다.

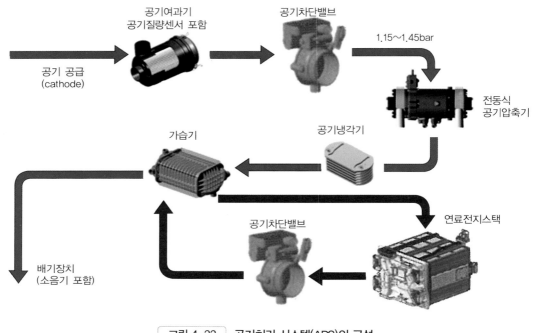

공기여과기
공기질량센서 포함

공기차단밸브

1.15~1.45bar

공기 공급
(cathode)

전동식
공기압축기

가습기

공기냉각기

연료전지스택

배기장치
(소음기 포함)

공기차단밸브

그림 4-22 공기처리 시스템(APS)의 구성

① 화학적 공기여과기(chemical air filter)

공기 여과기는 유입되는 공기로부터 미립자, 오염물질 및 화학물질(예 : SO_2) 등을 사전에 제거한다.

② 전동식 공기 압축기(주로 터보 압축기)

정숙하고 반응이 빠른 터보 압축기(송풍기)를 주로 사용하며, 공기(산소)를 연료전지 스택의 캐소드(+극) 측에 공급한다. 동력원으로는 고전압으로 작동하는 BLDC를 많이 사용한다.

여과기를 거친 순수한 공기를 차량의 요구 출력에 대응, 압축하여 연료전지에 공급한다. 공기 중의 산소 함량은 약 22%이다. 실제로는 대부분 이론 공기비($\lambda = 1$) 이상의 많은 공기를 공급한다. 공기를 $\lambda = 1$로 공급하는 경우에는 농도손실이 발생한다. 즉, 공기 입구에서는 문제가 없으나 공기 출구에 이르면 공기 중의 산소가 거의 소진되어 PEM에서의 산화 반응이 약화하기 때문이다. 캐소드 측의 공기압력(정격)은 약 1.15~1.45bar 범위로 애노드 측의 수소압력과 같다. 연료전지 시스템 출력 100kW 기준으로 약 100g/s($\approx$ 400kg/h) 정도의 공기를 공급해야 한다. 앞서 설명한 바와 같이 PEM 박막의 양쪽에 작용하는 공기압력과 수소압력은 서로 균형을 이루도록 제어해야 한다.

터보 압축기(공기 송풍기)는 대부분 방사형(radial)이며, 최대 출력과 최대회전속도는 시스템 사양에 따라 차이가 있다. (예: 연료전지 시스템 출력 100kW, 압축기 소비출력 약 13kW, 최대 회전속도 약 42,000min^{-1}). 공기공급 효율을 개선하기 위해서 배기계에 방사형 터빈(radial turbine, 팽창기)을 설치하여 배기를 촉진하는 시스템도 있다. 이는 배출되는 공기가 가지고 있는 에너지를 이용함으로써, 전력소비를 줄이고 주행거리를 연장하기 위함이다. 이러한 형태로 구성된 공기 공급장치는 내연기관의 전동식 터보 과급기와 그 모양이 비슷하다.

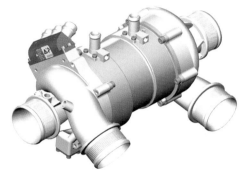
(Technische Universitaet Braunschweig)

(Pankl Turbosystems)

그림 4-23   연료전지 자동차용 전동식 터보 압축기(예)

③ 공기의 가습(air humidification)- 가습기

PEM 연료전지에서 물의 분배와 수질은 연료전지의 효율과 수명에 큰 영향을 미친다. 박막이 마르지 않아야 하고, 부수적으로 생성되는 물에 의해 가스 통로가 막히지 않아야 한다. 공기를 가습하는 데는 PEM 연료전지에서 생성되는 부산물인 증기상태의 물을 사용한다. 이 증기상태의 물이 캐소드(+극)를 거쳐 배출되는 온도는 약 80℃ 정도이다. 이 증기상태의 물을 공기 가습기(air humidifier)에 보내 공기의 습도를 약 98%(80~99%)로 높인다. 가습기는 다발 형태 또는 적층 형태의 분리막으로 구성되어 있으며, 분리막은 생성되는 증기상태의 물을 신선한 공기측으로 잘 전달하는 특성을 갖추고 있다.

다발형 공기가습기의 경우, 내부에는 수증기 투과성 박막 직물로 만들어진, 수백 개의 튜브형 섬유로 채워져 있다. 연료전지 스택으로부터 방출되는 수증기를 포함한 공기가 중공섬유 내부를 통과한다. 반면에 연료전지 스택으로 들어가는 공기는 중공섬유의 외부를 통과한다. 수증기는 박막 섬유를 통과하여 연료전지 스택으로 가는 공기에 흡수된다.

공기 중의 수분의 양은 온도, 고도 및 기후조건에 따라 크게 달라진다. 공기의 가습은 바이패스(bypass) 플랩으로 제어한다. 습도가 지나치게 높은 경우, 바이패스 플랩으로 공기가 가습기를 우회하게 한다.

④ 공기 입구/출구의 공기차단 밸브

캐소드 측 공기압력을 제어하며, 작동 정지 중 대기로부터 캐소드 입/출구의 기밀을 유지한다.

그림 4-24 다발형 가습기의 내부 구조

(3) 열관리(thermal management) – 냉각수 순환회로

열관리(또는 온도관리) 시스템(TMS; thermal management system)은 전동식 냉각수 펌프, 방열기(전동 냉각팬 포함), 탈 – 이온기(이온교환 수지), PTC – 히터(냉시동 시 냉각수 가열용), 온도센서, 냉각수 전도율 센서, 3방향 밸브(냉각회로 절환용), 압력센서 및 실내 히터 등으로 구성된다. 열관리 시스템은 냉시동 시에 연료전지 스택을 가능한 한 빠르게 약 80℃의 작동온도로 가열해야 한다. 더 나아가 모든 작동상태에서 여러 장치의 정상 작동온도를 유지해야 한다.

PEM 연료전지의 전기적 효율은 약 50% 정도이지만, 배기가스를 통해 방출하는 열에너지는 내연기관과 비교해 더 적다. 따라서 많은 열에너지를 냉각장치를 통해 방출해야 한다. PEM 연료전지의 작동온도는 평균 약 80℃ 정도로서 비교적 낮다. (고온 PEM의 정상 작동온도는 최고 약 160℃). 그런데도 열관리 시스템은 연료전지 스택의 온도를 항상 적절한 수준으로 유지하는 기능을 수행할 수 있어야 한다.

① 냉각수의 순환과 방열 – 방열기와 냉각팬

냉각수 펌프와 냉각팬은 높은 출력을 요구하는 고성능 부품으로서 고전압으로 작동한다.

냉각수의 정상 작동온도 일반적으로 60℃~80℃ 범위이며, 냉각수 공급량은 연료전지 출력 100kW 기준, 최대 약 12,000*l*/h 정도이다. 내연기관과 비교하여 주위온도와의 온도차는 약 20℃ 더 낮다. 냉각시스템을 설계할 때 또는 정비할 때 이 점을 고려해야 한다. 또 연료전지에서 냉각시스템을 통해 방출해야 하는 열량은 전부하 시 연료 열량의 약 50%에 이르며, 이는 내연기관에서보다 더 많다. 연료전지 자동차에서는 이 방출열의 일부를 차량 실내 난방에 사용할 수 있다. 이는 난방용으로 약 5kW 정도까지의 전력을 사용해야만 하는 축전지 - 전기자동차(BEV)와 비교해 큰 장점이다.

② 탈-이온기(이온교환 수지)

　　냉각수는 스택의 전극(양극판; bipolar plate)과 직접 접촉하므로 전기 전도성이 없어야 한다. 즉, 이온이 들어있지 않아야 한다. 그러나 이온은 연료전지 스택 내부에서 양극판의 냉각통로로 침투할 수 있으며, 냉각수에 침투한 이온은 셀 간에 전류를 흐르게 하여 셀의 단락을 유발할 수 있다. 따라서 냉각수가 이온 교환기를 거치게 하여 이온을 제거한다.

　　냉각수로는 이온이 제거된 물과 에틸렌글리콜을 50 : 50으로 혼합한 액체를 주로 사용한다. 탈 - 이온기(이온교환 수지)는 정기적으로 교환해야 하는 서비스 부품이다.

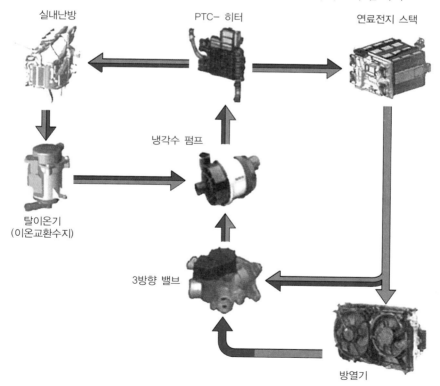

그림 4-25 　열관리 시스템의 구성

③ 냉각수 전도율 센서(coolant conductivity sensor)

냉각수의 전기 전도율을 측정한다. 냉각수의 전도율(電導率; conductivity)은 5 ~ 50 [μS/cm] 범위이다. (※ μS: micro-Siemens) 탈-이온기의 교환주기가 지나서 전도율이 한곗값을 초과하면, 연료전지 스택에 누설 및 이로 인한 결함이 나타날 수 있다.

연료전지 스택의 주(主) 냉각회로 외에도, 연료전지 자동차에는 인터쿨러, 구동전동기, 구동 축전지와 전력전자용 냉각장치(회로)를 갖추고 있다. 그리고 열관리에는 냉각뿐만 아니라 빙점 이하의 온도에서의 냉시동 능력, 난기운전 단계의 제어 등이 포함된다. 연료전지 스택을 일정 온도 이하에서 장시간 동안 작동하게 되면, 스택의 내구성이 저하하고, 냉시동 시에 유로 결빙이 발생한다.

또한, 연료전지가 작동을 멈추었을 때 스택 내부의 잔류산소를 제거하지 않으면 스택의 열화가 촉진된다. 이를 예방하기 위해 고전압 히터(COD-heater)를 사용한다. (※ COD : Cathode Oxygen Depletion) 이 히터는 냉시동 시에 스택 부하를 소비하여, 냉각수 온도를 상승시키고, 연료전지의 작동을 정지시켰을 경우는 스택 내부의 잔류산소를 제거한다.

(4) 안전 기능(safety function)

안전상의 이유로 자동차에는 다수의 수소감지센서가 설치되어 있다. 무색(無色), 무취(無臭)인 수소가 공기 중에 체적비로 4% 혼합되어 있으면, 점화될 수 있다. 수소감지센서는 공기 중의 수소 혼합비 약 1%(vol.)부터 반응한다. 수소누설이 감지되면 연료전지유닛은 작동을 정지한다.

- 구동 전동기 : PMSM, 출력 120kW(163hp), 토크 395Nm
- Li-ion Battery : 40kW, 1.56kWh
- 변속기 : 1단
- 가속 능력(0~100km/h) : 9.2s
- 최고 주행속도 : 179km/h
- 주행거리 : 666km(WLTP), 756km(NEDC)
- 수소탱크 용량 : 6.33kg H_2, 156.6ℓ, 700bar
- 연료소비율 : (시내/고속도로/복합) 106km/kg H_2 (3.6/4.1/3.9ℓ /100km , gasoline eq.)

그림 4-26(a) 현대 NEXO 연료전지 자동차 2020 (출처 : Hyundai Motor)

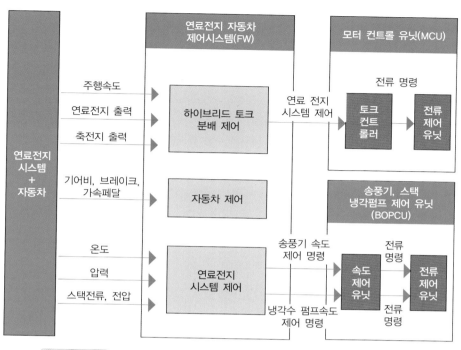

그림 4-26(b) 현대 Nexo 연료전지 자동차의 제어 블록선도(출처 : Hyundai Motor)

○ 참고

(1) 연료전지에서 물을 관리해야 하는 이유

PEM(전해질 박막)의 구성 성분인 나피온 또는 플루오로슬폰산은 물을 흡수하는 성질(친수성 : 親水性)이 강하다. 그리고 PEM은 수분을 적절하게 유지해야만 수소이온(H^+)이 자유롭게 통과할 수 있는, 양질의 H^+ 전도체가 된다. PEM은 수분 함량이 감소하면 그에 비례해서 전기 전도도가 감소한다. 다행스럽게도 공기극에서 다량의 물이 생성된다. 생성되는 물로 인해 PEM의 수분이 정상적으로 유지된다면, 공기는 공기극의 표면을 통과하면서 필요한 산화제(산소)를 공급할 뿐만 아니라 여분의 수분을 흡수, PEM을 건조할 수 있다.

PEM은 아주 얇으므로 남은 수분은 공기극에서 연료극으로 확산하고, PEM 전체는 수분을 적절하게 유지한 상태가 될 수 있다. → **이상적인 경우**

그러나 전해질(PEM)과 연결된 전극에 수분의 양이 지나치게 많아지면, 전극이나 가스 확산층에 가공된 미세한 공기 통로를 막게 된다. 따라서 물관리 시스템이 중요하다.

(2) 가습이 필요한 이유

PEM 연료전지에 유입되는 공기는 생성되는 물을 증발시키는데 충분할 만큼 건조해야 하지만, 너무 건조해서도 안 된다. PEM의 습도는 80% 이상이어야 하지만, 동시에 100%보다는 낮아야 한다. 일반적으로 약 60℃ 이상에서 작동하는 PEM 연료전지에서는 반응기체(수소와 공기)의 가습은 꼭 필요한 것으로 알려져 있다. 그 이유는 다음과 같다.

① **전기 삼투 흡인(electro-osmic drag)**

전기 삼투 흡인이란 연료전지가 작동하는 동안에 연료극에서 공기극으로 이동하는 수소이온(H^+)이 물 분자(H_2O)를 함께 끌어당기는 현상을 말한다.

1개의 수소이온(H^+)이 1~5개의 물 분자를 끌어당기는 것으로 알려져 있다. 특히 전류밀도가 높은 경우에는 전해질(PEM)의 공기극(캐소드) 측은 수분이 충분하더라도 연료극(애노드) 측은 수분이 부족할 수 있다.

② 고온 공기에 의한 건조 효과

일반적으로 약 60℃ 이상의 온도에서는 수소와 산소의 반응으로 물이 생성되는 속도보다, 공기가 전극을 건조하는 속도가 항상 더 빠르다.

③ 셀 전체에 걸쳐 PEM(전해질 박막) 내부의 수분 불균형

셀 전체에 걸쳐서 PEM 내의 수분은 정확하게 균형을 이루어야 한다. 그러나 실제로는 수분이 정상인 부분, 넘치는 부분, 그리고 부족한 부분이 공존할 수 있다. 공기가 셀(cell)에 유입될 때는 건조하더라도 셀을 통과함에 따라 수분이 적절한 상태를 거쳐, 출구에 도달할 때는 완전 포화상태가 되어, 더는 남은 수분을 흡수할 수 없게 될 수 있다. 이렇게 되면 공기의 건조능력은 상실된다.

④ 습도 감소 시의 가습 방법

공기의 유동이 빠르고 온도가 높아지면 습도는 감소한다. 이때의 가습방법은
- 온도를 낮춘다(냉각기) → 손실 증가
- 공기 유량 즉, 공기비를 낮춘다. (공기량 제어) → 공기극 성능 저하의 원인
- 압력을 높인다. (압축기) → 압축기 구동 에너지의 증가

공기압력을 높이면 공기에 부가되는 수분의 양과 습도는 상승한다.

(5) 전기구동장치(Electric driving train)

연료전지 자동차에서 전력전자(power electronics)와 전기기계(들)를 포함한 전기구동장치는 축전지 전기자동차(BEV)의 구동장치와 차이가 없다. 주행 중에는 전기기계가 모터 모드로 작동한다. 필요한 전력은 대부분 연료전지가 공급한다. 작동전략, 요구전력 및 사용 장치에 따라 구동 축전지의 전기 에너지를 사용하기도 한다. 제동 및 타행 중에는 전기기계가 발전기 모드로 작동하며, 생성된 전기 에너지는 구동 축전지에 저장된다.

(6) 구동 축전지(Traction battery)

구동 축전지를 사용하면, 제동에너지를 회수하고 연료소비를 줄일 수 있다. 주행 방법과 주행 사이클에 따라 최대 25%의 에너지 절약이 가능하다. 축전지는 또한 연료전지 자동차의 가속 거동을 향상시킨다. 구동 축전지의 형식, 디자인 및 용량은 하이브리드 자동차와 거의 같다.

(7) 자동차용 수소 저장장치(Hydrogen storage for mobile use)

연료전지 자동차는 차내에 충분한 양의 수소를 저장할 수 있어야 한다. 연료탱크를 가득 충전했을 때, 주행거리는 최소 약 500km 이상이어야 한다. 그러기 위해서는 자동차의 크기와 작동상태에 따라 차이가 있으나, 주행거리 100km당 연료소비율을 1kg으로 가정하면, 연료탱크는

최소한 5kg의 수소를 저장할 수 있어야 한다. 이외에도 충전소요시간은 가솔린이나 디젤과 마찬가지로 수 분 이내이어야 하며, 체적밀도와 전류밀도(galvanic density)가 높아야 한다.

또한, 전체 저장시스템의 가격이 싸고, 수명이 길어야 하고, 어떤 경우에도 사용 제한이 없어야 한다는 점이 중요하다. 또한, 엄격한 안전 기준을 충족해야 한다. 오늘날 사용되는 기술은 수소의 점화 가능성을 고려하고, 수소탱크의 벽을 통한 투과로 발생할 수 있는 수소(H_2) 손실을 제한한다. 압축기를 사용하여 수소를 압축기체 형태로 저장(Compressed H_2; CH_2)하거나, 냉각($-253℃$)과 압축(약 4bar)을 통해 액상으로 저장(Liquid Hydrogen; LH_2)한다. 자동차에서는 주로 압축기체 수소를 사용한다.

① 압축 수소 탱크

지난 수년 동안 압축 수소 탱크가 널리 보급되었다. 과거에는 압력 200~350bar의 고압 탱크가 일반적이었으나, 오늘날은 압력 700bar의 고압 탱크가 표준이다. 충전압력은 최대 약 875bar이다. 압축에 소비되는 에너지는 저장된 수소에너지의 약 10%이다. 5kg의 수소를 저장할 수 있는 탱크 전체 시스템의 무게는 약 125kg 정도이다. 이 고압탱크는 충돌 테스트와 같은 자동차산업의 모든 안전 기준을 충족해야 한다. 필요한 양의 수소를 압력 약 700bar로 저장하고, 동시에 차량에서 이용 가능한 공간을 최적으로 활용하기 위해, 대부분 1~3개의 원통형 고압탱크를 사용한다.

보호층(충격저항)
가스 출구 솔레노이드
탄소 복합 외피 (기계적강도)
고밀도 폴리머 라이너 (가스 확산 장벽)
탱크 내부 압력 조절기
Foam dome (충격저항)
압력 릴리프 기구
탱크 내부 가스온도센서

그림 4-27 **자동차용 압축 수소 저장 탱크** (출처:https://cafcp.org/emergency-responders)

② 액화수소 탱크

액화수소 탱크는 주로 대량의 수소를 저장하기 위해 사용한다. 수소를 액화하여 $-253℃$의 특수 단열/진공 저온탱크에 저장한다. 작동압력은 약 4bar이다. 액화수소 저장방식의 단점은 단열손실 및 증발손실(24시간 이내에 저장된 양의 약 1~3%의 비등 현상)이 많고, 수소 액화 비용이 저장된 에너지의 약 30% 수준에 이른다는 점이다.

③ **대체 저장장치**

수소가 결합된 액체 및 고체에 기반한 대안적인 유형의 수소저장 방법이다. 고체 저장은 수소화물 저장을 의미하며, 이들은 금속수소화물, 저장 합금, 흑연 나노튜브, 탄소 나노섬유 및 중공 유리 마이크로 구슬(HGMS; hollow glass micro - sphere) 등으로 분류할 수 있다. [47]

수소는 예를 들어 자동차에서 개질하면, 수소가 풍부한 개질기 기체로 전환될 수 있는 다양한 화합물에도 존재한다. 이러한 수소 전구체는 메탄올, 가솔린, 천연가스, 암모니아 및 하이드라이진(N_2H_4)이다. 이러한 에너지 운반체를 저장하는 것이 훨씬 쉬운 경우가 많지만, 추가로 개질기를 갖추어야 한다. 수소 저장장치별로 기술 성숙도와 차량별 요구사항의 충족 여부에 차이가 있다. 표 4 - 3에는 여러 유형의 수소 저장방식을 제시하고 있다.[47]

표 4 - 3 수소저장방법의 종류

압축 수소 저장 탱크	200, 350, 700bar 10%의 에너지 비용
액화 수소 저장 탱크	비등점: 20.4K(−252.8℃) 20리터 용적에 수소 1.4kg 저장 가능 30%의 에너지 비용 1~3%의 증발 손실
금속수소화물 저장 탱크	수소를 금속, 금속수소화물에 저장 철, 티타늄, 란탄늄(−20~100℃) NaAl−결합(100~200℃) 마그네슘(200℃)
탄화수소	C_8H_{18}, C_2H_5OH, CH_3OH, CH_4
화학적 결합, Borax	$NaBH_4 + 2H_2O \rightarrow NaBO_2 + 4H_2 + 열$
흑연−나노−저장기	

---

2 연료전지 시스템의 운전(그림 4-28 참조)

(1) 시동 과정

12V 축전지와 고전압 축전지의 전기 에너지를 이용하여 연료전지 시스템을 시동한다. 시동 스위치 또는 원격제어키(remocon)로 시스템을 시동하면, 먼저 12V 축전지가 제어유닛들에 전원을 공급한다. 그러면 제어유닛들이 순서대로 작동하여 고전압회로를 시동한다.

먼저 파워트레인 관리(PTM: Power Train Management)는 전기에너지 관리(EEM : Electric Energy Management)에 전기에너지 공급을 요청하고, EEM은 다시 연료전지 제어(FCU : Fuel Cell Control Unit)에 이 요구를 전송한다. 이때 EEM은 연료전지 스택의 발전(發電) 여부와는 상관없이 구동 전동기를 스위치 'ON'하여, 고전압 축전지에 저장된 전기 에너지로 자동차가 즉시 주행을 시작할 수 있게 한다.

EEM의 구동 전동기 스위치 'ON' 명령과 동시에, FCU는 연료전지 스택의 프리 – 컨디셔닝 (pre – conditioning)을 시작하여, 스택이 가능한 한 빨리 전기를 생산할 수 있는 상태에 돌입하도록 한다. 수소 연료전지는 PEM 온도 20℃부터 전기를 생산할 수 있다.

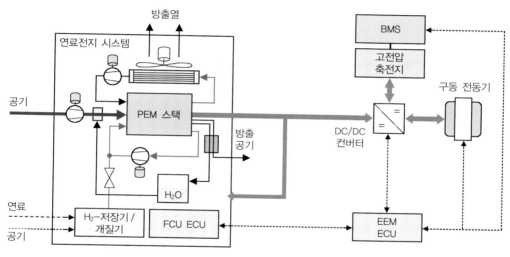

그림 4-28 연료전지를 이용한 전기구동 시스템

(2) 연료전지 스택(fuel cell stack)의 프리-컨디셔닝 과정

전기 에너지 관리(EEM)로부터 에너지 공급을 요청받은 연료전지 제어유닛(FCU)은 스택의 프리 – 컨디셔닝을 시작한다.

공기압축기, 수소공급장치 및 냉각수 펌프가 동시에 작동을 시작한다. 온도가 0℃ 이상일 경우, 시스템 연료전지는 수 초 이내에 전기 에너지 생산을 시작할 수 있다.

온도가 0℃ 이하일 경우, 현재의 기술 수준에서는 프리 – 컨디셔닝에만 수 분이 소요될 수 있다. 연료전지 시스템에 설치된 전기가열기를 모두 작동시켜, 연료전지 온도를 빠르게 정상작동 온도에 도달하도록 한다.

① 캐소드(cathode) 측의 공기 열교환기

캐소드 측의 공기 열교환기는 외부온도, 공기압축기의 작동점, 냉각수 온도 등을 고려하여 흡기를 가열 또는 냉각시킨 다음에 연료전지 스택에 공급한다. 외기온도가 아주 낮은 경우(예 : −20℃부터)에는 압축만으로는 공기온도를 상승시키기에 충분하지 않으므로 캐소드 열교환기의 냉각수를 전기적으로 가열하여 공기온도를 상승시킨다.

② **연료전지 스택의 가열**

온도가 0℃ 이하일 경우에는 전기저항 히터를 가동하여, 연료전지 스택을 가열한다. 전기저항 히터는 가능한 한 고분자 전해질 박막(PEM) 부분만 가열하도록 설치되어 있다. PEM 이외의 다른 부분들이 필요 없이 가열되는 것을 방지하기 위함이다.

③ **연료전지의 냉각장치**

연료전지 냉각장치는 스택 냉각장치와 주변장치(BOP : Balance of Plant) 냉각장치로 이원화되어 있다. 스택 냉각장치는 탈‒이온화된 냉각수를 사용하며, 스택의 정상작동온도(약 80℃, 최대 85℃)에 맞추어 냉각장치를 제어한다.

전력전자와 주변장치(BOP)의 작동온도는 약 50~70℃ 범위이다. 따라서 스택 냉각장치보다는 제어온도가 더 낮으며, 탈‒이온화된 냉각수 대신에 일반 냉각수를 사용한다.

④ **연료전지의 정상 작동**

연료전지 스택의 출력이 일정 수준에 도달하면, 곧바로 고전압회로에 연결, DC/DC‒컨버터를 통해 제어할 수 있다. 구동 전동기와 다른 전기부하에는 연료전지가 생산한 전기 에너지가 공급된다. 이 시점부터 12V 축전지는 고전압 축전지와 동일한 방법으로 충전된다.

(3) 주행

주행 중에는 주행속도, 도로구배(언덕길/내리막길) 등을 고려하여 전기출력을 제어한다. EEM(전기에너지 관리)은 연료전지에 과부하가 걸리지 않도록 하면서도, 전기부하에 충분한 전기에너지를 공급하고, 동시에 축전지를 충전한다. 이를 위해서 전기 에너지 관리(EEM)는 필요한 전기출력을 계산하여 연료전지 제어유닛(FCU)에 전달한다. FCU는 스택이 필요한 출력을 적기에 공급할 수 있도록 가스(수소와 공기)공급장치와 냉각장치를 제어한다. 먼저 연료인 수소와 산화제인 공기의 압력과 양을 제어하여, 스택이 최적 효율상태에서 작동하도록 한다. 특히 고분자 전해질 박막(PEM) 양쪽에서 수소(애노드 측)와 공기(캐소드 측)의 공급 압력차가 0.5bar 이상이면, PEM이 파손될 수 있다.

이때 스택 온도는 규정 온도범위에서 제어되며, 연료전지 스택이 방출하는 열은 냉각장치에 전달된다. 회생제동이나 다른 운전모드는 하이브리드 자동차에서와 같다. 예를 들면 급가속할 때나 언덕길을 등반 주행할 때의 부족한 출력은 구동 축전지가 지원, 보완한다.

(4) 주행거리

2018년 현대자동차는 주행거리 666km(WLTP)와 756km(NEDC)가 가능한 Nexo를 출시하였다. 혼다도 2017년 1회 충전으로 589km를 주행할 수 있는 클라리티(Clarity)를 출시하였다. 2020년 토요타는 1회 충전으로 480km를 주행할 수 있는 미라이(Mirai)를 출시하였다.

차종별, 회사별로 약간의 차이는 있으나 승용의 경우, 수소 1kg으로 약 100km를 주행하는 수준이며, 주행거리는 수소탱크 용량에 크게 의존한다. 수소충전 소요시간은 기존의 휘발유 주유 소요시간과 거의 차이가 없다. 다만, 차량 가격이 비싸고, 충전소 수가 적다는 문제가 있다.

3 연료전지 성능 저하의 원인

(1) 작동상태 및 조건에 의한 성능 저하

① 수소 부족

애노드(-극) 측에 수소 공급량이 부족하게 되면, 전자와 이온의 수가 줄어들게 되고, 따라서 출력이 감소한다. (예: 수소 공급장치에 결함)

② 애노드(-극) 측 탄소 부식(Carbon corrosion on the anode side)

애노드 측에 수소가 부족하게 되면, 애노드 측의 수분이 산소와 수소로 분해될 수 있다. 수소는 앞서 설명한 바와 같이 반응한다, 즉, 수소는 전자(e^-)를 애노드에 남겨두고, 이온(H^+)으로서 캐소드(+극) 측으로 이동한다. 산소는 스스로 애노드 전극의 탄소와 결합하여, 이산화탄소(CO_2)를 생성한다. 이를 탄소-부식이라고 한다. 탄소의 산화반응은 촉매층의 파괴를 유발한다. 촉매인 백금이 담체로부터 분리된다. 이로 인해 연료전지는 수리 불가능한 손상을 입게 된다. 그러므로 모든 작동상태에서 충분한 양의 수소가 공급될 수 있도록 유의해야 한다. 제어유닛이 수소공급량의 부족을 감지하게 되면, 출력을 낮추거나 연료전지의 작동을 중단시킨다.

③ 공기 부족(lack of air)

공기가 부족하게 되면, 반응에 필요한 산소가 부족하게 되므로, 연료전지의 출력이 감소한다.

④ 불충분한 가습(Insufficient humidification)

가습이 충분하지 않으면, PEM(박막)에서 양이온 전송에 필요한 물분자가 부족하게 된다. 출력이 감소한다. 이때 연료전지에서 큰 전류를 생성하려고 하면, PEM(박막)의 건조한 영역에서 온도가 상승할 수 있다. (열점; hot spot). 이로 인해 PEM(박막)이 손상될 수 있다.

⑤ 수분 축적

가습이 지나치면, PEM(박막)과 전극에 물이 축적된다. PEM(박막)의 반응 유효 표면적이 감소하고, 이온 전송이 감소하게 되어 결국 출력이 감소한다.

빙결을 방지하기 위해서는 연료전지의 작동을 정지한 후에는 반드시 PEM(박막)을 건조시켜야 한다. 이를 위해 제어 장치는 연료전지의 작동을 종료한 후에 애노드 측의 재순환 및 플러싱 밸브를 작동(after run)시켜, PEM(박막)을 건조한다. 이 외에도 공기압축기를 후 - 작동(after run)시켜 캐소드 측을 건조한다.

⑥ 냉시동

0℃ 이하의 낮은 온도에서는 캐소드 측의 반응으로 인해 생성된 물이 얼게 된다. 그러므로 냉시동 시에는 수소 공급통로에 설치된 전기식 히터로 수소를 가열하고, 냉각수 펌프를 낮은 출력으로 작동시킨다. 이를 통해 연료전지를 빠르게 가열하고, 빙결된 물을 녹일 수 있다. 난기운전 단계가 진행되는 동안, 연료전지는 전기 에너지를 생산하지 않는다. 이 기간에는 고전압 축전지가 구동 전동기에 전기 에너지를 공급한다.

(2) 수명 기간에 걸친 성능 저하(degradation)

① Ostwald-열화(Ostwald ripening)

Ostwald - 열화는 모든 요소(element)가 표면장력을 줄이기 위해 노력한다는 것을 의미한다. 이로 인해 분자가 서로 가까워지게 된다. 연료전지에서 이 현상은 백금이 뭉치는 결과를 가져온다. 따라서 백금의 활성 표면적이 감소한다.

② 백금 분리

정상 작동 중에 소량의 백금이 탄소 입자로부터 분리된다. 이 현상은 수명기간에 걸쳐 성능을 저하시킨다. 또한, 분리된 백금은 PEM(박막)에 유입될 수 있으며, PEM(박막)에서 수소의 반응을 일으킨다. 이로 인해 열이 축적되어 PEM(박막)의 손상을 유발한다.

③ 백금 소결(Sintering the platinum)

과열되면, 백금의 소결(융착)이 발생할 수 있으며, 이로 인해 PEM의 활성 표면적이 감소한다.

④ 촉매의 오염

예를 들면 황산화물이나 일산화탄소와 같은 불순물에 오염된 공기 또는 수소가 촉매를 오염시킬 수 있다. 불순물은 백금에 축적되어 활성 표면적을 감소시킨다. 이를 방지하기 위해서 화학적 공기 여과기(예; 활성탄 필터)를 사용하여 유입되는 공기를 정화한다.

4-3

연료전지 자동차의 실제
Practical Fuel Cell Electric Vehicles

연료전지 자동차에서는 기존의 자동차와 비교하여 구성부품들의 적절한 배치 및 배열을 통해 자동차의 무게중심을 낮출 수 있다. 내연기관 하이브리드와 비교할 때 자동차 장치 구성에 큰 차이는 없다. 다만 가솔린/디젤 연료탱크 대신에 고압 수소탱크가, 내연기관 대신에 연료전지 스택이 장착되며, 주변장치(BOP : Balance Of Plant)를 포함한 연료전지 스택 시스템이 차지하는 공간이 상대적으로 크다. 따라서 기존의 내연기관 자동차와 비교해 무게의 증가를 피할 수 없다. 전용 플랫폼(platform)을 개발하는 회사들이 늘어나고 있다.

연료전지 자동차는 구조적으로 대부분 직렬 하이브리드이다. 작동 모드는 연료전지로만 구동, 연료전지와 구동 축전지 전기로 구동, 연료전지가 자동차를 구동하면서 동시에 구동 축전지 충전, 그리고 감속(타행) 또는 제동 시 에너지 회수 등의 기능을 갖추고 있다.

현대자동차의 투산(Tucson ix35)이나 넥소(Nexo) 연료전지 자동차에 대해서는 4 - 2절에서 충분히 설명하였으므로, 다른 자동차들에 관해서만 간략하게 설명한다.

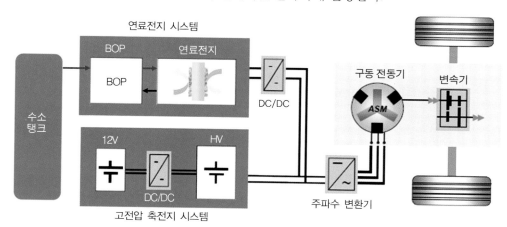

그림 4-29 연료전지 자동차 파워트레인의 구성(예)

1 혼다 클래리티 (Clarity fcx) - 중형 승용 연료전지 자동차

차체의 뒷부분에 수소탱크를, 중간에 연료전지 스택을, 그리고 앞부분에 구동 전동기와 방열기 시스템을 배치하였다. 하중 분포를 균일하게, 그리고 무게중심을 낮춘다는 개념을 실현하였다. 울트라 - 캐퍼시터를 도입하고 소형/경량의 PMSM을 구동 전동기로 사용한다. 구동전동기 출력은 174hp(@ 4500~9028min^{-1}), 토크는 300Nm(221ft - lb, 0~3500min^{-1})이다. Li - ion 축전지(346V)의 용량은 1.7kWh, 연료전지 출력은 130kW, 수소탱크 용량은 5.46kg/141ℓ/700bar, 주행거리는 589km(360mile), 연료소비율(시내/고속도로/복합)은 68mile / 67mile / 68mile/gallon eq.이다. 1단 변속기를 사용한다.

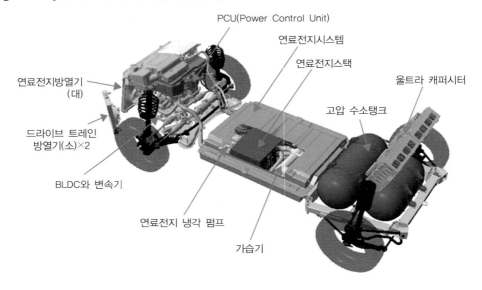

연료전지방열기 (대)
드라이브 트레인 방열기(소)×2
BLDC와 변속기
연료전지 냉각 펌프
PCU(Power Control Unit)
연료전지시스템
연료전지스택
고압 수소탱크
울트라 캐퍼시터
가습기

그림 4-30 혼다 CLARITY fcx 2020 플렛폼(출처 : American Honda Motor)

2 도요타 미라이 (Mirai) 2020

차체의 중앙과 뒷부분에 각각 1개씩 2개의 수소탱크를, 중간에 PEM 연료전지 스택과 부스트 컨버터를, 그리고 앞부분에 구동 전동기(PMSM)와 전력전자를 배치하였다. 연료전지 셀수는 370(직렬), 최대 출력은 114kW(155PS)이다. 구동 축전지는 NiMH(204셀, 직렬)이며, 정격전압은 244.8V, 용량은 1.6kWh이다. 구동 전동기(PMSM)는 최대출력 113kW(154PS), 최대토크 335Nm이다. 수소탱크 용량은 약 5kg H_2/700bar, 주행거리는 480km, 연료소비율(시내/고속도로/복합)은 0.69/0.8/0.76kg H_2/100km이다. 최고속도는 178km/h, 가속성능(0 → 100km/h)은

9.6초이다. 1단 변속기(기어비 1000 : 1)를 사용하며 종감속 기어비는 3.478 : 1이다.

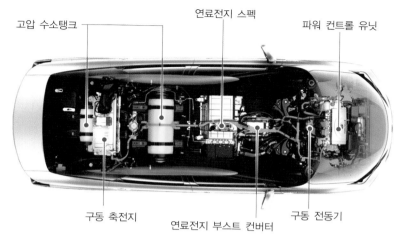

고압 수소탱크   연료전지 스펙   파워 컨트롤 유닛

구동 축전지   연료전지 부스트 컨버터   구동 전동기

그림 4-31   도요타 미라이(Mirai) 2020 플랫폼(출처 : Toyota Motor)

3 아우디 h-tron Quattro

차체 앞부분에 연료전지 스택과 주변장치(BOP), 앞차축 구동 전동기와 전력전자를, 중간에 구동 축전지, 차체 후반부에 후차축 구동 전동기를 배치하였다. 수소탱크는 앞차축 바로 뒤에 길이방향 중심선에 1개, 후차축을 중심으로 전/후에 각각 1개씩 가로 방향으로 2개, 총 3개를 설치하고 있다.

연료전지 스택은 VW의 PEMFC로서 출력은 110kW(330 cell), 구동 축전지(Li - ion)는 무게 60kg, 출력 100kW, 용량 8.8kWh이다. 구동 전동기는 90kW(앞)와 140kW(뒤)이며 최대토크는 550Nm, 최고속도는 200km/h, 가속성능(0 → 100 km/h)은 7초이다. 연료는 압축 수소기체이며 충전압력은 700bar(70MPa), 탱크 용량은 6kg H_2이다. 주행거리는 600km이며, 연비는 1kg H_2/100km이다.

실내 공기조화용 열펌프(heat pump)와 최대 320W를 생산하는 대형 태양열 지붕은 연간 주행거리 최대 1,000km를 추가하는 것과 동일한 효과를 발휘한다.

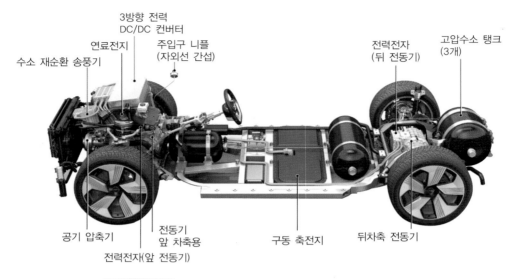

그림 4-32 아우디 h-tron Quattro 시스템 구성(출처 : Audi)

수소 기반시설과 총효율

Hydrogen Infrastructure & Total Efficiency

자동차산업에서 수소(H_2)의 사용은 수소 경제 측면에서 보면, 아주 미미하다. 화학 및 에너지 산업에서 수소 사용 범위는 매우 광범위하고 꾸준히 성장하고 있으며, 재료 및 에너지 공급업체 는 수소의 새로운 사용 분야를 계속 개발하고 있다.

화석연료(석유, 석탄 및 천연가스)는 자체적으로 수소의 원료 및 에너지원으로 사용된다. 재 생 에너지원(수력, 풍력 및 태양 에너지)을 전기분해에 사용하여 수소를 생산할 수 있다. 미래에 는 바이오매스(Biomass) 연료로도 수소를 생산할 수 있게 될 것이다.

수소는 3가지 상태(저압가스, 고압가스(CH_2 ; compressed hydrogen)와 액화가스(LH_2 ; Liquefied hydrogen)로 다양한 분야에 사용된다. 또한, 개별 사례에 따라 생산, 유통, 공급 및 보 관의 다양성이 결정된다. 자동차산업 분야에서는 필요에 따라 이 다양성을 그대로 적용하거나 변경하여 적용한다. 수소를 이용하여 근본적으로 에너지의 융통성을 확보할 수 있으며, 수소는 다면성(universality)을 가지고 있어서 석유를 대체할 가능성이 있는 것으로 전문가들은 평가하 고 있다.

1 수소 기반시설 (Hydrogen Infrastructure)

(1) 수소의 생산(Production of Hydrogen)

수소는 다른 에너지원에서 전기를 생산하는 것과 마찬가지로 2차 에너지원으로 간주된다. 오 늘날, 수소는 증기개질을 통해 천연가스로부터 대량생산하거나(개질 수소), 화학공정의 부산물 로 생산한다 (부생 수소). 미래의 수소는 물을 전기분해하여 생산할 것이며, 사용되는 전기 에너 지는 풍력, 수력, 태양으로부터 또는 지역난방 발전소에서 바이오매스 가스로부터 얻어질 것이 다. 수소화를 위한 기체화 및 개질단계에는 바이오매스(에너지 작물 및 생물학적 폐기물)가 사용될 수 있을 것이며, 추가로 광합성을 통한 수소의 생산 및 바이오매스의 발효처리 등도 예상할 수 있다.

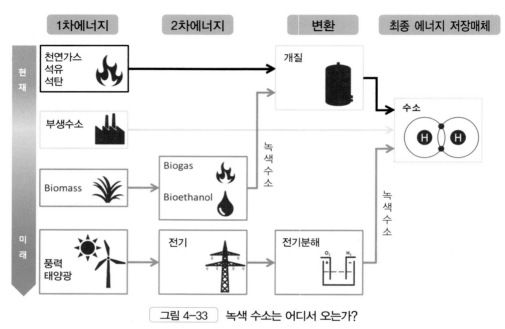

그림 4-33 ┃ 녹색 수소는 어디서 오는가?

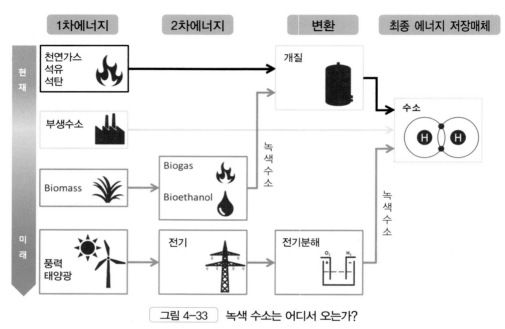

그림 4-34 ┃ 태양열 발전과 수소기술(예)

에너지의 양이 급격하게 변동하는 풍력 및 태양 에너지를 전기 에너지로 계획적으로 변환하려면, 대량의 과잉 에너지를 완충(buffering) 및 저장할 수 있는 시스템이 필요하다. 이러한 과잉에너지를 전기분해를 통해 수소로 전환하면, 수소는 에너지 저장매체로 기능할 수 있고, 필요에 따라 지역적으로 그리고 시차를 두고 에너지를 공급할 수 있다. 이러한 방식으로 생산된 수소(e - 수소; 녹색 수소)를 연료전지 자동차에 직접 사용할 수 있다. 소위 전력을 기체로 변환하는 기술(power - to - gas technology)에서는, e - gas(H_2와 CO_2)로부터 재생 가능한 메탄을 생성할 수 있다. 이렇게 생성된 메탄을 천연가스 공급망에 공급하여, 예를 들어 천연가스 자동차 엔진에 사용할 수도 있다.

(2) 수소의 유통 및 충전(Distribution and refueling of hydrogen)

연료전지 자동차(FCEV)의 수소 충전과정은 축전지 전기자동차(BEV)의 축전지 충전 과정과는 달리, 가솔린/디젤 자동차의 주유과정, 조작방법 및 주유시간 등과 거의 차이가 없다. 수소 충전소에서는 수소의 사전 저장, 전처리(pre - conditioning) 및 수소 충전이 일련의 과정으로 연결되어 있다. 수소는 생산업체가 공급한다. 그러나, 미래에는 충전소에서 직접 수소를 생산하는 것도 고려할 것이다.

예를 들면, 천연가스 공급망에 연결된 천연가스 개질기를 사용하여 직접 수소를 생산할 수 있다. 또 다른 가능성은 현장에서 전기분해를 통해 수소를 생산하는 것인데, 이를 위해서는 태양광이나 풍력에너지로부터 얻은 전기 에너지를 자급자족할 수 있으면서도 분산된 형태로 공급받을 수 있어야 한다.

연료노즐(주유기)로 차량에 수소를 주입하기 전에, 차량 탱크 시스템의 저장 압력(200, 350 또는 700bar)에 따라 충전압력을 사전에 조정해야 한다. 그림 4 - 35는 수소 자동차에서의 수소 충전하는 모습을 나타내고 있다. 수 분 이내에 빠르게 충전하기 위해 수소를 -40℃까지 냉각시킨다. 이와 같은 방법으로 충전 중 큰 가열을 방지한다. 충전 질량은 온도가 상승함에 따라 감소한다. 액화 수소의 충전은 드물다.

그림 4-35 수소 충전 (예)

기존의 소수의 충전소 외에, 추가로 수소 충전소를 건설하고 있거나 계획 단계에 있다. 연료전지 자동차(FCEV) 소유자가 제한 없이 언제 어디서나 수소를 충전할 수 있도록 보장하기 위해서 자동차회사들과 국가/지방정부가 협력하고 있다. 전국적으로 수소를 충분하게 공급하기 위해서는 많은 수소 충전소가 신설되어야 한다. 전환기에는 고정 충전소 외에 이동 충전소도 고려할 수 있을 것이다. FCEV를 위한 공공 수소 기반시설의 개발은 향후 수년 동안 많은 투자가 필요하다. 연구에 따르면, 약 1백만 개의 축전지 전기자동차(BEV)의 공공 축전지 충전 기반시설을 구축하는 비용으로, 수소 충전소 1000개 정도를 건설할 수 있다고 한다.

2 총효율 (total efficiency)

자동차에서 휘발유 및 디젤 연료를 사용할 때, 연료 소비와 CO_2 배출량은 소위 탱크에서 차륜까지(tank to wheel)의 분석으로 설명할 수 있다. 연료탱크에서 차륜까지(tank‑to‑wheel)의 분석은 연료탱크에 주입된 연료의 화학적 에너지로부터 차륜의 운동에너지로의 변환을 설명한다. 일반 차량의 경우 유정에서 차륜까지(well‑to‑wheel)의 효율과 탱크에서 차륜까지(tank to wheel)의 효율 차이가 상대적으로 작다. 차이는 디젤의 경우 10%, 가솔린의 경우 15% 미만이다. 유정에서 탱크까지(Well‑to‑Tank) 분석은 차량(연료탱크 또는 축전지)에서 연료 또는 전기 에너지를 사용할 수 있을 때까지 필요한 과정을 설명한다.

대체연료 및 대체 동력원의 사용이 증가함에 따라 탱크에서 차륜까지(tank to wheel)의 분석이 더는 충분하지 않음을 알 수 있다. 유정에서 차륜까지(well to wheel)의 전체적인 분석이 필요하다. 이는 대체 동력원의 생태학적 평가에 도움이 된다. 연료의 생산 및 차량 작동에 소비되는 에너지에 관해 설명하지만, 차량의 생산, 유지 보수 및 폐기 비용은 설명하지 않는다. 이 영역에 대한 대체 동력원의 확실한 데이터가 여전히 빠져 있다.

따라서 유정에서 차륜까지의 분석은 새로운 자동차 에너지 변환시스템의 평가에 필요하지만, 충분하지는 않은 평가 기준이다. 순수 축전지‑전기자동차(BEV)에서 탱크에서 차륜까지(tank to wheel)의 에너지 소비는 약 17kWh/100km 정도이며, 국지적으로 유해물질을 배출하지 않는다. 발전량에 따라 유정에서 차륜까지(well to tank)를 분석하면 CO_2 배출량은 10g CO_2 / km에서부터 최대 100g CO_2 / km에 이른다. 그러므로 대체 동력원이 반드시 CO_2 배출량이 낮은 것은 아니다. 물론 이것은 연료전지가 장착된 자동차에도 적용된다. 에너지 균형 프로그램은 재생 전기 에너지를 사용하고, 최적의 전기분해를 이용하고, 고압 수소를 사용하는 연료전지 동력원의 경우, 유럽 주행사이클(NEDC)에서 약 10g/km의 CO_2를 배출하는 것으로 평가하고 있다.

예를 들어, Bundesamt fuer Energie BFE, Schweiz가 2017년 공표한, 수소의 경로에 따른 유정에서 차륜까지(well‑to‑wheel) 분석 결과는 그림4‑36과 같다. 시험 차량은 현대 투산 연료전지 ix35이며, 수소 발열량 기준 최종 효율은 24.4%로 나타나고 있다.

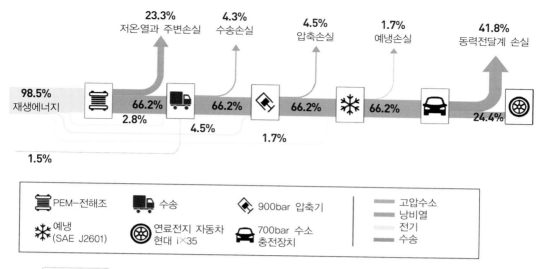

23.3% 저온·열과 주변손실	**4.3%** 수송손실	**4.5%** 압축손실

98.5% 재생에너지   66.2%   2.8%   66.2%   4.5%   66.2%   1.7%   66.2%   66.2%   24.4%

1.7% 예냉손실   **41.8%** 동력전달계 손실

1.5%

PEM-전해조	수송	900bar 압축기	고압수소
예냉 (SAE J2601)	연료전지 자동차 현대 i×35	700bar 수소 충전장치	냉비열 전기 수송

그림 4-36   수소 경로에 따른 유정에서 차륜까지(well-to-wheel) 분석(수소 발열량 기준)

3   전망 (Future prospects)

현재 개발 중인 연료전지 자동차(FCEV)들은 일반적으로 앞바퀴 구동방식이다. 연료전지 시스템, 구동전동기, 가습기를 포함한 공기공급장치 그리고 수소 계량 및 냉각장치는 기존의 차량과 유사하게 앞부분에 설치되어 있다 (그림 4 - 37). 수소탱크와 축전지는 차량의 하부 또는 후방 영역에 설치된다. 동력원 출력 및 주행출력은 각 차량의 유형에 공통적인 수준으로 설정될 것이다. 현재의 주요 목표는 시장성이 있는 비용 및 가격조건을 달성하는 것이다.

연료전지	PEM 90kW(122hp)
구동전동기	출력(정격/최대): 70/100kW 최대 토크: 290Nm
연료	압축수소(70MPa)
주행거리	380km(NEDC)
최고속도	170km/h
Li-ion 축전지	출력(정격/최대): 24/30kW 용량: 6.8Ah, 1.4kWh

그림 4-37   연료전지 자동차(DaimlerBenz)

연료전지 자동차의 개발은 모든 영역에서, 현저한 개선이 계속 이루어지고 있다. 예를 들면, 효율과 출력밀도의 개선, 폐열의 감소, 차량 난방용으로 폐열의 최적 활용, 냉시동성의 개선, 저온에서의 성능 향상, 가습의 단순화 및 개선, 공기공급장치의 효율 개선 등이다.

수소탱크의 압력 700bar가 가능해짐에 따라 승용자동차의 주행거리 500km가 가능하게 되었다. 최적화된 작동전략은 완충 축전지와 연료전지 간의 상호작용을 조절하여 높은 에너지 효율로 차량의 민첩성을 개선하는 것이다.

연료전지 시스템의 보관수명과 작동수명은 차량수명과 같은 수준에 도달하였다. 귀금속의 필요성 감소와 스택 구조의 개선으로 시장 진입을 실현할 수 있는 비용 수준도 달성하였다. 포괄적인 시장 진입은 기능적인 기반시설과 관련이 있다. 수소 충전소의 확장 및 수소생산능력은 자동차 부문에서 수소 수요가 증가함에 따라 점진적으로 이루어질 것이다.

수소는 기후 중립적인 에너지 운반체로서 연료전지 및 구동 전동기와 함께 미래 자동차 시스템의 핵심 요소가 될 것이다. 따라서 연료전지 기반 자동차는 제한이 없는, 환경친화적인 이동을 가능하게 할 것이다. 수소는 자동차용 외에도, 에너지 저장 및 분배에서 점점 중요해지고 있다.

그러나 비판적인 견해도 있다. 수소는 비등점이 −252.9℃로서, −162℃인 천연가스보다 훨씬 더 낮아서, 온도를 낮추어 액화하는데 에너지를 더 많이 소비한다. 따라서 대부분 액체 대신에 고압기체 상태로 유통한다. 압력을 가해서 부피를 줄여도 액화수소와 비교하면 부피가 아주 커서, 같은 양의 에너지를 운송하려면, 여러 번으로 나누어 운송해야 한다. 그러므로 운송에도 많은 양의 에너지를 소비하고 관련 비용도 증가한다.

또 고압기체 수소를 휘발유를 주유하는 방식으로 자동차에 충전할 수는 없다. 충전소의 수소 저장 탱크 압력을 높이고, 이 저장탱크와 수소자동차의 수소탱크를 연결, 압력 차이를 이용해서 충전한다. 즉, 충전할 때도 휘발유를 주유할 때보다 더 많은 양의 에너지(전기)를 소비한다.

수소 자동차 자체가 유해물질을 배출하지 않더라도, 수소의 원료로 화석연료를 사용하고, 생산, 운송, 충전 과정에서도 다른 연료(휘발유나 LPG)보다 에너지를 더 많이 소비한다. "그래도 수소자동차가 비용 경제적이면서도 친환경 자동차일까?"라는 의문을 가질 수 있다.

독일의 경우를 타산지석(他山之石)으로 삼아야 할지도 모른다. 독일은 연료전지 기술을 확보하고 있지만, 연료전지 승용자동차 개발은 정체되어 있다. 연방정부의 "National Hydrogen Strategy"는 대중교통(버스, 기차), 대형 화물 자동차 그리고 건설 현장, 임업, 농업 또는 물류(배송차량 및 지게차와 같은 차량) 부문 차량에 연료전지를 도입하여, 축전지 차량의 약점을 보완하고 대기 오염 물질 및 CO_2 배출량을 크게 줄이는 전략을 제시하고 있다. 그러나 승용자동차에 대해서는 특별한 언급이 없다. 가장 큰 이유는 연료전지 승용자동차를 도입하기 위해서는 막대한 자금이 소요되는 연료공급 기반시설의 건설이 전제되어야 하기 때문이다.

서로 경쟁 상대인 축전지 전기차(BEV)와 연료전지차(FCEV)의 전체 기능 사슬을 환경 친화성, 경제적 효율성, 인프라 가용성, 주행거리, 기술적 타당성 및 실현 가능성 측면에서 분석한 또 다른 연구결과를 보면, FCEV가 특별히 장점이 있다고 판단할 수만은 없다는 결론에 도달하고 있다.

표 4-4 수소연료전지 자동차의 효율(예) (출처 www.energiechance.de)

단계별	효율	
	액화 수소	고압 수소
전기분해	70%	70%
액화	60%	100%
운송/충전	90%	80%
연료전지	50%	50%
축전지	95%	95%
전동기	90%	90%
변속기(종감속 포함)	95%	95%
총 효율	15.3%	22.7%

또 다른 연구에 따르면, 대부분의 독일 자동차회사들은 현재로서는 FCEV를 완전히 포기했거나 기껏해야 소량 생산할 계획이다. 이는 또한 FCEV가 점점 더 빠듯한 개발 예산으로 BEV뿐만 아니라 PHEV 및 48V-시스템과도 경쟁해야 한다는 사실 때문이다. 분석가들은 "그렇지 않아도 이미 기존 구동계(drive train)와 대체 구동계의 어려운 공생에 추가로 FCEV를 보완하는 문제는 자동차회사에 너무 비싼 보완 전략이다."라는 견해를 피력하고 있다.

친환경 수소자동차 시대는 '에너지 대전환'을 전제로 한다. 수소자동차 기술의 발전과는 무관하게 수소 자체의 생산, 저장, 운송 및 유통의 전 과정이 친환경적이고 동시에 비용 경제적일 때 비로소 진정한 의미의 친환경 수소자동차 시대가 열릴 것이다.

실현 가능한, 가장 이상적인 시나리오는 광대한 열사의 사막이나 무풍지대의 태양에서 태양광을, 혹은 바람이 심한 지역에서 풍력을, 수자원이 풍부한 지역에서 수력을 이용하여 다량의 '녹색(green)' 전기를 생산하고, 이 전기로 물을 전기분해하여 수소를 생산, 저장, 운송, 유통하는 방식이다. 저장이 어려운 전기 에너지를 수소로 변환시켰다가 다시 전기를 생산하는데 사용한다는 개념이다. 즉, 수소를 일종의 에너지 중간저장 수단으로 활용하는 개념이다. 이처럼 친환경적으로 생산된 수소가 바로 '녹색(green) 수소'이다. 이에 반해 부생 수소나 개질 수소를 '회색(gray) 수소'라고 한다.(pp. 242, 그림 4-33 참조)

'회색 수소' 중심의 수소 기반시설이 '녹색 수소' 중심으로 전환될 때, 진정한 '친환경 수소 자동차 시대'가 도래할 것이다. 물론, 아주 먼 미래의 일이겠지만 …….

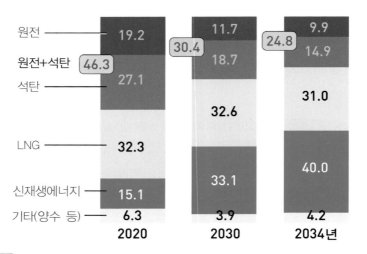

원전	19.2	11.7 (30.4)
원전+석탄 (46.3)		18.7
석탄	27.1	

2020년 항목 — 원전 19.2, 원전+석탄 46.3, 석탄 27.1, LNG 32.3, 신재생에너지 15.1, 기타(양수 등) 6.3

2030년 — 11.7, 30.4, 18.7, 32.6, 33.1, 3.9

2034년 — 9.9, 24.8, 14.9, 31.0, 40.0, 4.2

그림 4-38   우리나라의 발전 전원별 설비 비중 전망(%) (자료: 제9차 전력수급기본계획)

　　축전지 전기자동차(BEV)의 수요가 증가하고 있지만, 수소 연료전지 자동차(FCEV)에 한계가 있듯이 BEV 역시 한계가 있다. 태양광, 풍력 및 수력으로 생산한 전기를 사용하는 BEV라면 '친환경적'이라고 말할 수 있겠지만, 현실은 전기 역시 수소와 마찬가지로 친환경적으로만 생산할 수는 없다. 나라와 지역에 따라 친환경 자동차를 이용할 수 있는 여건이 다르고, 이용자들이 원하는 진정한 친환경 자동차의 모습도 제각각이다.

　　현실적으로 전기나 수소 충전 기반시설을 완벽하게 구축할 수 없는 국가나 지역에서는 하이브리드 자동차(HEV)가 최선의 대안일 수도 있다. 또 내연기관 자동차 고유의 '감성'을 선호하는 사람이라면 고효율 수소(또는 천연가스) 내연기관 자동차, PHEV 또는 48V – 시스템을 선택할 수도 있을 것이다. 전문가들은 미래에 어느 한 종류의 자동차 즉, FCEV나 BEV가 시장을 독점하는 현상은 발생하지 않을 것으로 생각하고 있다.

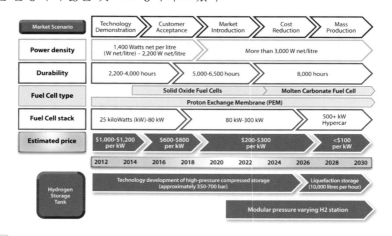

참고   연료전지 승용차 시장; 기술 로드맵(global) 2012-2030 (출처;openaccessgovernment.org)

제5장

전기에너지 저장장치

Electric Energy Storage Systems

eco-friendly electric powered vehicles

5-1 에너지 저장장치 개요
Introduction to Energy Storage Systems

1 에너지 저장 형태

에너지 저장장치는 필요에 따라 차후에 사용할 목적으로 에너지를 저장하는 기능을 수행한다. 현재 자동차에 사용되고 있거나 미래에 사용될 에너지 저장방식들을 저장된 에너지의 종류에 따라 구분하면, 대략 다음과 같다. 밑줄이 그어진 시스템들은 자세하게 설명할 것이다.

(1) 화학적(chemical)

휘발유, 경유, 메탄올, 에탄올, LPG, CNG, 수소, 바이오매스(RME) 등

(2) 전자기술적(electro-technical)

① 전기화학적 에너지 저장기(축전지)

납축전지, NiMH, NaNiCl, NaS, Li - ion, Li - Polymer 등등

② 전자기(電磁氣 : electro- magnetic) 에너지 저장기 - 초전도체(superconductor):

SMES(Superconducting Magnetic Energy Storage)

③ 정전(electrostatic) 에너지 저장기 - 콘덴서, **슈퍼 - 캐퍼시터**(super capacitor)

(3) 기계적(mechanical)

① 운동에너지 저장기 - **플라이휠 에너지 저장기**(예 : KERS)

② 정적 퍼텐셜(static potential) 에너지 저장기 - 토션 스프링 에너지 저장기

(4) 공압/유압적(pneumatic & hydraulic)

- **공압/유압 축압기**(pneumatic/hydraulic accumulator)

(5) 열적(thermal)

– 잠열(latent heat) 저장기

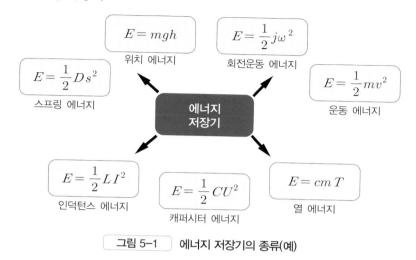

$$E = mgh$$
위치 에너지

$$E = \frac{1}{2} j\omega^2$$
회전운동 에너지

$$E = \frac{1}{2} D s^2$$
스프링 에너지

$$E = \frac{1}{2} m v^2$$
운동 에너지

에너지
저장기

$$E = \frac{1}{2} L I^2$$
인덕턴스 에너지

$$E = \frac{1}{2} C U^2$$
캐퍼시터 에너지

$$E = cm T$$
열 에너지

그림 5-1 │ 에너지 저장기의 종류(예)

2 자동차용 에너지 저장장치로서의 구비 요건(또는 필요조건)

에너지 저장방식 모두가 자동차 구동 에너지 저장방식으로 적합한 것은 아니다. 이유는 자동차에 사용하기 위해서는 여러 가지 필요조건들을 동시에 충족시켜야만 하기 때문이다.

휘발유나 경유와 같은 기존의 화학적 에너지 저장매체와 운전 중에 역으로 충전할 수 있는 에너지 저장장치(예; 전기 에너지 저장장치와 기계적 에너지 저장장치)와의 결합에 대해 우리는 잘 알고 있다. 실제로 우리가 잘 알고 있는 화석연료는 많은 에너지를 매우 짧은 시간 내에 연료탱크에 저장할 수 있는, 편리한 에너지이다.

자동차용 에너지 저장장치로 화석연료 외에 축전지를 주로 사용하였으나, 최근에는 슈퍼 – 캐퍼시터(super capacitor), 유압 저장기, 플라이휠 에너지 저장기 등도 사용한다.

(1) 자동차용 에너지 저장장치로서의 주요 구비요건

① 가볍고 부피가 작으면서도 비출력[W/kg], 비에너지[Wh/kg] 및 에너지 밀도[Wh/ℓ]가 커야 한다.

② 효율이 높아야 한다.

③ 환경친화적이고, 재활용(recycling) 수준이 높아야 한다.

④ 온도 및 기후에 대한 저항성이 강해야 한다. (자기방전 특성 포함)

⑤ 기계적 강도가 높고 진동 및 충격에 강해야 한다.

⑥ 작동 안전성이 높고, 소음 수준이 낮아야 한다.

⑦ 동특성(dynamics)이 우수해야 한다.

⑧ 정비가 쉽고, 수명이 길어야 한다.

⑨ 초기비용이 낮고, 운전비용이 적게 들어야 한다. (관리/수리 비용 포함)

⑩ 충/방전 특성이 좋아야 한다.

⑪ 에너지 공급 기반시설이 잘 갖추어져 있어야 한다.

⑫ 양산 친화적이어야 한다.

(2) 자동차 에너지 저장장치로서의 축전지

순수 전기 자동차(EV) 또는 하이브리드 자동차(HEV)에서 구동 에너지 저장용으로 사용하는 축전지를 구동 축전지(drive battery) 또는 트랙션 배터리(traction battery)라고 한다.

일반적으로 전기자동차(EV)의 구동 축전지로는 셀 전압이 3.5V~4V인 고품질 축전지를 사용한다. 셀 전압이 높으면, 적은 수의 셀로 높은 전압을 얻을 수 있다. [72]

응용 분야에 따라 특별한 축전지 기술이 적합할 수 있지만, 대부분 여러 가지 기술이 서로 비슷하므로 장/단점을 서로 비교해야 한다. 가장 중요한 기준은 에너지 밀도, 출력밀도, 비용 및 수명이다.

표 5-1은 선별된 축전지 시스템의 이론 및 실제 에너지 밀도를 가솔린과 비교한 것이며, 표 5-2는 주행거리 100km에 대한 각 에너지 저장시스템의 질량과 체적을 비교한 것이다. 이들 비교에는 각 시스템의 전형적인 소비 값을 사용하였으며, 항상 전체 저장장치를 고려하였다. 이 자료들로부터 전기구동 자동차에서 구동 축전지는 매우 중요한 부품(critical parts)임을 쉽게 알 수 있다. 이 외에도 비에너지와 에너지 밀도가 낮다는 것은 과도한 비용을 지출해야 함을 의미한다.

표 5 − 1 │ 선별된 축전 시스템의 이론 및 실제 에너지 밀도와 연료의 비교

연료 및 에너지 저장장치	이론 에너지 밀도 [Wh/kg]	실제 에너지 밀도 [Wh/kg]	실제/이론
휘발유	12,083	9,295	76.9%
경 유	11,806	9,081	76.9%
에탄올	7,436	5,788	77.8%
수소(−253℃)	33,333	5,000	15.0%
납−축전지(젤리)	170	50	29.4%
Ni−MH	380	80	21.0%
Li−ion	500	180	36.0%
NaS	790	120	15.2%
Super Cap	5.5	6	109.0%

표 5-2 주행거리 100km에 필요한 에너지 시스템별 질량 및 체적

연료 및 에너지 저장장치	전체 저장시스템 질량 [kg]	전체 저장시스템 체적 [ℓ]	참 고
휘발유	7.3	8	자동차용으로는 질량이 가볍고 체적이 작은 에너지 저장장치가 유리하다.
경유	6.5	7	
에탄올	11	12	
수소(-253℃)	12	33	
납-축전지(젤라틴)	300	150	
Ni-MH	188	56	
Li-ion	136	56	
NaS	125	125	
Super Cap	2717	2347	

자동차의 사용 목적에 따라 저장장치에 필요한 조건들은, 출력특성과 에너지 저장능력에서 차이가 매우 크다. 표 5-3은 자동차의 종류와 이에 수반되는 필요조건들이다.

표 5-3 자동차의 종류와 축전지 시스템의 최소 필요조건[48]

용 도	전기 주행거리	에너지-/출력 필요조건
전기자동차	150km 이상	20kWh 이상 / 40kW 이상
하이브리드 버스	제한된 주행거리	10kWh 이상 / 80kW 이상
풀-하이브리드(승용)	짧은 주행거리	1~3kWh / 25~50kW
마일드-하이브리드(승용)	전기 주행거리=0	0.5~1kWh / 20kW 이하

3 자동차용 에너지 저장장치의 주요 특성

다음과 같은 가역 에너지 저장장치들이 하이브리드 자동차(HEV)와 전기자동차(EV)에 사용하고 있는, 또는 사용하고자 하는 최신 기술로서 고려 대상이다.

① 축전지, 2차 전지(가역적, 충전 가능) (pp.260~)

② 고온 2차 전지(가역적, 충전 가능, 약 300~400℃) (pp.262)

③ 레독스-플로우-전지(Redox-Flow-Cell) (pp.263)

④ 슈퍼-캐퍼시터(super capacitor) (pp.324)

⑤ 에너지 저장용 플라이휠(또는 플라이휠 에너지 저장기)

⑥ 공/유압 축압기(Hydro - pneumatic accumulator) 등

자동차의 종류, 크기 및 용도에 따라 적합한 에너지 저장장치를 선택하기 위해서는 다음과 같은 주요 특성들을 고려해야 한다.

- 에너지 밀도[Wh/l]와 비에너지[Wh/kg] : 자동차의 주행거리에 영향
- 비출력[W/kg] 또는 출력밀도[W/ℓ]: 에너지 충/방전 속도의 척도, 가속 및 회생제동 성능에 영향, 도달 가능한 주행속도 결정
- 축전지의 무게와 에너지량이 HEV 또는 BEV의 개념을 결정한다.
  - HEV: 출력밀도[W/ℓ]가 높은 축전지 필요
  - BEV: 에너지 밀도[Wh/ℓ]가 높은 축전지 필요

(1) 비에너지(specific energy, gravimetric) [Wh/kg]

비에너지란 에너지 저장장치의 무게를 기준으로 하는 에너지 저장능력이다. 비에너지는 장시간에 걸쳐 계속해서 방전 및 충전을 반복하는 경우에 특히 중요한 특성이다. 특히 전기 주행거리를 길게 하기 위해서는 비에너지가 클수록 유리하다.

(2) 에너지 밀도(energy density, volumetric) [Wh/ℓ]

이 특성값은 에너지 저장장치의 설치에 필요한, 또는 차지하는 공간체적을 기준으로 하는 에너지 저장능력이다. 특히 축전지 전기자동차(BEV)의 경우는, 에너지 밀도가 자동차의 독자성 및 독립성에 결정적인 영향을 미친다. 자동차용으로는 부피는 작아도 에너지 밀도가 높은 축전지가 유리하다.

(3) 비출력(specific power, gravimetric) [kW/kg]

에너지 저장시스템의 단위 질량당 출력을 말한다. 아주 짧은 시간(예 : 1분 이내) 동안 최대 출력으로 충전/방전을 해야 할 경우, 에너지 저장시스템의 비출력은 아주 중요하다. 특히 발진/정지(Start/Stop) 기능은 물론이고, 전형적인 하이브리드/전기자동차(HEV/EV) 기술인 가속 지원 및 회생제동(recuperative braking) 과정에서 제한된 짧은 시간 동안에 큰 출력을 끌어내 사용할 수 있고, 역으로 큰 출력으로 충전할 수 있어야 한다. 즉, 대량의 전류로 급격하게 충/방전을 반복해도 성능에 이상이 없어야 한다. 가속성능과 회생제동 성능은 축전지의 비출력에 좌우된다.

표 5-4 에너지 저장장치의 기술적 사양 [1]

출력특성	Pb-Gel	NiMH	Li-ion	NaS	NaNiCl$_2$	SuperCap
이론에너지 밀도						
[Wh/kg]	170	220-380	500	760-790	790	
[Wh/ℓ]	690	990-1134	300-400	1200		
실제 에너지 밀도						
[Wh/kg]	20-50	40-80	70-180	90-120	100-120	2-4
[Wh/ℓ]	70-100	100-270	150-270	100-120	160	2.5-4.5
출력 밀도						
[W/kg]	80-100	<200-1300	200-3000	125-130	110-150	2000-4000
[W/ℓ]	160-200	200-700	500-4200	110-140	130-265	3000-5000
전압						
무부하전압[V]	2.1-2.5	1.3	4.2까지	2.1	2.59	2.7-3.0
정격전압[V]	2	1.2	3.8			
충전종료전압[V]	2.7	1.45	4.2			
방전종지전압[V]	1.6	0.9-1.1	2.5			
에너지 효율[%]	> 90	70	93	83-85	91	90-95
자기방전						
전기적[%/day]	0.1-0.4	1.5-2.0	0.15	0	0	3-20
열적[%/day]				15-17	15-17	
작동온도 [℃]	-10~40	-20~60	-20~60	> 300	> 300	-20~70
충전 능력 [%]	50 in 2h	97 in 0.5h	95 in 1h	100 in 3h	90 in 3.5h	50 in 0.5~5s
	100 in 5h	100 in 1h	100 in 4h		100 in 5h	100 in 1~10s
정비 자유도	yes	yes	yes	yes	yes	yes
수명						
달력수명[년]	3~5			1~2	5	> 10
사이클수명[횟수]	700~800	2000	> 2000	> 1000	> 600	> 1000000
심방전	제한적 가능		가능	문제있음	가능	가능
과충전	가능		문제있음	문제있음	가능	가능
재활용성[%]	98			97		개념 진행중
개발수준	대량생산	양산	양산	양산 전단계	양산 전단계	양산
양산비용 [$/kWh]	50~150	200	300~1000	100	200	
특이사항	* 기술 성숙	* 급속충전 가능	* 높은 퍼텐셜 * BMS 필요 * 사고 시 안전문제	* 가열/냉각 장치 필요	*가열/냉각 장치 필요, * 고장난 셀의 자기 브릿징	*냉각 불필요 * 급속충전 가능 * 사이클 내구성양호 *-40℃이하 에서도 완전 기능

(4) 출력밀도(power density) [W/ℓ]

에너지 저장시스템의 단위 체적당 출력을 말한다. HV/EV에서는 특히 높은 출력밀도를 원한다. 자동차의 경우는 설치공간이 제한적이기 때문에, 부피가 작으면서도 큰 출력을 발휘할 수 있는 에너지 저장시스템이 요구된다.

(5) 에너지 스루풋(energy throughput) [Wh]

스루풋(throughput)이라는 용어는 원래 단위 시간당 정보처리량 또는 시스템의 단위 시간당 처리율(처리능력)을 의미한다. HV/EV 분야에서는 에너지 스루풋(throughput)은 해당 부하 사이클과 함께 셀의 수명에 필요한 조건들을 정의한다.

일부는 축전지 수명을 아직도 용량 – 스루풋 또는 사이클 수로 표시하고 있다. 물론 여기서 수명에 결정적인 영향을 미치는 축전지 전압은 고려하지 않는다. 용량[Ah]은 시스템 또는 전지로부터 끌어내 사용할 수 있는 전류의 양을 말한다.

하이브리드(HV) 시스템에서는 필요로 하는 전기 에너지(=용량×정격전압)가 상대적으로 적기 때문에 용량이 작은 축전지를 사용한다. 그러나 축전지 전기자동차(BEV)에서는 출력성능은 낮아도 용량이 큰 축전지, 즉, 에너지 밀도가 높은 축전지를 사용한다.

용량 스루풋은 흔히 정격용량의 몇 배라는 형태로 표시한다. 기존 자동차의 12V 시동 축전지 시스템에는 에너지 스루풋에 대한 요구조건이 그다지 높지 않다. 반면에 전기자동차와 같이 가속과 제동을 반복하는 경우에는 축전지에 부하가 계속 걸리기 때문에 비 – 에너지 – 스루풋(specific energy throughput; Ah/kg)이 에너지 저장시스템 선택의 결정적인 기준이 된다.

(6) 달력 수명(calendric life)

부하(load)를 걸지 않은, 또는 사용하지도 않는 에너지 저장장치가 노화되어 더는 사용할 수 없는 경우 즉, 시간이 지남에 따라 용량 및 출력에 손실이 발생하여 정상 작동이 불가능한 경우를 최대 달력수명으로 정의한다.

에너지 저장장치 노화의 주원인은 한계조건 아래에서의 사용 외에도 온도의 영향을 크게 받는, 전해액(또는 전해질) 구성 성분의 지속적인 분해이다. 그리고 시간의 경과에 따른 노화 외에도 사이클링(cycling)에 의한 노화를 무시할 수 없다.

전기자동차 구동 축전지 시스템은 비용문제 때문에도 자동차 수명과 동일한 수명을 기대한다. 이는 구동 축전지의 달력수명이 최소한 15년 이상은 되어야 함을 의미한다.

(7) 사이클 수명(cyclic life)

사이클 수명은 최대 에너지 스루풋(energy throughput)과 밀접한 관련이 있다. 수명의 종료기준에 도달할 때까지 정의된 환경조건에서 정의된 부하사이클의 반복 빈도로 나타낸다.

사이클 수명은 성능 저하 현상이 증가하는 형태로, 달력수명과 중복된다. 사이클링(cycling) 과정에서 활물질의 기계적 일, 충전 중 부반응(전해질 손실) 등으로 인해 성능이 저하된다. 수명의 관점에서 많은 사이클 수를 보장하기 위해서는, HEV는 축전지 용량의 작은 범위만을 사용해야 한다. 그러나 EV는 1회 주행당 1회만 충전하므로 사이클 수가 감소한다. 결과적으로 정격용량의 넓은 범위를 활용할 수 있다. 그림 5 - 2는 다양한 HEV와 EV의 작동범위를 나타내고 있다.

이론적으로는 사용 가능한 용량이 정격용량의 50% 이하로 낮아지면, 축전지 수명이 종료된 것으로 본다. 조건을 지정하는 경우가 많다. (예; 심방전도(DoD) 80%에서의 사이클 수명)

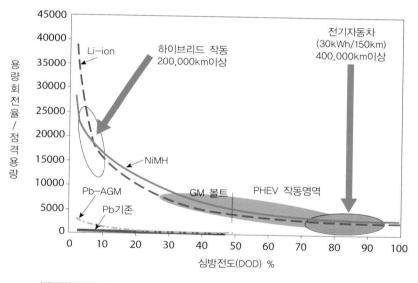

그림 5-2 　다양한 자동차에서 축전지의 사이클 수명과 작동 범위

 　전기화학적 전위서열과 기전력

(1) 전기화학적 전위 서열(electro-chemical potential sequence)

이온반응의 강도를 전기화학적 전위서열로 나타낼 수 있다. 전해질 수용액의 농도를 $1mol/\ell$, 기체의 압력을 1기압, 온도를 $25℃$로 유지했을 때, 표준 수소전극의 전위($E^0 = 0V$)를 기준으로 측정한 반쪽 전지의 전위를 각 물질의 **표준 전극전위**(E^0)라고 한다.

즉, 표준 수소전극과 연결하여 측정한 반쪽 전지의 전위를 **환원반응**(reduction)의 형태로 나타냈을 때의 전위를 **표준 환원전위**라 하고, 표준 환원전위를 크기 순서로 나열한 것을 통상 **표준 전위서열**이라고 한다.

참고로 표준 전극전위를 산화반응의 형태로 나타낸 전위를 **표준 산화전위**라고 하며, 표준 환원전위와 크기는 같으나 부호는 반대이다. 표준 산화전위가 클수록 산화되기 쉽고, 이온화 경향성이 강하다. 전지의 경우에는 양극과 음극이 한 쌍으로 사용되기 때문에 표준 전극전위를 단극전위 또는 반쪽전위라고도 한다.

표준상태에서 표준 수소전극의 전위는 다음과 같이 표시할 수 있다.

$$E^0\,(2\mathrm{H}^+ + 2\mathrm{e}^- \leftrightarrow \mathrm{H}_2) = 0\mathrm{V} \quad \cdots\cdots\cdots\cdots\cdots\cdots\cdots\cdots\cdots\cdots\cdots\cdots\cdots\cdots\cdots (5\text{-}1)$$

표 5-5에서 표준 전극전위(E^0)의 값이 양(+)이면, 전자를 흡수하는 환원반응(reduction)이고, 표준 전극전위(E^0)의 값이 음(−)이면, 전자를 방출하는 산화반응(oxidation)이다. 예를 들면, 리튬(Li)은 E^0의 값이 0보다 작으므로($E^0 < 0$) 산화반응, 구리(Cu)는 E^0의 값이 0보다 크므로($E^0 > 0$) 환원반응이다.

표 5-5 전기화학적 전위 서열(발췌)

환원 형태	⇆ 산화 형태	$+ze^-$	표준전극전위[V]
Li	⇆ Li^+	$+e^-$	−3.045
Na	⇆ Na^+	$+e^-$	−2.71
Mg	⇆ Mg^{2+}	$+2e^-$	−2.36
Al	⇆ Al^{3+}	$+3e^-$	−1.66
Zn	⇆ Zn^{2+}	$+2e^-$	−0.76
Fe	⇆ Fe^{2+}	$+2e^-$	−0.41
Cd	⇆ Cd^{2+}	$+2e^-$	−0.40
$\mathrm{Pb}+\mathrm{SO}_4^{2-}$	⇆ PbSO_4	$+2e^-$	−0.36
Ni	⇆ Ni^{2+}	$+2e^-$	−0.25
Sn	⇆ Sn^{2+}	$+2e^-$	−0.14
Pb	⇆ Pb^{2+}	$+2e^-$	−0.13
Fe	⇆ Fe^{3+}	$+3e^-$	−0.036
$\mathrm{H}_2 + 2\mathrm{H}_2\mathrm{O}$	⇆ $2\mathrm{H}_3\mathrm{O}^+$	$+2e^-$	0
Sn^{2+}	⇆ Sn^{4+}	$+4e^-$	+0.15
Cu^+	⇆ Cu^{2+}	$+e^-$	+0.15
$\mathrm{SO}_2 + 6\mathrm{H}_2\mathrm{O}$	⇆ $\mathrm{SO}_4^{2-}+4\mathrm{H}_3\mathrm{O}^+$	$+2e^-$	+0.17
Cu	⇆ Cu^{2+}	$+2e^-$	+0.34
$\mathrm{S}+3\mathrm{H}_2\mathrm{O}$	⇆ $\mathrm{Cu}^+\mathrm{H}_2\mathrm{SO}_3+4\mathrm{H}^+$	$+2e^-$	+0.45
Cu	⇆ Cu^+	$+e^-$	+0.52
Fe^{2+}	⇆ Fe^{3+}	$+e^-$	+0.77
Ag	⇆ Ag^+	$+e^-$	+0.80

환원 형태	⇆ 산화 형태	$+ze^-$	표준전극전위[V]
$2Br^-$	⇆ Br_2	$+2e^-$	+1.07
$6H_2O$	⇆ $O_2+4H_3O^+$	$+4e^-$	+1.23
$2Cr^{3+}+21H_2O$	⇆ $Cr_2O_7^{2-}+14H_3O^+$	$+6e^-$	+1.33
$2Cl^-$	⇆ Cl_2	$+2e^-$	+1.36
$Mn^{2+}+12H_2O$	⇆ $MnO_4^-+8H_3O^+$	$+5e^-$	+1.51
Cl_2+2H_2O	⇆ $2HOCl+2H^+$	$+2e^-$	+1.63
$PbSO_4+2H_2O$	⇆ $PbO_2+SO_4^{2-}+4H^+$	$+2e^-$	+1.67
$3H_2O+O_2$	⇆ $O_3+2H_3O^+$	$+2e^-$	+2.07
$2F$	⇆ F_2	$+2e^-$	+2.87

(2) 기전력

(+)극 재료의 전극전위와 (−)극 재료의 전극전위 간의 차이가 기전력(emf; electric motive force)이 된다.

$$\text{기전력} = (+)\text{극 전위} - (-)\text{극 전위} \quad \cdots\cdots\cdots (5\text{-}2)$$

전지의 (+)극과 (−)극에서의 반응은 다음과 같다.

$$(+)\text{극에서의 반응} : Ox_1 + ne^- \rightarrow Red_2 \quad \cdots\cdots\cdots (5\text{-}3)$$

$$(-)\text{극에서의 반응} : Red_1 \rightarrow Ox_2 + ne^- \quad \cdots\cdots\cdots (5\text{-}4)$$

$$\text{전체 반응} : \quad Ox_1 + Red_1 \rightarrow Red_2 + Ox_2 \quad \cdots\cdots\cdots (5\text{-}5)$$

여기서 Ox는 산화된 이온농도, Red는 환원된 이온농도를 의미한다.

이 전지 반응의 기전력(E)은 네른스트(Nernst) 식으로 표시할 수 있다.

$$E = E^0 + \frac{RT}{nF} \ln \frac{[Ox]}{[Red]} = E^0 + \frac{0.0592V}{n} \log_{10} \frac{[Ox]}{[Red]} \quad \cdots\cdots (5\text{-}6)$$

여기서 R : 가스상수(8.3144 J / (mol.K))

T : 절대온도[K] (우측 등식은 25℃ 기준)

n : 반응식에서의 전잣수

F : 패러데이 상수(96,485 C/mol)

$\ln = 2{,}303 \log_{10}$

V : 전압 단위(volt)

식 (5 - 5)의 반응이 좌측으로부터 우측으로 진행할 때 변화하는 깁스(Gibbs)의 자유에너지 (ΔG)와 기전력(E) 사이에는 다음 식이 성립한다.

$$-\Delta G = nFE \quad \cdots\cdots\cdots\cdots\cdots\cdots\cdots\cdots\cdots\cdots\cdots\cdots\cdots\cdots (5\text{-}7)$$

여기서 F : 패러데이 상수

n : 반응식에서의 전잣수

Gibbs의 자유에너지가 감소하여 ΔG의 값이 음($-$)이 되는 경우, 반응은 스스로 우측으로 진행되며, 기전력(E)의 값은 양($+$)이 된다. **– 기전반응 또는 방전**

반대로 기전력(E)의 값이 음($-$)이 되는 경우는 외부로부터 기전력(E) 이상의 전압이 인가된 경우이다. 반응은 역으로 좌측으로 진행된다. **– 전기분해 또는 충전**

5   **2차 전지**(secondary cell) – 축전지(accumulator)

2차 전지란 화학적(chemical) 에너지를 전기(electrical or galvanic) 에너지로 변환시켜 방출(=방전)할 수 있으며, 역으로 방전된 상태에 전기에너지를 공급(=충전(充電))하면 이를 화학 에너지 형태로 다시 저장할 수 있는 전지 즉, 충전과 방전을 교대로 반복할 수 있는 전지를 말한다.

축전지 시스템은 Wh당 가격 외에도, 실용성, 작동온도 범위(약 $-45℃ \sim +85℃$), 내진동성 및 최대로 가능한 충/방전 사이클 수, 비에너지[Wh/kg]와 에너지 밀도[Wh/ℓ] 등이 핵심요소이다. 현재 자동차에 널리 사용되고 있는 2차 전지는 납축전지와 리튬 – 이온(Li – ion) 축전지이다.

표 5 – 6에 제시된 성능은 현재의 기술 수준에서 얻을 수 있는 최댓값에 근접하는 특성값이다. 에너지 밀도[Wh/ℓ]와 비출력[W/kg]은 축전지의 형식과 작동온도에 따라 차이가 크다.

표 5 – 6 휘발유와 수소 대비, 각종 축전지의 에너지 밀도와 셀 전압 (출처 : VEW 2009)

형식	비에너지 [Wh/kg]	비출력[W/kg]	충/방전 사이클 횟수	셀 전압[V]
$PbO_2 - H_2SO_4 - Pb$	20~32	20~175	200~2000	2.0
Nickel oxide –KOH–Fe	20~45	65~90	2000~5000	약 1.3
Nickel oxide –KOH–Cd	25~45	200~600	1000~3000	약 1.3
Silver oxide –KOH–Zn	50~150	200~400	1200~2000	약 1.5
Li–Titanate or Li Fe – PO_4	90~108	3000	15000	3.6 3.3
Brom complex –ZnBr–Zn	65~100	85~120	500~1500	1.8
NaS(Natrium Sulphur)	120	185	>1000	2.1
Gasoline	12000	기관에 따라 다름	제한 없음	
H_2 – 고압가스 – 액체 – MH	2500 5500 900	기관에 따라 다름	제한 없음	

납축전지와 Li‑ion 축전지에 대해서는 뒤에서 상세하게 설명할 것이다.

(1) Ni-MH 축전지(Ni-Metal Hydride battery)

NiMH‑축전지는 NiCd‑축전지의 후속 개발제품으로 독성이 있는 카드뮴(Cd)을 금속수소화물(MH)로 대체한 축전지이다. (+)전극은 수산화니켈($Ni(OH)_2$)이고, (−)전극은 수소이온과 결합할 수 있는(=수소를 저장할 수 있는) 특수합금(=금속수소화물) 예를 들면 $LaNi_5$를 사용한다. 전해액으로는 이온 전도성이 아주 강한, 대부분 리터당 0.4[mol]까지의 수산화리튬($LiOH$)을 혼합한, 알칼리 수용액을 사용한다. (20% KOH 수용액)

전지(cell) 반응은 다음과 같다.

$$(충전\ 상태) \quad Ni(OH)_2 + M \Leftrightarrow NiOOH + MH \ (방전\ 상태)$$

방전 시 물 분자로부터의 양성자가 (+)전극에 저장되고 (−)전극에서 이탈한다. 셀(cell) 전압은 충전수준에 따라 1.25V∼1.35V이지만, 정격전압은 1.2V이다. 셀(cell) 전압이 낮아서 축전지 전압을 높이려면 많은 셀(cell)을 직렬 연결해야 한다. NiCd 축전지는 −40℃ 정도의 온도에서도 여전히 우수한 성능을 발휘하지만, NiMH‑축전지는 Li‑ion 축전지처럼 온도에 민감하다. 50℃ 이상의 높은 온도에서는 축전지를 거의 충전할 수 없으며, −10℃ 이하에서는 성능이 크게 약해진다.

Ni‑MH 축전지의 장점은 다음과 같다.
① 방전/충전 비출력이 크다 : (고출력 축전지에서 1300W/kg까지)
② 일반적인 수명 기간에 특별한 문제가 없다. (사이클 수명이 길다.)
③ 높은 에너지 스루풋(energy throughput) 가능 (방전도에 따라 변함)
④ 짧은 시간 동안의 과충전 및 과방전에 대한 저항성이 강함
⑤ 저온에서도 충전 능력 양호 (예 : 10C pulse at −20℃)
⑥ 높은 수동 안전도

Ni‑MH 축전지의 단점은 다음과 같다.
① 자기 방전율이 높다. (20∼30%/달)
② 저온에서는 출력이 급격하게 낮아진다.
　　Ni‑MH 축전지는 기온이 낮을 경우, 금속과 결합된 수소가 거의 분리되지 않는다는 단점을 가지고 있다. 따라서 Ni‑MH 축전지는 다른 형식의 전지에 비해 저온에서는 온도 강

하에 비례하여 출력성능이 급격하게 낮아진다.

③ 무부하 전압이 비교적 낮다.

전지(cell) 전압은 충전수준에 따라 1.25V~1.35V 범위이다.

④ 시스템 무게가 비교적 무겁다.

⑤ 최대 에너지 효율은 92%로 제한된다. (전압 히스테리시스)

NiMH 축전지는 일반적으로 비교적 안전하고 안정적인 축전지 기술로 평가되고 있다. 하이브리드 자동차(HEV) 초기에는 대부분 NiMH – 축전지를 사용하였으며, 현장 경험은 8년 이상의 수명을 증명하고 있다. 그러나 NiMH 축전지는 Li – ion 축전지보다 에너지 밀도가 현저히 낮고, 원자재 가격이 비싸, 비용 절감 잠재력이 매우 낮다. 따라서 자동차 생산회사들은 NiMH – 축전지보다 Li – ion 축전지를 선호하게 되었다.

(2) 나트륨-유황(Natrium-Sulfur) 전지

이 전지는 1970~1980년대 당시에는 높은 에너지 밀도 때문에 전기구동 자동차의 에너지원으로 선풍적인 기대를 모았던, 성공적인(?) 전지였다. (+)전극은 액상의 유황, (–)전극은 액체 나트륨이다. 전해물질로는 내부에는 나트륨이, 외부는 유황으로 포위된 원통형의 전해질 세라믹 통이 사용된다.

이 구조는 유황과 나트륨을 액체 상태로 유지하기 위해서 전지를 약 300℃로 가열해야 하는 문제점이 있다. 또 나트륨은 화학적으로 격렬하게 반응할 수 있으며, 수분과 접촉하면 폭발적으로 연소하는 위험 물질이다. 기존의 납축전지와 비교할 때, 중량은 1/2, 용량은 2배 정도이다.

셀 반응은 다음과 같다.

$$\text{(충전 상태)} \quad 2Na + 5S \Leftrightarrow Na_2S_5 \text{(방전 상태)}, \quad E_0 = 2.076V \text{ at } 300℃$$

가열하지 않은 상태의 나트륨 – 유황 전지의 출력성능은 NiMH 전지와 별 차이가 없으며, 안전을 위한 설계구조에 비용이 많이 든다. 따라서 나트륨 – 유황 전지를 자동차에 적용하기 위해서는 선결해야 할 과제들이 많다.

(3) 염화니켈-클로라이드 축전지(sodium-nickel chloride batteries)

앞에서 설명한 축전지기술(작동온도 범위 약 – 20~80℃)과 달리, 염화니켈 – 클로라이드 (NaNiCl₂) – 고온 축전지의 작동온도 범위는 약 270~350℃이다. 작동 시, 축전지는 용융 액체 나트륨 전극, 고체($NiCl_2$)전극, 격리판인 세라믹 고체전해질 그리고 $NiCl_2$ 전극 측의 액체 금속염 전해질로 구성된다. 방전 시, 나트륨 이온은 고체 전해질을 통해 이동한 후, 충전 시에 다시 복귀한다.

셀(cell) 반응은 다음과 같다.

(충전상태) $NiCl_2 + 2Na \iff 2NaCl + Ni$ (방전 상태)

무부하 전압은 약 2.58V(300℃에서)로 여러 종류의 축전지와 비교해 높다. 이론 에너지밀도는 788Wh/kg이고, 실제 에너지 밀도의 최댓값은 약 100~120Wh/kg이다. 이 축전지는 Ah-효율(약 100%)은 아주 높지만, 최대 비출력은 약 180W/kg에 불과하다. 장점은 견고성, 긴 서비스 수명 및 비교적 저렴한 가격이다. 니켈 이외에도 사용되는 재료는 저렴하다. 단점은 높은 작동 온도와 자기 방전율이다. 축전지가 냉각되면 열-기계적(thermal-mechanical) 응력으로 인해 서비스 수명이 크게 단축되기 때문에 온도를 계속 유지해야 하므로, 상당한 열 손실이 발생한다. 약 16kWh의 표준 축전지 팩의 열 손실은 100W 정도이다. 하루 동안 축전지를 사용하지 않으면 손실을 보상하기 위해 2.4kW를 공급해야 한다. 따라서 축전지는 HEV용으로 적합하지 않으며, 지금까지 EV 개념에만 적용되었다. Li-ion-축전지의 가격이 하락함에 따라 $NaNiCl_2$-축전지 기술은 자동차용으로서 그 가치를 잃어가고 있다.

(4) 레독스-플로우 전지(RFC : Redox-Flow Cell)

기존의 다른 2차 전지와는 달리 전해액 중의 활물질이 산화·환원(소위 Redox)되어 충/방전되는 시스템으로 전해액의 화학적 에너지를 직접 전기에너지로 저장하는 전기화학적 전력저장 시스템이다. 주로 주/야간 부하변동의 평준화나 순간 저전압 보상, 풍력발전의 출력 균등화 등에 이용한다. 현재로는 자동차에 적용할 수 없는, 대형 장치들을 제작, 공급하고 있다. 이유는 에너지 밀도가 납축전지 수준으로 낮기 때문이다. 자동차에 적용하기 위해서는 에너지 밀도를 높이고 비용을 낮추는, 다른 이온 쌍을 찾아야 한다.

기본 구조는 그림 5-3과 같다. 앞서 설명한 수소 연료전지와 비슷한 원리로 연료(수소)와 공기(산소) 대신에 산화상태가 각기 다른 활물질을 이온 교환막 셀에 순환시키는 구조이다. 핵심 장치는 활물질을 저장하는 2개의 탱크, 활물질을 순환시키는 펌프, 그리고 충/방전 반응이 진행되는 이온교환막 셀 스택(stack)이다. **- 활물질의 환원(reduction)과 산화(oxidation)**

활물질로는 V, Fe, Cr, Cu, Ti, Mn 및 Sn 등의 전이금속을 강한 산성 수용액에 용해하여 제조한 전해질을 사용한다. 전해질은 외부의 탱크에 액체 상태로 저장되어 있으며 충·방전 과정 중에 펌프를 통하여 셀 내부로 공급된다. **- 플로우(flow) 전지**

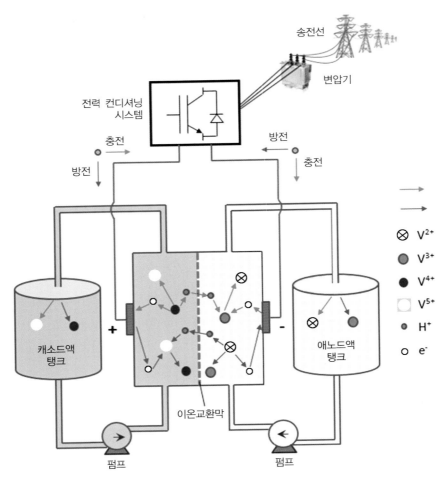

송전선

변압기

전력 컨디셔닝
시스템

충전

방전

방전

충전

V^{2+}

V^{3+}

V^{4+}

V^{5+}

H^+

e^-

캐소드액
탱크

+

－

애노드액
탱크

이온교환막

펌프

펌프

그림 5-3   레독스–플로우–전지 시스템의 개략적인 구성(출처; Journal of Power Technologies 97(3), 2017)

에너지 효율은 70%에서 80%로 아주 높다. 이 전지의 장점은 에너지 용량과 성능을 서로 독립적으로 조정할 수 있다는 점이다. 이 등급의 가장 중요한 대표 주자는 바나듐 레독스 – 플로우 – 전지이다. 이 전지는 작동온도 범위를 +15～+40℃로 유지해야 한다. 그렇지 않으면 이온 중의 하나가 작동하지 않는다.

때로는 탱크에 주입된 전해질을 이용하여 차량의 충전을 실현하려는 생각으로, 이 전지를 자동차에 사용하기 위한 논의가 이루어지고 있다. 그러나 이 개념은 현재로서는 EV의 Li – ion 축전지에 대한 현실적인 대안이 되지 못한다.

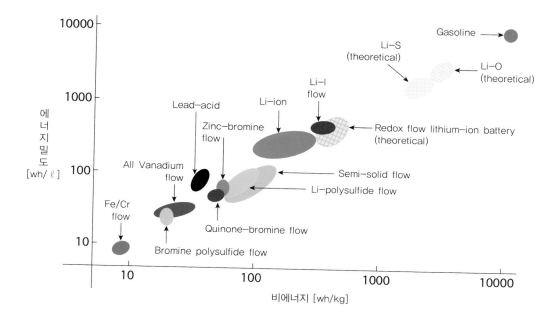

5-2

납-축전지
Lead-Acid Battery System

납축전지는 1911년 내연기관 자동차의 시동 전동기용 전원으로 캐딜락(Cadillac)에 처음 사용된 이래 100년이 지났다. [49]

NiMH-축전지는 1997년 도요타 프리우스(Prius)가 양산되면서부터 하이브리드 자동차와 전기자동차용으로 널리 보급되기 시작하였다. 자동차회사들이 HEV 또는 BEV를 양산하기 시작하면서 자동차용 Li-ion 축전지가 등장하였으며, 이제는 NiMH 축전지가 퇴장하고, Li-금속 축전지와 리튬-공기 축전지가 기대를 모으고 있다.

1 축전지의 주요 특성값 [4]

주요 특성값으로는 전압, 용량, 출력, 충전상태, 그리고 효율 등을 고려할 수 있다.

(1) 용량(capacity : Kapazität)

완전히 충전된 축전지에 얼마나 많은 전하가 들어있는지(이론 용량) 또는 일부 방전된 축전지에서 아직 사용 가능한 전하가 얼마나 남아있는지(실제 용량)를 나타낸다.

축전지 용량의 단위로는 일반적으로 Ah(ampere-hour) 즉, 방전전류(I[A])와 방전시간(t[h])의 곱을 사용하지만, 쿨롱(coulomb; $C = A \cdot s$)을 사용하기도 한다.

이론 용량은 축전지에 들어있는 활물질(活物質; active material)의 양에 좌우된다. 축전지로부터 끌어내 사용할 수 있는 용량은 축전지의 이력(예 : 방전 전 축전지의 보관 조건 및 기간 등)과 방전 조건(예 : 온도, 부하, 방전 종지 전압 등)에 따라 크게 달라진다. 따라서 축전지의 용량은 특정 조건에서 정해진 시험방법으로 결정한다.

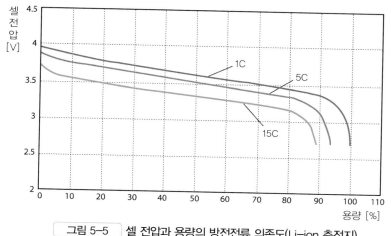

그림 5-5 셀 전압과 용량의 방전전류 의존도(Li-ion 축전지)

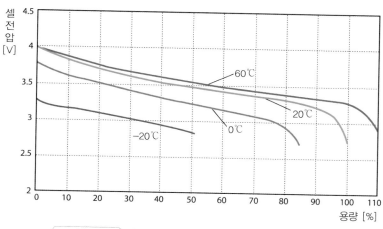

그림 5-6 셀 전압과 용량의 온도 의존성(Li-ion 축전지)

① **정격용량**(rated capacity: Nennkapasitaet)

축전지의 정격용량은 흔히 정의된 방전조건으로 제시한다. 예를 들면 방전 지속시간이 5시간과 20시간이면 시간을 하첨자로 표시하여 K_5, K_{20}으로 표기한다. 예를 들어 $K_{20} = 100\text{Ah}$일 경우, 20시간 동안에 총 100A 즉, 시간당 5A로 방전을 지속할 수 있다는 의미이다. 만약에 5시간 동안 20A로 방전하는 축전지라면, 용량은 $K_5 = 100\text{Ah}$로 표기해야 한다.

참고로 납축전지의 **정격용량**(K_N)은 전해액 온도 27℃에서의 **20시간 방전률**(K_{20})로 표시한다. (DIN 72310에서는 25℃에서의 20시간 방전률)

$$K_N = K_{20} = I_E \cdot 20\text{h}$$

이 외에도 충전속도를 나타내는 **C-rate(current rate)**를 사용하기도 한다. C‑rate는 1시간 동안의 충전량에 비례하는 충전속도 또는 방전속도를 의미한다. 1C는 셀 용량만큼의 전류를 의미하기도 한다.

예를 들어 정격용량이 5Ah인 전지는 1C=5Ah로서, 이는 5A로 1시간 동안 방전한다는 의미이다. 만약 이 전지를 2C로 방전한다면, 10A로 0.5시간 동안 방전할 수 있으며, 0.2C로 방전한다면, 1.0A(=5A×0.2)로 5시간(1h/0.2) 동안 방전할 수 있다.

표 5−7 표준화된 전류율의 정의(Definition of standardized current rates)

전형적인 기준온도; 20℃		
정격전류 = 정격용량/방전시간		
예	정격 방전시간	1h
	정격용량	$C_1 = 10\text{Ah}$
	정격전류	$C = I_1 = 10\text{A}$
	용량 표기	$C_1 \, (C_{1/방전시간})$
C 또는 I 비율의 배수로서의 전류; (예) 40A $= 4 \times I_1 = 4 \times C$		
15분 이내 방전시 용량; $C_{0.25}$		

(2) 전압(voltage: Spannung)

축전지 전압은 양극과 음극 사이의 전위차(電位差; potential difference)이다. 측정조건 또는 작동조건에 따라 전압의 명칭도 다르고 그 값도 다르다.

① 정격전압(rated voltage: Nennspannung)

전기화학적 셀(cell)의 정격전압은 두 전극에 사용된 전기화학적 반응물질에 의해 결정된다. 예를 들면, 납축전지 셀의 정격전압은 2V이다. 축전지의 정격전압은 셀의 정격전압과 직렬로 연결된 셀(cell) 수의 곱으로 표시한다.

② 단자 전압(terminal voltage : Klemmenspannung)

단자 전압은 그때그때 축전지 전극에서 실제로 측정한 전압이다. 따라서 단자 전압은 충전상태 및 작동상태에 따라 정격전압보다 높거나 낮을 수 있다. 무부하 전압은 단자 전압의 특수한 경우이다.

③ 무부하 전압(open−circuit voltage : OCV)

축전지가 부하되지 않은 상태 즉, 개회로(open‑circuit) 상태에서 측정한 전압을 말한다. 부하단계가 종료된 후에 내부의 평형과정에 의해 무부하 전압은 변한다. 그리고 무부하 전압은 전류를 소비할 때 또는 충전할 때 측정결과가 다르게 나타난다. 축전지 단자 배선을 분리한 상태에서만 무부하 전압을 정확하게 측정할 수 있다. 무부하 전압은 축전지 충전수준에 따라 대부분 다르게 나타난다.

④ **방전 종지 전압**(cutoff voltage : Entladeschlussspannung)

단자 전압이 생산회사가 제시하는 방전 종지 전압에 이르면 방전을 중단 또는 종료해야 한다. 온도와 작동상태의 영향을 크게 받으므로, 온도가 아주 낮거나 주파수 부하가 높을 경우는 방전 종지 전압을 낮게 설정할 수 있다.

⑤ **충전 종지 전압**(final charging voltage : Ladeschlussspannung)

단자 전압이 충전 종지 전압에 도달하면 충전을 종료해야 한다. 사용한 충전방식에 따라 다르게 설정될 수 있다. 일반적으로 축전지에서 과충전, 과방전, 급속충전 또는 급속방전은 축전지 수명을 크게 단축시킨다.

이 외에도 납축전지에서는 축전지의 전기화학적 현상으로서, 단자 전압과 실제 무부하 전압과의 차이를 말하는 분극 전압(Polarization voltage)이라는 용어도 사용한다.

(3) 저온 방전시험 전류(I_{kp})(Cold discharge current : Kälteprüfstrom) → 저온 시동능력

완전히 충전된 새 축전지의 저온 시동능력은 저온 방전시험 전류(예 : 175A)로 표시한다. 축전지의 내부저항이 증가하면(예 : 온도가 낮을 때, 축전지가 노화되었거나 손상되었을 때, 충전수준이 낮을 때), 저온 시동능력은 약화한다. 신품이지만 충전상태가 불량한 축전지보다는, 노화되었지만 완전히 충전된 축전지의 저온 시동능력이 항상 더 양호하다는 점에 유의해야 한다.

추위는 시동조건을 가혹하게 만든다. 기관의 운동부품들은 작동이 어렵게 되고(예 : 윤활유의 점도가 높아짐), 동시에 축전지 성능은 낮아지기 때문이다. 저온시험 전류는 시험온도 −18℃에서 완전히 충전된 축전지로부터 방출한다. 방전을 시작한 후, 특정 시간이 지난 다음에 축전지 단자 전압이 규정 최젓값보다 낮아져서는 안 된다.

방전 소요시간과 방전 종지전압은 시험규격에 따라 다르게 정의되어 있다. 정격전압이 12V인 납 축전지에 대해 여러 규격에서는 다음과 같이 정의하고 있다. (시험온도 −18℃)

- EN: 10초 후, 최소한 7.5V 이상
- SAE : 30초 후, 최소한 7.2V 이상
- DIN : 30초 후, 최소한 9.0V 이상, 그리고 150초 후에 최소한 6.0V 이상

저온 방전시험 결과, 측정값이 규정값보다 낮으면, 축전지는 완전한 성능을 발휘할 수 있는 상태가 아니다. 저온시험 방전전류는 극판 수, 극판 단면적, 극판 간격 및 격리판 재질 등의 영향을 크게 받는다.

(4) 축전지 상태와 심방전도

① 충전 상태(SoC; state of charge)

축전지의 충전상태는 축전지로부터 용량 C_{out}을 방출한 후에, 정격 용량 C_{norm}의 몇 % 만큼을 더 사용할 수 있는지를 나타낸다.

$$SoC = \frac{C_{norm} - C_{out}}{C_{norm}} \times 100\% \quad \cdots\cdots\cdots\cdots\cdots\cdots\cdots\cdots\cdots \text{(5-8)}$$

충전상태는 무부하 전압과 직접적인 관계가 있다. 따라서 다음 식을 적용할 수도 있다.

$$SoC = \frac{(U_{present} - U_{min})}{(U_{max} - U_{min})} \times 100\% \quad \cdots\cdots\cdots\cdots\cdots\cdots\cdots\cdots \text{(5-8a)}$$

여기서 $U_{present}$: 현재의 무부하 전압

$\quad\quad U_{max}$: 완전히 충전된 축전지의 무부하 전압($SoC = 100\%$)

$\quad\quad U_{min}$: $SoC = 0\%$ 일 때의 축전지 전압

단, 충전수준이 낮을 때(20% 이하)는 무부하 전압이 SoC에 비례하지 않으므로, $SoC = 0\%$ 일 때의 값에 비례하도록 외삽법으로 수정한 값을 사용해야 한다.

② 건강 상태(SoH; state of health)

축전지는 사용함에 따라 노화된다. 노화됨에 따라 여러 가지 노화현상이 나타나는데 예를 들면, 정격전하를 저장할 수 없으므로 용량이 점차 감소한다. 또 다른 현상은 큰 전류로 방전할 때 노화된 축전지는 신품 축전지와 비교해서 내부저항이 높아서 전압손실이 발생한다. 이와 같은 현상을 노화도 또는 건강상태(SoH; State of Health)라고 한다.

축전지를 평가하기 위해, 기관을 시동할 때와 같은 특정한 전류 프로파일에 대한 거동을 사용한다. 동일한 조건(온도, 방전전류)에서 신품 축전지에 부하를 가한다. 이 축전지는 노화도(SoH)를 결정하는 비교 표준으로 사용된다. 정해진 시간(t_0)이 지난 후에, 축전지 전압은 U_{new}로 강하한다. (그림 5 - 7 참조) 이때 노화된 축전지의 전압은 U_{min}으로 강하한다. 여기서 U_1은 아직 허용되는 전압이다. SoH는 다음과 같이 정의한다.

$$SoH = \frac{(U_{min} - U_1)}{(U_{new} - U_1)} \quad \cdots\cdots\cdots\cdots\cdots\cdots\cdots\cdots\cdots\cdots \text{(5-9)}$$

여기서 신품 축전지는 $SoH = 1$ 이다. $SoH = 0$은 현재 임계전압 U_1의 상태인 축전지이다. 그리고 $SoH < 0$은 더는 사용할 수 없는 축전지의 상태를 말한다.

③ 기능 상태 (SoF; state of function)

SoH 값만으로 작동 중에 축전지가 실제로 정상적인 기능을 발휘할 수 있는지를 평가할 수는 없다. SoC, SoH 그리고 온도가 서로 간에 보완작용을 할 수 있기 때문이다. SoC 값은 낮아도 신품 축전지에 가까워 SoH가 높은 경우, 그리고 SoH가 낮은, 노화된 축전지의 SoC(충전상태)가 양호한 때는 서로 보완작용을 할 수 있다.

현재의 축전지 상태(즉, 현재의 SoC, SoH 및 온도)로 필요한 임무를 수행할 수 있는, 축전지의 능력을 축전지의 기능 상태(state of function; SoF)라고 한다. SoF는 SoC, SoH 및 작동온도를 포괄하며, SoH와 똑같이 정의되어 있다.

SoF는 축전지가 현재의 상태에서 자신의 임무를 완벽하게 수행할 수 있는지를 예측하기 위해서 SoC, SoH 및 온도를 모두 고려한 값이다. 그러나 SoH는 단지 SoC 및 온도만을 고려한, 축전지 특성값이다.

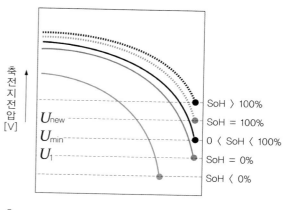
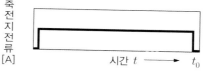

그림 5-7 SoH값의 정의 (출처 : Bosch)

$$SoF = \frac{(U_{\min} - U_1)}{(U_{new} - U_1)} = SoC \cdots (5\text{-}9a)$$

그림 5-8은 주어진 온도에서 SoC와 SoH의 기능에 대한 SoF의 질적 의존성을 나타내고 있다. x축에는 SoC를 0에서 1까지, y축은 SoH를 0에서 1까지를 각각 나타내고 있다. 그림은 일정한 범위 안에서 낮은 SoH(축전지 건강상태)가 높은 SoC값에 의해 보완되고 있음을 잘 나타내고 있다.

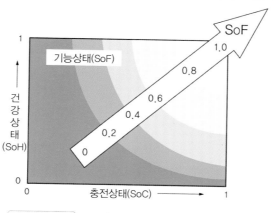

그림 5-8 SoF값의 질적 의존도(출처 : Bosch)

④ **축전지의 심방전도(Depth of Discharge ; DoD)**

축전지의 방전 수준을 정격 용량의 백분율로 표시한다. DoD 100%는 축전지가 완전히 방전되었음을 나타낸다.

(5) 자기방전(自己放電 ; self discharge: Selbstentladung)

부하가 연결되지 않은 상태에서도 셀의 전극 또는 축전지의 전극에서 계속 진행되는, 온도와 관계가 있는 화학적 반응을 자기방전이라고 한다.

납축전지에서 자기방전은 전해액에 포함된 불순물, 극판격자의 안티몬 함량, 작용물질의 분리와 퇴적 때문에 발생하는 단락(short) 등의 영향을 크게 받는다. 이로 인해, 외부회로에서 전류가 흐르지 않는 상태에서도 극판의 납 또는 이산화납이 황산납으로 변환된다. 자기방전은 전해액의 온도와 밀도가 높을수록 가속된다.

그러므로 축전지는 가능한 한 서늘한 곳에 보관해야 한다. 자기방전은 축전지 케이스(case)를 통한 누설전류와 마찬가지로, 축전지 단자 배선을 분리해 놓은 상태에서도 축전지를 정기적으로 반드시 재충전시켜야 하는 이유이다.

자기방전은 축전지의 노화 정도에 따라 다르나, 납축전지의 경우 하루에 용량의 $0.2{\sim}1.0\%$ 정도로 진행된다. 완전히 충전된 축전지가 $+15°C$에서는 약 4개월 정도, $+40°C$에서는 약 2주일 정도가 지나면 완전히 방전된다. 일반적으로 온도가 $10°C$ 상승함에 따라 자기방전률은 약 2배로 증가하는 것으로 알려져 있다.

(6) 축전지 효율

기관에서와 마찬가지로 축전지에서도 에너지 손실이 발생한다. 축전지 효율은 전류효율과 에너지 효율로 구분한다.

① 전류효율 → 암페어 · 시간(Ah) 효율

전류효율(η_{Ah})은 축전지로부터 방전한 용량(Ah)을 축전지에 공급한 용량(Ah)으로 나누어 백분율로 표시한다. 납축전지의 경우, 온도 300K(27°C)에서 20시간률로 방전할 경우, 전류효율(Ah 효율)은 약 90% 정도이다.

② 에너지 효율(energy efficiency) → Wh 효율

에너지 효율(η_{Wh})은 방전 에너지(W_D)를 충전 에너지(W_C)로 나누어 백분율로 표시한다. 납축전지를 온도 300K(27°C)에서 20 시간율로 방전할 경우, 에너지 효율(Wh 효율)은 약 75% 정도이다. 그 원인은 충전 전압(U_C)이 방전 전압(U_D)의 평균값보다 훨씬 높기 때문이다.

$$\eta_{Wh} = \frac{W_D}{W_C} = \frac{U_D \cdot I_D \cdot 20h}{U_C \cdot I_C \cdot t_C} \quad \cdots\cdots\cdots\cdots\cdots\cdots\cdots\cdots\cdots\cdots\cdots \ (5-10)$$

여기서 U_D: 방전 전압 [V]

$\qquad I_D$: K_{20}에서의 방전 전류 [A]

$\qquad U_C$: 충전 전압 [V]

$\qquad I_C$: 충전 전류 [A]

$\qquad t_C$: 충전 시간 [h]

(7) 내부 저항(internal resistance ; R_i)

내부 저항은 무부하 전압에서 단자 전압을 뺀 값을 단자 전류로 나누어 구한다.

$$\text{내부저항} = \frac{\text{무부하전압} - \text{단자전압}}{\text{단자전류}} \quad \cdots\cdots\cdots\cdots\cdots\cdots\cdots\cdots\cdots \ (5-11)$$

(8) 산화와 환원

① 산화(oxidation)

분자, 원자 또는 이온이 산소를 얻거나, 수소 또는 전자를 잃는 반응을 말한다.

② 환원(reduction)

분자, 원자 또는 이온이 산소를 잃거나, 수소 또는 전자를 얻는 반응을 말한다.

③ 산화수(oxidation number)

하나의 물질(분자, 이온 화합물, 홑원소 물질 등) 내에서 전자교환이 완전히 일어났다고 가정하였을 때, 물질을 구성하는 특정 원자가 갖는 "전하수"를 말한다. 산화상태라고도 한다. 반응 후 산화수가 증가하면 산화, 감소하면 환원반응이다.

④ 산화 환원(reduction-oxidation; Redox) 반응

원자의 산화수가 달라지는 화학반응. 한쪽 물질에서 산화가 일어나면, 반대쪽 물질에서는 환원반응이 일어난다. 즉, 산화와 환원은 서로 반대 작용이다.

	전자	산소	수소	산화수
산화	잃는다	얻는다	잃는다	증가한다
환원	얻는다	잃는다	얻는다	감소한다

(1) 납축전지의 기본 구조

납축전지는 아래 그림과 같이 다수의 셀(cell)로 구성되어 있다. 1개의 셀은 납축전지의 가장 작은 기본단위이다.

1개의 셀은 기본적으로
- ① (+)극판(positive plate)
- ② (−)극판(negative plate)
- ③ 격리판(separator)
- ④ 전해액(electrolyte)
- ⑤ 셀 케이스(cell case) 등으로 구성된다.

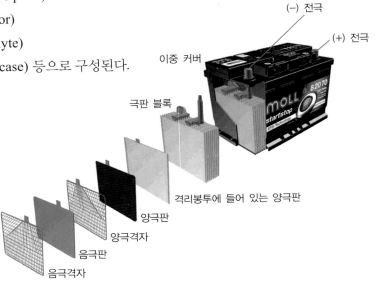

그림 5-9 **시동용 납축전지의 기본 구조** (출처 : MOLL_EFB_kl)

① 극판 − (+)극판과 (−)극판

극판은 경납(hard lead)의 격자(grid)에 활물질을 압착한 것으로, 충/방전하는 동안에는 활물질만이 화학적으로 변환된다. 이들 활물질의 분말에 합성섬유, 접착제, 황산, 첨가제 등을 혼합, 반죽하여 극판격자에 눌러 붙인다.

② 격리판

(+)극판과 (−)극판 사이에는 다공질(多孔質)의 절연용 격리판을 설치하여, (+)극판과 (−)극판을 전기적으로 격리한다. 격리판은 극판의 단락을 방지하고, 동시에 극판 간의 간격을 일정하게 유지한다. 그러나 다공질이므로 충/방전하는 동안, 전해액을 통한 극판의 화학변

화는 방해를 받지 않는다.

③ 극판군(plate group) 및 극판 스트랩(plate strap)

1개의 셀(cell) 내에서 극판의 배열은 "음극판＋격리판＋양극판＋격리판＋……＋격리판＋음극판"으로 하고, 아주 작은 공간에서 가능한 한 대용량을 얻기 위해 같은 극판끼리 극판 스트랩으로 병렬로 연결하여, 하나의 극판군을 형성한다.

이때 화학적 평형을 고려하여 (＋)극판보다 (－)극판을 하나 더 삽입하여, 양쪽 바깥쪽에 (－)극판이 설치되도록 한다. (＋)극판은 (－)극판보다 화학작용이 활발하며, 또 방전 시에 변형되는 성질이 있다. (＋)극판은 셀(cell)당 4~5장부터 최고 14장까지도 사용한다.

④ 축전지 케이스 및 셀 커버

축전지 케이스는 절연체이면서도 황산에 내력이 있는 합성수지 또는 경질고무이며, 중간 칸막이로 인해 각 셀로 나누어지고, 각 셀에는 극판군이 설치된다. 각 셀에 설치된 극판군은 셀 커넥터(connector)를 이용하여 직렬로 연결한다. 그리고 묽은 황산 수용액을 극판 상단보다 1~2cm 더 높게 주입한다.

케이스 안의 극판군 아래 즉, 케이스 안의 밑바닥에는 극판을 받쳐주는 받침(bridge)이 있고, 받침 사이의 공간은 극판으로부터 분리된 작용물질들이 퇴적되는 침전조(沈澱槽)로서 기능하여, 침전물에 의해 극판 상호 간에 단락이 발생하는 것을 방지한다.

셀 커버(cover)는 케이스와 접착되어 있다. 기존의 보통 축전지의 커버에는 전해액 주입구가 가공되어 있으며, 주입구 마개에는 환기구가 뚫려 있어 축전지 내부에서 발생하는 산소나 수소가 대기로 방출될 수 있다. 그러나 현재의 자동차용 납축전지들은 커버 전체가 밀폐된 형식이 대부분이다.

⑤ 전극

축전지 양단의 셀에는 외부의 전원 또는 부하와 연결하기 위한 전극(electrode)이 설치된다. 전극은 (＋)극 단자의 직경이 (－)극 단자의 직경보다 커서, 육안으로도 쉽게 구별할 수 있다. 극판 스트랩, 셀 커넥터 및 전극 등의 재질은 모두 납이다.

(2) 납축전지의 작동 원리

(＋)극의 활물질은 과산화납(PbO_2), (－)극의 활물질은 해면상(海綿狀)의 납(Pb), 전해액은 약 35%의 황산(H_2SO_4) 수용액이다. 셀(cell)에서의 전기화학적 반응은 다음과 같다.

$$(\text{충전})Pb + 2(H_2SO_4) + PbO_2 \Longleftarrow \Longrightarrow 2(PbSO_4) + 2(H_2O)(\text{방전})$$

$$207.2g + 196.0g + 239.2g = 642.4g, \quad Q = 53.5Ah$$

① 완전충전 상태

완전충전 상태에서 (+)극판의 작용물질은 갈색의 과산화납(PbO_2), (−)극판은 해면상 (海綿狀)의 회색 납(Pb)이다. 전해액은 묽은 황산($2(H_2SO_4)$)으로 밀도(ρ)는 전해액 온도 20℃에서 약 $1.280\,[g/cm^3]$이다. 전해액은 밀도에 따라 항상 일정한 비율로 2가의 수소 양이온(H_2^{++})과 2가의 황산 음이온(SO_4^{--})으로 분리된다.

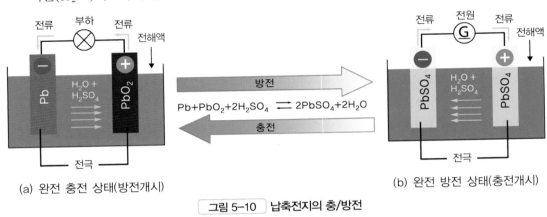

(a) 완전 충전 상태(방전개시)　　　　　　　　(b) 완전 방전 상태(충전개시)

그림 5-10 납축전지의 충/방전

② 방전 과정

(−)극판과 (+)극판이 부하(예 : 전구)를 통해 서로 연결되면, 외부회로에서 전류는 (+)극으로부터 부하를 거쳐 (−)극으로 흐르고, 반면에 전자는 (−)극에서 부하를 거쳐 (+)극으로 이동한다. 전해액 내에서는 역으로 전류는 (−)극판에서 (+)극판으로 흐른다.

● 방전 시 (+)극판의 화학작용

(+)극판의 과산화납(PbO_2)은 4가의 납-양이온(Pb^{++++})과 2가의 산소-음이온(O^{--})으로 분해된다. (−)극으로부터 부하(예 : 전구)를 거쳐 (+)극으로 전자($^{--}$)가 이동하면, 4가의 납-양이온(Pb^{++++})으로부터 2가의 납-양이온(Pb^{++})이 생성된다. 이어서 2가의 납-양이온(Pb^{++})은 전해액에서 해리된 2가의 황산-음이온(SO_4^{--})과 반응하여 황산납($PbSO_4$)이 된다.

(+)극판으로부터 자유롭게 분리된(전리된) 2가의 산소-음이온(O^{--})은 전해액에서 해리된 1가의 수소-양이온(H^+) 2개(H_2^{++})와 반응하여 물이 된다.

(+)극판에서는 2산화납이 전자를 흡수하여 황산납으로 변환된다.

$$PbO_2 + H_2SO_4 + 2H^+ + 2e^- \rightarrow PbSO_4 + 2H_2O$$

● 방전 시 (−)극판의 화학작용

나머지 1개의 2가의 황산 − 음이온(SO_4^{--})은 또 (−)극판으로 이동하여 납(Pb)과 결합하여 (+)극판에서와 마찬가지로 과산화납($PbSO_4$)이 되고, 2개의 자유전자를 생성한다. 이때 생성된 2개의 자유전자는 (−)전극으로부터 부하를 거쳐 (+)전극으로 흐른다. → 전류의 흐름(방전)

즉, (−)극판은 (+)극판으로 전자($^{--}$)를 보내므로, 전기적으로 중성 상태의 납($Pb°$)이, 2가의 납 − 양이온(Pb^{++})으로 변화된 다음, 전해액 내의 황산 − 음이온(SO_4^{--})과 반응하여 황산납($PbSO_4$)이 된다고 생각해도 좋다.

(−)극판에서는 외부회로를 통해 (+)극판으로 전자를 방출하므로 납이 황산납으로 변환된다.

$$Pb + H_2SO_4 \rightarrow PbSO_4 + 2H^+ + 2e^-$$

● 방전 후의 상태

양극판의 갈색 과산화납(PbO_2)과 음극판의 회색 납(Pb)은 모두 백색의 황산납($PbSO_4$)으로 변한다. 이때 황산용액은 전리(電離)된 후, 이온반응을 통해 물을 생성한다. 따라서 전해액의 밀도(ρ)는 약 1.12 ~ 1.14 $[g/cm^3]$ 정도로 낮아진다.

셀(cell) 1개의 정격전압은 극판의 수나 면적에 상관없이 약 2.1V이고, 방전 종지전압은 1.75V이다. 방전 종지전압 이하로 셀 − 전압이 낮아지면 극판의 황산화가 촉진되어, 결국은 더는 충전할 수 없게 된다. 충전할 때 셀 − 전압은 약 2.75V까지 상승한다. 이론 비에너지는 167Wh/kg이다. 그러나 실질적으로 목표로 하는 비에너지는 약 30~50Wh/kg이다.

6V − 축전지는 3개의 셀을, 12V − 축전지는 6개의 셀을 각각 직렬로 연결한다. (그림 5 − 9 참조) 납축전지는 형식에 상관없이 너무 높은 충전전압을 인가하면, 폭발성이 강한 수소 기체가 발생한다. 그러므로 충전전압을 너무 높게 설정해서는 절대로 안 된다.

(3) AGM−축전지 및 Gel−축전지

납축전지는 다음과 같은 기술적 사양들로 시판되고 있다.

① 황산용액 축전지
② 흡수성 유리섬유(Absorbent Glass Mat; AGM) 축전지
③ 젤라틴(gel) 축전지

전해액으로 황산 수용액을 사용하는 기존의 납축전지에서는 2차 반응(또는 과충전)에서 전해액이 분해되어 수소와 산소를 생성하며, 완전 방전 시에는 황산의 층상분리 현상으로 축전지의

성능이 급격하게 저하하는 단점이 있다.

AGM - 축전지 또는 Gel - 축전지에서는 전해액이 분해되지 않도록 하는 방법을 통해서 축전지의 안전도 및 취급성을 개선하고, 전해액의 층상분리 현상도 방지한다. 액상의 전해액을 사용하지 않으므로 진동이 심해도 불순물에 의한 단락을 방지할 수 있으며, 충격으로 축전지가 파손된 경우에도 전해액이 유출되지 않아 또 다른 2차 피해를 방지할 수 있다.

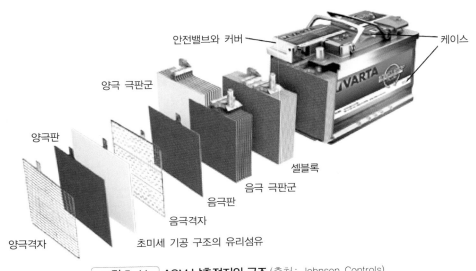

그림 5-11 AGM 납축전지의 구조 (출처 : Johnson Controls)

① 젤라틴(gel) 축전지

Gel(젤라틴, 젤리 또는 겔) - 축전지에서는 전해액(황산용액)에 SiO_2 - 분말을 혼합, 아교(gelatin)처럼 만드는 기술을 사용하며, 별도의 격리판을 갖추고 있다. 전해액이 약 10ml/Ah 수준으로 많아짐에 따라, 전극 간의 간격이 멀어지고 내부저항도 증가한다. 젤라틴(gelatin) 열용량이 커서 축전지는 열적 과부하에 덜 민감하다. 생산비는 AGM - 축전지보다 약 15%~20% 더 비싸다. 기온이 아주 낮을 경우, 젤라틴(gelatin)은 수축하므로 활물질에 대한 접촉이 상실될 수도 있다.

② AGM - 축전지

흡수성 유리섬유 기술이 적용된 AGM - 축전지에서는 이제까지 사용된 납 - 칼슘 - 축전지에서와는 반대로 축전지 하우징 내에서 황산용액이 자유롭게 흐르지 않는다. 그 대신에 황산용액은 다공성의 바싹 마른 유리섬유(격리판) 매트에 100% 구속되어 있다.

따라서 축전지 손상 시에도 전해액이 누출되지 않으며, 기울기 각도 70°까지 허용된다. 초미세 기공(micro porosity) 구조인 유리섬유는 수많은 미세 기공을 통해 생성된 가스가 원활하게 이송되도록 한다. 그러므로 수소가스와 산소가스의 재결합이 방해받지 않고 즉시 이루어진다.

이 외에도 AGM - 축전지는 가스가 누설되지
않도록 밀폐되어 있다. 이는 격리판의 투과성
때문에 가스가 다시 물로 변환되기 때문에 가능
하다. 그리고 은합금제 (+)격자를 사용한다.

그러나 AGM - 격리판이 활물질과의 접촉을
상실하면, 높은 열부하 때문에 손상될 수도 있
다. AGM - 축전지에서는 Gel - 축전지에서보
다 전해액이 더 약하게 결합하고 있다. 제한된
범위 내에서, 액상의 시스템에서처럼 전해액이
층상으로 분리될 수도 있다. 그렇게 되면 축전
지 부하가 불균일하게 될 수도 있다.

AGM - 축전지는 출력밀도가 높아서 마이크
로 하이브리드에서 제동에너지 회수에 사용할
수 있다.

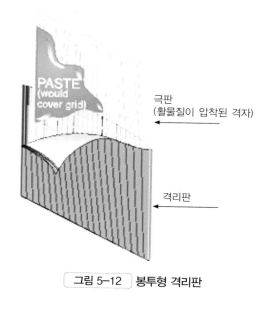

극판
(활물질이 압착된 격자)

격리판

그림 5-12 봉투형 격리판

③ **나선형 셀(spiral cell) 구조의 AGM-축전지 (그림 5-13 참조)**

얇은 두 극판의 사이에 격리판(유리섬유)을 끼워서 두루마리 형태로 빈틈없이 단단하게
감은, 특별한 구조의 AGM - 축전지이다. 두루마리의 상단에 극판 스트랩이 설치되어 있다.
이 구조의 축전지는 사각형 극판 구조와 비교해 극판 면적이 매우 넓고, 극판 간격이 약
5mm 정도로 아주 좁아서 내부저항이 적어, 대전류를 신속하게 충전 또는 방전할 수 있다.

심한 진동이나 강한 충격에 강하고, 가스와 전해액의 누설 위험이 없다. −40℃∼60℃의
극심한 온도변화에도 높은 부하를 감당할 수 있으며(특히 저온에서), 수명도 길다. 하이브
리드 자동차용으로 관심을 끌고 있다.

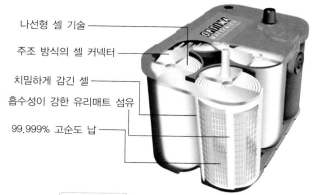

나선형 셀 기술

주조 방식의 셀 커넥터

치밀하게 감긴 셀

흡수성이 강한 유리매트 섬유

99.999% 고순도 납

공칭 전압	2.0V
냉시동 능력[EN]	815 CCA
(CCA; Cold Cranking Ampere)	
용량[EN]	50Ah
보유 용량[EN]	110분
시동 수명	∼12,000회
사이클 수명(심방전)	∼50회
최소 중량	17.6kg

그림 5-13 OPTIMA의 두루마리 구조의 납축전지(출처 : Jonson controls)(4-8)

표 5-8은 전형적인 자동차용 납축전지의 중요한 성능 데이터이다. 기존의 납축전지는 오늘날의 하이브리드 자동차가 필요로 하는 조건들을 제한적으로만 충족시킬 수 있다.

표 5-8 납축전지의 성능 데이터

		고 에너지	고 출력
비 에너지 [Wh/kg]		35	32
비 출력 [W/kg]		200	430
에너지 밀도 [Wh/l]		90	68
출력 밀도 [W/l]		510	910
사이클 수	-방전도 80%	700	350
	-방전도 5%	2000 이상	1800

표 5-9는 정전류로 일정한 시간 동안 방전했을 때 축전지의 유효 용량을 백분율로 나타낸 것이다. 예를 들어 AGM-축전지에서 20시간율로 20시간 동안 방전할 때 유효 용량이 100%라면, 대전류로 5분 동안 방전할 때는 유효 용량의 27%만 사용할 수 있음을 의미한다. 그리고 가장 아랫줄은 5초 동안 허용 가능한 최대전류이다. 용량이 50Ah인 AGM-축전지라면, 8C 즉, 400A(50 × 8)로는 5초 동안 방전할 수 있음을 나타낸다.

표 5-9 방전시간에 따른 납축전지의 유효 용량 (출처 : Victron Energy)

방전시간 (정전류)	종지전압[V]	AGM 심방전 사이클(%)	Gel 심방전 사이클(%)	Gel "Long Life"(%)
20시간	10.8	100	100	112
10시간	10.8	92	87	100
5시간	10.8	85	80	94
3시간	10.8	78	73	79
1시간	9.6	65	61	63
30분	9.6	55	51	45
15분	9.6	42	38	29
10분	9.6	38	34	21
5분	9.6	27	24	
5초		8C	7C	

5-3

리튬 – 축전지
Li-Battery System

리튬(Lithium)은 현재까지 지구상에서 가장 가벼운 금속으로서 원자번호 3이다. 그리고 표준 전극전위(표준 수소전극 기준 – 3.045V, 표 5 – 5 참조)가 커서, 전지 생산업체들은 이미 1930 년대부터 지대한 관심을 가지고 1차전지 개발에 사용하였다. 그러나 리튬 2차전지 기술은 아직도 새로운 기술에 속한다.

Li – ion 축전지는 NiMH 축전지보다 에너지 밀도, 출력밀도 및 효율이 더 높고, 자기 방전율이 더 낮다. 그러나 저온에서 과부하, 과방전 및 기계적 손상에는 더 민감하다.

1 리튬 – 이온 축전지의 기본 구조 및 작동 원리

(1) 리튬 –이온 축전지의 기본 구조

(+)전극, 격막, (－)전극, 전해액(또는 전해질) 및 케이스 등으로 구성되며, 원통형 (cylindrical), 각형(prismatic) 또는 커피 – 백(coffee bag) 구조로 생산되고 있다.

① (+)전극(positive electrode; Anode)

(+)전극은 집전체(集電體; current collector)인 알루미늄 박막에 (+)극 활물질을 얇게 바른 형태이며, 공정 후 두께는 약 $30 \sim 100 \mu m$ 정도이다. 활물질로는 대부분 리튬이 삽입된 금속산화물($LiMO_2$ 또는 LiM_2O_4 : 에너지용) 또는 금속인산염($LiMPO_4$)(＝금속산화물 구조에 변화가 없는 금속인산염 또는 리튬이 삽입된 금속산화물: 출력용)을 주로 사용한다.

② (－)전극(negative electrode; Cathode)

(－)전극 활물질로는 리튬의 흡장, 방출이 쉬운 결정구조를 가진 탄소(예를 들면 흑연의 형태 ; 합성 흑연, 천연 흑연 등)를 주로 사용한다. 미세한 탄소(흑연) 알갱이들과 결합제를 반죽한 물질을 집전체(集電體; current collector)인 구리 박막의 표면에 얇게 바른 형태를 주

로 사용한다. 이 외에도 나노 결정의 무정형 실리콘(리튬의 층간 화합물), 산화아연(SnO_2), 나노(nano) 구조의 리튬 – 티타늄 옥사이드(Li_2TiO_3, $Li_4Ti_5O_{12}$) 등도 사용한다.

(+)극과 (–)극은 모두 각각의 원자 격자구조에 리튬 – 이온(Li^+)을 저장할 수 있다.
집전체로는 (+)극은 알루미늄 박막, (–)극은 구리 박막을 주로 사용한다.
축전지에서 (+)극은 애노드(anode), (–)극은 캐소드(cathode)이다. (연료전지와는 정반대)
알루미늄은 융점 933.47K이며 전기저항은 구리의 1.6배이다. 구리의 융점은 1357.77K이다.

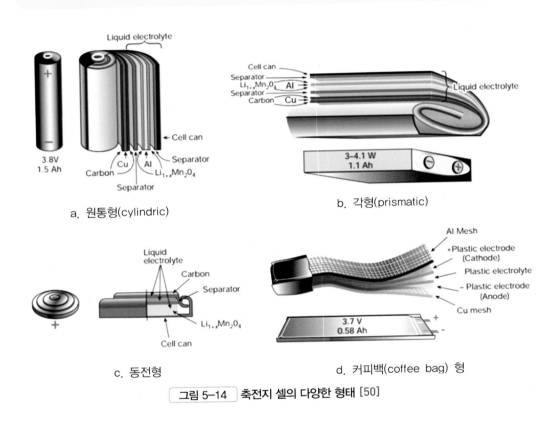

a. 원통형(cylindric)

b. 각형(prismatic)

c. 동전형

d. 커피백(coffee bag) 형

그림 5-14 | 축전지 셀의 다양한 형태 [50]

③ **격막 또는 분리막(separator)**

리튬염이 용해된 유기질 전해액을 사용하는 Li – ion 축전지에서는 격막 또는 분리막으로 두께 $10 \sim 35\mu m$의 폴리에틸렌(PE; Polyethylene) 및 폴리프로필렌(PP; Polypropylene)의 다공성 박막을 사용한다. 격막의 기공률은 약 $30 \sim 50\%$이며, 기공의 크기는 약 $0.03 \sim 0.05$ μm이다. 격막은 온도 약 135℃에서 녹아, 이온의 통과를 차단하는 셧다운(shutdown) 기능을 수행한다. **– 셧다운 격막**(shut – down separator)

격막은 셧 – 다운 기능 외에도 충격으로 축전지가 파손된 때에도, 가능한 한 셀 내부의

(‒)전극과 (+)전극 간의 절연을 보장할 수 있어야 한다. 그러면서도 정상 작동상태에서는 이온이 격막을 통과할 수 있어야 한다.

고체 전해질(고분자 전해질과 고분자 ‒ 겔 전해질)을 이용하는 경우는 전극/전해질 계면이 존재하며 격막은 없으나, 최근에는 안전을 위해 셧다운 기능을 가진 아주 얇은 격막(두께 약 $9 \mu m$ 정도)을 사용하기도 한다.

④ 전해액(電解液) 또는 전해질(電解質; electrolyte)

리튬 ‒ 이온 축전지의 내부에는 수분이 조금이라도 들어있어서는 안 된다. (허용 한계 : $H_2O < 20ppm$). 예를 들어 침입한 수분이 전해액 속의 리튬염(예 : $LiPF_6$)과 반응하면, 많은 열을 발생시키면서 불화수소산(HF)을 생성하여 전지를 훼손하고, 심하면 화재를 일으키거나 폭발할 수도 있다.

리튬 ‒ 이온 축전지의 전해액(전해질)으로는 다음과 같은 물질들을 주로 사용한다.

- 전해액은 수분을 포함하지 않는 비양자성(aportic) 용액 예를 들면, 탄산 에틸렌, 탄산 프로필렌 및 점도가 낮은 탄산알킬/에테르(디메틸카보네이트, 디에틸카보네이트 또는 1.2 ‒ 디메틸옥시에탄)와 리튬 ‒ 헥사 ‒ 플루오로 ‒ 산($LiPF_6$)과 같은 리튬염 용액의 혼합 액체

- 폴리비닐리덴 플로라이드(PVDF) 또는 폴리비닐리덴 플로라이드 ‒ 헥사 ‒ 플루오로 ‒ 프로필렌(PVDF ‒ HFP)으로 구성된 고분자(Polymer)

- 리튬 ‒ 포스펫 ‒ 니트라이드($LiLi_3PO_4N$)

🔵 **안전 지침**

리튬‒이온 축전지의 전해액(LiP : 과불화 리튬 인산염)이 물과 접촉할 경우, 불화수소산(HF)이 생성된다. 우리 몸에 불화수소산이 접촉될 경우, 불화수소산은 신체의 수분과 수소결합을 하면서 뼛속까지 침투하여, 심하면 신체를 절단해야 하는 상황에까지 이를 수 있는 아주 유독한 물질이다.

리튬‒이온 축전지의 화재에 소화제로 물을 사용해서는 안 된다!!!!!

---

⑤ 셀 하우징(cell housing)

Li ‒ ion 셀은 주머니(pouch ‒ bag 또는 coffee bag)형, 각기둥(prismatic)형 및 원통(cylindrical)형 등 다양한 형태로 생산된다. 주머니형 셀의 경우에는 격막 ‒ 음전극 ‒ 격막 ‒ 양전극 ‒ 격막의 순으로 적층하는 데 반해, 원통형 셀에서는 감는다. 각기둥형 셀에는 적층형 전극과 감는 형식의 전극이 모두 사용된다. 원통형은 주로 금속 용기를 사용한다. 커피 ‒ 백 형식은 알루미늄 박판을 플라스틱 필름 사이에 끼운 박판(laminate) 필름을 사용한다. 이

방식은 금속의 기체 차단성 및 플라스틱의 가소성과 유연성을 동시에 활용한다는 장점이 있으나, 최종 단계에서의 봉구(封口)기술이 어려운 기술이다.

원통형과 각형 각각의 장점은 표 5 – 10과 같다.

표 5 – 10 원통형과 각형 리튬 –이온 축전지 각각의 장점

원통형(cylindrical)	각형(prismatic) & 커피-백(coffee bag)
단순하고, 안전한 가공기술	납작한 형상
내압 하우징(약 40bar까지)	열 방출능력 우수, 균일한 온도분포
안전밸브 열림 압력 일정	규격화(dimensioning) 융통성
신뢰할 수 있는 기밀성	단순한 축전지 구조

HEV/EV용 Li‑ion 축전지는 과충전, 과방전, 과전류, 열부하, 셀 평형(cell balancing), 전압 등을 감시하고 제어하는 축전지 관리시스템(BMS)은 물론이고, 제품에 따라서는 냉각장치까지도 내장, 집적한 형태로 생산, 공급한다.

그림 5-15 48V 리튬–이온 축전지(마이크로 하이브리드용) (출처 : Johnson Controls)

(2) 리튬–이온 축전지의 기본 작동 원리

① 충전 시 (+)전극에서의 기본적인 화학반응은 전극 재료에 따라 다음과 같다. 방전할 때는 충전할 때의 역반응이다. 즉, 화살표의 방향을 바꾸면 된다.

$$LiCoO_2 \Rightarrow Li_{0.4}Co_2O_2 + 0.6Li^+ 0.6e^-$$
$$LiNiO_2 \Rightarrow Li_{03}NiO_2 + 0.7Li^+ 0.7e^-$$
$$LiMnO_4 \Rightarrow Li_{03}Mn_2O_4 + 0.7Li^+ 0.7e^-$$
$$LiFePO_4 \Rightarrow Li_{1-x}FePO_4 + xLi^+ xe^- \quad \cdots\cdots (5-12a)$$

② 현재까지 (‑)극 재료로 가장 많이 사용되고 있는 탄소 재료의 충전 반응식은 다음과 같다.

$$nC + xLi^+ + xe^- \Rightarrow Li_xC_n \quad \cdots\cdots (5-12b)$$

③ (+)극과 (−)극에서의 전체 충전 반응에 대한 일반식은 다음과 같이 쓸 수 있다. 여기서 M은 금속을 나타낸다.

$$LiMO_2 + nC \Rightarrow MO_2 + Li_xC_n \quad \text{..} \quad (5-12c)$$

앞서 구조에서 설명한 바와 같이 활물질(活物質)로는 (+)전극은 리튬-금속산화물(예 : Li-Mn-Oxide), (−)전극은 탄소(예 : 흑연)를 사용한다. 두 전극 사이에는 이온이 통과할 수 있는 격막이 존재하며, 셀 내부 전체는 리튬염이 용해되어 리튬-이온의 이동을 쉽게 하는 유기질 전해액(액체, 또는 Li-Polymer 축전지에서는 거의 고체 연고에 가까움)이 채워져 있다. 두 전극은 각각 원자의 격자구조에 리튬-이온을 저장할 수 있다.

Li-ion 축전지에서는 리튬-이온(Li^+)이 분리막을 통과하여 두 전극 사이를 왕복하므로 인해 기전력(emf : electric motive force)이 생성된다. − 스윙 시스템(swing system)

충전 과정에서는 (+)로 대전된 리튬-이온(Li^+)이 전해액 내에서 리튬-금속산화물 격자(+전극, 애노드)로부터 분리막을 거쳐 흑연 격자(−전극, 캐소드)로 이동하여, 흑연 격자에서 전자와 결합한다. 분자 수준에서 흑연은 층상구조를 형성하고 있으며, 각 층의 공간에 상대적으로 크기가 작은 리튬-이온을 저장할 수 있다. 처음 충전할 때 (−)극에는 부동태 피막(Solid Electrolyte Interface; SEI)이 형성된다.

방전할 때, 리튬-이온(Li^+)은 전자를 흑연전극(−전극, 캐소드)에 남

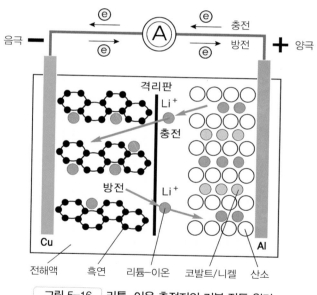

그림 5-16 리튬−이온 축전지의 기본 작동 원리

겨두고 다시 산화물 전극(+전극, 애노드)으로 이동한다. 충/방전 시에 전극 격자들 사이에서 리튬-이온(Li^+)만 교환되므로 즉, 이온만 왕복하므로 "스윙(swing) 시스템 또는 흔들의자(rocking chair) 시스템"이라고도 한다.

리튬-이온(Li^+)의 탈리(脫離 : de-intercalation)로 전극에 혼자 남아있는 전자는, 충전할

때는 (+)극으로부터 외부 충전기를 거쳐서 (−)극으로, 방전할 때는 (−)극으로부터 외부 부하를 거쳐 (+)극으로 이동한다. (그림 5 − 16 참조)

> ● 주의
>
> 연료전지에서는 (−)극이 애노드(anode), (+)극이 캐소드(cathode)이지만, 축전지에서는 (−)극이 캐소드, (+)극이 애노드이다. 전극의 명칭이 서로 반대임에 유념해야 한다.

(3) 리튬-폴리머 축전지(Lithium Polymer Cell)의 전해질

리튬 − 폴리머 축전지도 리튬 − 이온 축전지의 일종이다. 리튬 − 이온 축전지에서와 마찬가지로 (+)극 활물질은 리튬 − 금속산화물이고 (−)극은 대부분 흑연이다. 액상의 전해액 대신에 고분자 전해질을 사용한다는 점만 다르다. 전해질은 고분자를 기반으로 하며, 고체에서 연고(gel) 형태까지의 얇은 막(소위 박막) 형태로 생산된다.

축전지의 모든 구성 요소들(인출선(power lead), (−)극, 전해액, (+)극)은 두께 약 $100\mu m$ 이하의 박막으로 생산된다. 그러므로 리튬 − 폴리머 축전지의 형태에는 제한이 없다. 때에 따라서는 안전을 위해 셧다운(shut − down) 기능을 가진 분리막을 사용하기도 한다. 그리고 소위 커피 − 백(coffee bag) 형태의 셀(cell)로 제조한다.

고분자 전해질 또는 고분자 − 젤라틴 전해질을 사용하는 리튬 − 폴리머 축전지에서는 전해액의 누설 염려가 없으며 구성 재료의 부식도 적다. 그리고 휘발성 용매를 사용하지 않으므로, 발화 위험도가 낮다.

전해질은 이온 전도성이 높고, 전기화학적으로 안정되어 있어야 하며, 전해질과 활물질 사이에 양호한 계면(界面)을 형성해야 한다. 그리고 열적 안정성이 우수해야 하고, 환경부하가 적어야 하며, 취급이 쉽고, 가격이 싸야 한다는 조건들을 갖추어야 한다.

① 고분자(polymer) 전해질

고분자 전해질은 폴리에틸렌 옥사이드(PEO), 폴리프로필렌 옥사이드(PPO; Polypropylene Oxide)로 대표되는 도너(donor)형 극성기를 가진 고분자와 전해질염의 복합재료이다. 고분자 중에 용해된 리튬염의 리튬 − 이온에 산소원자 등의 극성 부위가 배위함으로서 리튬염이 해리되어 이온 전도성을 발휘한다.

이온 전도율은 실온에서 0.1∼1.0mS/cm의 범위로 유기전해액의 1/10에 지나지 않는다. 따라서 전해액을 이용할 때보다 유효전극의 깊이가 얕아지므로 전극의 두께를 가능한 한 얇게 만들어야 한다. (※ mS : milli − Siemens)

그리고 일반적으로 고분자 전해질의 이온 전도성은 저온에서 매우 낮으며, 또 급격히 낮아진다. 따라서 전극과 전해질 사이에 계면접합을 구축하고, 전극에서의 산화 및 환원으로 인한 전해질의 분해를 억제하는 기술을 적용하여 안정적인 충/방전 작용을 하도록 해야 한다.

② 고분자−젤라틴(polymer gel) 전해질

고분자−젤라틴 전해질의 이온 전도도는 유기 전해액의 이온 전도도와 거의 비슷하지만, 전해액이 고분자 모체(matrix) 안에 존재하므로 누액 문제가 개선되어, 전지의 안전성이 상대적으로 향상되었다.

고분자−젤라틴 전해질의 주(主; host) 고분자는 이온 전도성을 높이기 위해 가능한 한 다량의 전해액을 고분자 안에 보유해야 하며, 유연성과 기계적 강도도 우수해야 한다. 주 고분자로는 폴리불화비닐리덴(PVdF; Poly−vinylidene Fluoride), 폴리아크릴니트릴(PAN; Poly−acryl−nitril), 육불화−프로필렌(HFP; Hexa−fluoro−propylene)의 공중합체, PEO (폴리에틸렌 옥사이드) 그리고 다공성−PVdF 등을 사용한다.

(4) 전극 활물질의 조합에 따른 리튬−이온 축전지 시스템의 다양성

Li−ion 축전지는 높은 에너지 밀도와 적당한 전류 강도(예 : EV용), 그리고 매우 높은 출력 밀도(예 : HEV용)에 모두 대응할 수 있다. 내부구조는 본질적으로 전극의 피막 두께가 다르다는 점이다. 활물질의 두께가 얇을수록 출력밀도는 높아지지만, 동시에 에너지 밀도는 감소한다.

Li−ion 축전지 기술의 가장 큰 특징은 전극의 재료 구성에 있다. 기존의 납축전지와는 다르게 Li−ion 축전지에서는 전위와 특성이 서로 다른 다양한 활물질의 조합을 선택할 수 있다. 그림 5−17은 (+)극과 (−)극의 활물질 조합에 따라 셀 전압이 서로 다른 축전지를 만들 수 있음을 보여주고 있으며, 표 5−11은 전극 활물질의 기준 전위 및 비용량을 나타내고 있다. 따라서 Li−ion 축전지의 특성값을 납축전지나 Ni−MH 축전지에서처럼 통일

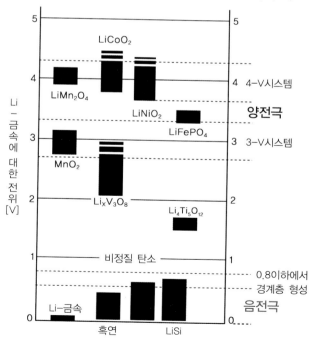

그림 5−17 전극 재료에 따른 3V− 및 4V−Li−ion 축전지 시스템

된 값으로 제시하는 것은 불가능하다.

표 5 - 11 리튬 - 이온 축전지의 전극 재료 특성

(−)극의 기반 재료와 전극 물질		
(−)극 주재료	전압(Li/Li^+ 기준)	비용량(접지 기준)
흑연(LiC_6)	0.05~0.2 V	372 mAh/g
하드 카본(hard carbon)[1]	0.2~0.8 V	480 mAh/g 이상
소프트 카본(soft carbon)[2]	0.2~0.8 V	275 mAh/g 이상
$Li_4Ti_5O_{12}$	1.5 V	150 mAh/g
$Sn(+Co+C)$	0.2~0.8 V	1000 mAh/g
$Si/C/CMC(Li_{15}Si_4)$	0.45~0.6 V	1000 mAh/g
무기질 (+)극 재료		
(+)극 재료	전압(Li/Li^+ 기준)	비용량
$LiCoO_2$, LCO	4.0 V	150~170 mAh/g
$LiNi_{0.80}Co_{0.15}Al_{0.15}O_2$, NCA	3.8 V	180~195 mAh/g
$LiNi_{1/3}Co_{1/3}Mn_{1/3}O_2$, NCM	3.85 V	150~170 mAh/g
$LiMn_2O_4$, LMO, LMS	4.0 V	100~120 mAh/g
$LiFePO_4$, LFP	3.4 V	160 mAh/g
$LiFePO_4F$	3.6 V	95~140 mAh/g

1) hard carbon : 흑연화되지 않은 탄소 : 난흑연화성 탄소(難黑煙化性 炭素)
2) soft carbon : 흑연화되는 탄소 : 이흑연화성 탄소(易黑煙化性 炭素) * NCA; 니켈−코발트−알루미늄,
  * NCM; 니켈−코발트−망간, * LFP; 리튬−인산−철 계열, * LCO: 리튬−코발트 산화물 계열

그림 5 - 18은 다양한 (+)극 반응물질로부터 끌어내 사용할 수 있는 비용량[mAh/g]과 전압 [mV]의 관계를 나타내고 있다. LFP는 전압은 낮으나 상대적으로 안정적이며, LCO는 전압이 높으면서도 비용량도 상대적으로 크다는 것을 알 수 있다.

1990년대에 Sony가 출시한 가장 오래된 소재는 비교적 용량이 큰 LOC(Li - Co - Oxide)이다. 그러나 코발트 함량이 높아서 가격, 안전 및 환경 친화성 측면에서 문제가 있다. 결과적으로 비싸고 독성이 있는 코발트의 함량을 낮추거나 다른 재료로 대체하는 연구가 계속되고 있다.

LFP(리튬 인산철) 축전지는 (+)극 재료로 인산철(LFP)을 사용한다. 3원계(NCM, NCA)와 비교해 코발트를 사용하지 않으므로 폭발위험이 적고, 출력성능이 양호하고, 저렴하다는 장점이 있는 반면에, 비에너지[Wh/kg]가 낮고, 부피가 크고, 무겁다는 단점이 있다. 버스나 상용차 용으로 많이 사용하며, 중국에서 주로 생산한다.

또 다른 (+)극 재료는 Li - Ni - 산화물(LNO) 또는 Li - Mn - 산화물(LMO)이다. LNO는 용량은 크지만 열 안정성은 낮다. 반면에 LMO는 매우 안정적이지만, 실온보다 높은 온도에서 전해질이 부분적으로 용해되는 단점이 있다. 이러한 특성을 모두 최적화하기 위해, 예를 들어 Li -

Ni‑Mn‑Co(NMC) 및 Li‑Ni‑Co‑Al(NCA) 전극이 등장했다. 이들은 위에서 언급한 물질들의 혼합물, 예를 들어 NMC의 경우, 조성에 따라 LNO의 용량과 성능을 조합한 것이다.

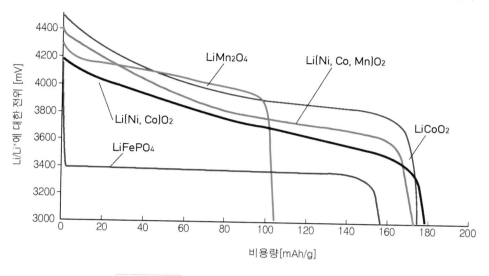

그림 5-18 다양한 (+)극 활물질의 방전 특성곡선

NMCA (+)극 재료는 기존의 니켈 함량이 높은 NMC(Ni‑Mn‑Co; Ni 60%, Co 20%, Mn 20%)에 알루미늄(Al)을 추가한 제품이다. 일반적으로 니켈 함량을 높이면 축전지 용량을 높일 수 있지만, 망간과 코발트의 함량을 줄이면 안정성과 출력이 낮아진다. 따라서 니켈 함량을 80~90% 이상으로 높이는 데는 기술적 한계가 있다. NCMA 축전지는 니켈 함량을 85~90%까지 높이고 코발트 함량을 10% 미만으로 낮추는 대신에 안정성을 높이기 위해 알루미늄을 추가한, 소위 하이‑니켈(high nickel) 축전지이다. 니켈 함량이 80%까지 높아진 축전지를 탑재하면 현재 전기차의 주행거리 약 400km가 600km로 늘어날 것이라고 한다. 개발이 진행되고 있다.

축전지 특성을 최적화하기 위해, (‑)극 재료에도 대책을 마련하고 있다. 소위 LTO‑셀에서, 탄소 대신에 리튬‑티타늄(Li‑Ti)을 사용한다. 셀 전압이 낮으므로 에너지 밀도는 현저하게 감소하지만, 출력밀도는 아주 높고 수명도 길어진다. 티타늄을 기반으로 하는, 최초의 상업용 축전지가 현재 시장에 출시되어 있다. 그리고 탄소 외에도, 높은 에너지 밀도를 가능하게 하는 실리콘 성분을 사용하는 변형이 또한 개발되고 있다. 순수 실리콘 기반 (‑)극 재료는 여전히 연구가 계속되고 있다. 이들은 에너지 밀도가 이론적으로 11배 더 높다는 점이 장점이다. ((‑)극에만 관련됨). 그러나 문제는 리튬의 대량 흡장 및 탈리로 인해 재료의 부피가 최대 400%까지 변화한다는 단점이 있다. 이로 인해 재료에 대한 기계적 응력이 커지고 전지의 사이클 안정성이 심하게 낮아진다.

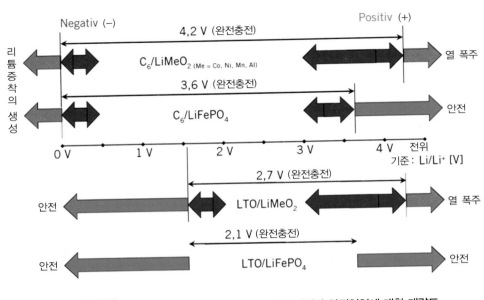

그림 5-19
리튬-이온 전지의 전극재료에 따른 전위와 안정영역에 대한 개략도

그림 5-19는 전극 재료의 일반적인 전압 범위와 다양한 조합에 따른 최대 셀-전압을 나타내고 있다. 또한, 이렇게 정의된 전압 한계를 초과하는 경우 안정성, 수명 및 안전성에 대한 임계 상태에 도달하는 전압을 개략적으로 제시하고 있다.

모든 개별 Li-ion 셀에서 전극재료의 조합과 관계없이, 재료를 손상시킬 수 있는 전압 한계를 벗어나지 않으려면, 항상 전자보호회로(예; BMS)를 통해 작동시켜야 한다. 예를 들어 전지에 과부하가 걸리면 전해질이 분해된다. 그러면 셀은 가스를 생성하기 시작하고, 최악의 경우 셀은 화재에 이르게 된다. Li-금속산화물 (+)극 재료의 경우, 과부하 또는 온도 약 200℃에서 열역학적으로 불안정한 상태(열 폭주; thermal runaway)를 초래할 수 있으며, 이 경우 재료는 발열로 인해 추가로 산소를 방출함과 동시에 분해된다. 방전이 심하면 일부 (+)극에서 돌이킬 수 없는 용량손실이 발생한다. 이 외에도 충전상태가 아주 낮으면 집전체가 분해되어, 재충전 시 미세한 가지를 가진 금속구조(소위, 수지상 금속; 樹枝狀 金屬)로 전극에 다시 흡착되어 단락을 발생시킬 위험이 있다.

이처럼 전극 활물질의 전위, 비용량, 비출력 및 충/방전 특성이 서로 다르므로 전극 재료의 선택에 따라 셀 전압, 비용량, 에너지 밀도 및 충/방전 특성이 다르리라는 것은 쉽게 예견할 수 있다. 그리고 전지기술이 비약적으로 발전함에 따라, 전지의 특성값도 하루가 다르게 개선되고 있다.

2 리튬 – 이온(폴리머) 축전지 시스템의 특징

(1) 높은 전압과 높은 에너지 밀도

리튬 – 이온 축전지의 가장 큰 특징은 비에너지[Wh/kg] 및 셀 전압이 높다는 점이다. 셀 전압이 Ni – MH 축전지보다 약 3배 정도 높으므로 비교적 적은 수의 셀(cell)을 하나의 패키지로 만들 수 있다. 물론 하나의 패키지에 들어있는, 모든 셀은 각각 2.5V ~ 4.2V의 전압범위를 균일하게 유지해야 한다. 따라서 반드시 능동 축전지 관리시스템(BMS)을 갖추어야 한다.

표 5 – 12 리튬 –이온 축전지의 성능 특성값 (출처: Johnson controls)

특 성		고 에너지 Li-ion 축전지	고 출력 Li-ion 축전지
25℃에서의 에너지			
비 에너지[Wh/kg]		180	70
에너지 밀도[Wh/ℓ]		320	150
25℃에서의 출력			
		30s 펄스(50% DOD에서)	10s 펄스 충전 또는 방전
비 출력 [W/kg]		650	1200~2500(SoC 50%에서)
출력 밀도 [W/ℓ]		1300	5300까지
사이클 수명		2000 이상(100% DOD에서)	300000 이상(±3% DOD에서)
달력 수명 [year]		7~10	
자기 방전		2 ~ 3%/달 (25℃에서)	약 10%/달 (55℃에서)
온도 범위	작동 중	−30 ~ +52℃	
	보관 시	−30 ~ +70℃	

※ DoD(Depth of Discharge: 심방전도)

(2) 셀의 기밀도

아주 소량의 산소와 수소일지라도 Li – ion 축전지 내부에 침입하게 되면, 셀에 영구적인 손상을 일으키므로 셀의 기밀도는 아주 중요하다. 수명과 안전을 위해 셀은 물이 침입할 수 없는 구조로 완전히 밀폐되어 있으며, 기포 방출구(안전밸브 포함)를 갖추고 있다. 그래도 수분과 접촉해서는 안 된다. 결함이 있는 Li – ion 축전지는 기본적으로 물과 격렬하게 반응한다. 특히 완전

충전상태에서.

그리고 리튬 금속은 모든 알칼리 금속과 마찬가지로 물과 강하게 반응하므로 (+)극은 수용성 전해질로부터도 보호되어야 한다. 필요한 (+)극 보호층은 물을 투과하지 않으면서도 동시에 가역적으로 리튬이온을 전도할 수 있어야 한다. - 이는 지금까지 불완전하게만 충족할 수 있는 요건이다.

(3) (-)전극의 고체전해질 계면(SEI : Solid Electrolyte Interface) - 부동태 피막

전해액(전해질) 중에 존재하는 리튬-이온(Li^+)이 흑연 내부로 안정되게 **삽입**(揷入; intercalation)되었다가, 다시 전해액(전해질) 속으로 가역적으로 **탈리**(脫離; de-intercalation)되려면, 아주 작은 리튬-이온(Li^+)은 침투할 수 있으나 전해액(전해질) 분자는 통과할 수 없는 안정된 보호피막이 흑연과 전해액(전해질) 계면에 형성되어야 하는 것으로 알려져 있다.

이 보호피막이 충분히 형성되지 않으면, 리튬-이온(Li^+)과 전해액(전해질) 분자가 함께 흑연전극에 침투하여 흑연전극을 비가역적으로 훼손한다. 따라서 흑연전극과 전해액(전해질)의 계면에는 안정된 보호피막이 형성되어야 한다. 이 안정된 보호피막을 **부동태 피막** 또는 **고체전해질 계면(SEI)**이라고 한다.

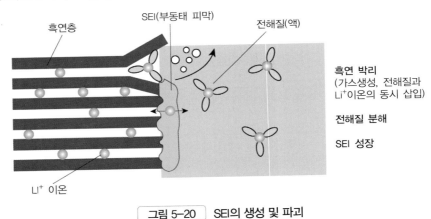

흑연층 SEI(부동태 피막) 전해질(액)

흑연 박리
(가스생성, 전해질과
Li^+이온의 동시 삽입)

전해질 분해

SEI 성장

Li^+ 이온

그림 5-20 SEI의 생성 및 파괴

(4) 발화 가능성

Li-ion 축전지에는 전위가 낮은 (-)극 재료를 사용하기 위해 유기질 전해액을 사용한다. 유기질 전해액은 수용성 전해액에 비교해 전도성이 아주 낮으므로 Li-ion 축전지에서는 아주 얇은 구조의 전극을 사용한다. 얇은 구조의 전극은 고가(高價)의 집전박막(current collector film)과 같은 수동적인 요소의 비율이 높아, 그 내부구조가 비교적 복잡하면서도 기계적 강도는 낮다.

그리고 (+)극의 충전전압은 약 4.2V(Li^+/Li 기준)에 이른다. 이 값은 산소의 산화/환원 전위와 비슷한 값이다. 즉, (+)극의 전위는 유기물 대부분을 산화시킬 수 있을 만큼 높다. 따라서 충전상태의 전지(cell)는 가연성 유기 전해액과 산화제인 (+)극이 공존하는 환경이 된다. 이 상태에서 급격한 온도상승을 유발하는 그 어떤 반응(예 : 단락, 급격한 충/방전, 기계적 손상 등)이 진행되면, 열폭주(thermal runaway)가 발생할 수 있다. 열폭주는 발연(發煙) 및 발화(發火)로 이어질 수 있다.

리튬은 반응성이 강한 금속이다. Li‐ion 축전지에서와같이 Li‐결합을 이루고 있을 때, 전지의 구성 요소들은 발화하기 쉽다. 그리고 과충전 시의 평형 반응 예를 들면, 납축전지에서와 같은 물의 분해반응은 불가능하며, 급격하게 충/방전을 반복할 경우 내부의 온도와 압력이 상승한다. 온도가 120℃ 이상으로 상승하면, 부동태 피막(SEI)이 붕괴하고 시스템은 자발화에 이르게 된다. 이와 같은 현상은 전극에 다른 물질 예를 들면, 나노‐티타늄(nano‐titan)이나 황화철을 추가하여 방지할 수 있다.

이와 같은 이유로 Li‐ion 축전지에는 PTC 소자, 전류 차단기구, 가스 배출 밸브 등의 안전기구를 갖추고 있다. 그리고 온도가 높아지면, 격막도 셧다운(shutdown) 기능을 수행한다.

(5) 작동온도 범위, 충전상태(SoC) 및 자기방전

① 작동온도 범위(range of operating temperature)

축전지의 수명과 성능은 작동온도의 영향을 가장 크게 받는다. 온도가 너무 높으면 셀이 파손되기 쉽고, 온도가 너무 낮으면 셀의 화학작용이 아주 느리게 진행된다. Li‐ion 축전지의 사용 가능한 온도 범위는 대략 −25℃~55℃이며, 합리적인 작동온도 범위는 23~55℃이다. 그러나 최적 작동온도 범위는 대략 35℃~45℃의 좁은 범위이다. 따라서 기온이 낮을 때는 가열이 필요하고, 높은 온도환경에서는 냉각이 필요하다.

일반적으로 작동온도 상한은 40℃ 이하, 하나의 셀 안에서 각부의 온도차는 5~10K 범위, 셀 간의 온도차는 5K 이하로 유지하는 것을 제어목표로 한다. 이를 위해 냉각 공기의 온도는 Li‐ion 축전지의 형식에 상관없이 30℃ 이하를 유지하는 것이 좋다. 따라서 냉각된 공기, 에어컨, 제2의 냉각회로 등을 이용하여 축전지를 냉각한다.

> **○ 참고**
> 차량에 따라서는 전지 모듈을 차체 바닥에 넓게 분산시켜, 냉각 표면적을 극대화 하고, 전지 내부저항을 제어하는 방법을 사용한다. 별도의 냉각장치는 사용하지 않는다. pp.316 그림 5-40 참조)

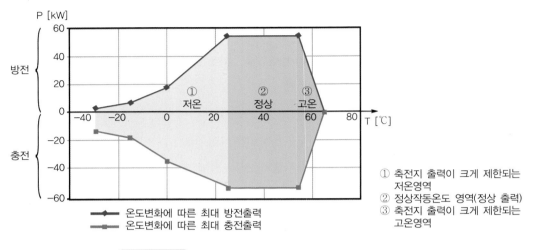

그림 5-21 셀 온도에 따른 축전지의 유효출력 (출처 : BMW)

그림 5 - 22는 축전지에 냉각기(chiller)와 히트 - 싱크(heat - sink)를 사용하는 축전지 냉각회로이다. 장점은 연평균 에너지 효율이 높고, 축전지 모듈을 조밀(compact)하게 제작할 수 있으며, 냉각성능이 우수하고, 축전지 가열 기능을 부가할 수 있다는 점이다. 단점은 전체 시스템의 무게와 설치공간, 비용 그리고 큰 열류에 의한 관성(inertia due to high thermal mass) 등이다.

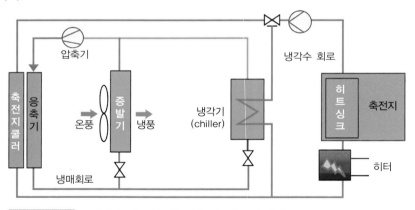

그림 5-22 냉각기와 히트 싱크를 사용하는 축전지 냉각시스템 (출처 : BEHR)

② 충전상태(SoC)

리튬 - 이온 축전지의 충전 허용범위는 SoC 50%를 432 기준으로 ± 30% 즉, 최대 20 ~ 80%이며, 정상적인 최적 SoC 범위는 대략 55 ~ 65%이다. (* 50 ~ 80%를 제시하는 회사도 있음)

축전지 관리시스템은 축전지의 충전상태가 한계를 초과하거나 한계에 미달하지 않도록 관리한다. 구동 축전지의 크기는 기본적으로 실제 필요 용량보다 더 크게 설계해야 한다. 그래야만 작동 영역의 한계를 초과하지 않기 때문이다.

SoC 제어 상한을 초과하지 않아야만 내리막길을 장시간 주행한 후에도 즉, 제동에너지를 많이 회수한 후에도 축전지가 계속해서 에너지를 더 저장할 수 있는 상태를 유지하게 된다. 그런데도 축전지가 과충전될 위험에 노출되면, 축전지 관리시스템은 충전을 중단한다.

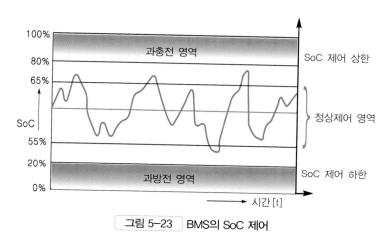

그림 5-23 | BMS의 SoC 제어

SoC 제어 하한을 벗어나지 않아야만, 하이브리드 자동차에서 전동기의 지원에 의한 자동차의 가속을 항상 보장할 수 있다. (가속 지원 기능 : boost function)

③ **자기방전(self discharging)**

자기 방전율은 Ni - MH 축전지에 비교해 상대적으로 낮다. 온도조건 및 사용조건 그리고 전극 재료의 성분구성에 따라 차이는 있으나 실온에서 대략 2~3%/달 정도이다. 그러나 온도가 10℃ 상승하면 방전율은 2배 즉, 4~6%/달로 상승한다.

(6) 달력 수명(calendric life)

달력 수명의 경우, 최근의 지속적인 개발 노력으로 전극 재료의 활물질 및 수동 전극재료는 물론이고 생산기술의 극적인 발전이 이루어지고 있다. 자동차의 사용 환경에서 10년 이상 사용할 수 있는 전지들이 출시되고 있으며, 15년 이상의 달력 수명을 목표로 하는 연구들이 진행되고 있다. (pp.297, "표 5 - 13 미국 축전지 컨소시엄이 제시한 HEV용 축전지의 필요조건" 참조)

전기/하이브리드 자동차용 축전지의 에너지 스루풋(energy throughput)에 대한 요구조건들을 완전히 충족시키는 제품들이 출시되고 있다. 그러나 전기/하이브리드 자동차용 축전지로서 가격, 대전류 친화성(특히 Li‑ion 축전지로 발진할 경우) 및 안전문제(기계적 손상 또는 과부하 시의 화재위험)가 모두 완벽하게 해결된 것은 아니다.

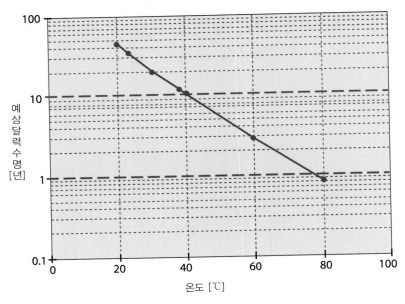

그림 5-24 **보관온도에 따른 리튬‑이온 축전지의 달력 수명** (출처 : Johnson Controls)

(7) 리튬-이온 축전지의 일반 특성

위에서 설명한 내용을 요약하면 다음과 같다.

① 높은 충/방전 비출력

② 높은 출력밀도

③ 높은 에너지 스루풋(energy throughput) 가능(방전 수준에 따라 차이 있음)

④ 높은 셀 전압 : 직렬 연결해야 하는 셀의 수가 적음

⑤ 충전효율이 거의 100%

⑥ 긴 수명(달력 수명 및 사이클 수명)

⑦ 과충전 및 과방전에 민감하다. (최대 충전 ↹ 최소 방전 전압 범위가 좁다)

⑧ 열관리 및 전압관리가 필요하다. (셀의 개별 감시가 필요)

표 5‑13은 2019년 USABC(United States Advanced Battery Consortium)가 장기 목표로 제시한 PHEV용 고성능 구동 축전지에 대한 구비요건(Requirements)이다. 항목에 따라서는 이미 충족된 것도 있으나, 전체적으로는 장기 목표이다. 특히 생산비와 달력 수명 등은 당면 과제이다.

표 5-13   HEV용 최신 고성능 구동 축전지에 대한 USABC의 목표(2018~2020)

Characteristics	Units	PHEV-20 Mile	PHEV-40 Mile	xEV-50 Mile
Commercialization Timeframe		2018	2018	2020
All Electric Range (AER)	Miles	20	40	50
Peak Discharge Pulse Power (10 sec)	kW	37	38	110
Peak Discharge Pulse Power (2 sec)	kW	45	46	120
Peak Regen Pulse Power (10 sec)	kW	25	25	65
Available Energy for CD (Charge Depleting) Mode	kWh	5.8	11.6	14.5
Available Energy for CS (Charge Sustaining) Mode	kWh	0.3	0.3	0.3
Minimum Round-trip Energy Efficiency	%	90	90	90
Cold cranking power at -30°C, 2 sec - 3 Pulses	kW	7	7	7
CD Life / Discharge Throughput	Cycles/ MWh	5000/29	5000/58	5000/72.5
CS HEV Cycle Life	Cycles	300,000	300,000	300,000
Calendar Life, 30°C	year	15	15	15
Maximum System Weight	kg	70	120	150
Maximum System Volume	Liter	47	80	100
Maximum Operating Voltage	Vdc	420	420	420
Minimum Operating Voltage	Vdc	150	153	300
Maximum Self-discharge	%/month	<1	<1	<1
System Recharge Rate at 30°C	kW	3.3 (240V/16A)	3.3 (240V/16A)	6.6 (240V/32A)
Maximum Discharge Pulse Current (≤10s)	A	300	300	400
Unassisted Operating Temp Range (10s)	°C	-30 to +52	-30 to +52	-30 to +52
30°-52°	% Power	100	100	100
i. 0°	% Power	50	50	50
-10°	% Power	30	30	30
-20°	% Power	15	15	15
-30°	% Power	10	10	10
Survival Temperature Range	°C	-46 to +66	-46 to +66	-46 to +66
Max System Production Cost @ 100k units/yr	$	$2,200	$3,400	$4,250

참고 :

i. 값은 EOL(End-of-Life)에 해당한다.

ii. xEV 셀은 PHEV-20 및 PHEV-40보다 더 높은 전력 수준이 필요한 아키텍처용이다.

iii. 피크 방전 펄스 전력 및 피크 재생 펄스 전력 목표는 CS(charge sustaining) 모드에 적용할 수 있다.

iv. HPPC 전류율은 HPPC (Hybrid Pulse Power Characterization) 테스트, 섹션 3.4에서 필요한 10kW율을 근사화하는 데 사용된다.

v. 최대 시스템 재충전율은 표준 차고 콘센트에서 예상되는 최대 전력을 의미한다. 배터리 제조업체의 동의에 따라 상승된 충전율을 사용하여 수명 테스트를 가속할 수 있다.

vi. 최소 작동전압(V_{min0})은 최대 충전전압 한계(V_{max100})의 0.55 배로 제한된다.

| 표 5-14 | EV용 최신 고성능 구동 축전지에 대한 USABC의 목표(2019) |

End of Life Characteristics at 30°C	Units	System Level	Cell Level
Peak Discharge Power Density, 30 s Pulse	W/L	1000	1500
Peak Specific Discharge Power , 30 s Pulse	W/kg	470	700
Peak Specific Regen Power , 10 s Pulse	W/kg	200	300
Useable Energy Density @ C/3 Discharge Rate	Wh/L	500	750
Useable Specific Energy @ C/3 Discharge Rate	Wh/kg	235	350
Useable Energy @ C/3 Discharge Rate	kWh	45	N/A
Calendar Life	Years	15	15
DST Cycle Life	Cycles	1000	1000
Cost @ 100K units	$/kWh	125	100
Operating Environment	°C	-30 to +52	-30 to +52
Normal Recharge Time	Hours	< 7 Hours, J1772	< 7 Hours, J1772
High Rate Charge	Minutes	80% ΔSOC in 15 min	80% ΔSOC in 15 min
Maximum Operating Voltage	V	420	N/A
Minimum Operating Voltage	V	220	N/A
Peak Current, 30 s	A	400	400
Unassisted Operating at Low Temperature	%	> 70% Useable Energy @ C/3 Discharge rate at -20 °C	> 70% Useable Energy @ C/3 Discharge rate at -20 °C
Survival Temperature Range, 24 Hr	°C	-40 to+ 66	-40 to+ 66
Maximum Self-discharge	%/month	< 1	< 1

3 리튬 - 이온(폴리머) 축전지기술의 미래

(1) 현재의 에너지 밀도[Wh/kg]와 비출력[W/kg]

오늘날 모빌폰이나 가전용 Li - ion 축전지의 에너지 밀도는 240Wh/kg까지에 이른다. 그러나 자동차용은 더 높은 안전도 및 서비스 수명에 관한 요구사항으로 인해 최대 160~180Wh/kg에 지나지 않는다. 전문가들은 현재의 기술개념을 기반으로, 가까운 장래에 최대 약 300Wh/kg에 이를 것으로 예상한다. (예; 파나소닉이 공급한, 테슬라 EV 모델3용 Li - ion 축전지 2170의 에너지 밀도는 약 260Wh/kg 수준이다). 참고로 전기 항공기 비행용 축전지의 에너지 밀도는 최소 400Wh/kg 이상으로 개선되어야 한다고 한다.

Li - ion 축전지의 비출력은 전기자동차용은 500W/kg, 하이브리드 자동차용은 3000W/kg에 이른다. 여기서 모든 데이터는 단일 셀에 관한 자료이다. 셀을 축전지 팩에 통합하면 필요한 냉각장치와 축전지 관리시스템, 셀 커넥터 또는 하우징으로 인해 무게와 부피가 많이 증가하므로, 일부 데이터는 크게 악화된다.

기본적으로 냉각장치와 축전지 관리시스템을 갖춘 Li-ion 축전지는, 매우 큰 충전전류를 흡수할 수 있으므로 빠르게 충전할 수 있다. 그러나 이 논리는 물론 저온에서는 적용되지 않는다. 0℃ 이하의 영역에서는 그림 5-19(pp.290)와 같은 금속 리튬의 증착(리튬 도금)이 발생할 수 있으며, 이는 노화를 가속하고 내부단락 위험을 초래한다. 제품에 따라 리튬 증착에 매우 민감하면서도 서로 다르게 반응하므로, 허용 충전전류는 온도에 따라 제품마다 개별적으로 차이가 있다.

(2) 전고체(全固體) 축전지(all solid battery)

축전지의 에너지 밀도에 대한 전기자동차(EV)의 높은 요구사항을 충족시키기 위해, 최근에는 Li-ion 기술 대신에 Li-금속전극을 사용하려는 개발이 가속되고 있다. 전고체 축전지가 개발되면, 최저의 시스템 비용으로 최고 수준의 안전성과 달력 수명, 에너지 밀도와 출력밀도를 달성할 수 있다고 전문가들은 주장하고 있다. 전고체 축전지에서는 축전지의 부피/무게/원가 비중의 절반을 차지하는 분리막, BMS, 냉각장치, 패키징 등을 생략할 수 있기 때문이다. 이론적으로 이 자리에 활물질을 채워 넣어 에너지 밀도를 높일 수 있어 기존 축전지보다 성능을 대폭 개선할 수 있다. (아래 그림 참조)

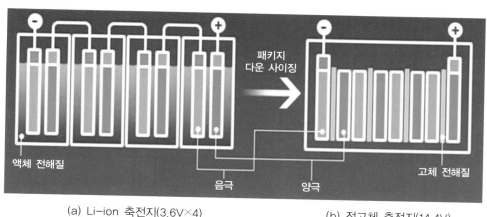

(a) Li-ion 축전지(3.6V×4) (b) 전고체 축전지(14.4V)

그림 5-25 | Li-ion 축전지와 전고체 축전지의 구조 비교

전고체 축전지는 일반적으로 음극 소재로 '리튬-금속(Li-metal)'을 사용한다. 가장 높은 전압과 에너지 밀도를 달성할 수 있기 때문이다. Li-이온 축전지와 달리, Li-금속전극에서는 전극 표면의 어느 위치에서나 Li-이온의 흡착이 가능하며, 리튬으로 환원될 수 있다. 그러나, Li-금속전극은 분리막을 통과하여 성장하는 수지상 결정(樹枝狀 結晶; dendrite)을 생성하는 경향이 있으며, 이 수지상 결정이 셀에서 단락을 유발할 수 있다. 이 어려운 문제가 지금까지 Li-금속전극 축전지의 출시에 장애가 되고 있다. 이 문제를 해결하기 위해 전고체 축전지 음극에 5㎛

두께의 은－탄소 나노입자 복합층(Ag－C nano－composite layer)을 적용한 '석출형 리튬 음극 기술'이 발표되었다. 상용화되면, 1회 충전에 800km 주행, 1,000회 이상 축전지 재충전이 가능할 것이라고 한다. 그러나 현재까지 개발된 고체 전해질은 액체 전해질에 비교해 전도도가 낮아 전지의 수명과 성능이 낮다. 따라서 상용화까지는 풀어야 할 난제가 많다.

금속전극과 관련하여 현재 논의되고 있는 새로운 기술은 리튬－황($Li－S$) 축전지와 리튬-공기($Li－O_2$) 축전지가 있다. $Li－S$를 사용하면 기존 $Li－ion$ 기술과 비교해 이론적으로 비에너지[Wh/kg]가 7배 더 높으며, $Li－O_2$는 약 9배 더 높다. 이러한 개념의 추가 장점은 예를 들어, $Li－O_2$ 축전지에서는 축전지 내부공간을 거의 음극재로 채울 수 있으며, 충전된 상태에서 산소가 축전지에 존재하지 않으므로 축전지의 무게에 영향을 미치지 않는다.

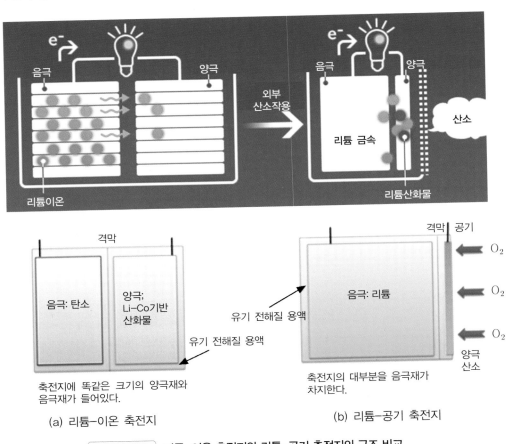

그림 5-26 리튬-이온 축전지와 리튬-공기 축전지의 구조 비교

$Li－S$ 축전지에서 황(S)은 매우 저렴한 전극 재료이다. 그러나, 황과 그 반응 생성물의 절연특성으로 인한 많은 문제 예를 들면, 짧은 수명과 안전문제는 아직 해결되지 않았다. 상황은

$Li-O_2$ 기술과 비슷하다. $Li-O_2$ 시스템은 특히 사이클 안정성, 사용된 전해질의 최적화 및 낮은 전류밀도 또는 출력밀도가 제한 요인이기 때문에 여전히 개발 단계에 있다.

$Li-S$ 및 $Li-O_2$ 축전지 기술을 전기자동차(EV)에 실제로 적용하기 위해서는 여전히 많은 연구가 필요한 단계이다. 차량용 구동 축전지는 저렴한 비용과 높은 에너지 밀도 외에도 다른 요구사항들, 특히 안전성, 기계적 견고성 및 고온 및 저온 대응능력을 충족해야 한다.

일반적으로 $Li-O_2$ 축전지 시스템에 대한 4가지 전해질 유형 - 수용성 액체 전해질, 비수용성 액체 전해질(예; 유기 카보네이트에 기반한), 고체 전해질(세라믹, 유리, 중합체) 및 혼합 시스템 - 이 국제적으로 논의되고 있다.

장기적으로는 (+)극, (−)극 및 전해질은 모두 3C(약 50mAh/g 용량에서)를 초과하는 충전속도를 허용하는 다양한 인산염(phosphate) 화합물로 제조될 것이다. 액체 전해질보다 약 3배의 전도도를 갖는 황화 무기 고체 전해질도 발표되었다.

표 5 – 15 **2차전지 신기술의 이론 에너지 밀도[Wh/kg]** [51, 52]

시스템	이론 비용량 [Ah/kg]	전압 [V]	이론 비에너지 [Wh/kg]
Li/F_2	1,035	5.91	6,115
Li/O_2	1,787	4.27	7,629
Mg/O_2	1,330	3.61	4,801
Zn/O_2	659	2.00	1,317
$Na/NiCl_2$	304	2.58	783
$C_6/LiCoO_2$	170	4.20	420
Li/S	1675	2.10	2600

4　구동 축전지 시스템 (drive battery system)

구동 축전지 시스템은 축전지 셀(cell)과 자동차 사이, 중간회로(interface)의 시스템 기술이다. 안정적이고 효율적인 축전지 셀이 필요하지만, 이것만으로 축전지 시스템의 조건이 충족되는 것은 아니다. 시스템 통합은 구동 축전지와 자동차의 상호작용에 가장 다양한 영향을 미치는 요소들을 고려해야 한다. 여기에는 기계적 및 열적 요구사항, 파워트레인(powertrain)과 축전지의 전기적 상호작용, 통신개념 및 기능적 보호장치가 포함된다. 축전지 팩(pack)에 셀을 통합하는 기술은 축전지 시스템의 구성에 부가가치를 창출하는 필수적 요소이다. 축전지 셀은 주로 소수의 대규모 아시아 회사들이 생산하지만, 축전지 시스템은 회사들(자동차 생산회사와 부품회사들)이 관여한다. 일반적으로 셀 – 생산회사와 전략적으로 제휴한다. 축전지 셀 또는 팩(pack)을 다른 회사의 제품으로 교체하는 것은, 현재로서는 적절한 표준이 없어 불가능하지만, 다수의 관련 기관들이 기하학적 요구사항의 통일을 추진하고 있다. 정격전압 3.6 ~3.7V인 Li – ion 축전지 셀을 기준으로 설명한다.

(1) 배터리 시스템의 구성(Construction of battery systems)

적용 차종에 따라 배터리 시스템으로부터 공급해야 할 전압의 범위는 12V(마이크로 하이브리드)부터 수 100V(순수 EV) 사이이다. 고전적인 12V – 시스템에서는 6개의 산납 전지(cell) 또는 4개의 Li – ion – 전지(cell)를 직렬로 연결하여 필요한 시스템 전압을 충족시킨다. 구동 전동기용 고전압 시스템의 경우 100개가 넘는 Li – ion 전지(cell)를 직렬로 연결한다.

이 전지 연결을 모듈(module)로 나눌 수 있다. 모듈당 전지(cell)수는 용도에 따라 다르나, 일반적으로 4~12개의 범위이다. 보호 최저 전압 60V 미만을 유지하려면 모듈에서 전지(cell)수를 제한해야 한다. 모듈에 통합된 기능의 범위는 전지를 순수하게 기계적으로 연결하는 것부터 시작해서 냉각장치 및 감시용 전자장치를 갖춘 범용 모듈에 이르기까지 다양하다.

규모의 경제를 사용하고 다른 차량 모델에 가능한 한 많은, 동일한 부품을 사용하려는 경우, 배터리 모듈 자체가 가장 큰 공통 단위로 제공된다. 예를 들어 Renault Nissan은 Leaf, Kangkoo Z.E. 및 Fluence에 Nissan과 NEC의 합작회사인 AESC(Automotive Energy Supply Cooperation)에서 생산한 동일한 축전지 모듈을 사용하고 있다. 다수의 모듈로 구성된 축전지 시스템의 크기는 차량의 디자인에 의한 영향을 크게 받으며, 축전지 교체 개념을 적용하는 차량용으로 필요한 예외적인 경우에만 표준화할 수 있다.

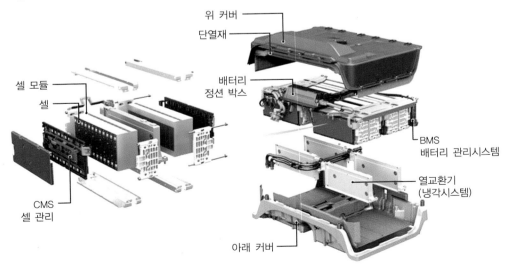

그림 5-27　축전지 시스템의 구성(예: Audi e-tron)

축전지 시스템을 설계할 때 사용 가능한 공간이 핵심적인 요소이며, 이는 자동차 유형에 따라 크게 다를 수 있다. 사고가 발생했을 때 축전지 시스템에 변형이 발생하여 위험한 상황으로 발전할 수 있으므로 충돌구역을 벗어난 안전한 영역에 축전지 시스템을 설치해야 한다. 선호하는 설치공간은 중앙 하부(예 : Mitsubisch iMiEV) 또는 중앙 터널 및 뒷좌석(예; Opel Ampera)의 아래이다. Tesla Roadster와 같은 스포티한(sporty) 차량의 경우, 차량의 뒤쪽 영역에 배터리를 설치할 수도 있다.

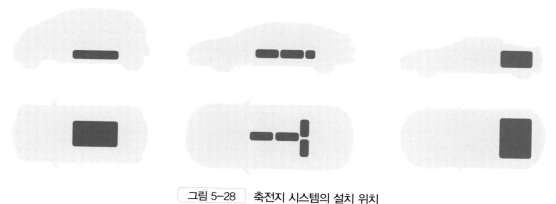

그림 5-28 축전지 시스템의 설치 위치

축전지 시스템은 결함이 있는 경우에도 축전지의 단전지(cell)에서 방출되는 가스가 차량 실내로 침투하지 않도록, 축전지에 습기가 유입되지 않도록, 그리고 축전지 하우징 내부에 과도한 압력이 축적되는 경우에는 파열 기구(burst element) 또는 밸브를 통해 압력이 방출되는 방식으로 차량에 설치된다. 축전지 하우징은 설치 위치에 따라서는 기계적 부하도 감당해야 하며, 무게는 축전지 총중량의 15~30%로 시스템의 총 중량에 영향을 크게 미친다.

(2) 축전지 셀의 기하학적 형상과 특성

축전지 시스템에 사용되는 전지(cell)는, 기본적으로 주머니(coffee-bag)형, 각기둥(prismatic)형 및 원통형으로 구별할 수 있다. 이들 디자인 별로 서로 다른 장단점이 있다. 자동차에서는 주머니형과 각기둥형을 많이 사용하는 경향이 있다. 그러나 궁극적으로 차량에 사용되는 형식은 종종 전지(cell)-생산회사와 축전지 시스템 공급회사의 개별 제품 구색에 의존한다.

① 원통형 전지(cylindrical cell)

그 형상과 금속 하우징 덕분에 강성 수준이 높다. 그러나 가장 조밀한 조립에서도 중앙부에 필연적으로 공간이 발생하므로 체적을 최적으로 활용할 수 없다. 중앙의 공간에서 발생하는 자유 표면은 열 손실을 방출하기 위한 냉각 표면으로서 적합하지만, 좁고 구불구불한 배열 때문에 액체가 흐르는 냉각장치와는 복잡한 방식으로만 접촉할 수 있다. 원통형 전지

(cell)에서는 공기 냉각 또는 방열판 냉각이 더 쉽다. 방열판 냉각장치의 장점은 납작한 액체 통과 냉각판을 사용하여 높은 냉각 용량을 달성할 수 있다는 점이다. 냉각 표면으로의 열전도에 의해 연결되는 평균 길이는 재킷 냉각의 경우보다 길지만, 축 방향(감긴 층에 평행한 방향)으로의 셀의 열전율은 반경 방향보다 최대 30배 더 높으며, 따라서 재료의 층에 수직이다.

표 5 - 16 원통형 배터리 셀 냉각방식의 특징(예)

냉각방식	특 징
직접 냉각 (액체 냉각)	▪ 액체로 셀과 탭을 순환 ▪ 셀 표면의 온도변화가 거의 또는 전혀 없음 ▪ 때에 따라 모듈에 온도구배 발생 ▪ 정교한 밀봉 개념
바닥 냉각판, 또는 측면 냉각핀을 통한 냉각	▪ 셀 표면 전체에 걸쳐 큰 온도 구배 ▪ 냉각판의 열적 연결 ▪ 제한된 열 방출
상 변화 물질(PCM; Phase change material)을 이용한 냉각	▪ PCM으로 셀 표면 코팅 ▪ 가역적 ▪ 추가 구성 요소 필요 없음 ▪ 제한된 흡열 능력

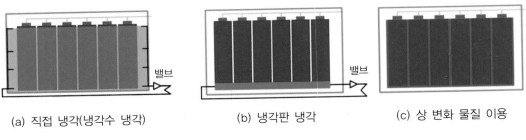

(a) 직접 냉각(냉각수 냉각) (b) 냉각판 냉각 (c) 상 변화 물질 이용

그림 5-29 원통형(cylindrical) 배터리 셀의 냉각방식

원통형 단전지(cell)는 1~100Ah까지 다양한 용량으로 생산된다. 매우 큰 전지는 아주 작은 전지와 비교해 고출력용으로는 적합하지 않다. 그 이유는 표면적 대 부피의 비율이 감소함에 따라 셀 내에서 바람직하지 않은 고온 기울기가 증가하기 때문이다. 일부 응용 분야에서는 전지의 외형 칫수가 매우 작고 용량이 2~3Ah인 원통형 전지(소위 18650 - 셀)가 예를 들면, 노트북 (Laptop)에 사용되고 있다. 이러한 소비자용 전지의 생산에 대한 큰 경험으로 인해, 이들은 비교적 가격이 저렴하면서도 고품질이다. 18650 - 셀은 전지에 내장된 메커니즘을 통해 안전도가 향상되었다.

그림 5 - 30에 표시된 전류 차단 기구(CID)는 전지 안에 가스 압력이 형성되는 즉시 고장 전

류를 차단하여, 과부하 시 추가로 외부로부터의 전기적 가열을 방지하거나 과충전 시 충전전류
를 차단할 수 있다. 이러한 소형 전지를 사용하는 축전지 시스템의 단점은 아주 복잡하고 생산
역시 비용이 많이 든다는 점이다. Tesla Roadster의 축전지 시스템은 총 6831개의 단전지(cell)
로 구성되며, 각각 69개의 단전지가 병렬 연결된 블록 99개를 직렬로 연결하였다. 대규모 병렬
연결의 장점은 더 약한 셀과 더 강한 셀 간의 자동 보정이다. 각각의 병렬연결은 하나의 전압 측
정과 하나의 충전 밸런싱(balancing) 시스템만을 필요로 한다.

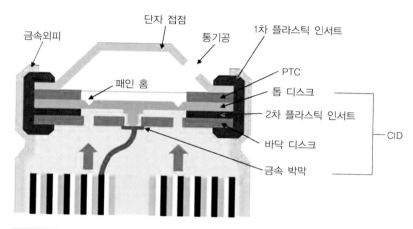

그림 5-30   원통형 셀에 구비된 전류차단기구(CID; Current Interrupt Device)

② **주머니(coffee bag)형 단전지(cell)**

층을 감지 않고 적층한다. 셀-스택(cell-stack)은 박판(laminated) 필름으로 용접되고,
전기 접점은 얇은 판 형태로 만들어진다. 셀(cell)은 매우 조밀하게 적층할 수 있으며, 약간
팽팽한 상태로 모듈 하우징 안에 설치된다. 냉각을 위해 냉각판을 셀 사이에 삽입할 수 있
다. 냉각판은 그림 5-31에서와 같이 손실열을 방출한다. 수랭식 냉각판 또는 Opel Ampera
의 배터리에서와 같이 두 번째 셀(cell)마다 사이에 액체가 관류하는 얇은 판을 설치한다. 주
머니형 셀에 대해 비판적인 사람들은 하우징이 약하고 적절한 지지점이 없다는 점에 대해
불평하기도 한다. 또한, 케이스의 용접 이음새, 특히 접촉 탭 근처에서 누출이 발생할 우려
가 있다. 그러나, 지금까지 이러한 우려는 현장에서 확인되지 않고 있다.

③ **각(prismatic)형 단전지(cell)**

원통형과 주머니형의 혼합체이다. 주머니형과 마찬가지로 두 전기 접점은 한쪽에 있다.
대부분의 원통형과 비교하여 셀-스택(cell-stack)을 반드시 회전시키지 않고도 셀(cell)의
접점연결을 한 번의 생산 공정에서 수행할 수 있다. 플라스틱 및 금속 박판이 셀 하우징으로
사용된다. 주머니형 셀과 비교하여 표면적-대-부피 비율이 낮아서, 온도 기울기가 낮을

때 셀(cell) 안에서 효과적인 냉각을 달성하기가 더 어렵다. 냉각은 높은 출력용에서는 바람직하게는 전기적 접점의 반대쪽의 기판을 통해, 그리고 더 낮은 출력용의 경우는 공기의 흐름에 의해 냉각을 수행한다. 냉각을 사용하지 않는 예도 있다. 사용된 기술에 따라, 충전 및 방전하는 동안에 활물질의 부피가 팽창하므로, 전지(cell) 손상을 방지하기 위해서는 외부 인장에 의한 팽창에 대응하는 정교한 하우징 구조가 필요하다.

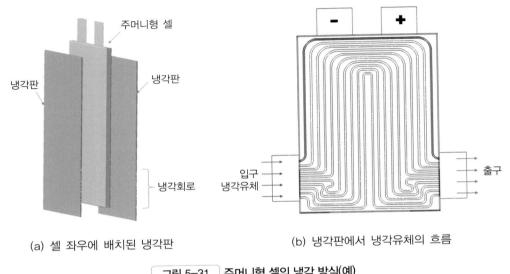

(a) 셀 좌우에 배치된 냉각판   (b) 냉각판에서 냉각유체의 흐름

그림 5-31 주머니형 셀의 냉각 방식(예)

5 고전압 축전지 관리시스템(BMS : Battery Management System)

전기에너지 저장장치에 Li-ion 기술을 사용하려면, 배터리 셀의 작동 한계를 정밀하게 감시해야 한다. 납-축전지 또는 NiMH-축전지 셀과 비교하여, Li-ion 축전지 셀은 자연적인 과충전 반응이 없으므로 최대 충전수준을 초과하면 과잉된 에너지는 가스나 열로 방출된다. Li-ion-셀을 과충전하면, 돌이킬 수 없는 손상이 발생하여 심각한 상황에 이를 수 있다. 따라서 Li-ion 축전지는 관리시스템 기술에 대한 요구 수준이 아주 높다. 과충전, 과방전 및 단락과 같은 작동 오류가 발생했을 때의 위험 때문에 신뢰할 수 있는 BMS(축전지 관리시스템) 기능이 필수 요건이다.

BMS는 또한 배터리 셀에서의 이상적인 온도 제어를 보장한다. 시스템 토폴러지(topology)에 따라 배터리에는 필요에 따라 접근할 수 있는 별도의 냉각 및 가열 장치를 갖추고 있거나, 통신 인터페이스를 통해 필요한 냉각 또는 가열 출력을 요청하는 전체 차량의 열관리 시스템의 일부일 수 있다.

셀 전압 및 온도는 BMS - 슬레이브 보드에 의해 모듈별로 측정된다. BMS - 마스터는 배터리 - 팩 기준으로 상태량을 측정하고 배터리 보호접점을 제어하며, 차량에 대한 통신 게이트웨이 (gate way)를 갖추고 있다.

Li - ion 축전지는 Ni - MH 축전지와 비교해 과충전 및 과방전의 허용범위가 아주 좁아서 셀들의 전압을 개별적으로 감시해야 한다. 개별 셀에서의 충전 수준의 차이는 능동 충전 수준 관리를 통해서 평형시켜, 셀을 최적 상태로 유지해야 한다. 일반적으로 셀 간의 전압차가 1V 이상이면, 고장으로 기록된다. ⇒ **셀 평형**(cell balancing)

예를 들어 400V - Li - ion 축전지를 완전히 충전하면, 직렬로 연결된 96개의 셀 각각의 전압이 4.2V에 도달해야 한다. 일부 셀의 전압이 다른 셀보다 높으면, 전압이 높은 셀이 전기화학적으로 파손된다. 따라서 특별한 대칭화 회로를 갖추어야 한다.

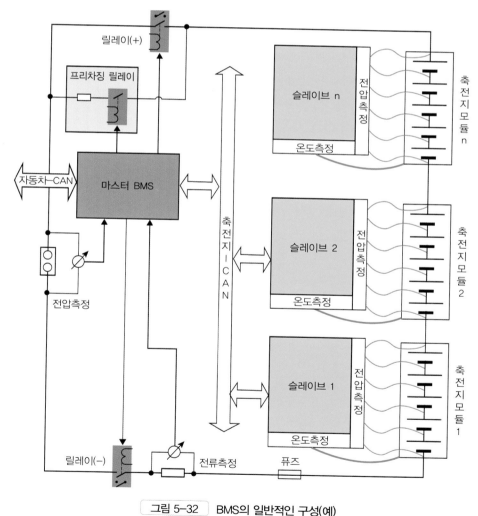

그림 5-32 BMS의 일반적인 구성(예)

또 축전지 팩의 개별 셀 온도를 일정하게 낮은 수준으로 유지하기 위해서는, 개별 셀의 온도 감시시스템, 그리고 작동 중에 발생한 손실열을 방출하기 위한, 효율적인 냉각장치도 역시 필수이다.

Li‒ion 축전지는 내부저항이 아주 작으므로 자동차가 발진할 때 대량의 전류를 빠르게 방출하여, 큰 발진토크를 생성할 수 있다. 그러나 이를 위해서는 큰 전류를 스위칭할 수 있는 대전류 스위칭 시스템을 갖추고 있어야 한다. 수백 암페어(A)가 흐르는 대전류 스위칭 시스템의 내구성 또한, 중요하다. 일반 승용자동차의 수명 기간에 필요한 스위칭 사이클 횟수는 약 10^6 정도이다.

이 외에도 기계적, 전기적 안전요소들 예를 들면, 압력이 높을 경우의 전류차단(Ni‒MH에서), 과부하 제어는 물론이고 특히 충전에는 세심한 주의를 기울여야 한다는 전제조건을 충족시켜야 한다. Li‒ion 축전지는 다른 형식의 축전지보다 내부저항이 아주 낮으므로, 큰 전류로 급속충전할 수 있다. 일반적으로 큰 전류를 이용한 급속충전은 내부저항에서의 출력손실과 이에 따른 발열 때문에 제한된다.

> BMS를 갖춘 스마트 축전지(smart battery)는 축전지 셀의 전압, 전류, 온도를 측정하여, 이를 근거로 축전지를 제어, 관리한다. 스마트 축전지는 일련의 규칙에 따라 상호통신하며 충전할 수 있는 기능을 갖춘 스마트 충전기로 충전해야 한다.

(1) BMS에 내장된 메모리 칩(memory chip)에 기록된 기본 정보

① 생산 데이터(이름, 날짜, 일련번호 등)
② 셀 화학
③ 셀 용량
④ 기계적 형상 코드 번호
⑤ 상한/하한 전압
⑥ 최대 전류한계
⑦ 온도 한계 등

(2) 축전지가 사용되면, 메모리에는 다음과 같은 정보들이 기록된다.

히스토리 로그북(history logbook)의 데이터는 축전지 건강상태(SoH)의 평가, 오용 여부 및 보증수리의 여부를 판단하는 자료 등으로 활용한다.

① 충/방전 횟수 즉, 누적 사이클 수
② 최대/최소 전압, 최대 충전/방전 전류, 축전지 내부저항
③ 최저/최고 온도 및 부하된 상태에서의 온도 프로파일(profile)

④ 강제 냉각회로의 작동 여부 및 상태

⑤ 규정된 한계를 초과한 사실

⑥ 지나간 시간 즉, 총 사용시간 등

(3) BMS가 계산하는 주요 특성값

① 최대 충전전류(CCL : charge current limit)

② 최대 방전전류(DCL : discharge current limit)

③ 최종 충전 및 충전 사이클 이후에 방출한 에너지 [kWh]

④ 셀 내부저항(개회로 전압 계산을 위해)

⑤ 방출 또는 방출 가능한 전류량 [Ah]

⑥ 누적 방출 전류량 [kWh]

⑦ 누적 작동시간

⑧ 누적 사이클 수

⑨ Soc, SoH, SoF 등

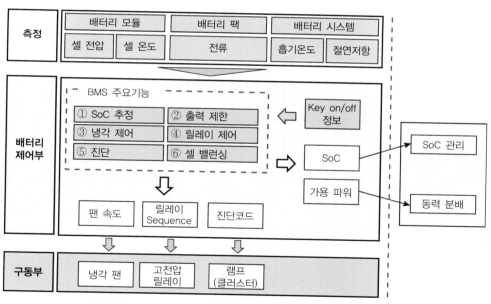

그림 5-33 | BMS의 주요 기능 블록선도(출처 : Hyundai Motor)

(4) BMS가 감시하는 주요 특성값

① 전압 : 셀 전압, 총 전압, 최저/최고 셀 전압

② 전류 : 충/방전 전류

③ 온도 : 개별 셀 온도, 평균온도, 냉각회로 입구/출구 온도, 냉각 유량

④ SOx : SoC, SoH

⑤ 심방전도(DoD : Depth of Discharge)

(5) BMS의 주요 제어 기능

① 전압 제어 : 충전 전압, 과방전 전압

② 전류 제어 : 과전류, 충전전류, 방전전류

③ 출력 제한 : 전류제어와 전압제어를 통한 출력제어

④ 온도 제어 : 냉각시스템 제어

⑤ 셀 밸런싱(balancing)(PP 369~370, 셀 전압조정 참조)

⑥ SoC 제어 및 셀 보호

　과충전 상태에 이르지 않고, 회생제동 에너지를 흡수할 수 있도록 축전지 작동점 제어

⑦ 릴레이 제어

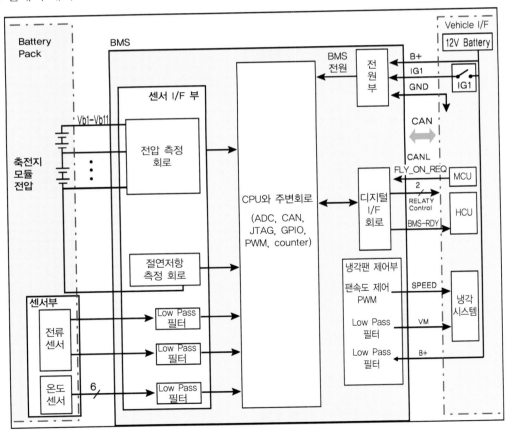

그림 5-34　BMS의 하드웨어(hard ware) 구성(출처 : Hyundai Motor)

⑧ BMS 고장 진단(자기진단, 운전자 경고, 진단 인터페이스 등 포함)

⑨ 페일 세이프 및 셧다운 회로 : 과전류 보호, 과전압(충전 중) 제어, 과온도(over temp.),
저온도(under temp.), 접지 결함 및 누설전류 감지, 림프 - 홈(limp - home) 기능 등

⑩ 통신 및 인터페이스 : 직렬 통신(CAN Bus), 직접 배선, DC - 버스 등

- 자동차 온 - 보드(on - board) 시스템들과의 통신
- 축전지 정보 제공(SoC, 충전, 방전, 잔여 용량으로 주행 가능한 거리 등)
- 차량 작동 모드 변경에 대응한 축전지 관리
- 충전기 인터페이스

(6) 안전회로의 기능 - 릴레이 제어(그림 5-35 참조)

자동차를 시동할 때 축전지 시스템의 안전 릴레이(또는 메인 릴레이; SMR; System Main
Relay)는 제어유닛에 의해 스위치 ON된다.

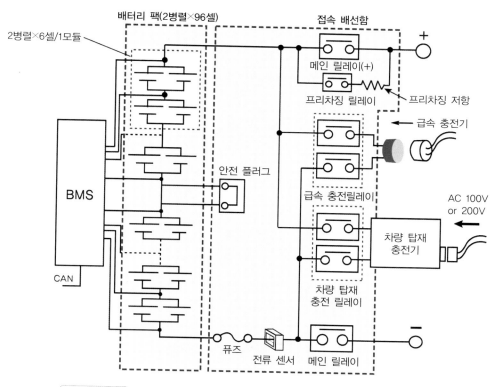

그림 5-35 축전지 팩(battery pack)의 안전회로 구성 (출처 : Hyundai Motor)

스위치 'ON'할 때 큰 전류로부터 전력전자(power electronic)를 보호하기 위해서 BMS는 다
음과 같은 순서로 안전회로를 작동시킨다.

① 메인 - 릴레이⊖(main relay⊖) 접점과 사전 충전 - 릴레이(pre - charging relay) 접점을 닫는다. 사전 충전전류가 더는 흐르지 않거나, 중간회로가 95%까지 충전될 때가지 기다린다.

② 이제 전류는 보호저항을 통해 (+)쪽으로 흐른다. 메인 - 릴레이⊕(main relay⊕) 접점이 닫히고 전류는 보호저항을 우회하여 직접 인버터로 흐를 수 있다.

③ 이제 사전 충전 - 릴레이 접점이 열린다. 이제 구동 축전지 시스템은 보호저항을 통하지 않고 직접 인버터 또는 구동 전동기와 연결된다.

자동차의 작동을 중단하거나 교통사고가 발생한 때에는 제어유닛이 (+)쪽과 (−)쪽의 연결을 차단한다. 그리고 고전압 회로에서 서비스 작업을 하기 위해서는 안전 플러그(또는 서비스 플러그)를 임의로 뽑아내 회로를 차단해야 한다.

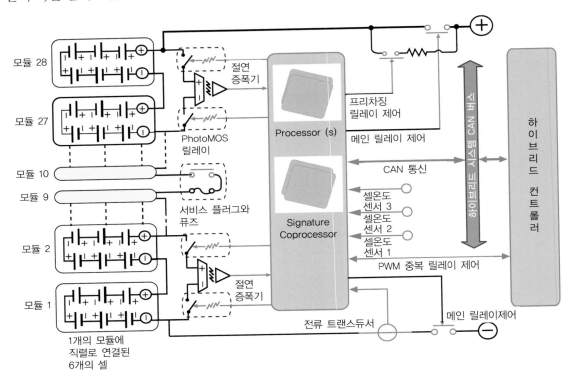

그림 5-36 HEV용 고전압 축전지 BMS의 블록선도(2009 Toyota Prius)(출처 : Toyota)

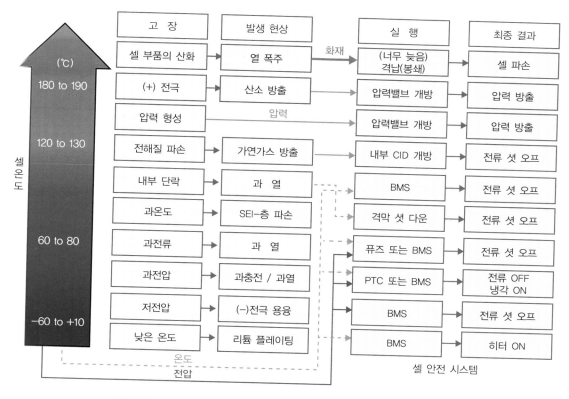

그림 5-37 리튬-이온 축전지 온도 관련 위험 및 안전 지침 [54]

표 5 - 17 배터리 팩의 형식승인을 위한 ECE R100 규정 (참고)

8A-진동 테스트	- 7Hz부터 50Hz까지 증가시켰다가 다시 7Hz로 감소시킨다.(수직 진동) - 사이클 주기 15분 - 12 사이클, 총 소요시간: 3시간
8B-열적 충격사이클	60℃에서 6시간, 이어서 -40℃에서 6시간 온도 최종값 사이의 최대시간 30분 5 사이클
8C-기계적 충격	자동차 형식에 따른 충격곡선에 따른 시험 시험은 경사방향 및 길이방향
8D-기계적 무결성 (분쇄 테스트)	- 압력 100kN, 10초 유지 자동차에 설치위치의 앞쪽으로 실행
8E-내화 시험	배터리를 연료가 연소되고 있는 금속 팬 위에 70초 동안 둔다.
8F-외부 단락	외부 저항 5mΩ 이하 온도는 1시간 후에 안정되어야 한다.
8G-과부하 방지	배터리 최대 용량의 1/3 또는 생산자가 허용하는 최대 충전전류로 충전 RESS(Rechargeable Energy Storage System)는 충전전류를 제한해야 하며, 또는 충전과정을 종료해야 한다. 그렇지 않으면 정격용량의 2배로 충전된다.

8H-저온 방전 방지	배터리 최대 용량의 1/3 또는 생산자가 허용하는 최대 방전전류로 방전 RESS는 방전전류를 제한해야 하며, 또는 방전과정을 종료해야 한다. 그렇지 않으면 정격용량의 25%로 방전된다.
8I-과열 방지	RESS는 최대 허용 작동온도/과열방지의 반응온도까지 가열된다. CC-작동에서 배터리의 충전/방전은 정상적인 작동변수(operating parameter) 범위에서 충전/방전 온도가 안정될 때까지 또는 RESS가 전류를 제한하거나 충전 프로세스를 중단 할 때까지 실행한다.

※ RESS; Rechargeable Energy Storage System(재충전식 에너지 저장시스템, 대부분의 배터리)

6 실제 차량의 리튬-이온 축전지

(1) 원통형 리튬-이온 축전지 - 다이믈러 S400 BlueHYBRID

그림 5-38은 다이믈러 400s BlueHYBRID(마일드 하이브리드)에 장착된 원통형 리튬-이온 축전지이다. 셀 수는 35개, 전압은 120V, 용량은 0.9kWh, 무게는 27kgf이며 케이스 안에 셀 감시 모듈이 내장되어 있다. 수명은 600,000 사이클 또는 10년이다.

원통형 구조는 각형에 비교해 기본적으로 표면적이 좁아

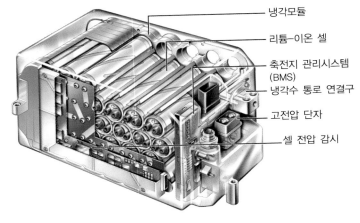

냉각모듈
리튬-이온 셀
축전지 관리시스템 (BMS)
냉각수 통로 연결구
고전압 단자
셀 전압 감시

그림 5-38 원통형 리튬-이온 축전지(출처 : Daimler Benz)

서 표면으로부터의 열방출 능력이 각형이나 커피-백 형식보다 더 낮다. 그리고 원통의 중심부는 표면 근처에 비교해 온도가 높을 수밖에 없다. 따라서 효율적인 냉각시스템을 갖추어야 한다.

(2) 각형(prismatic) 리튬-이온 축전지 - GM Chevrolet VOLT

각형(prismatic)은 무엇보다도 공간 활용도 개선 가능성 측면에서 잠재력을 가지고 있다. 그림 5-39는 GM 쉐보레 볼트(VOLT) EV, 2013년 모델에 장착된 Li-ion 축전지이다. 축전지를 차체 전체 영역에서 가장 안전하고 튼튼한 부분에 설치하였으며, 차체 터널 자체가 축전지의 보호 케이스 기능을 수행한다.

셀 수는 288, 셀 전압은 3.7V, 정격 시스템 전압은 355.2V, 정격 용량은 45Ah, 정격 시스템에너지는 16.5 kWh, 셀 충전 전압은 4.15V, 셀 최저 방전 전압은 3.00V이며, 액체 냉각방식이다. 참고로 축전지는 (주)LG 화학 제품이다.

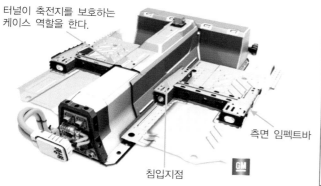
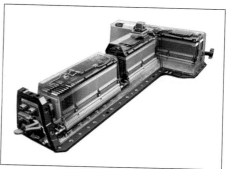

터널이 축전지를 보호하는 케이스 역할을 한다.

측면 임펙트바

침입지점

GM

그림 5-39 쉐보레 볼트 스파크-EV용 Li-ion 축전지(출처 : GM)

(3) 각형(Prismatic) Li-ion 축전지 – Nissan Leaf 축전지

그림 5 - 40은 Nissan 전기자동차 리프(Leaf)의 Li - ion 축전지이다. 하나의 모듈에는 커피 - 백 셀이 4개, 그중에서 2개는 직렬, 2개는 병렬로 연결되어 있다. 축전지 팩(battery pack)은 직렬로 연결된 48개의 모듈로 구성되어 있다. 모듈 1개의 전압은 7.4V, 용량은 33Ah, 무게는 약 3.8kgf이다. 축전지 - 팩은 48개의 모듈이 직렬로 연결되어 있으므로 총 전압은 355V, 무게는 약 190kgf 정도이다. 축전지 - 팩에는 컨트롤러, 셧다운 스위치, 그리고 정션(junction) 박스가 포함되어 있다. 2016년 모델에서는 1회 충전으로 300km를 주행할 수 있다.

용량 24kWh인 이 구동 축전지를 이용하여 출력 80kW인 AC 전동기를 구동하여 토크 252Nm(187ft.lb)를 발휘한다.

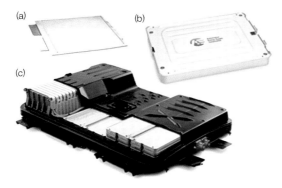

(a) 커피-백 셀 (b) 모듈 (c) 축전지 팩

(d) Nissan Leaf 2014

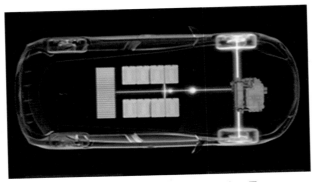

(e) 차체 바닥에 고루 분포된 전지 모듈

그림 5-40 │ Nissan Leaf의 Li-ion 축전지(출처 : Nissan)

7 충전 기술(Battery Charging Techniques)

외부 전원을 이용하여 구동 축전지를 충전하는 방식은 KSC ICE61851 - 1(전기차 전도성 충전시스템)에 상세하게 설명되어 있다.

기술적으로 가능한 충전방식에는 접촉 충전과 비접촉 충전이 있다.

접촉 충전방식에서는 회로망 전력과 자동차를 충전 케이블로, 또는 전류 클램프로 연결한다. 접촉 충전방식은 충전전압에 따라 구분한다.

- 단상 교류(220V) 또는 3상 교류(400V) 충전 - 모드 1, 2, 3
- 직류 충전 - 모드 4

비접촉 충전방식에서는 3가지 방법이 있다.

- 자석식(magnetic) 또는 유도식(inductive) - 실용화됨
- 전기적(electrical) 또는 용량적(capacitive)
- 전자파(electromagnetic wave) 방식 - 항공분야 관심사

(1) 충전 커넥터(charging connector)

접촉 충전용 커넥터(plug connector)는 국가별로 다양하다. 또한, 커넥터마다 전달 가능한 출력이 다르다. 현재 5가지 커넥터가 사용되고 있다. 표 5 - 18은 커넥터별로 전송 가능한 출력을 제시하고 있다. 모든 커넥터에는 이모빌라이저(immobilizer) 기능이 적용되어 있다. 따라서 충

전 케이블이 접속된 동안은 차량을 운행할 수 없다. 이와 같은 방법으로 자동차, 케이블 및 충전설비에 의도하지 않은 손상이 발생하는 것을 방지할 수 있다. 차량은 충전설비와 커넥터의 연결 여부를 감지하고, 자동차 구동 전동기의 작동을 허가하지 않으며, 경고지침을 통해 운전자에게 충전 중임을 알려준다. 또한, 충전 중에는 잠금장치가 커넥터를 고정한다. 즉, 충전이 완료된 후에만 커넥터를 제거할 수 있으며, 이는 제3 자가 충전 커넥터를 임의로 제거하는 것을 방지하기 위함이다.

또한, 모든 커넥터는 충전제어용으로 하나 또는 다수의 통신선을 갖추고 있다. 예를 들어, Typ. 2 커넥터의 경우, 차량의 충전제어유닛과 충전스테이션 사이의 PWM 신호를 통해 현재의 충전상태를 알려 주고, 최대 충전전류를 정의한다. 차량의 충전제어 유닛은 충전스테이션에 과부하가 걸리는 것을 방지하기 위해, 충전하는 동안 최대 충전전류를 제한한다. 이 외에도 충전 케이블의 과도한 부하를 방지해야 한다. 이러한 이유로 충전 케이블의 최대 허용전류는 충전 커넥터의 저항을 통해 인코딩(encoding)된다. 이 저항값은 소위 충전 커넥터의 근접 접점(proximity‑contact)을 통해 측정할 수 있다. 차량의 충전은 충전 케이블의 허용전류의 크기가 충전‑스테이션의 퓨즈(fuse)의 용량보다 큰 경우에만 승인된다.

우리나라는 Typ.1(Yazaki) combo와 Typ.2 커넥터를, 유럽에서는 Typ. 2(Mennekes)‑커넥터를 채택, 사용하고 있다. DC‑충전용으로는 각각의 커넥터에 복합기능(combo function)을 추가한 커넥터를 사용한다. 따라서 AC와 DC 충전에 동일한 커넥터를 사용할 수 있다. 현재 충전 커넥터의 형식이 전 세계적으로 통일된 것은 아니다.

표 5‑18 자동차 측 충전 커넥터의 형식

	Typ 1 (YAZAKI)	Typ 1 COMBO (YAZAKI+COMBO)	Typ 2 (MENNEKES)	Typ 2 COMBO MENNEKES+COMBO	CHADEMO
규격	IEC 62196‑2	IEC 62196‑2	IEC 62196‑2	IEC 62196‑2	‒
최대 충전 전류	16A~120 VAC 32A~230 VAC	16A~120 VAC 32~230 VAC 200A(DC)	63A~230 VAC 63A~400 VAC 낮은 DC 고려	63A~230 VAC 63A~400 VAC 200A(DC)	200A DC
커넥터	단상 AC 신호 배선 1 이모빌라이저 1 접지 1 / 중성선 1	단상 AC/ 2극 DC 신호 배선 1 이모빌라이저 1 접지 1 /중성선 1	단상/3상 AC 신호 배선 1 이모빌라이저 1 접지 1 / 중성선 1	단상/3상 AC 2극 DC 신호 배선 1 이모빌라이저 1 접지 1 / 중성선 1	2극 DC 8개의 통신 및 신호 배선
최대 충전 출력	1.9kW AC (USA) 7.6kW AC	1.9kW AC (USA) 7.6kW AC 170kW DC	3.7kW~43.5kW AC와 DC	3.7~43.5kW AC 170kW DC	50kW DC
적용 국가	미국/일본	한국/미국	한국/유럽	유럽	중국/일본

(2) 접촉(유선) 충전방식의 충전 모드

① 충전 모드 1

충전 모드 1은 가정용 전원으로 실행할 수 있다. 단상은 Schuko 소켓, 3상 대전류는 강전류 소켓 또는 CEE 소켓을 이용하여 충전한다. 여기서 안전 시스템은 주택의 접지 및 전류 보호로 보장된다. 충전 모드 1은 모든 국가에서의 기술표준은 아니다. 따라서 모드 1은 일반적으로 승인된 충전방식은 아니다. 단순한 케이블과 안전 커넥터를 사용하며, 전기자동차를 직접 교류전력 회로망으로부터 충전하는 방식이다. 자동차와 교류전력 회로망 기반시설(infra) 간에 상호통신은 불가능하다.

KS규격에서는 전압은 단상교류 250V, 3상 교류 480V, 전류는 16A(3.7kW)를 초과하지 않는 표준 소켓 – 아웃렛을 활용해, 그리고 전원선과 보호 접지선을 사용하여 교류 주전원에 전기자동차를 연결한다고 규정하고 있다. 추가로 기존 교류 공급망에 연결하기 위해 추가적인 보호를 제공하고자 할 때는 케이블 어셈블리 안에 누전 차단기(RCD)를 사용할 수 있다.

② 충전 모드 2

최대 32A의 전류를 충전할 수 있는 충전 모드 2는 충전출력 3kW 범위의 축전지를 "저속 충전"하는 방식이다. 오류 전류 보호 스위치(FI) 형태의 퓨즈가 케이블 일체형 제어 박스(ICCB; in – cable control box)에 내장되어 있다. 더 나아가 차량과 충전시설 간의 통신을 담당하는 PWM 모듈도 통합되어 있다. 신호의 진폭은 현재 충전상태와 전송될 충전전류의 듀티 사이클을 정의한다. 제어회로(CPLT : Control PiLoT) 보호장치에 내장된 안전기능이 충전기를 교류전력 회로망으로부터 언제나 차단할 수 있다. 따라서 자동차와 교류 회로망 사이의 단락(short)을 사전에 방지할 수 있다. 그러나 자동차와 전력 회로망 간의 교신은 불가능하다.

KS규격에서는 표준 단상 또는 3상 소켓 – 아웃렛을 사용하며, 케이블 제어함의 일부로써 감전 방지 장치를 갖춘 전원선과 보호 접지선을 사용하여 교류 전력망(주전원)에 전기자동차를 연결한다. 전압은 단상 교류 250V, 3상 교류 480V, 전류는 단상은 16A(3.7kW), 3상은 32A(22kW)를 초과하지 않는다고 규정하고 있다.

③ 충전 모드 3

충전 모드 3의 충전설비는 충전기를 갖추고 있으므로, 자동차에 충전기가 없어도 된다. 그리고 PWM – 신호를 사용하는 통신 기능을 갖추고 있다. 모드 3의 충전장치에서 충전전류가 충전 케이블의 충전전류보다 더 높게 조정되면, 전류는 낮게 설정된 값으로 제한된다. 이때 충전 케이블의 최대 허용전류는 충전 커넥터에 들어있는 접지(protective conductor)

와 근접－접점(proximity contact) 사이의 저항을 거쳐 판독된다. 충전전압은 교류 400V, 전류는 63A(최대 출력 43.5kW) 이하이다. 자동차와 충전 스테이션(charging station) 간의 통신이 가능할 경우, 충전 과정을 완벽하게 감시할 수 있으며, 충전을 제어할 수 있다. 충전을 제어한다는 것은 가격이 저렴한 시간대에 충전하거나 다른 전기기기(부하)에 우선해서 자동차 구동 축전지를 충전할 수 있음을 의미한다.

KS규격에 따르면, 교류 회로망(주전원)에 영구적으로 연결된 전원 공급 장치(EVSE; EV supply equipment)에서 제어감시기능이 제어장치까지 확장된 전용 전력 공급장치를 사용하여 자동차를 연결, 충전한다.

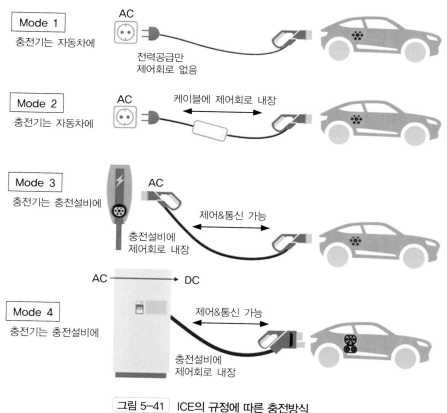

그림 5-41 ICE의 규정에 따른 충전방식

④ 충전 모드 4

모드 4의 경우는 앞의 다른 모드와는 다르게, DC－충전방식이며, 정류기와 전압변환기가 자동차에 내장되지 않고, 외부의 충전장치에 설비되어 있다. 여기서 충전 케이블은 외부의 충전설비에 고정, 연결되어 있으며, 모드 3에서와 마찬가지로 통신 기능을 갖추고 있다. DC 400V, 125A로 급속 충전할 수 있으므로, 충전소요시간을 크게 단축할 수 있다. 그러나 적합한 전용 커넥터를 갖추고 있어야 한다.

KS규격에서는 제어감시기능이 교류 전원에 영구적으로 연결된 장치까지 확장된, 외부시설(off-board) 충전기를 사용하여 자동차를 충전하는 방식으로 규정하고 있다.

2가지 충전방식을 이용할 수 있다.
- 자동차 측에 Typ. 2 - 커넥터를 갖추고 있으면, DC - 저전압 충전 및 충전출력 38kW
- 최대 충전출력 170kW의 DC - 고전압 충전.

추가로 약 30분 이내에 충전을 완료할 수 있는 급속충전 커넥터를 이용할 수 있다.

모드 4의 장점은 차량에 충전기를 내장하지 않아도 되므로, 설치공간과 무게를 절약할 수 있다. 더 나아가 충전기 측에서 보면 설치공간에 제약이 없고, 성능이 우수한 부품들을 사용할 수 있으며, 충전출력을 크게 할 수 있어서 충전시간을 현저하게 단축할 수 있다. 또한, 비용 집약적인 충전설비가 차량 가격을 비싸게 만들지 않으면서, 대신에 충전스테이션을 통해 비용을 다수의 차량에 분산시키는 효과가 있다.

표 5-19 충전 모드

	Mode 1	Mode 2	Mode 3	Mode 4
충전측 소켓	Schuko-소켓 또는 CEE 소켓	Schuko-소켓 또는 CEE 소켓	소켓 typ. 2	충전-스테이션에 고정
차량측 플러그	Typ. 2	Typ. 2	Typ. 2	Typ. 1 + Combo
단상 교류	16A 3.7kW	32A 7.4kW	63A 14.5kW	–
3상 교류	16A 11kW	32A 22kW	63A 43.5kW	63A 43.5kW
2선식 (DC)	–	–	–	200A 170kW
충전소요시간 (용량 20kWh 축전지)	단상, 6시간 3상, 2시간,	단상, 3시간 3상, 1시간	단상, 2시간 3상, 30분	3상, 30분 직류, 20분

그림 5-42에서, 모드별 잠재적 충전성능을 확인할 수 있다. 가정에서 또는 직장에서는 충전시간 8시간을 확보할 수 있으므로 충전출력 11kW까지 충분하다. 장거리 주행의 경우 중간 충전시간은 대략 30분 이내로 제한된다. 따라서 모드 3과 4는 이와 같은 짧은 시간 충전에 적합하다.

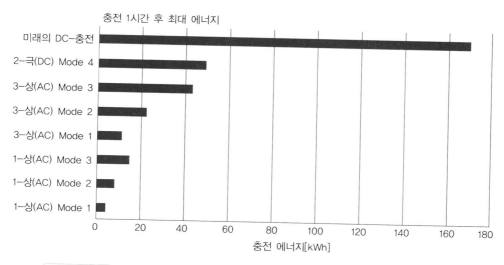

충전 1시간 후 최대 에너지

충전 에너지[kWh]

그림 5-42 충전시간 1시간에 충전 모드 별 충전 가능한 최대 충전 에너지

(3) 무접촉(무선) 유도 충전

이 기술의 근본은 전자기 유도(electro‑magnetic induction)작용으로서 19세기에 미카엘 패러데이(Michael Faraday)가 발견하였다. 테슬라(Nicholas tesla; 1865~1943)는 갈바니(galvanic) 전기의 절연으로 에너지를 전달할 수 있는 시스템을 개발하였다. 이 기술은 오늘날 주방용 유도 전열기(induction) 또는 전동칫솔에 적용되고 있다.

이 방식은 1차 코일을 지면 아래에 완전히 매설한 상태로 전력망과 연결한다. 운전자가 충전을 시작하면 1차 코일에 전류가 흐르고, 1차 코일에 자속이 형성된다. 1차 코일의 자속이 자동차에 설치된 2차 코일에 전류를 유도한다. 2차 코일에 유도된 전류로 축전지를 충전한다. 전달손실을 최소화하기 위해서는 2개의 유도코일(1차 / 2차 코일)의 위치를 정확하게 서로 일치시켜야 하며, 두 코일 간의 간극이 아주 작아야 한다. 자속이 두 코일 사이의 제한된 공간에 형성되기 때문이다. 유도 충전방식은 연결 전선이 필요 없으며, 충전시설을 지상에 노출되지 않게 매설할 수 있다. 패드(pad) 면적과 자속밀도가 같을 경우, 주파수가 높으면 더 많은 전력을 전송할 수 있다.

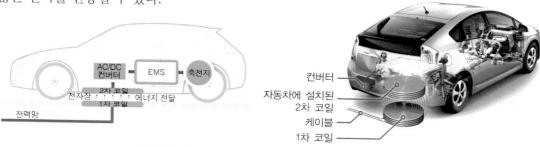

그림 5-43 유도 충전의 기본 구성(출처 : Toyota, Volvo)

두 코일 간의 공극이 작으면, 공극 사이의 공간에 이물질이 침투할 위험이 줄어든다. 전자기장에 의해 모든 전기 전도성 이물질에서 전류가 유도되어 예를 들어 금속을 가열시킨다. 공극의 공간에 동전과 같은 금속성 이물질이 개재되어 가열되는 것과 같은 간접적인 위험을 피하기 위해서는 이들을 감지할 수 있어야 한다. 유기 섬유와 같은 비금속 물체에서도 전류가 유도된다. 이러한 이유로, 자동차 내부와 자동차 근처의 접근 가능한 영역에서는 ICNIRP - 규정(비 이온화 방사선 방호위원회)의 요구사항이 준수되어야 한다. 일반적으로, 도로 차량에 유도 충전장치를 사용하려면 차량의 제어장치 및 주변 환경과 같은 다른 시스템과 충전시스템의 전자적합(EMC)이 필요하다.

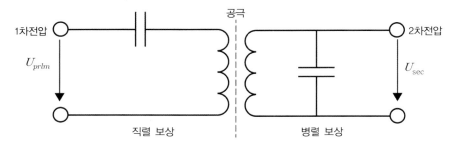

그림 5-44 │ 두 가지 유형의 무효전력 보상기능을 갖춘 공진회로로서 공극을 갖는 유도성 인터페이스의 예

자동차와 인프라에 적절히 통합된 유도 충전방식은 접촉(유선) 충전방식과 비교하여 다음과 같은 장점이 있다.

- 사용자의 개입 없이 전원 네트워크와 자동으로 연결된다.
- 충전 케이블을 사용하지 않는다.
- 마모, 먼지 및 날씨의 영향이 없다.
- 도시 경관에 쉽게 통합할 수 있다.
- 기물 파손에 대한 안전성이 높다.

단점은 접촉(유선) 충전보다 충전효율이 낮고, 전자파에 대한 안정성 문제를 해결해야 한다는 점이다.

(4) 전망(outlook)

전기자동차가 전력회사에 전기를 판매할 수 있는 또 다른, 준비된 시장을 제공할 뿐만 아니라, 전력 회로망을 안정시키고 과잉 전기를 저장할 대체시설을 제공한다. 정점(peak) 부하 시에 전력 회로망을 안정화하기 위해, 충전이 양방향으로 설정되면 차량의 축전지를 완충장치(buffer)로 사용할 수 있다. 축전지 용량이 20kWh인 자동차 100,000대이면, 이론적으로 전력 회로망의 용량을 2GWh 확대할 수 있다. 이는 완충장치로서 전력 회로망의 지역적 용량을 엄청나게 증가시킨다. 물론 전제조건으로 회로망, 충전기술 및 차량은 "지능형 충전"을 지원해야 한다.

자동차기술과 충전기술은 에너지를 흡수할 뿐만 아니라 방출할 수 있어야 한다. 이때 한편으로는 저장된 전기에너지를 직류전압에서 교류전압으로 변환하고, 다른 한편으로는 에너지 회로망의 전압 수준으로 전압을 변환할 필요가 있다. 또한, 주행 시작 시 차량 사용자가 차량의 규정된 주행거리를 주행할 수 있도록 충전 종료 시점을 결정하는 충전전략을 개발해야 한다.

스마트 충전은 사용자 기준 결제 시스템과 마찬가지로 시험 단계에 있으며, 향후 몇 년 안에 개발될 것이다.

⊙ 참고 : 리튬(lithium)

주기율표 1족 2주기에 속하는 알칼리계의 은백색 연질 금속원소이다. 원자번호는 3이며, 고체인 홑원소 물질 중에서 가장 가볍다. 알칼리금속이지만 성질은, 특히 마그네슘과 비슷하다. 실온에서는 산소와 반응하지 않지만, 200℃로 가열하면 강한 백색 불꽃을 내며 연소하여 산화물이 된다. 수소 속에서도 연소하여 수소화리튬(LiH)이 되고, 질소와는 고온에서 화합하여 질화리튬(Li_3N)이 된다. 실온에서 물과 반응하여 수소를 생성하는데, 이 반응은 칼륨이나 나트륨만큼 격렬하지는 않다.

지각(地殼)의 리튬 함유량은 0.006%로, 아연, 구리, 텅스텐보다는 조금 적으며, 코발트, 주석, 납보다는 조금 더 많다. 리튬은 반응력이 높아서 순수한 형태로 자연에서 발견하기가 무척 어렵다.

1821년 T.브랜드가 산화리튬을 전기분해하여 금속 리튬을 분리하였으며, 1885년 분젠이 염화리튬을 전기분해하는 방법으로 리튬의 대량 생산의 길을 열었다.

가장 중요한 리튬 생산원료는 탄산칼륨과 붕사(硼砂, borax)를 얻을 때 남는 리튬 염이다. 리튬 염 중에서도 염화리튬(LiCl)은 염호(鹽湖)의 소금물에 최대 1%가 함유된 것으로 알려져 있다. 비교적 많은 양의 리튬을 얻을 수 있는 곳으로는 볼리비아(우유니 염호, Salar de Uyuni), 칠레(아타카마 염호, Salar de Atacama), 아르헨티나, 미국(노스캐롤라이나와 네바다 주), 캐나다, 오스트레일리아, 짐바브웨, 중국(티벳, 차카 염호(扎布耶盐湖, Chabyêr Caka)) 등이다.

- 원소기호 : Li
- 화학계열 : 알칼리금속
- 전자배열 : 1s2 2s1
- 밀도 : 0.53 g/cm^3(실온)
- 비점 : 1342℃
- 기화열 : 147.1 kJ/mol
- 산화상태 : 1
- 선팽창계수는 $56 \times 10^{-6}/K$ (0~100℃)

- 원자번호 : 3
- 원자량 : 6.941 g/mol
- 상태 : 고체
- 융점 : 180.54℃/1.013bar
- 융해열 : 3.00 kJ/mol
- 비열용량 : 24.860 J/mol·K (25℃)
- 전기음성도 : 0.98(Pauling scale)

5-4

슈퍼-캐퍼시터
Super Capacitor

1 슈퍼 - 캐퍼시터(super capacitor) 개요

축전지의 대안으로, 전기에너지 저장을 위해 커패시터(capacitor) 기술을 활용할 수 있다. 이중층 커패시터(슈퍼 캡, 울트라 캡 또는 슈퍼 커패시터라고도 함)가 주로 이용된다. 유기 전해질에 다공성 전극 및 이온이 용해된 구조로, 축전지의 구조와 비슷한 전기화학적 에너지 저장장치에 속한다.

그러나 충전 또는 방전하는 동안 커패시터에서 전기화학적 반응은 일어나지 않으며, 화학 반응은 매우 제한된 정도로만 진행된다. 슈퍼캡은 고출력 및 수많은 사이클이 필요한 응용 분야에서 유용한 에너지 저장장치이다. 그러나 비싸서 많은 응용분야에 광범위하게 사용하기는 어렵다.

사이클 수가 매우 많은 경우(가능한 한 분당 1회 이상의 사이클), 사이클 수명이 길어서 축전지를 대체할 수 있다. 캐퍼시터의 용량은 점점 더 커지고(최대용량 5000F), 반대로 내부저항은 아주 낮아지고 있다. (1mΩ 이하). 캐퍼시터는 축전지보다 내부저항이 매우 작아서, 예를 들면 전동기가 기동할 때 필요로 하는 큰 전류를 초 단위의 짧은 시간에 방출할 수 있다.

그림 5 - 45는 여러 가지 시스템의 비에너지[Wh/kg]와 비출력[W/kg]의 상관관계를 나타내고 있다. 슈퍼 - 캐퍼시터는 초 단위의 짧은 시간에 큰 비출력(7000W/kg; 최대 16kW/kg)을 발휘할 수 있으나, 납축전지는 20W/kg 수준의 비출력을 공급할 수 있음을 알 수 있다.

따라서 슈퍼 - 캐퍼시터는 하이브리드 자동차나 전기자동차에서 발진 또는 가속할 때의 정점 (peak) 출력을 지원하는 에너지 완충기(energy buffer)로 매우 적합하다.

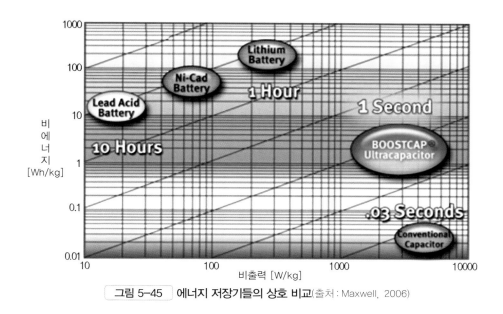

그림 5-45 에너지 저장기들의 상호 비교(출처 : Maxwell, 2006)

2 일반 캐퍼시터의 구조와 작동 원리 (그림 5-46a, -46b 참조)

캐퍼시터는 전하를 저장하는 전기부품으로서, 서로 간에 절연된 2장의 금속박막 또는 금속판으로 구성된다. 절연체로는 대부분 공기 간극 또는 플라스틱 유전체를 사용한다.

캐퍼시터의 용량은 저장할 수 있는 전하에 대한 척도로서, 다음 식으로 구할 수 있다.

$$C = \frac{\epsilon_0 \cdot \epsilon_r \cdot A}{d} \quad\quad\quad\quad\quad\quad\quad (5-13)$$

여기서 C : 캐퍼시터 용량 [F] =[As/V]

       ϵ_0 : 전장상수(진공에서의 유전율), $8.8542 \times 10^{-12} [\text{F}/\text{m}]$

       ϵ_r : 유전체(판 사이 재료)의 비유전율[-]

       A : 전극 금속판의 면적 [m²]

       d : 절연체의 두께 [m]

기존의 캐퍼시터에서는, 용량을 크게 하려고 높은 비유전율 $\epsilon_r = 6,500 \sim 10,000$, 넓은 면적의 전극판($A$), 수 μm로 좁은 전극판 간극(d)을 사용한다. 전형적인 방전 시정수는 100ms 범위이다. 방전 시정수는 비에너지[Wh/kg]를 비출력[W/kg]으로 나누어 구한다. 방전 시정수는 완전방전 시 평균 통전시간(middle access time)의 척도이다.

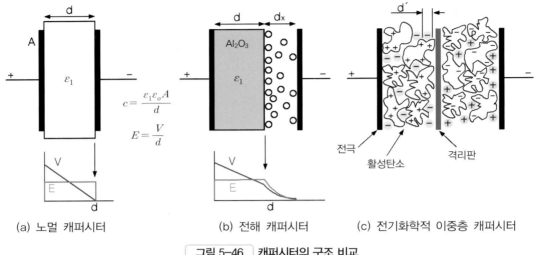

(a) 노멀 캐퍼시터	(b) 전해 캐퍼시터	(c) 전기화학적 이중층 캐퍼시터

그림 5-46 캐퍼시터의 구조 비교

3 이중층 캐퍼시터(supercap, ultracap)의 구조, 작동 원리, 특성

이중층 캐퍼시터(EDLC; electric double-layer capacitor)는 1856년 헬름홀츠(Helmholz)가 발견한 현상 즉, 전기가 통하는 액체에 잠겨있는 전극에 전압을 인가하는 경우에 이중층이 형성되는 효과를 이용하고 있다. 따라서 이 캐퍼시터를 전기화학적 이중층 캐퍼시터(electro-chemical double layered capacitor)라고도 한다.

기존의 일반 콘덴서나 전해 콘덴서와 같은 콘덴서보다 성능이 향상된 콘덴서(예 : 전기 이중층 캐퍼시터)들을 슈퍼 콘덴서 또는 슈퍼-캐퍼시터라고 한다. 이 외에도 울트라-캐퍼시터, 그리고 최근에는 리튬-이온 캐퍼시터 등 다양한 이름의 제품이 출시되고 있다. 이 책에서는 이들을 모두 슈퍼-캐퍼시터 또는 울트라-캐퍼시터라고 부르기로 한다.

(1) 이중층 캐퍼시터(EDLC)의 구조

외부의 금속전극은 순수한, 얇은(예 : 20μm~30μm) 알루미늄 박지(薄紙)이며, 그 위에 다공성 반도체 탄소층(예 : 100~200μm)을 적층하였다. 이 탄소층은 다공성으로서 유효 표면적이 아주 넓다.

전해질(예: TEATBF4 ; Tetra-Ethyl Ammonium Tetra-Fluor Borate($(C_2H_5)_4NBF_4$))은 물분자 속에 (+)이온과 (-)이온의 형태로 들어있다. 그리고 (-)극판과 (+)극판 사이에 삽입된 다공성 격리판(종이 또는 합성수지)은 전해액에 젖어있다. 이온은 이 격리판을 통해 확산된다.

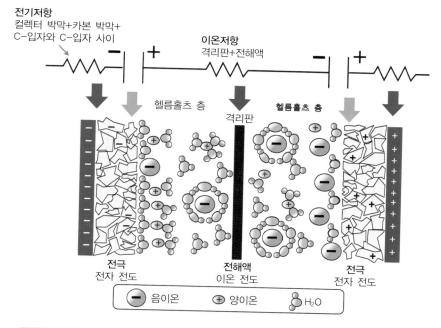

전기저항
컬렉터 박막+카본 박막+
C-입자와 C-입자 사이

이온저항
격리판+전해액

헬름홀츠 층

격리판

헬름홀츠 층

전극
전자 전도

전해액
이온 전도

전극
전자 전도

⊖ 음이온   ⊕ 양이온 H_2O

그림 5-47   전기화학 이중층 캐퍼시터의 구조 및 작동 원리 (출처 : Maxwell, 2006)

다공성 탄소를 사용하여 전극 활물질의 유효 표면적을 크게 확대하였다. 전극의 다공성 활물질 표면적은 $3000\text{m}^2/\text{g}$까지 실현 가능하며, 이는 비용량(specific capacity) 약 500F/g에 해당한다.

보통의 전해 콘덴서와 비교할 때, 외형은 차이가 없으나, 작동 원리 및 성능 측면에서는 큰 차이가 있다.

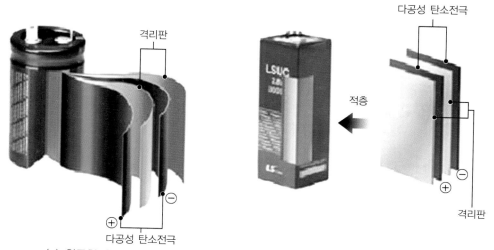

격리판

다공성 탄소전극

적층

다공성 탄소전극

격리판

(a) 원통형 울트라-캐퍼시터(출처 : LS)

(b) 각형 울트라-캐퍼시터(출처 : LS)

(c) 자동차용 슈퍼–캐퍼시터(출처 : Maxwell)

그림 5-48 │ 울트라–캐퍼시터의 구조

그림 5‑48(c)는 자동차용 울트라‑캐퍼시터들이다. 외형이 납축전지처럼 보이는 울트라‑캐퍼시터는 제어 일렉트로닉스가 팩(pack)안에 내장된 형식 및 별도로 공급되는 형식이 있다. 우측 하단의 그림은 위에서부터 차례로 플라스틱 덮개, 일렉트로닉 어셈블리(DC/DC 컨버터와 제어 일렉트로닉스), 3000F 셀 12개가 레이저 용접된 셀 팩(cell pack), 그리고 폴리프로필렌 플라스틱 케이스를 보여주고 있다.

(2) 이중층 캐퍼시터(EDLC)의 작동 원리(그림 5-46(c), -47, -49 참조)

기존의 캐퍼시터에서는 전형적으로 반송자(charge carrier)가 전자를 하나의 금속판으로부터 제거하여 다른 금속판으로 이동시켜 에너지를 저장한다. 이와 같은 전하의 분리는 외부 회로에서 서로 연결할 수 있는, 두 금속판 사이에 전위(電位; potential)를 생성한다.

이때 저장되는 총에너지는 저장된 전하의 양과 두 금속판 사이의 전위(potential)에 비례한다. 단위 볼트[V]당 저장되는 전하의 총량은 본질적으로 판의 크기, 판 사이의 거리, 그리고 판 재료의 특성 및 판 사이의 물질(유전체)에 따라 다르다.

이유는 판 간의 전위(potential)는 유전체의 절연 파괴 강도(breakdown filed strength)에 의해 제한되기 때문이다. 유전체는 캐퍼시터의 전압을 제어한다. 재료의 최적화를 통해서 제한된 크기의 캐퍼시터에서 에너지 밀도를 더 높일 수 있다.

EDLC는 기존의 유전체를 사용하지 않는다. EDLC에서 2개의 분리된 판은 중간 절연체에 의해 분리되었다기보다는, 실제로는 동일한 기판의 2개의 층인, 가상적인 판을 사용한다. 이들의 전기화학적 특성 이른바, 전기 이중층(二重層)은, 아주 얇은 (2~5nm 수준의) 물리적 분리 층임에도 불구하고 전하를 효과적으로 분리한다. 부피가 큰 유전체층이 필요하지 않으며, 사용된 재료가 다공성이므로, 결과적으로 판의 표면적이 아주 넓어서 실제 크기는 작은 캐퍼시터도 용량

(capacitance)은 아주 크다. 슈퍼캡용으로 가장 일반적인 유기전해질은 예를 들어, 테트라에틸 –
암모늄 – 보로 – 플루오라이드(TEABF)를 용해염으로 하는, 아세토 – 니트릴(AN) 용매이다
[55]. 다른 용매와 비교하여, 아세토 – 니트릴은 전기 전도성 및 온도 안정성 측면에서 더 우수한
특성을 갖는다. 가장 큰 단점은 용매의 독성이다. 아세토 – 니트릴 대신에, 프로필렌 카보네이트
(PC)가 종종 사용되지만, PC는 온도 및 전압과 관련하여 전도성과 안정성이 불량하다. 아세토 –
니트릴을 사용하는 슈퍼캡은 정격전압이 2.5~2.8V이며, 프로필렌 – 카보네이트를 사용하는 슈
퍼캡은 2.2~2.5V이다. 이온성 액체의 사용은 전압과 에너지 밀도가 더 높은 셀이 기대되지만,
이는 비용을 증가시키는 원인이기도 하다.

전기 이중층에서, 각 층 그 자체의 도전성은 아주 우수하다, 그러나 층들이 효과적으로 접촉
하는 간섭 부분에서의 물리적 특성은 층간에 전류가 흐르지 못하게 한다. 이중층은 낮은 전압에
서만 견딜 수 있다. 따라서 고전압 이중층 캐퍼시터에서는, 고전압 축전지에서 셀을 직렬로 연
결하듯이, 필요한 전압에 대응해서 각각의 EDLC를 직렬로 연결해야 한다.

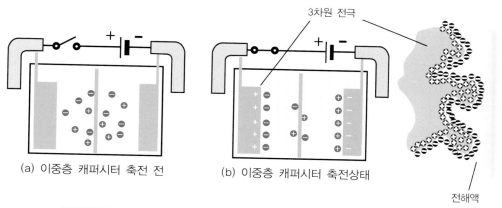

그림 5-49 전해 콘덴서와 비교한 이중층 캐퍼시터의 작동 원리(출처 : Maxwell) [56]

EDLC는 축전지보다 출력밀도(power density)가 더 높다. 출력밀도는 에너지 밀도와 에너지
가 부하에 전달되는 속도와의 곱이다. 전해액에서 전하 반송자(charge carrier)의 운동에 근거한
축전지는 비교적 충전/방전 속도가 느리다. 캐퍼시터는 전극을 가열하는 전류에 의해 제한되는
비율로 충전 또는 방전할 수 있다.

캐퍼시터 자체는 전기화학적 부품으로 분류되지만, 헬름홀츠 층을 이용한 에너지의 저장은
화학반응과는 거의 관계가 없다. 축전되지 않은 상태에서는 전극 사이의 전해액에 전하(이온)들
이 고루 분포되어 있다. (그림 5 – 49(a)) 전압을 인가하면, 전해액 내의 (–)이온은 (+)전극으
로, (+)이온은 (–)전극으로 이동한다. 전해액의 분극(分極; polarization)작용으로 에너지는 정

전기적(electrostatic)으로 저장된다. (그림 5‐49(b))

이에 반해 전해 콘덴서에는 전압이 인가되었을 때, 전기 이중층이 형성되지 않는다.

작동 원리를 좀 더 자세하게 설명하면 다음과 같다. (그림 5‐49 참조)
- 전압을 인가하여 전자를 좌측 Al‐C 전극으로 이동시키면, 전자들은 전해액에 젖어있는 탄소표면의 (+)이온에 의해 구속된다. 전해액 내부로의 전자와 정공의 이송은 탄소의 전위장벽에 의해 저지된다. (전압이 아주 낮게 유지되는 한)
- 똑같은 작동 원리에 따라 정공은 우측 Al‐C 전극에서 (–)이온에 의해 구속된다.
- 따라서 2개의 전극은 결과적으로 직렬로 연결된 헬름홀츠 층(Helmholz layer)이 된다.

반도체 탄소의 전기저항(전자와 정공에 대한 저항)은 종속적인 역할을 하는데, 그 이유는 층 두께가 nm‐범위로 아주 얇기 때문이다. 특정한 문턱 전압(예; 2.7V)을 초과하지 않는 한, 어떠한 화학작용(전자 교환)도 일어나지 않는다. 문턱 전압을 초과하면 모든 과정은 가역적으로 반복된다.

(3) 이중층 캐퍼시터의 특성

이중층 캐퍼시터 소위, 울트라‐캐퍼시터는 전기를 전도하지 않고 이온을 전도하는 물질을 사용한다. 전하나 이온은 전자 전도체(electron conductor)와 이온 전도체(ion conductor) 사이의 경계면을 통과할 수 없다. 그러므로 전하는 경계면의 양쪽, 아주 얇은 층에 모이게 된다. (전자는 전자 전도체에, 이온은 이온 전도체에). 따라서 각 전극에는 하나의 캐퍼시터가 형성된다.

합성용량은 이 두 용량의 직렬회로이다. 용량은 이온 전도체의 두께가 아니라 전하층의 두께(대부분 두께 1nm 범위)의 영향을 크게 받는다.

이중층 캐퍼시터의 장점은 다음과 같다.

① 높은 효율(high efficiency)

쿨롱 효율이 아주 높다. (99% 이상). 일반적으로 상당 직렬저항(ERS; Equivalent Series Resistance)이 낮으므로 방전/충전 반복 효율(RTE; Round‐Trip Efficiency)도 높다. 5초 이내에 70%, 10초 이내에 80% 이상을 방전할 수 있다. 5초 이내에 1/2 전압까지 방전하고, 같은 속도로 충전할 수 있다. 이와 같은 특성은 짧은 시간에 많은 에너지를 흡수해야 하는 회생제동, 그리고 이어지는 가속단계에서 순간적으로 많은 에너지를 방출하는 자동차에 적용하기에 아주 좋은 특성이다.

② 큰 전류가 흐른다.

ERS 즉, 내부저항이 0.29mΩ(3000F/cell)~2.8mΩ(310F/cell)으로 아주 낮으므로, 큰

방전전류를 공급할 수 있다. (출력밀도가 높다). 그리고 온도는 용량과 내부저항에 거의 영향을 미치지 않는다. 따라서 캐퍼시터는 순간적으로 큰 전류를 공급할 수 있는 능력을 갖추고 있다.

③ 작동온도 범위가 넓다. (－40℃~+75℃)

온도는 용량과 내부저항에 거의 영향을 미치지 않는다. 온도상승에 따른 용량 변화 및 내부저항의 변화는 적다. 참고로 온도가 상승하면, 용량은 약간 증가하고, 내부저항은 약간 감소한다.

④ 사이클 수명이 길다.

수명은 10년 또는 1백만 사이클 정도이다. 자동차의 수명과 같거나 더 길다. 울트라-캐퍼시터의 노화에 결정적인 영향을 미치는 변수는 온도이다. 축전지에서와 마찬가지로 규정 온도를 초과하지 않도록 하기 위해서는 냉각이 필요하다.

⑤ 충/방전 특성이 양호하다.

완전히 방전한 후에 다시 완전히 충전된다. 완전히 방전되어도 성능이 저하되지 않는다.

⑥ 이 외에도, • 유지 보수가 거의 필요 없으며, • 상태 감시 및 • 추가 장착이 용이하다는 장점이 있다.

이중층 캐퍼시터의 단점은 다음과 같다.

① 허용 정격전압이 낮다.

허용 정격전압이 2.2~3.8V 정도로 낮다는 점은 울트라-캐퍼시터의 단점이다. (현재 최대 약 5V 정도). 허용 전압을 초과할 경우, 노화가 급격히 촉진되거나 전해질이 전기화학적으로 분해된다. 전해질이 분해될 경우, 가스가 생성되며 결과적으로 캐퍼시터는 파손된다.

높은 전압을 얻기 위해서는 다수의 셀을 직렬로 연결한다. 동시에 한 셀의 (－)극과 여기에 연결된 셀의 (＋)극을 형성하는, 양극성(兩極性; bipolar) 전극을 기본으로 하는 "샌드위치" 구조가 가능하다. 따라서 셀 커넥터와 전극접촉이 생략된, 내부저항이 적은 기술적인 셀들은 대부분 기존의 전해 콘덴서와 비교 가능한, 원통형 두루마리 구조이다. (그림 5-48 참조)

② 충/방전 시 전압 변화가 크다.

캐퍼시터는 축전지와는 달리, 에너지를 방출 또는 충전할 때는 전압이 크게 변화한다. 따라서 대부분은 캐퍼시터를 자동차의 직류 전원에 직접 연결하지 않고, 전압에 적응시키기 위해 DC/DC-컨버터를 거치도록 한다. 이때 DC/DC-컨버터는 대부분 특정 전압 범위로 설계한다. 최대전압은 캐퍼시터 전압을 가능한 한, 완전히 이용할 수 있도록 설정한다.

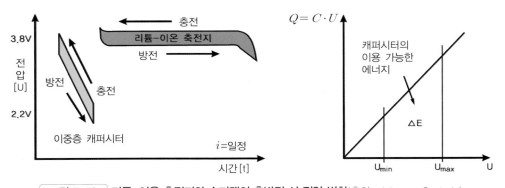

그림 5-50 리튬-이온 축전지와 슈퍼캡의 충방전 시 전압 변화(출처 : Johnson Controls)

4 리튬-이온 캐퍼시터(LIC : Li-Ion Capacitor)

(1) 리튬-이온 캐퍼시터(LIC)의 구조 및 작동 원리

리튬 - 이온 캐퍼시터(LIC)의 (-)극은 리튬 - 이온 축전지와 마찬가지로 리튬이 삽입(또는 도핑)된 활성탄소 또는 흑연이고, (+)극은 전기 이중층 캐퍼시터(EDLC)와 마찬가지로 활성탄소이다. 그리고 전해질에는 리튬 - 이온 축전지와 마찬가지로 리튬염이 용해되어 있다. 즉, 리튬 - 이온 축전지와 전기 이중층 캐퍼시터(EDLC)의 장점들을 결합하였다. 그래서 하이브리드 - LIC라고도 한다. [57]

하이브리드 LIC는 캐퍼시터의 전통적인 특성(빠른 충/방전, 높은 내구성, 안전성, 환경 친화성)을 유지하면서도, 축전지의 핵심 특성(높은 전압과 많은 에너지)을 발휘할 수 있다. [41]

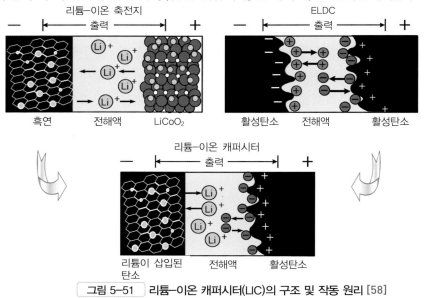

그림 5-51 리튬-이온 캐퍼시터(LIC)의 구조 및 작동 원리 [58]

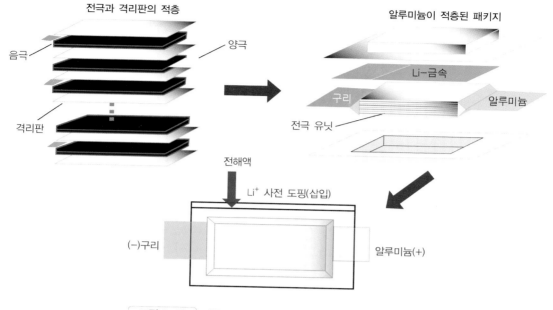

음극

양극

격리판

알루미늄이 적층된 패키지

Li-금속

구리

알루미늄

전극 유닛

전해액

Li⁺ 사전 도핑(삽입)

(-)구리

알루미늄(+)

그림 5-52 리튬-이온 캐퍼시터(LIC) 셀의 조립 과정 [58]

(2) 리튬-이온 캐퍼시터(LIC)의 충/방전 시 전압 변화

전기 이중층 캐퍼시터(EDLC)의 (-)극과 (+)극의 전위는 대칭적으로 변하며, 셀의 최대전압은 2.5~2.7V이다. 반면에 LIC에서는 (-)극에 리튬이 사전에 도핑(삽입)되어 있으므로 (-)극 전위는 충/방전하는 동안에 거의 일정하며, 셀 최대전압은 3.8V이다. 따라서 LIC의 정격전압은 기존의 EDLC보다 약 1.5배 더 높다.

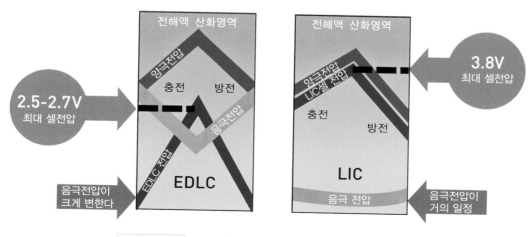

그림 5-53 EDLC와 LIC의 충/방전 시 전압 변화 [58]

(3) LIC의 성능 특성 – 리튬 – 이온 축전지에서와 같은 장점

① 높은 비에너지: 14~15Wh/kg

　기존의 EDLC보다 약 4배 더 높다.

② 높은 전압(방전 범위: 3.8V~2.2V)

③ 낮은 자기방전률: 약 5%/3개월

(4) LIC의 성능 특성 – 캐퍼시터에서와 같은 장점

① 안전: 열 폭주(thermal runaway)가 거의 발생하지 않는다.

　리튬 – 이온 축전지에서 열 폭주는 (+)극의 리튬 – 스피넬(Li – spinel)이 분해되어 전해액과 반응하기 때문에 발생한다. 그런데 LIC에서는 (+)극이 활성탄소이고, LI – 스피넬을 포함하고 있지 않으므로 열 폭주가 발생하지 않는다.

② 높은 비출력: 1000W/kg(기존 EDLC의 2배)

③ 충/방전 속도가 빠르다.

④ 높은 신뢰도(내구성) : 충/방전 사이클 수; 1,000,000회 이상

⑤ 넓은 작동온도 범위: $-20℃~+70℃$

5　캐퍼시터의 실질적인 에너지 방출능력

캐퍼시터의 실질적인 에너지 방출능력은 다음 식으로 표시할 수 있다.

$$\Delta E = \frac{1}{2} \cdot C \cdot (U_{\max}^2 - U_{\min}^2) \quad \text{........................} \quad (5\text{-}14)$$

여기서　ΔE : 캐퍼시터의 이용 가능한 에너지 [J]

　　　　C　 : 캐퍼시터의 용량 [F]

　　　　$U_{\max}$: 캐퍼시터의 최대전압 [V]

　　　　$U_{\min}$: 최소 작동전압 [V]

예를 들어 최소전압이 최대전압의 50%라면, 캐퍼시터의 이론 에너지의 약 75%까지 이용할 수 있다. 최신 캐퍼시터(예; Maxwell MC Power series)는 최대 비출력 13~18kW/kg에서, 비에너지는 5Wh/kg 이상이다.

6 슈퍼 – 캐퍼시터의 활용(예)

　슈퍼–캐퍼시터는 짧은 시간 동안의 출력 정점(power peak)을 충족시키기 위한 고효율 에너지 저장기로서, 축전지보다 수명이 길고, 출력성능이 우수하다. 따라서 하이브리드/전기 자동차에서는 순간적으로 큰 출력이 필요할 때 예를 들면, 발진할 때, 급가속할 때, 그리고 큰 제동 에너지를 단시간 내에 회수해야 할 때 안성맞춤이다. 특히 가다/서다를 빈번하게 반복하는 시내버스와 같은 교통수단에서도 큰 효과를 발휘한다. 또 순간적인 전원 안정화에도 적절하게 활용할 수 있다.

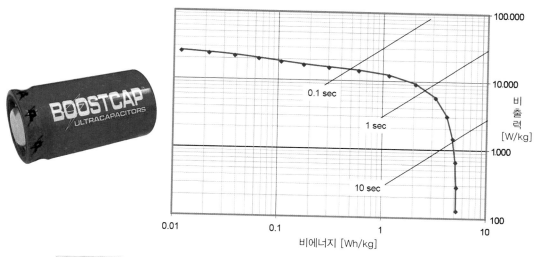

그림 5–54　"D–cell"의 비출력[W/kg]과 비에너지[Wh/kg]의 상호관계 (출처 : Maxwell)

(1) 슈퍼–캐퍼시터를 활용한 마이크로 하이브리드 – Valeo StARS+14시스템

　그림 5 – 55는 슈퍼 – 캐퍼시터와 스타터/알터네이터 가역 시스템을 결합한, 발레오(Valeo)의 StARS＋14시스템이다. 기존의 가솔린 자동차에 스타트/스톱과 회생제동만 가능한 StARS ＋ 14 시스템을 추가로 장착하고, NEDC(새 유럽 주행 사이클)로 테스트한 결과, 연료를 약 12% 정도 절감할 수 있었다. (출처 : Valeo)

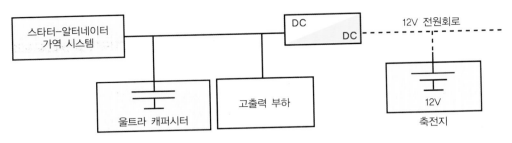

그림 5-55 | Valeo의 StARS+14 시스템(마이크로 하이브리드) 구성(출처 : Valeo)

(2) 마즈다(Mazda)의 Takeri 컨셉트

타행(coasting) 또는 제동하는 동안에는 엔진의 구동벨트를 통해 자동차의 운동에너지로 발전기를 구동한다. 발전기는 전압 가변식으로 12~25V의 기전력을 생성한다. 회수된 전기 에너지는 캐퍼시터에 저장됨과 동시에 여분의 전기 에너지는 DC/DC 컨버터를 거쳐 12V - 축전지에 저장되거나, 자동차의 전기부하에서 소비된다. (그림 5 - 56(a) 참조).

그림 5-56 | 마즈다의 Takeri 컨셉(출처 : Mazda)

가속 또는 발진할 때 발전기는 전기를 생산하지 않는다. 따라서 발전기 부하만큼의 출력을 발진 또는 가속에 사용할 수 있다. 그리고 이때 자동차 전기부하에 필요한 전기 에너지는 슈퍼 - 캐퍼시터가 공급한다(그림 5 - 56(b) 참조).

이 개념은 기존의 자동차 구조를 크게 변경하지 않고, 울트라 - 캐퍼시터와 제어 일렉트로닉만을 추가하는 비용 경제적인 마이크로 - 하이브리드를 목표로 한다. 그리고 성능은 리튬 - 이온 축전지를 사용하는 마일드 - 하이브리드나 풀 - 하이브리드의 약 80% 정도까지를 목표로 한다.

(출처 : Mazda)

(3) 자동차의 출력 및 중복 요구에 대처하기 위한 분산식 울트라-캐퍼시터 모듈

그림 5 - 57은 다수의 울트라 - 캐퍼시터(UC) 모듈을 분산, 배치하여 자동차 성능을 보완 또는 개선하고, 안전기능을 높이기 위한 시스템 구성이다.

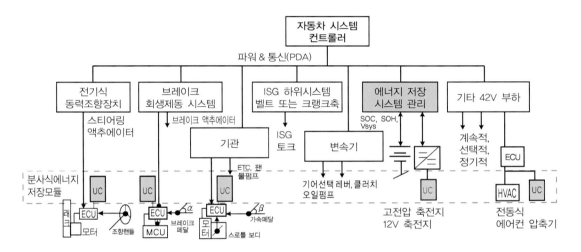

그림 5-57 자동차 안전 기능성 및 하이브리드 기능성 향상을 위한 분산 모듈의 구성 [59]

울트라 - 캐퍼시터는 전자제어식 조향장치, 제동에너지 회수시스템, 기관(스타트/스톱 및 발진/가속 지원), 온 - 보드 네트워크, 공기조화 시스템(전기 구동식 압축기) 등에 분산, 배치되어 있다. 이처럼 다수의 캐퍼시터 모듈을 분산, 배치함으로써 제일 먼저 구동 축전지(예 : 리튬 - 이온 축전지)의 용량 및 크기를 작게 할 수 있다. 그리고 심선의 직경이 작은 배선을 사용할 수 있으므로 무게와 설치공간도 절약할 수 있다. 아울러 캐퍼시터의 분산 배치는 자동차 무게를 분산시키는 효과도 있다.

이외에도 울트라 - 캐퍼시터의 분산 모듈은 다음과 같은 장점을 갖추고 있다.

- **스타트/스톱에서의 크랭킹 신뢰성 향상**

  울트라 - 캐퍼시터는 축전지보다 저온에서도 방전 성능이 우수하며, 순간적으로 대량의 전류를 공급할 수 있다.

- **제동에너지 회수 효율 향상**

  울트라 - 캐퍼시터는 단시간 동안 대량의 전류를 흡수할 수 있으며, 축전지보다 충/방전 효율도 높다.

- **구동 축전지의 수명 연장**

  울트라 - 캐퍼시터가 부하 정점(頂點) 즉, 부하 피크(load peak)를 흡수하므로, 구동 축전지에는 비교적 균일한 부하만 걸린다.

- **전원 회로와 전기부하 회로의 안정화**(board net stabilization)

- **높은 전력을 소비하는 시스템 지원**(high power consumption support)

- **주 전원이 고장일 경우, 지선회로(branch circuit)의 x-by-wire 기능을 유지한다.**

  즉, 안전기능의 신뢰도를 개선한다.

에너지 저장시스템의 비교
Comparison of Energy Storage Systems

1 비출력[W/kg] 과 비에너지[Wh/kg]

에너지 저장장치에 대한 중요한 관점은 가용시간, 비출력 및 비에너지이다. 그림 5-58은 라곤-그래프(Ragone-Diagram)로서 라곤(David V. Ragone)이 축전지의 출력을 비교하는 데 처음 사용하였다. 카테시안 좌표계(Cartesian Coordinate system)의 수직축에는 비에너지 [Wh/kg], 수평축에는 비출력[W/kg]를, 그리고 사선(등시간선)은 각 에너지 저장장치가 방전할 때 방출 가능한 에너지에 대한 시간적인 준비능력을 나타내고 있다.

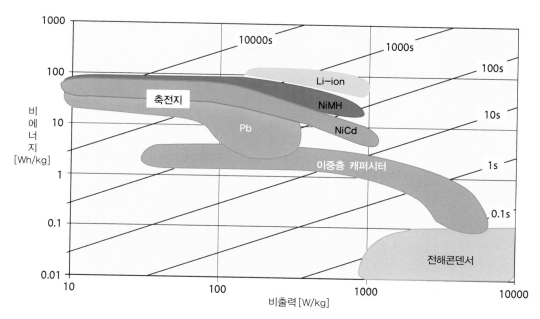

그림 5-58 에너지 저장장치에 대한 중량 분석적 Ragone 그래프 [60]

그림 5 - 58에서 비에너지[Wh/kg]는 Ni - MH 축전지가 약 100Wh/kg, 리튬 - 이온 축전지가 약 150Wh/kg 정도이다. 비출력[W/kg]은 Li - ion 축전지가 Ni - MH 축전지보다 조금 더 높다. 자동차용으로 사용하는 데는 체적보다는 무게가 더 중요한 변수이다. 자동차 무게가 에너지 소비에 미치는 영향이 아주 크기 때문이다. 결과적으로 Li - ion 축전지가 Ni - MH 축전지보다 상대적 우위에 있음을 알 수 있다.

표 5 - 20은 다양한 축전지 시스템들의 개략적인 특성값이다. 구동 축전지에 요구되는 특성값은 자동차 종류, 하이브리드 형식 및 작동전략과 같은 경계조건에 따라 크게 좌우된다. 예를 들면, 하이브리드 자동차에서는 축전지 수명을 연장하기 위해 SoC - 범위를 좁게 설정하는 반면에, 일부 순수 전기자동차에서는 SoC - 범위를 축전지 용량의 80%까지 설정하기도 한다. 일반적으로 하이브리드 자동차(HEV)는 순수 전기자동차(BEV)보다 비출력[W/kg]이 큰 축전지를 사용한다.

표 5 - 20 **재충전식 축전지의 특성(2019)**(출처 : ttp://www.all-battery.com/batteryuniversity.aspx)

사양	납축전지	NiCd	NiMH	Li-ion[1]		
				코발트	망간	인
비에너지 [Wh/kg]	30~50	45~80	60~120	150~250	100~150	90~120
내부저항	매우 낮음	매우 낮음	낮음	중간	낮음	매우 낮음
사이클수명[2] (80%DoD)	200~300	1,000[3]	300~500[3]	500~1000	500~1000	1000~2000
충전시간 [4]	8~16h	1~2h	2~4h	2~4h	1~2h	1~2h
과충전 허용오차	크다	중간	작다	낮다. 세류 충전 없음		
자기방전/월(실온)	5%	20%[5]	30%[5]	5% 이하, 보호회로소비 3%/월		
셀전압(정격)	2V	1.2V[6]	1.2V[6]	3.6V[7]	3.7V[7]	3.2~3.3V
충전컷오프전압 (V/cell)	2.40 Float 2.25	전압신호로 완전충전 감지		4.2V, 전형적. 일부는 더 높은 전압까지		3.60
방전컷오프전압 (V/cell, 1C)	1.75V	1.00V		2.50~3.00V		2.50V
피크부하전류, 최상의 결과	5C[8] 0.2C	20C 1C	5C 0.5C	2C 1C 미만	30C 이상 10C 미만	30C 이상 10C 미만
충전온도[℃]	-20~50℃	0~45℃		0~45℃[9]		
방전온도[℃]	-20~50℃	-20~65℃		-20~60℃		
유지보수 요구	3~6개월[10] (토핑충전)	완전 사용 시 90일마다 완전 방전		유지보수 필요 없음		
안전 요구	열적 안정	열적 안정, 퓨즈 보호		보호회로 필수[11]		
상용화 시기	1800년대 후반	1950	1990	1991	1996	1999
독성	매우 높음	매우 높음	낮음	낮음		
쿨롱 효율[12]	~90%	~70%, 완속 충전 ~90% 급속 충전		99%		
가격	낮음	중간		높음[13]		

1) 코발트, 니켈, 망간 및 알루미늄을 결합하면 에너지 밀도가 최대 250Wh/kg까지 상승한다.
2) 사이클 수명은 심방전도(DoD)를 기준으로 한다. 얕은 DoD는 사이클 수명을 연장한다.
3) 사이클 수명은 기억효과를 방지하기 위해 정기적인 유지, 관리를 받는 축전지를 기준으로 한다.
4) 초고속 충전 축전지는 특별한 목적으로 생산되었다. (BU-401a : 고속 및 초고속 충전기 참조)
5) 자기 방전은 충전 직후 가장 높다. NiCd는 처음 24시간 동안 10%, 다음 30일마다 10%씩 감소한다. 고온 및 노화는 자기 방전을 증가시킨다.
6) 이론 전압은 1.25V이지만, 1.20V가 더 일반적이다. (BU-303 참조).
7) 제조업체는 낮은 내부저항으로 인해 전압을 더 높게 평가할 수 있다(마케팅).
8) 고전류 펄스 가능; 회복할 시간이 필요하다.
9) 빙점 이하에서 Li-ion 축전지를 충전해서는 안 된다. (BU-410 : 고온 및 저온에서 충전 참조)
10) 유지, 보수는 황화를 방지하기 위해 균등화 또는 토핑 충전*의 형태일 수 있다.
11) 보호회로는 다수의 Li-ion 축전지에서 약 2.20V 이하 및 4.30V 이상에서 차단된다. LiFeP 축전지에는 다른 전압 설정이 적용된다.
12) 충전속도가 빠를수록 쿨롱 효율이 더 높다 (부분적으로 자체 방전 오류로 인해).
13) Li-ion 축전지는 납산-축전지보다 사이클 당 비용이 낮을 수 있다.

2 리튬-이온(Li-ion) 축전지 기술

그림 5-58과 표 5-20은 Li-ion 축전지가 비에너지, 비출력, 셀 전압 그리고 사이클 수명에서 Ni-MH 축전지나 납(젤라틴)축전지보다 우위에 있음을 나타내고 있다. 즉, Li-ion 축전지가 하이브리드 자동차나 전기자동차의 구동 축전지로서의 장점을 더 많이 갖추고 있다. Li-ion 축전지의 안전성, 비에너지[Wh/kg]와 비출력[W/kg], 그리고 에너지 밀도[Wh/l]와 출력밀도 [W/l]를 높이기 위한 기술들이 비약적으로 발전하고 있다.

(1) 전극재료의 이론 비용량(theoretical specific capacity)과 전위(potential)

비에너지[Wh/kg]와 비출력[W/kg]은 전극재료의 이론 비용량과 전위에 의해 결정된다. 현재로서는 리튬이 가장 좋은 특성을 갖추고 있다.

이론 비용량(q_{th})[Ah/kg]은 다음 식으로 구한다.

$$q_{th} = \frac{F \cdot n}{M} \quad \cdots\cdots\cdots\cdots\cdots\cdots\cdots\cdots\cdots\cdots\cdots\cdots\cdots\cdots\cdots\cdots\cdots\cdots\cdots (5\text{-}15)$$

여기서 F : 패러데이 상수 [96485 As/mol]

M : 몰 질량 [kg/mol]

n : 1몰당 가용 전자수

이론 비용량이 크고 밀도가 낮은 리튬이 전극재료로서 좋은 특성을 갖추고 있음을 표 5-21에서 확인할 수 있다.

전극재료	몰 질량 [g/mol]	전자수	밀도 [kg/m³]	비용량 [Ah/kg]
리튬(Li)	6.94	1	0.534	3,860
나트륨(Na)	23.0	1	0.97	1,160
마그네슘(Mg)	24.3	2	1.74	2,220
알루미늄(Al)	26.9	3	2.7	2,980
칼슘(Ca)	40.1	2	1.54	1,340
철(Fe)	55.8	2	7.85	960
아연(Zn)	65.4	2	7.1	820
납(Pb)	207	2	11.3	260

표 5－21 전극재료의 이론 비용량 [51]

(2) 리튬 - 축전지 기술

납축전지나 Ni - MH 축전지와는 다르게 Li - ion 축전지에서는 전극 자체의 재료 혼합 및 전극쌍의 결합이 다양하다. 따라서 축전지의 성능이나 특성값도 다양하다.

최신 Li - ion 축전지는 전기자동차와 하이브리드 자동차용으로 가장 이상적인 축전지이다. 그러나 Li - ion 축전지를 자동차 구동 축전지로 사용하는 데 있어서 가격, 대전류 친화성(특히 Li - ion 축전지로 발진할 경우) 및 안전문제(기계적 손상 또는 과부하 시의 화재위험) 등은 아직도 완벽하게 해결되지 않은 과제들이다. → 지속적인 기술 개발이 필요함.

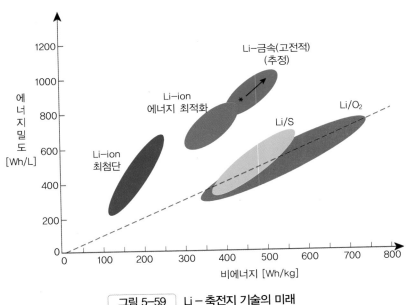

그림 5-59 Li - 축전지 기술의 미래

또 한 가지 문제는 가격이다. 비싼 리튬과 코발트를 대체하고, 동시에 용량과 비출력을 늘리기 위해서 (+)극은 니켈 함량이 높은 재료, (−)극은 리튬−금속(Li−metal) 재료를 사용하는 방안이 가속화되고 있다. 금속전극과 관련하여 현재 논의되고 있는 새로운 기술은 리튬−황(Li−S) 축전지와 리튬−공기(Li−O_2) 축전지가 있다. Li−S를 사용하면 기존 Li−ion 기술과 비교해 이론적으로 에너지 밀도가 7배 더 높으며, Li−O_2는 약 9배 더 높다.

표 5−22 리튬−이온 축전지 시스템들의 기술 비교 [61]

	호칭	전압 [V]	용량 [Wh/kg]	사이클 수명	충전 (C−Rate)	방전 (C−Rate)	고온환경 내구성	열폭주 온도 (℃/℉)	생산 가격
리튬−코발트 산화물 LiCoO_2	LCO	3.9V	150 ~200	500 ~1000	0.7~1.0C 4.20V까지	1C; 2.50V 컷오프	낮다	150 /302	낮다
리튬−망간 산화물 LiMn_2O_4	LMO	4.0V	100 ~150	300 ~700	0.7~1.0C, 3C max. 4.20V까지	1C 일반적, 10C on some cell, 2.50V 컷오프	낮다	250 −480	낮다
리튬−니켈−망간 −코발트 산화물 LiNiMnCoO_2	NMC	3.7~ 4.0V	150 ~200	1000 ~2000	0.7~1.0C, 4.20V까지	1C 일반적, 2C on some cell, 2.50V 컷오프	낮다	210/410	낮다
리튬−니켈− 코발트−알미늄 산화물 LiNiCoAlO_2	NCA	3.7V	155 ~260	500	0.7C, 4.20V까지	1C, 3.00V 컷오프	낮다	150 /302	중간
리튬−철− 인산염 LiFePO_4	LFP	3.3V	90 ~125	1000 ~3000	0.5C~4C, 3.7V까지	1C 일반적; 3C on some cells; 2.50V 컷오프	높다	270 /518	낮다

(3) 축전지의 비에너지 [Wh/kg] 와 에너지 밀도 [Wh/l]

축전지의 비에너지[Wh/kg]와 에너지 밀도[Wh/l]는 가용 에너지의 양과 무게 및 체적의 관계를 정의한다. 특히 자동차에서는 가용 에너지가 적으면서 체적이 크고 무게가 무거우면 불리하다. 즉, 축전지가 무겁고 체적이 크면서도 가용 에너지가 적다면, 1회 충전으로 주행할 수 있는 거리가 짧기 때문이다. 그림 5−60에서 현재의 기술 수준에서 납축전지가 가장 불리하고, 리튬−폴리머 축전지(각형)가 가장 유리함을 알 수 있다.

(4) 유망한 축전지 기술 (표 5−23)

리튬−이온 축전지 외에도 유망한 축전지 기술로는 (−)극 재료로 불소를 사용하는 축전지, 금속−공기 축전지, 그리고 고온 축전지로서 나트륨 축전지 등이 있다.

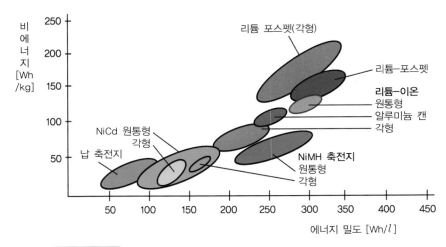

비에너지[Wh/kg] (세로축)
에너지 밀도 [Wh/l] (가로축)

리튬 포스펫(각형)
리튬-포스펫
리튬-이온
원통형
알루미늄 캔
각형
NiCd 원통형
각형
납 축전지
NiMH 축전지
원통형
각형

그림 5-60 셀 수준의 비에너지와 에너지 밀도(출처 : Johnson Controls)

표 5-23 새로운 2차 축전지의 이론 에너지 밀도 [51]

시스템	이론 Ah/kg	전압[V]	이론 Wh/kg
Li/F_2	1,035	5.91	6,115
Li/O_2	1,787	4.27	7,629
Mg/O_2	1,330	3.61	4,801
Zn/O_2	659	2.00	1,317
$C_6/LiCoO_2$	170	4.20	420
$Na/NiCl$(고온)	304	2.58	783

3 에너지 저장시스템 간의 비교

(1) 축전지(battery) (그림 5-60, 그림 5-61 참조)

지금까지 하이브리드 자동차의 에너지 저장장치로는 주로 축전지를 사용하고 있다. 축전지들의 비에너지는 10~200Wh/kg의 범위로서 다른 에너지 저장시스템보다 많은 양의 에너지를 저장할 수 있다. 그러나 축전지들의 비출력은 10~800W/kg으로 슈퍼-캐퍼시터나 축압기보다 아주 낮다. 그리고 축전지는 크기가 제한적이고 내부저항이 커서 에너지를 계속 그리고 천천히 방출한다. 이러한 특성은 방전시간으로 나타낼 수 있다. 즉, 비에너지[Wh/kg]를 비출력[W/kg]으로 나누어 축전지의 방전시간(t)을 구할 수 있다.

(2) 유압 에너지 저장기(hydraulic energy storage) (그림 5-62 참조)

　대형 화물자동차와 같은 중량자동차에서는, 제동에너지를 회수하거나 가속을 지원할 때 출력이 아주 큰 에너지 저장장치를 사용해야 한다. 이 목적으로 축전지를 사용한다면, 축전지는 크기가 크고, 고출력이어야 한다. 현재의 기술 수준에서 이 요구사항을 충족하는 축전지라면, 값이 비싸면서도 무거운 축전지뿐이다. 그러므로 이들 대형 중량자동차에서는 대부분 비출력[W/kg]이 큰 유압 축압기(hydraulic accumulator)를 사용한다.

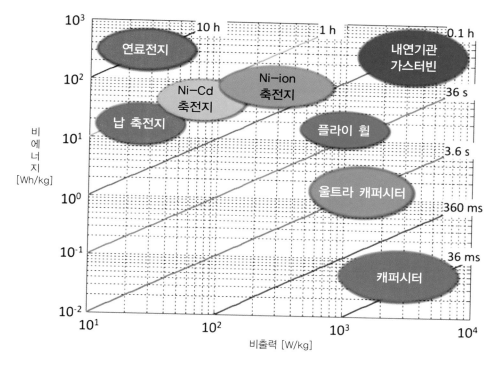

그림 5-61 에너지 저장기들의 상호 비교 (출처 : Maxwell, 2006)

　그림 5-62에서 축압기는 슈퍼-캐퍼시터보다 비출력[W/kg]이 더 크다는 것을 알 수 있다. 축압기는 대형 중량자동차가 급제동하는 때에도 제동에너지를 충분히 회수하여, 저장할 수 있다. 그리고 가속할 때는 가속에 필요한, 충분한 에너지를 순간적으로 공급할 수 있다. 물론 소음, 진동 및 누설과 같은 유압시스템 고유특성과 시스템의 크기는 고려해야 한다.

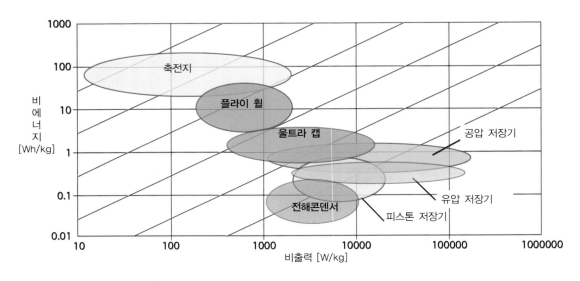

그림 5-62 에너지 저장장치들의 비출력 및 비에너지 특성 (출처 : www. openenergymonitor.com)

(3) 플라이휠 에너지 저장기(flywheel energy storage)(그림 5-61, 5-62 참조)

플라이휠 에너지 저장기의 비출력과 비에너지는 모두 축전지와 슈퍼 - 캐퍼시터의 사이에 존재한다. 플라이휠 에너지 저장기는 사이클 내구성이 높고, 허용 작동온도가 높다는 장점을 갖추고 있다. 따라서 전기시스템에 비교해 냉각에 소비되는 비용이 현저하게 낮다.

(4) 슈퍼-캐퍼시터와 축전지를 결합한 하이브리드 전기에너지 저장시스템
(HESS: Hybrid electric Energy Storage System)

① 하이브리드 전기에너지 저장 시스템(HESS)의 기본 개념

하이브리드 자동차와 전기자동차에서 고성능 리튬 - 이온 축전지나 Ni - MH 축전지가 발진 및 가속 시의 순간 전기부하 정점(peak)을 모두 감당하기에는 역부족이다. 이와 같은 문제점을 보완하여 연료를 절감하고, 축전지의 수명을 연장하기 위해, 구동 축전지와 슈퍼 - 캐퍼시터를 결합한, 소위 하이브리드 에너지 저장 시스템(HESS)을 사용한다.

그림 5 - 63에서 Li - ion 축전지는 최대 비출력 220W/kg, 최대 비에너지 150Wh/kg이다. 그리고 슈퍼 - 캐퍼시터는 최대 비출력 3500W/kg, 최대 비에너지 3Wh/kg이다. 따라서 이들의 장점을 적절하게 활용하면, 출력 정점에서 최대 비출력 3500W/kg, 최대 비에너지 150Wh/kg를 활용할 수 있음을 알 수 있다.

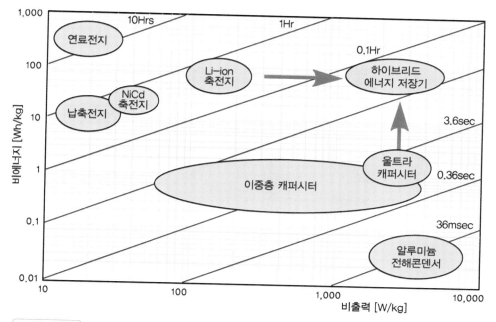

그림 5-63 하이브리드 에너지 저장 시스템의 기본 개념 (출처 : US Defence Logistics Agency)

② 하이브리드 전기에너지 저장 시스템(HESS)의 회로 구성

그림 5 - 64는 하이브리드 전기에너지 저장시스템(HESS : Hybrid electric Energy Storage System)의 기본 구조 및 회로이다. 기존의 시스템에 캐퍼시터 팩과 DC/DC 컨버터를 추가한 형식이다.

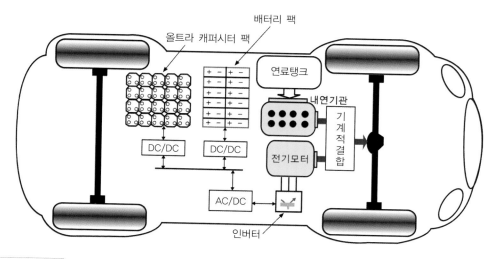

그림 5-64 하이브리드 전기에너지 저장시스템(HESS)의 기본 구성(출처 : US Defence Logistics Agency)

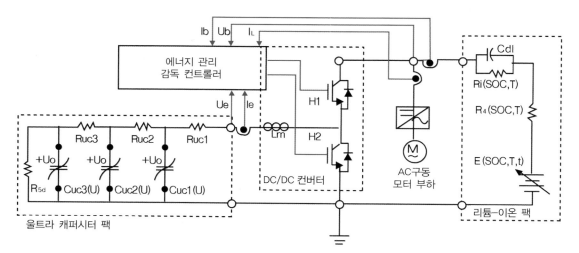

슈퍼-캐퍼시터를 이용한 능동 병렬 하이브리드 전기에너지 저장 시스템(HESS) [62]

이때 하이브리드 에너지 저장 시스템(HESS) 컨트롤러는 다음과 같은 기능을 수행한다.

- 전력의 흐름을 계속 감시한다.
  - 부하전력(예 : U_b와 I_L 센서 정보)
  - 축전지 셀(팩)의 전력(예 : U_b와 I_b 센서 정보)
  - 캐퍼시터 셀(팩)의 전력(예 : U_c와 I_c 센서 정보)
- DC/DC - 컨버터의 게이팅 신호 H_1, H_2를 생성한다. 필요할 경우 리튬 - 이온 셀(팩) 및 슈퍼 - 캐퍼시터 셀(팩)의 SoC 정보에 상응하여 양방향 전력 흐름에 영향을 미친다.
- 필요한 부하전력(예 : AC 구동 전동기의 부하)의 요구에 따라, SoC 정보를 근거로, 캐퍼시터의 동적 출력수준 및 리튬 - 이온 축전지의 지속적인 출력수준의 상대적 분담률을 결정하여, 전류를 방출하도록 한다.

자동차 시스템 수준에서, 그리고 상위 컨트롤러와 결합하여, 전체 시스템 자동차의 목표(예: 연료절감 및 성능 최적화)를 달성하기 위해, 두 에너지 저장기의 상대 SoC를 관리한다.

제6장

에너지의 제어와 관리

Control and Management of Energy

6-1

전력전자 개요 및 스위칭 반도체 소자
Introduction to power electronics & switching semi - conductor elements

전통적인 내연기관 자동차에서도 전자장치(electronics)는 제어유닛이 구현하는, 감시 및 제어와 관련된 다양한 기능을 수행한다. 오늘날 전력전자에는 마이크로컴퓨터와 신호전자 외에도 전력전자 액추에이터가 포함된다.

예를 들어 발전기를 온 - 보드 네트워크에 결합하기 위한 에너지 처리(energy processing) 등이 여기에 포함된다. 이러한 추세는 동력전달계(drivetrain)의 전동화 확대와 함께 크게 강화되고 있다. 특히 전력전자 액추에이터는 파워트레인 외에도 동력전달, 조향 및 제동장치의 전동화와 확장된 전기회로 시스템의 필수 요소이다.

1 전력전자 개요

그림 6 - 1은 하이브리드 자동차 전기장치 회로망의 주요 구성요소를 나타내고 있다. 이 표현은 개략적이고 매우 일반적이므로 다양한 유형의 하이브리드 자동차를 표현할 수 있다. 차륜에 전달되는 구동 토크는 하나 또는 다수의 전기기계에 의해 생성된다.

일반적으로 3상 동기 또는 비동기 전동기가 사용된다. 제어방법에 따라 구동 또는 제동 토크를 전달하거나 생성할 수 있다. 전력전자 인버터(inverter)는 직류로부터 진폭과 주파수 가변 3상 교류를 생성하여 전기기계에 공급한다. 인버터에는 발전기 또는 구동 축전지로부터 전력이 공급된다. 발전기는 내연기관과 기계적으로 연결되어 있으며, 내연기관에 의해 생성된 기계적 에너지를 구동 전동기용 고전압 전기 시스템에서 이용할 수 있도록 3상 교류를 생성한다. 내연기관은 이 발전기의 전동기 모드로 시동할 수 있다.

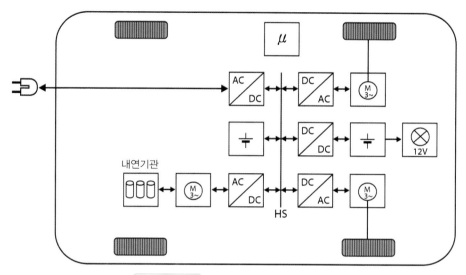

그림 6-1 하이브리드 자동차의 블록선도

　고전압 전기시스템은 구동 축전지로 완충(buffering)시킬 수 있다. 단자에는 일반적으로 약 300V 또는 그 이상의 DC 전압이 인가된다. 축전지는 완충기(buffer) 역할을 하므로, 전기기계가 발전기 모드, 즉 전력전자가 컨버터 모드(converter mode)에 있을 때 에너지를 흡수하고, 모터 모드(또는 inverter mode)에서 에너지를 방출할 수 있다. 예를 들어 조명 및 라디오와 같은 전기소비 부하에 계속 전원을 공급하는 기존의 12V/14V 온-보드 전원은 고전압 온-보드 전원에서 전류를 공급받을 수 있으므로, 기존의 12V-발전기는 필요 없다. 대신에, 약 300V에서 약 12V로 강압시킬 수 있는 DC/DC 강압 컨버터를 갖추어야 한다. 안전을 위해서는 고전압 전기시스템을 차량 본체로부터 분리, 절연해야 하므로, 이 컨버터는 전기적으로(galvanically) 차체로부터 절연되어 있어야 한다. - **복선식 회로**

　최신 기술에 따라, 교류 회로망 전력으로 고전압 축전지를 충전할 수 있는 충전기에도 동일한 원리가 적용된다. AC-회로망의 정점 부하(peak load)를 감당하기 위해, 주차된 차량의 고전압 축전지로부터 짧은 시간 동안, 전기 에너지를 역으로 AC-회로망에 공급할 수도 있다.

　요약하면, 전력전자의 역할은 하나의 진폭 및 주파수의 전류 또는 전압체계를 다른 진폭 및 주파수의 전류 또는 전압체계로 변환하는 것이다. 여기에는 특히 인버터(직류를 교류로), 컨버터(교류를 직류로) 및 DC/DC 컨버터(직류를 다른 전압의 직류로)의 기능이 포함된다. 예를 들어 컨버터와 인버터를 연결하여 교류를 전압이 다른 교류로 변환할 수도 있다. 이는 그림 6-1의 내연기관에서 구동 차륜까지의 동력전달 경로에서 발생한다. 전기/하이브리드 자동차에서 변환되는 전압은 일반적으로 12V~1000V 미만의 범위이며, 전류의 크기는 수 100A에 이른다.

이러한 크기의 전압과 전류는 소위 전자밸브 – 스위칭 반도체 소자들 – 에 의해 변환된다.

전력전자(power electronics)는 다른 응용분야에서도 다양하게 많이 사용되는 추세에 있다. 예를 들면, 철도차량 및 산업용 구동기술 또는 재생 에너지원에서 생성된 전기에너지를 처리하기 위한 용도로도 사용되고 있다. 전력전자는 와트(W)~메가와트(MW) 범위의 광범위한 공칭 전력을 처리할 수 있다. 전기/하이브리드 자동차와 같은 새로운 응용분야는 특히 부품 요소 분야에서 전력전자의 급속한 발전에 따른 이점을 활용한다. 일반적으로 전력전자는 전체 시스템에서 더 높은 에너지 전위(potential)의 차이를 가능하게 한다.

2 스위칭 반도체 소자 (Switching Semi-Conductor Elements)

간단한 전기장치 (예: 발전기, 축전지, 기동전동기 및 배전기)만을 사용하는, 단순한 기계장치에 불과한 과거의 자동차들과는 대조적으로, 오늘날의 자동차들은 다수의 전기/전자장치들이 통합된, 하나의 복잡한 전자장치에 가깝다. 즉, 기계장치보다는 전기/전자 기능이 우위에 있는, 전기/전자화된 자동차이다. 예를 들면, 기존의 내연기관 자동차에서도 전기/전자기술은 기관과 동력전달장치의 제어, 섀시장치 제어, 차체 다이내믹 제어, 안전 시스템 제어, 통신/정보 시스템, 그리고 편의사양 등 자동차의 거의 모든 분야에 적용되었다.

한 걸음 더 나아가, 이제는 하이브리드(HEV)는 물론이고, 축전지 전기차(BEV)와 연료전지 자동차(FCEV)까지도 도로를 질주하고 있다. 전기/전자기술이 주류이고, 기계기술이 아류인 상황으로 변하고 있다. 전기/전자에 대한 기본지식 없이는 자동차를 논할 수 없는 시대가 되었다.

스위칭 반도체 소자로는 쌍극성 트랜지스터(BJT), 전계효과 트랜지스터(FET, MOSFET), 절연 게이트 쌍극성 트랜지스터(IGBT), 사이리스터(thyristor), GTO(Gate Turn-OFF thyristor) 등을 주로 사용한다. 하이브리드 자동차와 전기자동차의 전력전자(power electronics) 장치에는 무엇보다도 대전류의 고속 스위칭이 가능한 반도체 소자들 예를 들면, 전계효과 트랜지스터 (MOSFET) 및 절연 게이트 쌍극성 트랜지스터(IGBT) 등을 주로 사용한다.

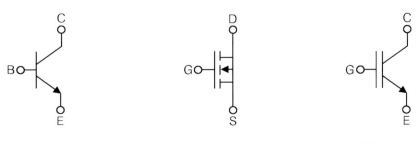

(a) 쌍극성 트랜지스터   (b) n-채널 증가형 MOSFET   (c) IGBT

그림 6-2 반도체 소자의 표시기호 [4]

(1) 쌍극성 트랜지스터(BJT : Bipolar Junction Transistor)

쌍극성 트랜지스터는 베이스(B)에 흐르는 제어전류로 컬렉터(C)와 이미터(E) 간의 주 전류를 제어한다. 트랜지스터는 가격은 싸지만, 스위칭 손실이 비교적 크고, 제어전류를 사용하여 제어하므로 회로 구성이 복잡하고, 동작 속도가 상대적으로 느리다.

오늘날 쌍극성 트랜지스터는 대부분 IGBT로 대체되었다.

(2) 전계효과 트랜지스터(FET : Field Effect Transistor)

FET는 소자의 게이트에 작용하는 제어전압을 이용하여 도통 상태로 절환한다. 제어가 간단하고, 스위칭 손실이 적어서 아주 높은 스위칭 주파수에 도달할 수 있다. 저항은 차단전압이 상승함에 따라 아주 많이 커진다. 사용영역은 중간 전압(200V 이하) 범위이다. FET 중에서도 MOSFET를 주로 사용한다. 저전력이고 스위칭 속도가 빠르지만 비싸다.

MOSFET(metal‐oxide‐semiconductor field‐effect transistor)를 우리말로 번역하면 "금속 산화막 반도체 전계효과 트랜지스터"라는 긴 이름이 된다. 따라서 말하기 쉽고, 간단하면서도 국제적으로 통용되는 MOSFET(모스펫)라는 약어를 그대로 사용한다.

MOSFET는 소위 단극성(unipolar) 소자 등급에 속한다. 즉, 전류의 흐름에 항상 하나의 반송자만 참여한다. n‐채널 MOSFET에서는 전자가, P‐채널 MOSFET에서는 정공이 전하를 운반한다. 정적인 상태에서는 제어입력(gate)에 전류가 흐르지 않는다. 그러므로 제어전류가 필요없다.

그림 6‐3은 n‐채널 증가형 MOSFET(P 기판형)이다. 작동원리는 다음과 같다.

게이트와 소스 간에 전압(U_{GS})을 인가하면, 게이트 전극은 P형 기판으로부터 전자를 흡인하여, 드레인(D)과 소스(S) 사이에 전자가 밀집된 N형 채널(또는 통로)을 형성하여 전류를 흐르게 한다. 이때 게이트 전압(U_{GS})이 상승하면, N형 채널은 더욱더 넓어져 드레인 전류(I_{DS})는 더 많이 흐르게 된다. 원하는 스위칭 속도(100ns~$1\mu s$)에 따라 대부분 수 암페어의 전류가 짧은 시간 동안 흐른다.

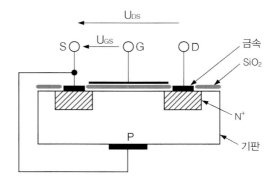

그림 6-3 │ n-채널 증가형 MOSFET의 구조 (P-기판형) [4]

MOSFET의 장점은 단순한 디자인과 높은 스위칭 속도이다. 실제로, 스위칭 속도는 MHz 범위까지 구현할 수 있다. 예를 들어 저출력의 고속 DC/DC‐컨버터에 사용한다. 더욱더 큰 전류가 흐르는 경우는, 칩(chip) 면적이 넓어서 입력 캐퍼시턴스가 증가하므로 스위칭 속도의 한계가 설정된다. 실제로는 kW 범위의 출력에서 주파수 100kHz까지 가능하다.

하이브리드 자동차에서 MOSFET는 인버터에서 저전압/저출력의 전동기 제어에 사용한다. 예를 들면, 12V 또는 42V 스타터/제네레이터의 제어에 사용한다. 이 외에도 DC/DC - 컨버터의 12V 측에 사용한다. MOSFET는 자신의 구조 때문에 항상 기생(parasitic) 다이오드를 병렬로 연결하여 사용한다. 그러나 단순한 경우에는 프리 - 휠링(free wheeling) 다이오드를 생략할 수 있다. 고속 스위칭용으로 사용할 경우는, 일반적으로 스위칭 특성을 최적화하기 위해 다이오드를 추가로 사용한다.

(3) 절연 게이트 쌍극성 트랜지스터(IGBT : Insulated Gate Bipolar Transistor)

IGBT는 기본적으로 기존의 쌍극성 트랜지스터와 MOSFET를 결합한 집적회로(Bi - MOS transistor)로써 두 소자의 장점을 모두 가지고 있다. 게이트(gate)의 임피던스는 FET와 마찬가지로 무한대에 가깝고, 출력 C → E 사이는 쌍극성 트랜지스터의 특성이 있다. 제어는 MOSFET와 비슷하게 게이트를 통해 이루어진다.

게이트 - 이미터 간에 (+)전압을 인가하여 MOSFET를 도통 시키면, PNP - 트랜지스터의 베이스 - 이미터 간에 낮은 저항이 접속된 상태가 되어, PNP - 트랜지스터가 도통된다.

턴 - 오프(turn - off) 동작은 게이트 - 이미

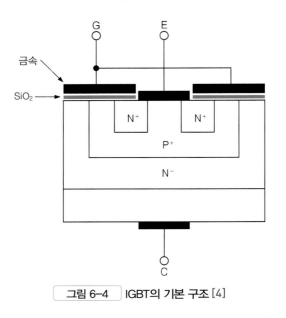

그림 6-4 │ IGBT의 기본 구조 [4]

터 간의 전압을 0V로 하면, 먼저 MOSFET가 차단되고, 이어서 PNP - 트랜지스터는 베이스 전류의 공급이 끊겨, 차단상태가 된다. 차단상태에서는 소위 꼬리 전류가 생성되어 MOSFET에 비교해 스위칭 손실이 증가한다.

턴 - 오프(turn off) 시간이 $1\mu s$로서 초당 15,000회 이상의 스위칭이 가능하다. 이처럼 IGBT는 파워 - MOSFET와 유사하게 게이트 전압신호만으로 ON - OFF 상태를 제어할 수 있는 전압 구동형 반도체 소자이다.

그리고 턴온(turn - on) 전압이 매우 낮고, 게이트 전류가 무시할 수 있을 정도로 작다. 소자 정격 이내의 모든 전룻값에서 순방향 전압강하가 0.6V 이상이 되지 않는 특성이 있다. 즉, 순방향 손실이 아주 작다. 따라서 대전류 시스템용으로 사용할 수 있다. 펄스를 스위칭하여 직류 전압

을 교류 전압으로 변환하는 인버터 부분에 주로 사용한다. 600V 또는 1200V의 역 – 전압을 갖는 IGBT는 일반적으로 고전압 온 – 보드 네트워크의 전력전자회로 및 충전장치의 네트워크 측에 사용된다.

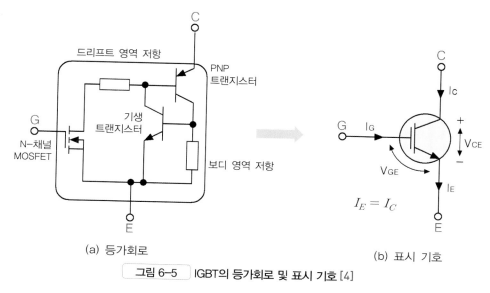

(a) 등가회로   (b) 표시 기호

그림 6-5 IGBT의 등가회로 및 표시 기호 [4]

현재 사용되고 있는 대부분의 IGBT는 소자의 스위칭 특성 개선 및 $V_{ce(sat)}$ 내압의 최적화를 위해 고농도의 (n^+) 도핑(doping)된 비대칭 IGBT이다. 따라서 순방향 전압 차단(blocking) 능력은 있으나 역방향 전압 차단 능력은 제한적이다. 그러나 IGBT는 웨이퍼(wafer)의 구조상 칩(chip) 안에 다이오드가 내장되어 있지 않다. 따라서 모듈에 별도로 스위치 – OFF 시간이 짧은 프리휠링 다이오드 칩을 역방향으로 연결한다. 그리고 하이브리드 자동차나 전기자동차의 인버터에는 브릿지회로 모듈을 주로 사용한다.

IGBT의 드라이버(driver) 회로는 아주 큰 전류(단락의 경우)를 안전하게 스위치-오프(switch-off) 시킬 수 있도록 설계되어 있어서, 회로에 고장이 발생한 때에 에너지 공급을 차단할 수 있는 장점을 갖추고 있다. IGBT는 오늘날 전력전자(power electronics)의 가장 중요한 소자이다.

(4) 스위칭 반도체 소자의 비교

MOSFET는 스위칭 주파수가 높으면서도 스위칭 손실이 적어서 전류파형의 잔물결(ripple)이 같은 경우에도 유도성 부품의 크기를 줄일 수 있다. 물론 차단전압이 높은 경우에는 IGBT보다 도통손실이 더 크다.

일반적으로 MOSFET는 스위칭 주파수 200kHz 이상, 출력 500W 이하, 그리고 전압이 250V

이하인 시스템에, IGBT는 전압 500V 이상, 출력 5kW 이상, 스위칭 주파수가 20kHz 이하의 시스템에 사용하는 것이 바람직한 것으로 알려져 있다. 그 사이의 경계는 유동적이며, 온도, 듀티 사이클과 같은 다른 조건에 따라 달라진다.

표 6-1 MOSFET와 IGBT의 특성 비교

스위칭 소자	MOSFET	IGBT
구동 방식	전압 구동	전압 구동
소비 전력	적다	적다
회로 구성	간단	간단
ON 저항	크다	작다
스위칭 속도	빠르다	보통
스위칭 손실	작다	보통
특 징	일반 트랜지스터의 베이스 전류 구동 방식을 전압 구동방식으로 하여 고속 스위칭이 가능.	대전류, 고전압에 대한 대응이 가능하면서도 스위칭 속도 빠름. 현재 가장 많이 사용되고 있음.

IGBT는 도통 저항이 쌍극성 트랜지스터와 비슷하게 낮고, 도통 손실이 적으며, 트리거링 (triggering) 시 FET와 비슷하게 전력 소비가 아주 적다는 장점이 있다.

하이브리드 자동차에서는 IGBT를 이용하여 인버터와 고출력 DC/DC - 컨버터를 구현하며, 12V - 회로에 전기를 공급하는, 전위(potential)가 분리된 DC/DC - 컨버터에는 MOSFET를 주로 사용한다. MOSFET의 전압등급은 다단계로 세분되어 있으나, IGBT는 600V, 1200V 및 1800V급으로 분류되어 있다. 그림 6-6은 반도체 소자의 출력등급이다.

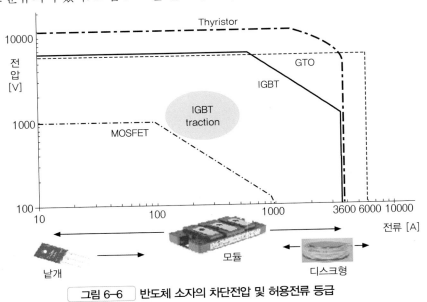

그림 6-6 반도체 소자의 차단전압 및 허용전류 등급

사용 전압이 최대 450V인 경우, 600V급의 IGBT를 사용하면 된다. 전압 수준이 더 높은 경우에는 1200V급 또는 1800V급을 선택할 수 있다. 축전지 전압은 높으나, 출력이 작은 경우에는 MOSFET를 사용할 수도 있다.

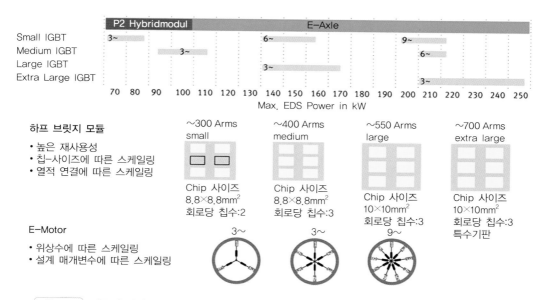

하프 브릿지 모듈
• 높은 재사용성
• 칩-사이즈에 따른 스케일링
• 열적 연결에 따른 스케일링

E-Motor
• 위상수에 따른 스케일링
• 설계 매개변수에 따른 스케일링

참고도 전동기 위상 수 및 IGBT 하프-브리지의 크기와 수량에 근거한 출력 구분 (출처: Schaeffler)

6-2

전력 전자
Power Electronics

1 기본 원리 및 시스템 구성

구동 축전지와 구동 전동기 간의 에너지 흐름을 제어하기 위해서는 전력 변환장치(inverter & converter) 즉, 전력전자 시스템(power electronics)을 갖추고 있어야 한다.

전력전자 시스템은 축전지가 공급하는 전기 에너지(직류)를 전동기가 필요로 하는 진폭과 주파수를 가진 전기 에너지(가변 교류)로 변환시킬 수 있어야 한다. 동시에 반대로 전동기가 발전기 모드로 작동할 때에는 교류를 직류로 변환시킬 수 있어야 한다. 그리고 모든 운전영역에서 전기구동 시스템을 높은 효율로 작동시키기 위해서는, 매 순간 최적의 전압을 생성할 수 있는, 아주 복잡한 제어기능을 수행해야 한다.

전력전자 시스템은 전동기 구동 외에도 12V 전원회로에 직류를 공급하기 위해서는 고전압 직류를 저전압 직류로 변환하는 장치 즉, DC/DC - 컨버터를 갖추고 있어야 한다. DC/DC - 컨버터는 인버터(주파수 변환기)에 통합하거나 별도로 설치할 수 있다. 또한, DC/DC - 컨버터는 기존의 12V - 전기회로와 고전압 전기회로를 연결한다. 따라서 구동 축전지(고전압 축전지)를 충전하거나 고전압으로 작동하는 고출력 전기부하에 전기 에너지를 공급할 수 있다. 그리고 고전압 축전지의 전압을 더 높은 전압으로 승압시킬 수도 있다. 예를 들면, 구동 축전지 전압 200V(201.6V)를 500V(최대 650V)로 승압시켜 구동 전동기에 공급하기도 한다. 구동 축전지의 충전상태에 상관없이 안정적인 전압을 공급함으로써 전동기의 제어특성을 크게 개선할 수 있다.

(1) 전력 변환장치의 종류 (그림 6-7 참조)

기본적으로 전기 에너지를 변환시키는 방법에는 4가지가 있다.

① 교류를 직류로 - AC/DC - 컨버터

단상 또는 다상 교류를 직류로 변환시킨다. - 정류기(rectifier)

② **직류를 직류로 – DC/DC-컨버터**

직류의 전압 수준을 변화시킨다. 입/출력 전압의 수준에 따라 승압(boost 또는 step‐up) 컨버터와 강압(buck 또는 step‐down) 컨버터로 분류한다.

③ **직류를 교류로 – DC/AC-인버터**

직류를 전동기가 요구하는 진폭과 주파수를 가진 교류로 변환시킬 수 있다.

④ **교류를 교류로 – AC/AC-컨버터**

주어진 교류를 진폭과 주파수가 다른 교류로 변환시킬 수 있다.

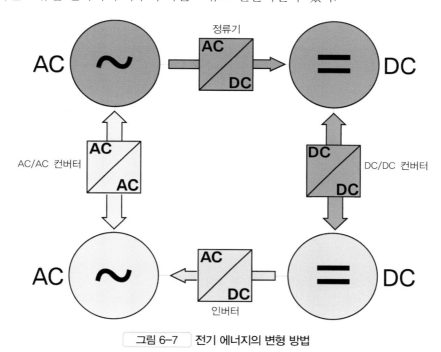

그림 6-7 전기 에너지의 변형 방법

사전적인 의미로는 인버터(inverter)는 직류(DC)를 교류(AC)로 변환하는 장치이고, 컨버터(converter)는 교류(AC)를 직류(DC)로 변환하는 장치를 말한다. 그러나 축전지와 전동기 사이에 설치된 하나의 전력 변환장치는 축전지가 전동기로 에너지를 방출할 때는 인버터, 회생제동 시에는 컨버터가 된다. – **양방향성**(bi-directional)

일반 주파수 변환기의 실제 구성은 교류를 직류로 변환하는 컨버터 부분과 직류를 전압 및 주파수가 가변적인 교류로 변환시키는 인버터 부분으로 구성되어 있으나, 이를 간단히 인버터 라고 한다. – 주파수 변환기라는 용어도 사용한다. (그림 6-9 참조)

그림 6-8은 전기(하이브리드) 자동차에 사용되는 전력 변환시스템이다. DC/AC - 인버터는 에너지 회수 기능 때문에 양방향으로 작동해야 한다. 고전압 축전지의 고전압 직류는 12V - 전원회로가 필요로 하는 수준으로 강압되어 12V 축전지에 공급되어야 한다. 그러나 시스템의 필요에 따라서는, 예를 들어 12V 회로를 통해 외부로부터 전력 지원을 받을 경우는 DC/DC - 컨버터에서도 양방향성이 구현되어야 한다. **─ 전력 변환시스템의 양방향성**

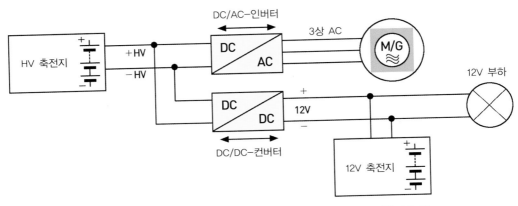

| 그림 6-8 | 전기(하이브리드) 자동차에 사용되는 전력 변환기의 예

(2) 구성요소 및 기술

전력 변환장치의 기능은 고속 스위칭이 가능한 반도체 소자들을 이용하여 실현한다. 전류를 흐르게 하거나 차단하는 기능을 가진, 전력 반도체 소자들은 출력 손실이 아주 적다. 그러나 스위칭할 때는 물론이고, 스위치 - ON 상태에서 전류의 흐름에 의해 발생하는 손실(열)을 적절한 냉각장치를 통해서 외부로 방출해야만 한다. **─ 냉각장치의 필요성**

이들 반도체 소자들은 트리거링(triggering) 상태에 따라 저항이 증가하거나 도통된다. 일반적으로 선형 동작에 사용되는, 고전적인 증폭기(예 : 오디오용)는 전력손실이 크고, 효율도 아주 낮다. 그러나 최신 반도체 소자들은 효율이 아주 높다.

① 작동 온도

전력전자 시스템은 사용된 반도체 재료와 허용 가능한 최고 주위온도에 대한 요구 때문에, 기술적으로 아주 많은 도전을 받고 있다. 오늘날 하이브리드 자동차의 전력전자 시스템에는 일반적으로 별도의 저온 냉각회로를 사용한다. 내연기관의 냉각수를 직접 사용하는 것이 바람직하지만, 반도체 소자의 기술적인 문제(예 : 재료의 허용온도) 때문에 현재로서는 불가능하다. (예 : 냉각수 온도 : 최대 $65\,^{\circ}\!\mathrm{C}$, 냉각수 공급량 : 최소 $8l/\min$)

소자의 열적 손상을 방지하기 위해, 발생된 열을 외부로 방출해야 한다. 이를 위해서 전력전자 시스템은 냉각핀과 접촉상태를 유지하거나, 냉각회로에 접속되어 있어야 한다. 또한, 설계할 때는 소자에서의 손실은 물론이고, 드라이버(driver) 효율의 감소를 고려해야 한다.

② **전압 수준**

전압 수준의 선택은 사용하는 축전지의 최대 전압 외에도 스위칭을 통해 스스로 생성될 수 있는 과전압의 영향도 무시할 수 없다. 과전압은 주로 전동기 인입선의 인덕턴스 (inductance)로 인해, 그리고 인버터의 내부에서 저절로 생성될 수 있다. 허용전압을 조금만 초과해도 반도체 스위치 소자가 파손될 수 있다. 따라서 적절한 안전 여유를 고려해야 한다. 예를 들면, 축전지 전압이 100~400V의 범위일 경우, 600V급의 IGBT를 사용해야 한다.

③ **작동 손실**

도통된 상태에서는 전압강하가 발생하며, 차단된 상태에서도 차단전류(off-state current)가 흐르기 때문에 손실이 발생한다. 이 손실은 열로 변환되어 외부로 방출된다. 이 손실출력은 소자에서의 전압강하와 소자를 통과하는 전류의 곱이다. 도통 상태에서의 손실 은 차단상태에서의 손실보다 훨씬 더 크다.

이와 같은 정상손실(도통/차단상태에서의 손실) 외에도, 소위 스위칭 손실이 발생한다. 스위칭 손실이란, 도통상태에서 차단상태로, 또는 역으로 스위칭 되는 순간에 발생하는 손 실의 합이다. 스위칭 손실(턴-온 손실과 턴-오프 손실의 합)은 스위칭 주파수에 비례한다. 그리고 내장 다이오드에서의 손실도 정상손실과 스위칭(역방향 회복) 손실의 합이다.

2 주파수 변환기 - PWM 인버터(PWM-inverter)

(1) 주파수 변환기의 구성요소 및 기능

일반적으로 주파수 변환기는 기능별로 3상 교류를 직류로 정류하는 컨버터(또는 정류기), 직류전압 파형의 잔물결(ripple)을 여파(filtering)하여 매끈한 직류로 만드는 콘덴서, 직류 전압을 고속으로 스위칭하여 펄스 폭(pulse width)을 변화시켜 주파수와 전압이 가변 가능한 교류 전압을 생성하는 인버터, 그리고 이들을 제어하는 컨트롤러(controller)가 집적된 PCB(Printed Circuit Board : 인쇄회로 기판)로 구성된다.

이 외에도 냉각장치가 포함되며, 반도체 스위칭 소자로는 컨버터에는 다이오드, 평활회로에 는 콘덴서, 인버터에는 MOSFET 또는 IGBT를 사용한다.

① **컨버터 부(AC → DC)**

3상 다이오드 모듈을 사용하여 교류 전압을 직류로 정류한다.

② DC-중간회로

컨버터에서 출력된 직류를 콘덴서를 사용하여 평활한다. (* 전류형에서는 인덕터 사용)

③ 인버터 부(DC → AC)

IGBT 또는 MOSFET를 이용하여, 직류(DC) 전압으로부터 가변 가능한 주파수와 전압을 가진 교류(AC)로 변환시킨다. 전압형 인버터에서는 PWM(펄스 폭 변조) 방식을 이용하여 전압과 주파수를 동시에 제어한다. (* 전류형에서는 펄스 진폭(amplitude) 제어)

고조파 성분이 아주 적은 교류를 생성하기 위해서는 소자의 스위칭 주파수가, 생성해야할 출력전압의 기본 주파수보다 현저하게 높아야 한다.

④ 제어부(controller)

PWM - 발생기, 비교기, 증폭기, 마이크로프로세서, 스위치 구동회로, 인터페이스 등을 포함한 인쇄회로 기판(PCB)이다.

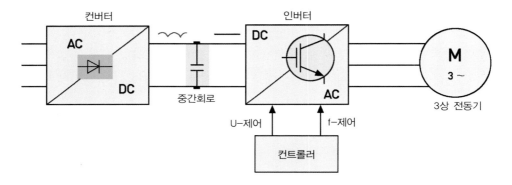

그림 6-9　주파수 변환기(PWM-인버터)의 전체적인 구성요소

(2) PWM 인버터(PWM inverter)

오늘날의 하이브리드 및 전기자동차에는 효율이 높고 구조가 튼튼한 교류 전동기를 주로 사용한다. PWM - 인버터는 고전압 축전지의 직류를 이용하여 구동 전동기에 적합한 형태의, 위상이 전위된 다상 교류를 생성한다. 대부분 3상 개념을 사용한다.

① PWM 인버터의 구조

3상 교류 인버터로 가장 널리 사용하는 토폴러지는 그림 6 - 10, 6 - 11과 같은 브릿지 회로 모듈이다.

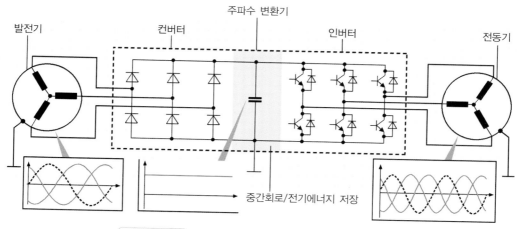

주파수 변환기

발전기　　　컨버터　　　　　　　인버터　　　　　전동기

중간회로/전기에너지 저장

그림 6-10 주파수 변환기(PWM-인버터)의 기본 원리도

1개의 브릿지 모듈은 하이 - 사이드 스위치 및 로우 - 사이드 스위치를 각각 1개씩 결합한다. 1개의 브릿지 회로 모듈의 허용 최대전류가 100A라면, 3상 300A 인버터일 경우는 3×100A×3상, 총 9개의 브릿지 모듈이 있어야 한다. 이 외에도 입력전압을 평활하기 위해서 캐퍼시터가 필요하다.

캐퍼시터로는 필요에 따라, 대부분 박막 콘덴서 또는 전해 콘덴서를 사용한다. 인가되는 전압이 높으므로, 캐퍼시터가 상당히 클 수도 있다. 또 인버터가 고온에서 작동하기 때문에 고온 조건을 충족하는 문제가 매우 어렵다. 따라서 반도체 스위치 외에도 커패시터가 인버터의 신뢰도에 결정적인 영향을 미치는, 중요한 구성요소이다.

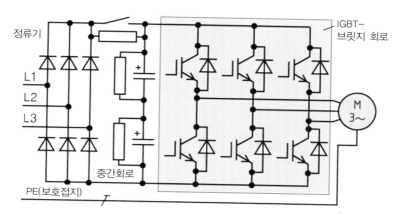

정류기　　　　　　　　　　　　　　　　　IGBT-
　　　　　　　　　　　　　　　　　　　　브릿지 회로

L1
L2
L3

M
3~

중간회로

PE(보호접지)

그림 6-11 IGBT를 이용한 3상 브릿지 회로(인버터)

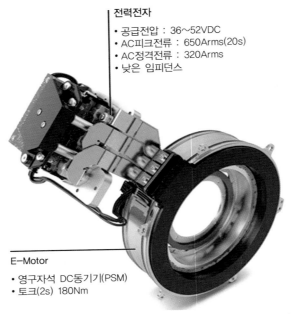

전력전자
- 공급전압 : 36~52VDC
- AC피크전류 : 650Arms(20s)
- AC정격전류 : 320Arms
- 낮은 임피던스

E-Motor
- 영구자석 DC동기기(PSM)
- 토크(2s) 180Nm

참고도 P2-하이브리드(48V 시스템)에 통합된 전력전자

PWM 인버터는 일반적으로 별도의 케이스에 들어있는데, 배선(cabling)이 아주 복잡하다. 배선(cable)에는 큰 전류가 흐르고, 절연 및 차폐에 대한 요구조건이 까다로워 비용이 증가하고 전체 시스템의 무게도 증가한다. 이 외에도 별도의 특수한 커넥터가 필요하다. 오늘날 진동과 열에 대한 안정성과 내구성이 확보된, 튼튼한 커넥터가 그리 많지 않다. 따라서 인버터를 전동기에 또는 전동기 내부에 통합하는 방식을 주로 사용한다. 그러나 온도가 높고, 진동이 심해서, 이 또한 쉬운 문제는 아니다.

(a) Bosch 인버터

(b) AUDI Q5 하이브리드 Quattro

그림 6-12 별도의 케이스에 내장된 PWM-인버터 (출처 : Bosch/Audi)

② 소프트 스위칭(soft switching)과 하드 스위칭(hard switching)

오늘날 일반적으로 전력 변환장치(흔히 구동 컨버터라고도 함)로는 직류 전압 중간회로와 하드 - 스위칭 컨버터 - 밸브를 갖춘 인버터를 사용한다.

● 소프트 스위칭(soft switching)

소프트 스위칭이란 주 스위칭 소자가 전류 제로 또는 전압 제로인 순간 즉, 전류와 전압이 중복되지 않는 순간에 스위칭하는 방법을 말한다. 전압 제로에서의 스위칭을 ZVS(Zero Voltage Switching), 전류 제로에서의 스위칭을 ZCS(Zero Current Switching)라고 한다.

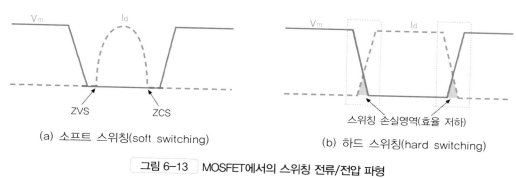

(a) 소프트 스위칭(soft switching)   (b) 하드 스위칭(hard switching)

그림 6-13 MOSFET에서의 스위칭 전류/전압 파형

● 하드 스위칭(hard switching)

하드 - 스위칭이란, 주 스위칭 소자를 ON/OFF할 때 전류와 전압이 서로 중복되는 경우로서 에너지 손실이 발생하는데, 전류의 순간 변화 ($\frac{di}{dt}$)와 전압의 순간 변화 ($\frac{dv}{dt}$)를 증가시켜 이 손실을 최소화할 수 있다. 그러나 $\frac{di}{dt}$ 또는 $\frac{dv}{dt}$ 를 증가시키면, 전자파 간섭(EMI: electro - magnetic interference)이 발생한다. EMI 문제를 피하기 위해서는 $\frac{di}{dt}$ 와 $\frac{dv}{dt}$ 를 최적화시켜야 한다.

③ 펄스 폭 제어의 원리

정류된 직류를 PWM 제어방식을 이용하여 전압과 주파수를 동시에 변환시킨다.

비교신호(톱니파)는 일정한 주파수로 유지한 상태에서 기준신호(정현파)의 진폭 및 주기를 가변시켜 펄스 폭을 가변하여, 인버터의 출력전압과 주파수를 동시에 제어한다.

펄스 폭 변조(Pulse Width Modulation) 회로는 기본적으로 출력전압이나 전류의 오차를 검출하여 증폭하는 오차 증폭기(amplifier)와 검출된 오차 전압과 톱니파를 비교하여 펄스를 발생시키는 비교기(comparator), 그리고 인버터의 스위치 구동회로 등으로 구성된다.

동작 원리는 다음과 같다. (그림 6 - 14, 6 - 15 참조)

발진 과정에서 인버터의 6개의 스위칭 반도체 소자의 ON/OFF 명령은, 주파수

$f_T = 1/T_T$(소위 클록 주파수)인 진폭이 일정한 톱니파 신호(u_{sz})와, 원하는 전압의 기본 진동 주파수(f_s)로 맥동하는 가변 진폭(A_1)의 정현파-기준신호(u_{ref})를 서로 비교하여 결정한다.

정현파-기준신호 전압(u_{ref})의 진폭은, 톱니파 신호(u_{sz})의 진폭에 근거하여, $0 \leq A_1 \leq 1$ 사이에서 변한다. 기준신호 전압이 톱니파 전압보다 클 경우($u_{ref} > u_{sz}$)에는, 단자 L_1에 (+)전위 $\varphi = U_d/2$가 인가된다. 그리고 기준신호 전압이 톱니파 전압보다 작을 경우($u_{ref} < u_{sz}$)에는, L_1에 (−)전위 $\varphi = -U_d/2$가 인가된다. 따라서 단자 L_1에서의 전위 (φ_{L1})는 그림 6-14의 좌측과 같이 변화한다. 여기서 U_d는 입력 직류 전압이다.

여기서는 예로서 진폭 $A_1 = 0.5$, 그리고 주파수 비는 $f_T/f_s = 9$를 선택하였다. 단자 L_2, L_3에서도 마찬가지이다. 그러나 위상은 각각 $T_s/3$ 또는 $2T_s/3$ 만큼씩 전위되었다. 여기서 $T_s = 1/f_s$ 즉, 원하는 주기(T_s)는 생성되어야 할 전압 기본주파수(f_s)의 역수이다.

예를 들어 두 단자(L_1, L_2) 사이의 선전압(u_{L2-L1})은, 그림 6-14의 우측과 같이 두 단자 간의 전위차($\varphi_{L2} - \varphi_{L1}$)가 된다. ($u_{L2-L1} = \varphi_{L2} - \varphi_{L1}$)

이때의 펄스 폭이 출력의 크기를 결정한다. 펄스 폭의 지속시간과 높이(전압)의 적분 값으로부터 평균출력을 구할 수 있다.

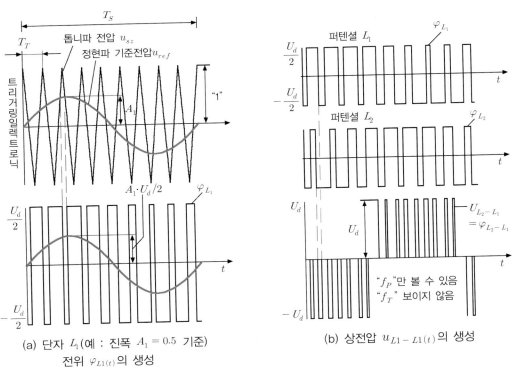

(a) 단자 L_1(예 : 진폭 $A_1 = 0.5$ 기준) 전위 $\varphi_{L1(t)}$의 생성

(b) 상전압 $u_{L1-L1(t)}$의 생성

그림 6-14 펄스 인버터 출력전압의 생성 과정 [66]

그림 6 – 15는 진폭과 기본 주파수의 변화를 예를 들어 나타낸 그림이다. 주파수가 증가함에 따라 전압이 상승함을 알 수 있다.

하드 – 스위칭 IGBT – 토폴러지(topology)의 전형적인 스위칭 주파수는 일반적으로 10kHz이다. 소프트 – 스위칭 IGBT – 토폴러지의 스위칭 주파수는 아주 높다. (예: 24kHz). 이 경우, IGBT는 전압 제로 또는 전류 제로 상태에서 스위칭되며, 제어품질은 아주 우수하다. 그러나 회로는 더 복잡해진다.

④ 전동기 구동 시스템용 파워 – 일렉트로닉스의 예

그림 6 – 16은 400V로 작동하는 전동기 구동 시스템용 파워 – 일렉트로닉의 개략도이다. 이 출력등급의 시스템에는 전력 반도체로서 대부분 IGBT를 사용한다. 시스템의 전력전자 부품들은 DC – 중간회로 캐퍼시터, 수랭식 3상 풀 – 브릿지 회로 등으로 구성된다.

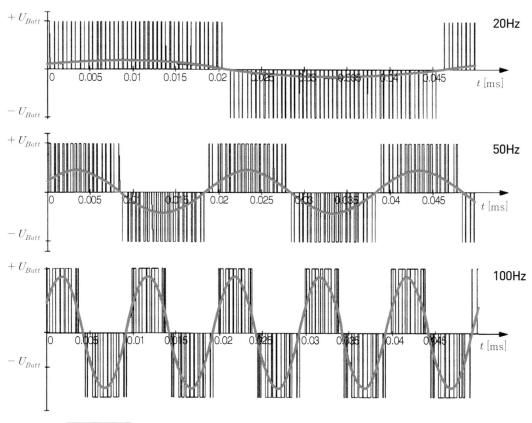

그림 6-15 ┃ 전동기 구동을 위해 펄스 폭 변조를 통해 전압과 주파수를 변환하는 경우

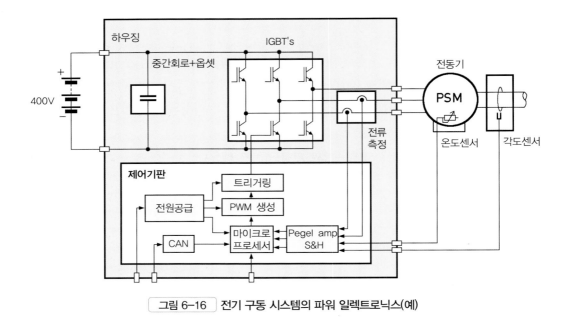

그림 6-16 전기 구동 시스템의 파워 일렉트로닉스(예)

이 회로(그림 6 - 16)는 전동기 구동을 위한 고전적인 구성이다. 전동기 측으로부터 온도 신호 및 회전속도 신호는 물론이고 3상 전류 중 2개의 측정값이 제어유닛에 입력된다.

전동기(영구자석 동기기)의 작동 또는 제어를 위해서는 회전자의 실제 위치에 대한 각도 정보가 필요하다. 실제 토크는 전동기 모델을 이용하여 내부적으로 계산한다. 인버터의 제어는 속도제어와 토크 제어, 펄스 폭 변조, 센서 정보의 판독을 위한 알고리즘뿐만 아니라 높은 수준의 자동차 제어 시스템에 대한 인터페이스도 포함된다. 이들은 CAN - 버스를 통해서 전송된다.

⑤ **추가 요구 사항**

앞에서 설명한 조건 외에도, 고출력 전기(하이브리드) 자동차의 PWM - 인버터의 작동에 추가로 요구되는 조건들이 아주 많다. 짧은 시간상수에 의해 고장이 발생했을 경우, 예를 들면 2개의 상 - 배선에 단락이 발생하고, 그로 인해 이들 배선에 허용값 이상의 큰 전류가 흐를 경우를 대비해서, 인버터를 안전하게 그리고 재빨리 스위치 - OFF 시킬 수 있는 안전회로를 갖추고 있어야 한다. 소프트웨어를 이용한 감시 및 고장처리는 일반적으로 느리다. 사용된 스위치 자체도 순간적인 과부하를 감당하기 어려우므로, 과전압 또는 과전류에 의해 쉽게 파손될 수 있다.

다양한 주행상태에서 작동할 때 계속해서 부하가 변동되기 때문에, IGBT - 모듈 내부의 다양한 재료들이 가열된다. (그림 6 - 17). 사용된 재료들의 열팽창계수가 각각 다르므로 인해 기계적 응력이 발생하고, 이 기계적 응력이 계속 작용하게 되면 영구적인 피로 파괴를 유발할 수 있다. 그 결과, 접착 와이어가 분리될 수도 있고, 또는 납땜 부분도 떨어질 수 있다. (그림 6-18). 이러한 부하는 모듈에 흐르는 전류의 크기와 그 지속기간의 영향을 크게 받는다.

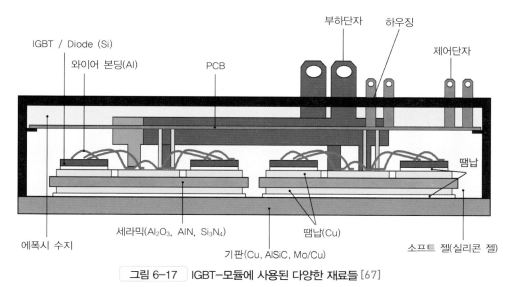

그림 6-17 IGBT-모듈에 사용된 다양한 재료들[67]

이 외에도 수동적 가열, 예를 들면 냉시동 후에 인위적인 가열도 매우 중요하다. 오늘날의 조립기술은 가능한 부하 사이클을 크게 제한한다. 따라서 설계 시에 수명에 대한 문제를 우선 고려해야 한다. 또 전력 반도체 모듈의 내구성을 크게 개선하기 위해서, 고장 메커니즘의 일부를 제거하는 새로운 제조 기법이 도입되고 있다. 예를 들어, 알루미늄 접착 와이어를 구리로 대체하거나, 또는 은으로 만든, 아주 납작한 접착 띠를 사용하기도 한다.

그리고 납땜 공정의 개선 대책으로 땜납의 두께를 아주 얇게 하거나, 납땜 공정 자체를 생략하고, 대신에 은-분말이 코팅된 표면에 눌러서 접착하는 기술을 사용한다. 이러한 노력은 머지 않은 미래에, 자동차 애플리케이션에서의 빈번한 부하변동 때문에 발생하는 수명에 대한 문제들을 해결할 수 있을 것이다.

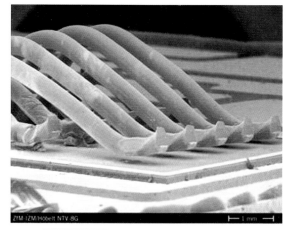

그림6-18 IGBT 접착 와이어의 분리[67]

(3) DC-중간회로(DC Link 또는 DC intermediate circuit)

DC‑중간회로는 직류 전압(U_d)을 일정하게 하는 DC‑전압 중간회로(그림 6‑19(a)), 그리고 DC‑전류(I_d)를 일정하게 하는 DC‑전류 중간회로 구분할 수 있다.

그러나 실제로는 그림 6‑19(c)와 같이, 컨버터(rectifier)에서 정류된 DC‑전압을 평활(smoothing)하는 전해 콘덴서(CB), 턴‑오프(turn-off) 시 전해 콘덴서에 충전된 전압을 방전시키는 방전저항(RB), 인버터 운전 시 V_{DC}에서 발생하는 스위칭 잡음(switching noise)을 제거하기 위한 고조파용 고전압 박막 콘덴서(C), 그리고 턴‑온(turn-on) 시 과전류에 의한 소자의 손상을 방지하는 전류 제한 저항(RS)과 릴레이로 구성할 수 있다. (그림 6-11의 중간회로 참조)

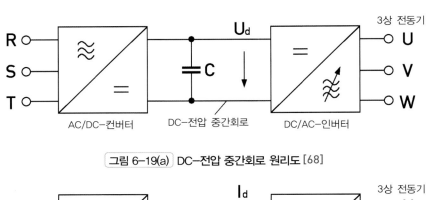

[그림 6-19(a)] DC-전압 중간회로 원리도 [68]

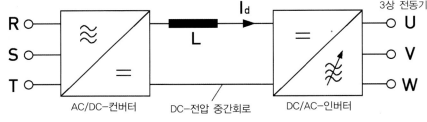

[그림 6-19(b)] DC-전류 중간회로 원리도 [68]

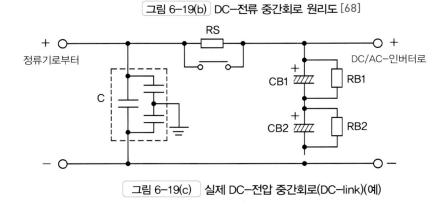

[그림 6-19(c)] 실제 DC-전압 중간회로(DC-link)(예)

(4) AC/DC-컨버터(반도체 정류기)

6개의 다이오드(3개의 (+)다이오드와 3개의 (−)다이오드)로 3상 전파 정류회로를 구성한다. 각 상(相)에는 각각 1개씩의 (+)다이오드(B+측)와 (−)다이오드(B − 측)가 설치된다. 3상 교류의 (+)반파와 (−)반파가 모두 정류되어 합해지면, 그림 6 − 20의 우측 파형처럼 잔물결(ripple)이 있는 맥류가 된다. 이 맥류는 DC − 중간회로의 콘덴서에서 여과(filtering)되어 잔물결이 없는, 매끈한 직류로 변환된다.

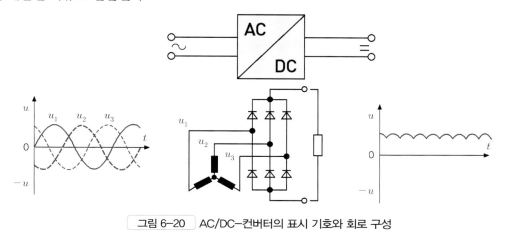

그림 6-20 AC/DC-컨버터의 표시 기호와 회로 구성

---

3 DC / DC 컨버터 (Buck/Boost Converter)

(1) DC/DC-컨버터의 양방향성(bidirectional characteristics)

DC/DC − 컨버터는 특정한 전류와 전압의 직류를 전력 전자 반도체 소자를 이용하여 강압 또는 승압시킬 수 있다. 전압과 전류를 제어하는 방법에는 여러 가지가 있으며, 회로 설계방식에도 다양한 개념을 적용할 수 있다. 이때 입력 및 출력전압과 전류의 크기 및 품질이 회로의 종류를 선택하는 데 있어서 결정적인 요소이다. 일반적으로 DC/DC − 컨버터의 연속출력은 12V 회로의 전기소비를 고려할 경우, 약 3kW 정도가 대부분이다.

그리고 안전 및 기술적인 이유로 퍼텐셜(potential)을 분리할 필요가 있다.

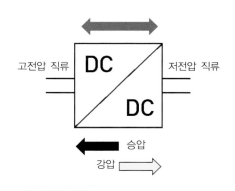

그림 6-21 DC/DC 컨버터의 표시 기호

그림 6-21은 고전압 회로와 저전압(12V) 회로의 사이에 설치된 DC/DC-컨버터를 나타내고 있다. 전기(하이브리드) 자동차에서의 특징은 기존의 12V-회로와 고전압 회로 간의 결합이다.

고전압 축전지로부터 저전압(12V) 축전지로 전기에너지를 전달할 수 있어야 한다. 이 기능만을 수행하는 DC/DC-컨버터를 흔히 벅(buck)-컨버터 또는 LDC라고도 한다.

그리고 때에 따라 역으로 저전압 축전지로부터 고전압 축전지로 에너지를 전달할 수 있는 DC/DC-컨버터를 부스트(boost)-컨버터 또는 HDC라고도 한다. 이 경우는 대부분 양방향성을 가진 컨버터 소위, 벅/부스트(buck/boost) 컨버터 개념이다.

더 나아가 고전압 축전지의 전압을 현저하게 높은 전압으로 승압시켜, 전동기에 공급함으로써, 구동 전동기의 효율을 극대화할 수도 있다. 이러한 설계개념은 많은 자동차 회사들이 이용하고 있다. 330V 수준의 구동 축전지 전압을 650V까지의 높은 전압으로 승압하여 구동 전동기에 공급한다.

이와 같은 높은 작동전압은 해당 전동기의 권선 방식에 의해 제한된다. 그래도 여전히 전압이 높은 경우, 인버터의 스위칭 초과전압에 의해 권선에서 부분 방전을 유도한다. 권선의 절연특성을 강화해야 하므로 비용이 증가하고, 효율에도 부정적인 영향을 미친다. 특별한 경우에 이러한 컨버터가 실제로 이점이 있는지는 하이브리드 시스템의 전반적인 구조에 따라 판단할 수 있다. 무엇보다도 부하 사이클에 의존한다. 그러나 어떤 경우에도 컨버터 효율은 높아야 한다. 컨버터 효율을 높이기 위해서는 특별한 대책이 필요하다.

이 외에도 전기 자동차 또는 플러그-인 하이브리드에서는 축전지를 충전하기 위해 외부 전압 수준을 축전지 전압에 맞추어야 할 필요가 있다. 이와 같은 용도로는 모두, 예외 없이 전위(potential)가 분리된 컨버터 개념 즉, 초크(choke) 대신에 특수한 변압기를 사용한다.

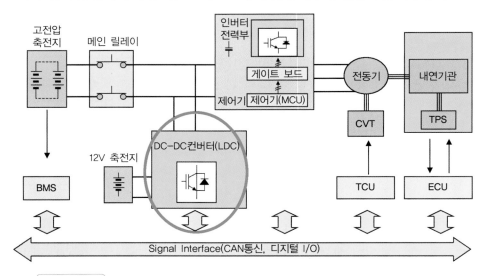

그림 6-22 고전압 회로와 저전압 사이에 설치된 LDC-컨버터 (출처 : Hyundai Motors)

(2) DC/DC-컨버터(buck/boost converter)의 작동원리

그림 6-23과 같은 단상 브릿지 회로(single phase bridge circuit)를 이용하여 DC/DC - 컨버터의 양방향 기능을 실현할 수 있다. 그림(a)와 (b)는 스위칭 소자만 다를 뿐이다.

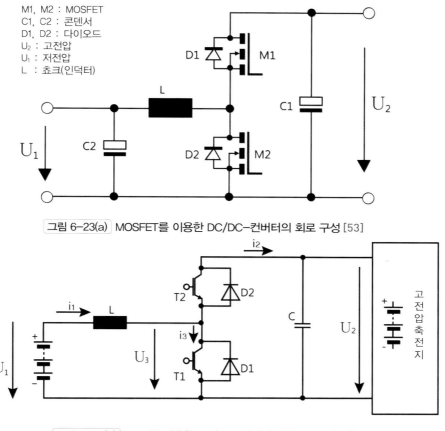

M1, M2 : MOSFET
C1, C2 : 콘덴서
D1, D2 : 다이오드
U_2 : 고전압
U_1 : 저전압
L : 쵸크(인덕터)

그림 6-23(a) MOSFET를 이용한 DC/DC-컨버터의 회로 구성 [53]

그림 6-23(b) IGBT를 이용한 DC/DC-컨버터의 회로 구성 [54]

그림 6-23(b)에서 트랜지스터 T1에 의해 저전압 축전지 전압 U_1은 인덕터 L을 통해 주기적으로 단락된다. 이때 인덕터(쵸크)는 자기에너지(magnetic energy)를 저장한다.

트랜지스터 T1이 닫혀 있는 경우, 전류 i_1은 규정된 한곗값까지 계속해서 상승한다. 이어서 트랜지스터 T1이 개방되고, 전류 i_1은 다이오드 D2를 통해 고전압 축전지 U_2로 흐르게 된다. 손실이 없는 이상적인 스위칭 소자들일 경우, 전달출력은 $P_1 = P_2$가 된다.

저전압 축전지를 재충전하는 경우에는 고전압 회로의 전압을 저전압으로 강압(step - down)시켜야 한다. 트랜지스터 T2가 닫히면, 전류 $-i_2$는 고전압 축전지 U_2로부터 인덕터 L을 거쳐서 저전압 축전지로 흐른다. 트랜지스터 T2가 개방되면, 전류는 다이오드 D1을 거쳐서 흐른다.

전류 − i_1은 축전지 부하 때문에 부하 회로에서 감쇄된다. 부하 회로의 시간상수가 아주 큰 경우에, 전류는 거의 일정하다. 전압 U_1의 평균값은 듀티사이클(주기 T에 대한 ON − 시간)에 의해 결정된다.

승압 회로와 강압 회로를 결합함으로써 큰 비용을 지급하지 않고도 추가로 자유도와 기능성을 확보할 수 있다.

고전압 직류회로와 저전압 직류회로 간의 에너지 교환 외에도 축전지 셀(cell) 수를 줄이기 위해 축전지 전압을 높은 수준으로 승압시켜 전동기에 공급할 수 있다. 축전지 셀(cell) 수를 줄임에도 불구하고 전압은 높이고 전류를 작게 하려고 승압기술을 사용한다.

고전압 회로와 인버터 사이에 설치된 DC/DC − 컨버터의 또 다른 장점은 구동 축전지의 전압에 상관없이 전동기 구동 전압을 선택할 수 있다는 점이다. 구동 축전지의 이용 가능한 출력전압은 축전지의 작동상태에 따라 전형적으로 정격 용량의 80~120% 범위에서 맥동한다.

예를 들어 비동기 전동기가 축전지의 정격 전압에서 작동하도록 설계되었을 경우, 작동전압이 낮아지면 출력 변곡점은 이동될 것이며, 결과적으로 전동기의 동적 특성은 악화할 것이다. 역으로 전기기계를 낮은 전압에서 작동하도록 설계한다면, 정격 전압에서 작동하는 전기기계에 비해 크기가 아주 많이 커져야 할 것이다.

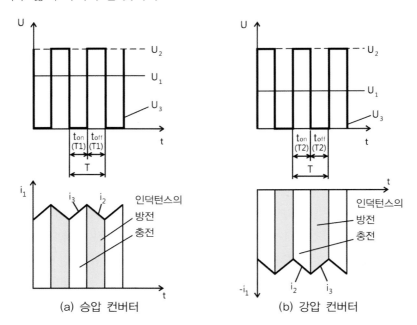

그림 6-24 승압/강압 컨버터에서의 전압 및 전류의 파형 원리 [1]

그림 6 - 25는 LDC - 컨버터의 구조와 단계별 신호 파형을 나타내고 있다. 컨버터를 구성하는 반도체 소자 또는 전기/전자부품의 기능과 신호 파형의 생성 및 변환 과정을 쉽게 이해할 수 있을 것이다.

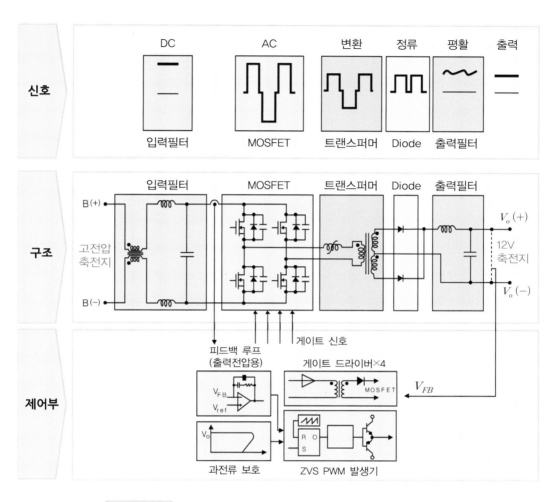

그림 6-25 │ 벅-컨버터의 구조와 단계별 신호 파형(출처 : Hyundai Motor)

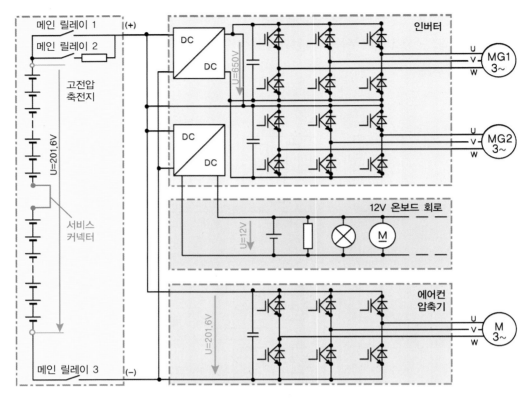

그림 6-26 동력 분할식 하이브리드의 벅-부스트 컨버터(도요타, 프리우스)

4 전압형(PWM) 인버터의 장점 및 단점

(1) 전압형(PWM) 인버터의 장점

① 모든 부하에서 정류(commutation)할 수 있다.

② 속도제어 범위가 1 : 10까지 확실하다. (PWM 인버터를 v/f 제어할 때)

③ 인버터 계통의 효율이 높다.

④ 제어회로가 비교적 간단하다.

⑤ 주로 중/소용량에 사용한다.

(2) 전압형(PWM) 인버터의 단점

① 유도성 부하만을 사용할 수 있다.

② 회생(recuperation)을 위해서는 듀얼 컨버터(dual converter)가 있어야 한다.

③ 이용 가능한 전압의 감소 및 스위칭 손실의 증가

④ 전동기 과열 현상의 유발에 의한 전동기 수명 단축

　　PWM 구동으로 인해 나타나는 낮은 차수의 고조파 전압은 고조파 토크를 유발하고, 이로 인해 고조파 진동이 발생한다. 이 중 대부분은 열적 에너지로 변환되어 전동기를 과열시킨다.

⑤ 빠른 전압 상승률(dv/dt)에 대한 보호가 필요하다. 전력용 반도체 소자의 스위칭 시 빠른 전압상승률(dv/dt)로 인해 인버터 출력전압의 거의 2배에 달하는 과전압이 전동기에 가해진다. 이는 반도체 소자의 스위칭 주파수에 해당하는 충격파로 작용하여 전동기 권선의 인입 부분에 절연 열화 또는 절연파괴를 유발한다.

⑥ 고주파 하모닉스(harmonics)에 의한 EMI 발생

　　급격한 전압/전류의 변동으로 인해 케이블이 안테나로 동작하여 EMI를 발생시킨다. 케이블 길이가 길 경우, 차폐해야 한다.

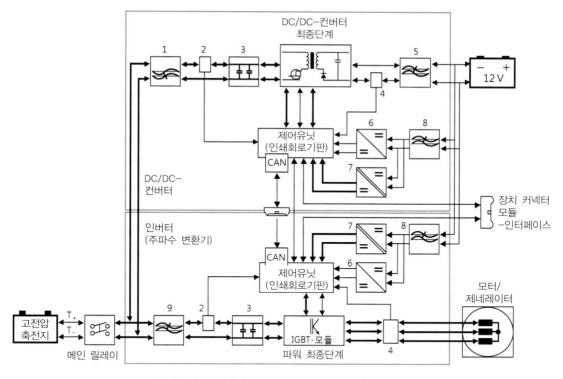

1. EMV-필터(DC/DC-컨버터)
2. 고전압 전류센서
3. 중간회로 콘덴서
4. 전류센서(예 : 300A)
5. EMV-필터, 12V 회로(DC/DC-컨버터)
6. 12V 회로용 DC/DC-컨버터
7. 고전압 시스템용 DC/DC-컨버터
8. EMV-필터
9. EMV-필터(고전압 시스템 파워)

그림 6-27　DC/DC-컨버터가 통합된 인버터의 원리도 (출처 : BOSCH)

6-3
하이브리드/전기 자동차의 온-보드 회로
On – Board – Circuits of HEVs & EVs

자동차 전원시스템은 가능한 한 효율적이고 안전하게 각종 전기부하에 적절한 수준의 전기에 너지를 적기에 공급하여, 자동차의 모든 시스템의 기능이 완벽하게 작동하도록 보장해야 한다.

전원시스템은 발전기, 축전지, 컨버터, 배전기, 배선 및 각종 전기부하로 구성된다. 에너지 분 배 및 전기부하들의 상호 동조를 위한 전략도 전원시스템 기능의 일부이다. 예를 들어 12V – 시 스템은 발전기, 축전지, 기동전동기, 점화장치, 각 시스템을 제어하는 다수의 ECU, 섀시제어 시 스템과 차체 전기장치 등으로 구성된다. 또 하이브리드 자동차나 전기자동차는 기존의 12V – 시스템 외에 고전압 구동 시스템을 갖추고 있다. 고전압 구동 시스템은 구동 전동기, 구동 축전 지, 전동식 에어컨 – 압축기, 그리고 DC/DC – 컨버터를 포함한 주파수 변환기 등으로 구성된다. (그림 6 – 27 참조)

자동차 개념에 따라 자동차 전기장치가 갖추어야 하는 기능에는 차이가 크다. 발진/정지 (start/stop) 시스템만을 갖춘 자동차의 전기 시스템은 기존의 12V – 자동차 전기 시스템과 아주 비슷하다. 그러나 마일드 – 하이브리드나 풀 – 하이브리드 그리고 순수 전기자동차의 전기시스 템은 고출력의 고전압 시스템을 갖추어야 한다. 따라서 기존의 12V – 전기 시스템과는 크게 다 르다.

1 온 – 보드(On-board) 회로의 구성

기존의 12V – 시스템은 본질적으로 전기 에너지를 안전하게 그리고 효율적으로 전기부하에 공급하는 데 초점을 맞추고 있다.

발진/정지(start/stop) 시스템을 갖춘 자동차에서는 추가로 주행 중에도 안전하고 안락한 시동 을 보장할 수 있어야 한다.

마일드 – 하이브리드나 풀 – 하이브리드, 그리고 순수 전기자동차에서는 타행 또는 제동하는 동안에 자동차 운동에너지의 회수를 극대화할 수 있어야 한다.

하이브리드 자동차 전원시스템의 기능은 광범위하다. 회생제동 에너지의 저장, 기관의 부하점 이동, 전기 주행 및 가속할 때 전기 에너지의 공급, 그리고 12V - 시스템과 고전압 - 시스템에 안전하게 전기 에너지를 공급하는 기능 등을 수행한다.

일반 전기규격(예 : VDE - 규격)에서는 전원시스템을 안전 - 초 저전압 시스템(직류 60V, 교류 50V 이하), 저전압 시스템(1000V까지), 중간전압 시스템(16kV까지) 그리고 고전압 시스템으로 분류한다.

이와는 대조적으로 ISO 6469 - 3:2011에 따르면, 전기자동차 및 하이브리드 자동차에서 고전압은 전압등급 B로서 교류 30V~1000V까지, 직류 60V~1500V까지로 규정되어 있다.

따라서 직류 12V - , 24V - , 42V - 시스템은 저전압 시스템에 속한다. (직류 60V 미만이므로)

(1) 전통적인 12V 온-보드 회로

오늘날 승용자동차의 기본 전기 시스템은 에너지 저장장치로서 12V - 축전지를 사용한다. 그러나 충전을 확실하게 보장하기 위해서, 온 - 보드 회로는 약 14V 내외의 전압으로 작동시킨다. 그림 6 - 28은 현재 사용하고 있는 12V 온 - 보드 시스템의 기본적인 구성이다. 구체적이고 실질적인 시스템은 그림에 도시된 내용보다 훨씬 더 복잡하다. 그런데도 모든 자동차 전기장치는 3가지 하위 시스템으로 분류할 수 있다. (그림 6 - 37 참조)

① 에너지 발생 장치(발전기)
② 에너지 저장장치(축전지)
③ 에너지 소비장치(전기부하). R : 옴저항 부하, L : 유도저항 부하

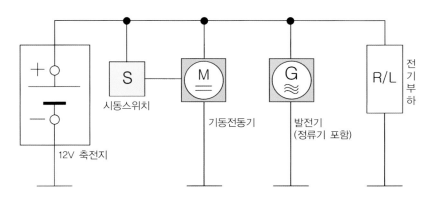

그림 6-28 기존의 12V 시스템의 회로 구성

① 발전기(alternator)

발전기는 전기에너지를 생산한다. 발전기로는 대부분 3상 돌극 교류 발전기를 사용한다. 이 형식의 발전기는 구조와 설계기술에 따라 정격 200A까지의 전류를 생산하여 부하에 전기를 공급하고, 동시에 축전지를 충전할 수 있다.

그러나 순간적으로 큰 출력을 소비하며, 전류 상승속도가 아주 빠르고, 출력정점 대 정격 출력의 비가 큰 부하들은 발전기로부터 필요한 출력 모두를 다 공급받을 수는 없다. 따라서 축전지가 출력 정점(peak)을 감당하는 완충기 기능을 수행해야 한다. 또 기관의 회전속도가 낮아 발전기 출력이 적은 상황에서 많은 전기부하를 동시에 작동시키는 경우에도 마찬가지이다. 그러므로 발전기는 출력 정점(peak) 상태가 아닌, 다른 작동상태에서 온 - 보드 회로가 필요로 하는 전기보다 더 많은 전기 에너지를 생산하여, 축전지를 충전할 수 있어야 한다. - 충전 평형

② 에너지 저장장치

에너지 저장장치는 양방향 완충기(buffer)의 기능을 수행한다, 즉 자동차가 작동 중에 전기 에너지를 저장했다가, 발전기가 전기 에너지를 공급할 수 없을 때 부하에 전기 에너지를 공급한다. 더 나아가 에너지 저장장치는 온 - 보드 회로로부터의 순간적인 정점(peak) 전력 요구를 보상하는 기능도 수행한다. 이 부하 정점(peak)은 대부분은, 발전기 작동속도가 낮아, 발전기가 전기부하를 순간적으로 모두 감당할 수 없을 때 발생할 수 있다.

에너지 저장장치로는 대부분 납축전지를 사용한다. 아주 특별한 형태로서 1대의 자동차에 축전지를 2개 사용하는 때도 있다. 이 경우 1개는 온 - 보드 전원용으로, 다른 하나는 기관 시동용으로만 사용한다. 온 - 보드 회로에서 마일드 - 하이브리드 기능을 수행해야 하는 경우는, 사이클 저항성이 강화된, 큰 용량의 축전지 예를 들면, AGM - 축전지를 사용한다.

해당 부하 사이클에 대해 축전지의 충전출력과 방전출력을 적분하여 충전 평형이 이루어지고 있는지를 점검할 할 수 있다. 이를 통해 축전지가 항상 충분히 충전되어 있는지 확인할 수 있다. 납축전지의 가장 일반적인 고장 원인은 취급 부주의 특히, 충전 부족 상태에서의 사용 및 보관이다. 이와 같은 원인에 의한 고장은 충전출력을 약간 높게 유지하고, 주기적으로 축전지의 충전상태를 점검하는 것이 중요함을 의미한다.

충전 및 방전 사이클에 의해 축전지가 손상될 수 있다. 100% - 충전 - 방전 사이클이란 축전지를 완전히 충전했다가 완전히 방전하는 것을 말한다. 일반적으로 과방전시켰다가 다시 충전할 경우, 방전율이 낮을 때보다 과도하게 손상되는 것으로 알려져 있다. 그러므로 축전지는 축전지의 조기 고장, 또는 과도한 비용 및 과도한 축전지 무게 등을 피하고자 사이클 - 요구사항을 고려하여 선택해야 한다.

③ 전기부하(R/L) - 옴저항 부하(R)와 유도저항 부하(L)

전기부하는 전기 에너지를 소비하여 다른 형태의 에너지(빛, 열, 운동 등)로 변환하는 기능을 수행한다. 전기 에너지를 소비하는 장치들의 집단은 자동차 전기부하의 총합으로 표시할 수 있다.

전기부하들을 기능 수준, 평균 사용시간 그리고 출력에 따라 분류할 수 있다.

예를 들면 기능 수준의 분류는 기관 제어, 섀시 제어, 편의 기능 및 안전/정보 등의 기능에 따른 분류를 말한다.

또 방향지시등, 파워 윈도, 또는 선 - 루프와 같이 짧은 시간 동안만 사용하는 전기부하가 있는 반면에, 등화장치, 시트 히터 및 라디오와 같이 장시간 또는 계속 사용하는 전기부하는 평균 사용시간에 근거하여 분류할 수 있다.

제3의 방법으로는 전기부하를 소비출력에 근거하여 분류할 수 있다. 100A 이상의 대전류를 소비하는 전기부하(예 : 전기식 동력조향장치, 기동전동기)에서부터 아주 작은 전류(수 A)를 소비하는 전기부하에 이르기까지 대역폭에 따라 분류할 수 있다.

표 5 - 2는 고급 승용자동차의 일부 전기부하들의 출력 사양이다. 전기 - 유압식 브레이크 또는 동력조향장치와 같이 순간적으로 큰 출력을 소비하는 장치들, 그리고 기관 제어 또는 연료펌프와 같이 계속 전기 에너지를 사용하는 부품들로 분류할 수 있다.

표 6 - 2 자동차 전기부하의 피크(peak) 및 평균 소비출력(예)

전기 부하	순간 최대 출력 [W]	평균 소비출력 [W]	부하 종류
점화장치	20	20	계속 부하
연료공급펌프	100	100	계속 부하
전자제어 브레이크	1700	20	단기 부하
전기식 조향장치	1500~2000	20 이상	단기 부하
방열기 팬	800	80	단기 부하
기관 제어	300	230	계속 부하
하향 전조등	120(60×2)	20	단기 부하
와이퍼	120	30	단기 부하
뒤 열선	400	20	단기 부하
시트 열선(시트당)	130	5	단기 부하

기존의 중형 승용자동차에서 전기부하 100W는 대략 0.1l/100km 정도의 연료를 소비한다. 따라서 온 - 보드 회로의 효율을 개선하고 전기부하의 소비를 줄여야만 연료 절감 목표를 달성할 수 있다. 그런데도 자동차의 안전성과 안락성을 개선하기 위해서 보다 많은 전기

장치를 사용한다. 이러한 목표 갈등을 해결하거나, 적어도 완화하기 위해서는 자동차 전기 시스템의 부하가 증가하는 데도 내연기관에 의해 구동되는 보조장치들을 전기구동 식으로 바꾸고, 이들을 필요한 시간만 구동시키는 방법으로 연료소비를 줄일 수 있다. 따라서 가까운 미래에 온-보드 회로의 출력이 과거처럼 급격하게 증가하지는 않으리라 예상할 수 있다. 그러나 계속 증가할 것이라는 사실은 명백하다.

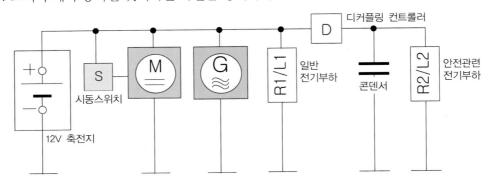

그림 6-29 안전 관련 전기부하를 지원하는 캐퍼시터를 포함한 12V 전원회로

저전압 온-보드 회로는 어떤 경우라도 안전 관련 전기부하에 전기를 공급할 수 있어야 한다. 예를 들어 전기식 브레이크에 전기가 공급되지 않는 경우는 브레이크 성능이 크게 약화하여 큰 사고를 유발할 수 있다. 따라서 이들 안전에 관련된 전기부하에는 종합적인 대책을 마련하여 언제나 전기 공급을 보장해야 한다.

이중 층 캐퍼시터를 이용하여 안전 관련 부하들의 완충 기능을 담당하게 할 수 있다. 온-보드 회로가 전기를 공급할 수 없는 경우에, 제어유닛이 온-보드 회로를 분리하고, 대신에 캐퍼시터가 짧은 시간 동안 전기 공급을 보장하게 할 수 있다. 그림 6-29는 이러한 방식의 온-보드 회로이다. 또는 캐퍼시터의 위치에 축전지를 추가로 설치하여 전기 공급을 확실하게 보장할 수도 있다. (그림 6-30 참조)

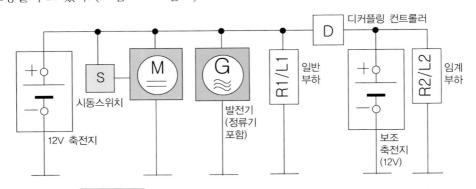

그림 6-30 2개의 축전지를 사용하는 12V 전원회로의 구성

1대의 고급 승용자동차에 설치된 모든 전기부하를 동시에 작동할 경우, 이론 부하출력은 20kW 이상일 수도 있다. 물론 이와 같은 현상은 극히 드물게 발생할 수 있다. 그러나 특별한 경우에는 며칠 동안 또는 수 주일에 걸쳐, 자동차가 사용하는 전기에너지의 평균값이 발전기가 생성하는 전기에너지의 양을 초과할 수도 있다.

예를 들어 겨울철 야간에 눈이 내리는 상황에서 장시간 가다 서기를 반복한다고 가정해 보자. 와이퍼, 전조등, 시트 히터, 뒤 윈도 열선, 히터 송풍기 등 다수의 전기부하를 동시에 작동시키고, 내연기관은 저속에서 발전기를 구동한다. 이 같은 경우는 평균적으로 3~5kW 의 전기에너지를 쉽게 소비할 수 있다.

(2) 발진/정지(start/stop) 시스템이 장착된 자동차의 온-보드 회로

발진/정지(start/stop) 시스템이 장착된 자동차의 온 - 보드 회로는 기존의 12V 전원회로에 일부 기능을 추가하였다. 따라서 발진/정지(start/stop) 시스템은 일반적으로 기존의 12V 온 - 보드 회로에 추가로 2가지 사항을 요구한다.

① 모든 작동 조건에서 기관의 빠른 재시동이 보장되어야 한다.

② 기관이 작동을 멈춘 상태에서도 그리고 시동 중에도, 다른 전기부하들 특히, 안전 관련 전기부하에 전기 에너지를 충분히 공급할 수 있어야 한다. 즉, 전원 전압은 항상 허용범위를 유지하여야 하며, 허용범위를 벗어난 방전을 피할 수 있어야 한다.

자동차의 시동능력은 축전지의 충전상태(SoC) 및 건강상태(SoH)를 확인하는, 축전지 상태인식기능을 사용하여 확보할 수 있다. 방전 및 손상된 축전지는 시동능력을 보장할 수 없으므로, 기관의 정지가 가능한 단계에서도 기관은 정지되지 않는다. 빈번한 시동으로 인해 축전지가 규정값 이하로 방전되는 것을 방지하기 위해서는, 기관이 작동하는 동안에 14V 발전기가 축전지를 강력하게 충전할 수 있어야 한다. 축전지의 충전은 에너지 관리와 발진/정지(start/stop) 기능의 협력으로 이루어진다.

온 - 보드 부하에 적합한 전압 범위는 일반적으로 9~16V 범위이다. 즉, 이 전압 범위에서 모든 장치는 정상적으로 작동한다. 기존의 자동차에서 기관을 시동할 때 순간적으로 전원으로부터 큰 전류가 방출된다. 따라서 12V 시스템의 전압은 순간적으로 9V 이하로 강하할 수 있다. 예를 들면, 12V가 6V로 낮아진다. 그러면, 등화장치의 광도는 낮아지고, 라디오는 잠깐 작동을 멈출 수도 있다. 때에 따라서는 첫 번째 시동은 가능하지만, 주행 중 빈번한 시동은 불가능할 수도 있다. 주행 중 기관을 재시동하는 동안에도 전기부하에 일정한 전압을 확실하게 공급하기 위해 별도의 전원을 추가로 장착할 수 있다. 시동하는 동안에도 중요한 전기부하에 전원을 공급하기 위해서 해당 전기부하에 소형 축전지(예 : 2륜차 축전지와 같은)와 분리 스위치를 함께 사용하기도 한다.

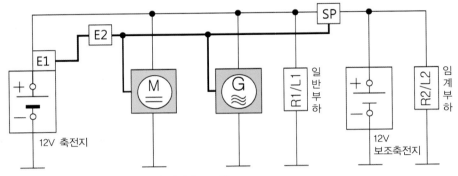

E1 : 축전지 상태 인식(센서 및 평가회로 포함)
E2 : 제어유닛(SP와 발전기 여자전류제어 포함)　　SP : 분리 스위치

그림 6-31 　2개의 12V-축전지를 사용하는 12V 전원회로

정상 작동상태에서는 2개의 온-보드 전원(축전지) 사이에 설치된 회로 분리 스위치가 닫혀 있으며, 두 축전지는 모두 발전기에 의해 충전된다. 내연기관을 시동할 때는 이 분리 스위치가 잠시 개방된다. 그러면 임계 부하(critical load)와 보조 축전지는 시동 전동기를 포함한 주 전원 회로부터 분리된다. 주전원전압은 오직 시동 전동기를 포함한 주 전원회로만 지원한다.

분리 스위치는 원칙적으로 보조 축전지를 재충전할 수 있게 하는 다이오드 기능이 있으나, 시 동 - 축전지의 전압이 크게 강하할 때는 임계 부하를 포함한 제2의 전원회로를 분리한다. 보조 축전지를 사용하는 시스템의 장점은 가격이 저렴하다는 점이다. 그러나 제2의 축전지를 설치하 기 위한 공간을 확보해야 하고, 제2의 축전지 무게만큼 자동차의 무게가 증가한다는 점은 단점 이다. (그림 6-32 참조)

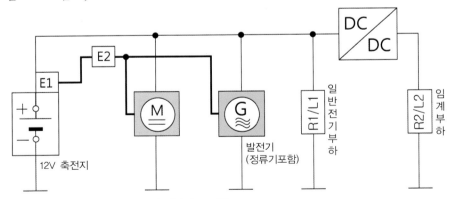

E1 : 축전지 상태 인식(센서 및 평가회로 포함)
E2 : 제어유닛(발진/정지(start/stop) 및 에너지 관리 포함, 발전기 여자전류제어)

그림 6-32 　DC/DC-컨버터를 포함한 12V 전원회로

또 다른 방법은 DC/DC‑컨버터를 통해 임계 부하의 전원을 확보하는 방법이다. 이 개념에서도 온‑보드 회로를 일정한 전압이 필요한 임계 부하 회로 그리고 전압강하가 발생하는 부하회로로 분할한다. DC/DC‑컨버터는 전원전압이 크게 강하하는 때에도, 임계부하에 정전압 전원을 공급한다.

DC/DC‑컨버터의 출력이 상승함에 따라 비용과 출력 손실도 증가하므로, 실제로는 민감한 전기부하에만 제한적으로 완충 전원을 설치한다. 이들 민감한 전기부하들이 필요로 하는 전력은 이상적으로 일정하게 유지되어야 한다. 예를 들면 라디오와 다수의 제어유닛이 이에 해당한다. 상응하는 고성능 DC/DC‑컨버터 또는 아주 큰 추가 완충기를 사용하지 않으면, 대부분 극단적인 부분부하 영역에서 효율이 낮아지게 될 것이다. 발진/정지(start/stop) 기능에 의한 사이클링(충전/방전 사이클) 횟수가 증가하므로 사이클 저항성이 강한, 그러나 고가인 AGM‑축전지를 권장하고 있다.

전기 시스템의 구성과 상관없이, 발진/정지(start/stop) 시스템 자동차의 경우는 14V‑발전기 제어에 개입하여 강력한 회생제동을 실현할 수 있다. 회생제동 기능은 축전지 상태 감시는 물론이고 내연기관의 제어를 위한 인터페이스(interface)가 필요하다. (그림 6‑33 참조).

하이브리드에서 기관제어가 타행 모드(coasting mode)임을 알리면, 발전기 제어가 자동차의 에너지 회수를 강화하여 12V‑축전지를 충전한다. 회수된 에너지는 예를 들면, 기관이 타행하는 동안 전기 시스템에 전기를 공급하는데 사용될 수 있다.

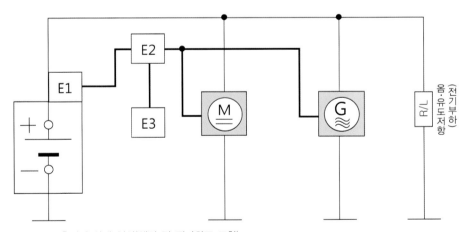

E1 : 축전지 상태 인식(센서 및 평가회로 포함)
E2 : ECU(발진/정지(start/stop) 및 에너지 관리, 발전기 여자전류제어 포함)
E3 : 엔진 ECU

그림 6-33 발진/정지(start/stop) 자동차의 전기 시스템

축전지가 충분히 충전된 경우에는 발전기 제어는 가속 단계에서 발전기에 부하를 가하지 않을 수 있다. 따라서 발전기가 기관의 기계적 출력을 사용하지 않으므로, 약 1~3kW의 출력을 추가로 자동차 구동에 사용할 수 있다. 자동차를 가속할 때 발전기의 부하를 줄이면, 운전자는 짧은 시간 동안 출력이득을 감지할 수 있다.

지능형 에너지 관리 시스템을 사용할 경우, 발진/정지(start/stop) 시스템이 장착되지 않은 기존의 자동차에서도 타행 중 발전기 제어기능을 강화하고, 가속 단계에서 발전기의 부하를 감소시키는 것이 가능하다. 이 경우에 타행 중 에너지를 회수하여 축전지에 저장하고, 나중에 정지 상태에서 또는 가속할 때 이 에너지를 다시 끌어내 사용하므로 인해 12V-축전지의 노화가 촉진된다는 점에 유의하여야 한다.

(3) 마일드 - 하이브리드 및 풀 - 하이브리드 자동차의 온 - 보드 시스템

마일드-및 풀-하이브리드 자동차의 작동을 위해서는 출력 8~200kW 범위의 전동기가 필요한 데, 12V 전기회로로는 이와 같은 수준의 전기출력을 공급할 수 없다. 따라서 42~750V 범위의 전압으로 작동하는, 별도의 고전압 전원회로를 갖추고 있어야 한다. 그러나 12V 전기부하들에도 전기를 공급해야 하므로, 12V-표준-전원회로도 그대로 유지해야 한다.

개별 부하의 요구에 따라서, 해당 전원시스템이 필요한 전력을 공급해야 한다. 전기자동차/하이브리드 자동차 시스템의 종류 및 구조에 따라, 그리고 해당 구동 전동기의 개별적인 요구에 대응하기 위해서 특별한 구성의 전원회로를 갖추어야 한다.

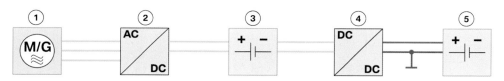

① 전기기계 ② AC/DC-컨버터 ③ 고전압 축전지 ④ DC/DC-컨버터 ⑤ 12V 축전지

그림 6-34 마일드-하이브리드 전원회로의 기본 구성 (출처 : BMW)

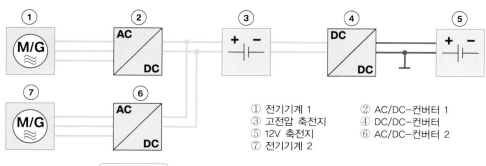

① 전기기계 1   ② AC/DC-컨버터 1
③ 고전압 축전지 ④ DC/DC-컨버터
⑤ 12V 축전지   ⑥ AC/DC-컨버터 2
⑦ 전기기계 2

그림 6-35 풀-하이브리드 전원회로의 기본 구성 (출처 : BMW)

① 하이브리드 자동차의 12V 온 – 보드 회로 (그림 6-36 참조)

모든 하이브리드 자동차의 12V 온 – 보드 회로는 기존 자동차의 12V – 표준 – 전원회로와 거의 비슷하다. 그런데도 대부분 시동 전동기가 없으며, 14V – 발전기로 전기에너지를 생산, 공급하는 대신에 전위(potential)가 분리된 DC/DC – 컨버터를 통해 구동 축전지로부터 에너지를 공급받는다. 하이브리드 자동차에 안전과 관련된 전기장치 예를 들어, 전기브레이크가 장착되어 있으면, 이들에 대한 전원공급은 – 기존의 자동차에서와 마찬가지로 – 보조 축전지와 같은 에너지 저장장치를 추가로 장착하여 에너지 공급을 보장한다.

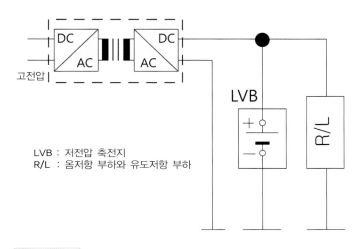

LVB : 저전압 축전지
R/L : 옴저항 부하와 유도저항 부하

그림 6-36 하이브리드 자동차의 12V 온–보드 회로의 기본 구성

② 하이브리드 자동차의 고전압 회로

하이브리드 자동차의 고전압 회로는 최소한 고전압 축전지, 구동 전동기, 구동 전동기 출력제어용 주파수 변환기(예 : 펄스폭 제어) 그리고 12V – 회로에 전원을 공급하는 DC/DC – 컨버터 등을 갖추고 있다. 오늘날 구동 전동기로는 영구자석 동기 전동기(PMSM)나 유도전동기를 많이 사용한다. 이 회전자계 전동기의 제어를 위해서는 자계의 회전속도를 제어해야 한다. 10~250kVA 급의 주파수 변환기는 직류 중간회로를 거친 직류를 이용하여, 전류의 크기 및 회전자계의 주파수가 가변적인 3상 교류를 생성한다. 가변 3상 교류는 구동 전동기에 공급된다.

마일드 – 하이브리드는 장거리를 빠른 속도로 주행하는 풀 – 하이브리드에 비교해, 아주 짧은 시간 동안만 전기로 주행한다. 따라서 상대적으로 구동 전동기의 출력이 낮고, 구동 축전지의 에너지 저장능력이 작아도 된다.

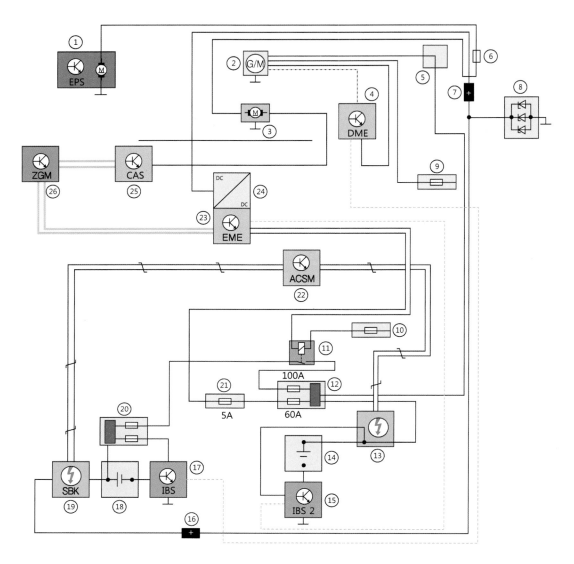

1. 전기식 동력조향장치
2. 스타터-제네레이터
3. 기동전동기
4. 디지털 엔진 제어(DME)
5. 전력 분배 박스(엔진룸에 설치)
6. 전기식 동력조향장치 퓨즈 박스
7. 점프 스타트 터미널 포인트
8. 역극성 방지 모듈
9. 퓨즈, 단자 30B(정션 박스)
10. 퓨즈, 단자 30B(정션 박스, 뒤)

11. 컷오프 릴레이
12. 전력 분배 박스(보조 축전지)
13. 안전 축전지 단자 2
14. 보조 축전지
15. 지능형 축전지-센서
16. 트랜스퍼 서포트 포인트(자동차 안의 배선에서 언더보디 배선으로의 전환)
17. 지능형 축전지-센서
18. 12V 축전지

19. 안전 축전지-단자
20. 12V 축전지의 전력 분배 박스
21. 퓨즈, EME 배선(5A)
22. 충돌 안전 모듈
23. EME(Electrical Machine Electronics)
24. DC/DC-컨버터
25. 카 액서스 시스템
26. 센트럴 게이트웨이 모듈

그림 6-37 하이브리드 자동차의 12V 온-보드 회로 (출처 : BMW)

그러나 사용하는 전동기의 형식이 같다면, 마일드 - 하이브리드나 풀 - 하이브리드 전원 회로의 구성은 서로 비슷하다. 2대의 전동기를 사용하는 직렬 하이브리드 또는 동력분할 하이브리드에서는 전원회로의 구성이 서로 달라야 한다. 일반적으로 자동차 개념이 다르면, 적용되는 전원회로의 구성도 다르다.

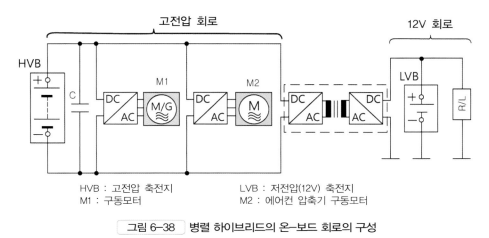

병렬 하이브리드의 온-보드 회로의 구성

● 병렬 하이브리드의 고전압 회로(그림 6-38 참조)

그림 6 - 38은 병렬 하이브리드 자동차의 고전압 회로의 기본 구성이다. 고전압 회로에 별도로 추가된 구성요소는 전동식 에어컨 압축기이다. 전동식 에어컨 압축기는 자동차에 따라 약 3∼6kW의 냉방출력을 소비하며, 이 전기출력은 고전압 회로가 공급한다. 에어컨 압축기의 출력제어는 압축기 구동 전동기의 회전자계 주파수를 제어하여 실현한다. 최대 냉방출력은 태양열에 의해 가열된 자동차 실내의 온도를 낮출 때, 짧은 시간 동안만 필요하다. 정적 상태에서의 차실 냉방에는 현저하게 낮은 출력(약 1kW 정도)으로도 충분하다.

기존의 기계식 압축기와 비교한, 전동식 압축기의 장점은 필요에 기반한 제어를 실행함으로써 공전손실을 피할 수 있고, 동시에 기관이 정지되었을 때와 전기 주행 시에도 에어컨을 가동할 수 있다는 점이다. 그런데도 에너지 저장장치(구동 축전지)의 용량이 제한적이므로 단지 몇 분 동안만 작동할 수 있다. 단점은 고가이고, 전부하 효율이 불량하다는 점이다.

자동차가 전기 주행을 하거나 발진하기 위해서는 지원 기능 예를 들면, 동력조향장치는 전기적으로 작동해야 한다. 병렬 하이브리드에서는 구동 전동기를 클러치 하우징 안에 설치한다. 이는 소위 집적식 모터/제네레이터(IGM)의 사용을 의미한다. IGM은 직경에 비교해 길이가 아주 짧다. IGM은 클러치가 접속되었을 경우, 기관의 회전속도와 같은 속도로 회전한다.

● 동력분할 하이브리드의 전형적인 온-보드 회로의 구성

　동력분할 하이브리드 또는 제2의 구동 전동기를 갖추고 있는 병렬-하이브리드의 경우, 추가되는 차축은 직렬로 또는 부분적인 직렬모드로 작동한다. 이는 직접 또는 유성기어를 통해 기관과 접속된 전기기계는 주로 발전기로 그리고 다른 축과 연결된 전기기계는 주로 전동기로 작동함을 의미한다.

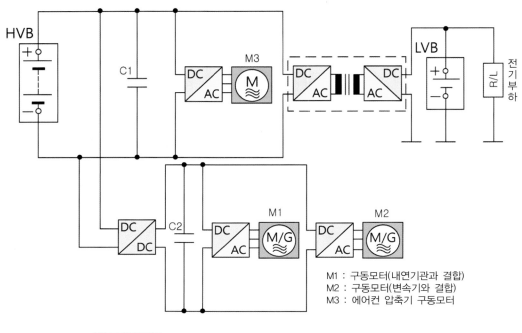

M1 : 구동모터(내연기관과 결합)
M2 : 구동모터(변속기와 결합)
M3 : 에어컨 압축기 구동모터

그림 6-39　동력분할 하이브리드의 전형적인 온-보드 회로의 구성

　축전지 단자 전압은 충전상태에 따라 맥동하며, 충전출력 및 방전출력도 마찬가지 이다. 즉, 단자 전압은 내부저항 때문에 방전 시에는 감소하며, 충전 시에는 상승한다. 중간회로 전압을 축전지 전압으로부터 분리하기 위해서, 그리고 주어진 축전지 전압과 모터의 크기가 동일한 상태에서 모터의 출력을 극대화하기 위해서는 축전지와 DC-중간회로 사이에 고출력 인버터를 설치하여야 한다. (그림 6-39 참조)

　따라서 DC-중간회로의 전압은 축전지 전압의 크기와 아주 높은 전압(축전지 전압의 2~2.5 배)의 사이에서 필요에 따라 제어할 수 있어야 한다. 최대 전압은 필요로 하는 최대출력과 전기기계의 설계에 따라 결정된다. 현재의 설정된 DC-중간회로 전압은 전기기계의 정류된 유도전압의 최댓값보다 약간 더 높게 되도록 선택할 수 있다. 이와 같은 방법으로 인버터 스위치의 스위칭 능력을 개선할 수 있으며, 인버터의 전기적 손실을 최소화할 수 있다.

전기 주행을 하거나 에너지를 회수할 경우, 축전지를 충전하거나 축전지로부터 방출되는 에너지는 최고효율 약 98%인 고성능 DC/DC‑컨버터를 거쳐 전달된다. DC/DC‑컨버터를 포함한 이와 같은 구성은 하나의 전기기계는 발전기로서 주로 에너지를 생산하고, 다른 전기기계는 전동기로서 전기 에너지를 소비하는 경우에 큰 장점이 된다. 12V‑회로에 전기를 공급하는 DC/DC‑컨버터와 전동식 에어컨 압축기는 이와 같은 구성에서 주로 축전지로부터 직접 전기 에너지를 공급받는다.

동력분할 하이브리드에는 전기기계를 변속기에 설치한다. 설치공간에 따라 하나로 통합된 모터/발전기(IMG) 또는 소위 분리된 별도의 모터/발전기(SMG)를 사용할 수 있다. 이 전기기계의 형식은 표준 모터의 형상에 더 가깝다. 전기로 차축을 구동할 경우, 분리된 모터/발전기를 사용한다. 이 전기기계는 1단 또는 2단 변속기를 거쳐 구동 차축의 종감속/차동장치와 연결된다. 집적식 모터/발전기(IMG)의 최대 회전속도는 $7000\text{min}^{-1} \sim 8000\text{min}^{-1}$이며, 분리된 모터/발전기(SMG)는 최대 14000min^{-1}까지의 속도로 작동한다.

● P4‑하이브리드(액슬‑분할‑하이브리드)의 고전압 회로 (그림 6‑40 참조)

P_4‑하이브리드(액슬‑분할‑하이브리드)의 경우, 하나의 차축은 내연기관과 자동화된 변속기로, 다른 차축은 전동기로 구동한다. 이 경우는 여러 가지 형식이 가능하다.

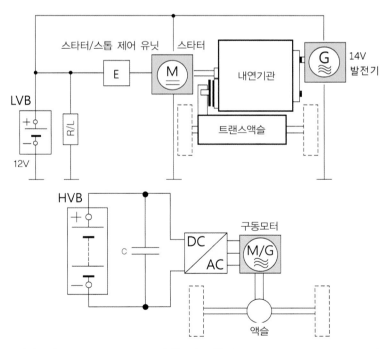

그림 6‑40) P_4‑하이브리드(액슬‑분할‑하이브리드)의 온‑보드 회로(고전압 축전지와 12V‑축전지 간에 전기적 연결 없음)

첫째, 내연기관을 포함한 기존의 구동 시스템에는 발진/정지(start/stop) 기능만을, 그리고 다른 차축은 전기구동 차축으로 설계할 수 있다. 이 경우에 12V‒전기회로에는 비용문제 때문에 표준 발전기가 전기에너지를 공급한다. 따라서 고전압회로와 12V‒회로는 전기적으로 완전히 분리되어 있다. 내연기관으로부터 고전압 축전지로의 에너지 전달은 단지 "도로를 통해서"만 가능하다. 이는 내연기관이 자동차를 구동하고, 다른 차축에 설치된 전기기계가 제동에너지 회수기능을 수행함을 의미한다. 2개의 차축 각각에 별도의 구동 시스템을 사용함으로써 발생할 수 있는 주행 다이내믹에 대한 부정적인 영향은 ESP(Electronic Stability Program)와 같은 최신 주행 다이내믹 제어 시스템을 사용하여 방지할 수 있다.

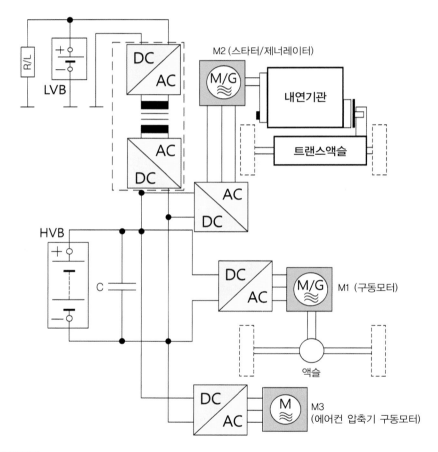

그림 6‒41 액슬‒분할‒하이브리드의 온‒보드 회로(벨트 구동식 스타터/제네레이터 시스템 사용)

전기적 4륜구동은 축전지가 충분하게 충전되어 있고, 축전지 온도가 적절하게 관리되는 경우에만 가능하다. 이는 시스템이 발진시에만 4륜구동이 가능하도록 설계되어 있음을 의미한다. 그리고 이 개념에서는 전동식 에어컨 압축기를 사용할 수 없다. 정차해 있는 경우, 예를 들면 교통

정체 시에 구동 축전지를 충분히 충전할 수 없으므로 에어컨 압축기를 전기로 구동할 수 없다.

이러한 제한을 방지하기 위해서는, 고성능 전기 구동장치 예를 들면, 별도의 스타터/제네레이터 시스템을 내연기관의 벨트구동 시스템에 통합할 수 있다. 그림 6‑41에 도시된 개념을 이용하면, 장시간의 전기식 4륜구동 및 전동식 에어컨 압축기를 사용할 수 있다. 이를 위해서는 내연기관의 구동벨트 시스템에 의해 구동되는 스타터/제네레이터가 자동차의 주행 상태와 상관없이 12V‑전원회로에 전기 에너지를 공급할 수 있어야 한다. 12V 전원회로는 전위(potential)가 분리된 DC/DC‑컨버터로부터 전기 에너지를 공급받는다. 이 개념은 추가로 전기기계와 DC/DC‑컨버터를 사용하므로 상대적으로 비용이 많이 소요된다. 따라서 SUV 또는 중급‑및 고급 자동차의 하이브리드화에 주로 이용된다.

벨트 구동식 스타터/제네레이터는 내연기관의 시동 및 12V‑축전지의 충전을 담당한다. 스타터/제네레이터는 LIN‑버스를 통해 DME(Digital Engine Electronics)와 연결되어 있다. 내연기관을 시동할 때는 아래 텐셔너(down tensioner②)가, 충전할 때는 위 텐셔너(top tensioner)가 작동하여 벨트 장력을 적절하게 유지한다.(그림 6‑43 참조)

그림 6‑42 벨트 구동식 스타터/제네레이터
(출처 : BMW)

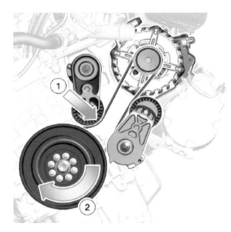

(a) 스타터/제네레이터가 기관을 시동할 때   (b) 기관이 스타터/제네레이터를 구동할 때

그림 6‑43 벨트 구동식 스타터/제네레이터의 구동 벨트의 작동 (출처 : BMW)

(4) 플러그-인 하이브리드의 고전압 회로

외부 전원으로 충전할 수 있는 플러그 커넥터와 충전설비를 갖추고 있다는 점 외에는 다른 하이브리드 개념과 거의 같다. 그림에서 ⑥, ⑦, ⑧이 생략되면 축전지 전기차(BEV)의 고전압회로가 된다.

AC/DC - 컨버터(⑨)는 전력망으로부터 입력되는 교류(예; 230V)를 직류로 변환하여 고전압 축전지(③)에 충전한다. 플러그 - 인 하이브리드의 고전압 축전지는 다른 하이브리드의 비교 가능한 축전지에 비교해 에너지밀도가 상대적으로 더 높다. 이는 긴 전기 주행 거리를 목표로 하기 때문이다. 고전압 축전지의 충전수준이 규정값 이하로 낮아지면, 배기량이 적은 내연기관(⑥)으로 발전기(⑦)를 구동한다. 이렇게 생산된 교류는 컨버터(⑧)에서 직류로 변환되어 고전압 축전지를 재충전, 전기 주행거리를 연장하는 데 사용된다.

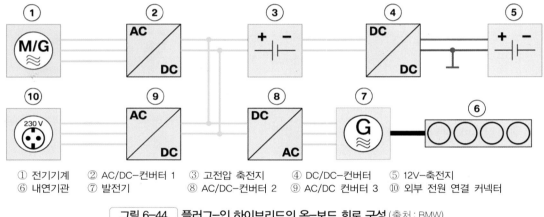

① 전기기계   ② AC/DC-컨버터 1   ③ 고전압 축전지   ④ DC/DC-컨버터   ⑤ 12V-축전지
⑥ 내연기관   ⑦ 발전기   ⑧ AC/DC-컨버터 2   ⑨ AC/DC 컨버터 3   ⑩ 외부 전원 연결 커넥터

그림 6-44   플러그-인 하이브리드의 온-보드 회로 구성 (출처 : BMW)

---

2   전통적인 12V 온-보드(on-board) 회로의 안전대책

먼저 전통적인 12V 온 - 보드 회로의 노출된 전기부품은 근본적으로 사람이나 동물에게 안전한 초 저전압 범위에 속한다. (Safety Extra - Low Voltage: SELV; 직류 60V 미만). 따라서 직접 접촉에 대한 안전대책은 필요 없다. 전기안전에 대한 보다 더 상세한 규정 "ISO 6469 - 3"은 자동차의 전원 전압이 직류 60V 이상일 경우에 적용된다. 이 규정은 실질적으로 2 - 전원을 사용하는 하이브리드 자동차 또는 전기자동차에 적용된다.

기존의 12V 전기 시스템에서 전기가 흐르는 부품 예를 들어, 발전기나 축전지와 직접 접촉해도 인체에 가해지는 위험은 없다. 물론 부분적으로 큰 전압이 걸리는 일부 전기부품들은 예외이다. 예를 들면, 가스방전등(＝제논 전조등) 또는 점화플러그와 같은 부품들에는 국부적으로 또는 순간적으로 수 1000V의 전압이 인가된다. 따라서 이들 고전압이 인가되는 부품들과의 집적 접촉이 발생해도 인체에 위험하지 않도록, 적절한 대책(예 : 절연)을 마련해야 한다. 그런데도 정비 및 수리작업 시에는 주의해야 한다.

(1) 가용성 퓨즈(fusible link)

12V‐전기 시스템과 접지 간의 단락이 발생하는 경우는 고장 경로를 통해 아주 큰 전류가 흐를 수 있다. 완전히 충전된 납축전지는 단락의 경우, 약 1000A까지의 전류를 방출할 수 있다. 이 때 단자 전압이 10V라고 가정하면, 고장 경로에 순간적으로 10kW의 출력이 걸리고, 이 출력은 모두 열로 변환될 것이다. 따라서 이러한 단락을 가능한 한 빨리 제거하지 않으면, 많은 열로 인해 축전지 자체의 폭발이나, 배선에서 화재가 발생할 수 있다.

대량의 에너지를 방출하는 고장을 확실하게 차단하기 위해 퓨즈를 사용한다. 그림 6‐45는 이러한 보호회로의 기본적인 구성을 나타내고 있다. 단락에 의한 고장의 경우, 축전지가 주 에너지원이기 때문에, 퓨즈 박스(fuse box)의 입력 쪽을 가능한 한 축전지 (＋)단자에 가깝게 설치하여 축전지 (＋)단자와 퓨즈 박스 입력 사이의 거리가 짧아지도록 배선해야 한다.

자동차의 모든 전기부하는 퓨즈 박스의 출력 쪽에 연결된다. 이와 같은 방법으로 모든 전기부하와 그에 속한 배선들이 허용되지 않은 높은 전류로부터 확실하게 보호되도록 한다. 퓨즈는 일정한 최대전류‐자신의 정격전류‐를 계속 흐르게 할 수 있도록 설계된, 안전부품이다. 단락의 경우에, 퓨즈에는 정격전류보다 큰 전류가 흐른다. 이를 통해 퓨즈는 규정된 시간 이내에 녹아 끊어지게 된다. (예를 들어 정격전류의 6배의 전류에서 최대 300ms). 그러면 전류회로는 비가역적으로 차단된다.

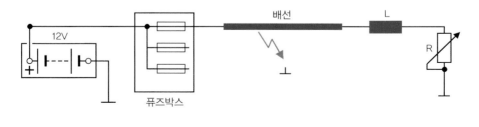

그림 6-45 기존의 12V-전원회로에서의 단락

(2) 반도체 퓨즈(semi-conductor fuse)

전통적인 가용성 퓨즈(fusible link) 대신에 반도체 퓨즈를 사용하는 자동차도 있다. 과전류가 흐르는 경우, 회로를 차단한다는 본래의 기능은 비슷하지만 구조는 완전히 다르다. 전자퓨즈에서는 가용성 도선의 기능을 반도체-트랜지스터가 대신한다. (예를 들면, 파워 - MOSFET를 사용한다.)

평가 일렉트로닉은 MOSFET의 정상적인 작동상태를 감시한다. 규정값에 근거하여 평가 일렉트로닉은 트랜지스터를 도통 또는 차단한다. 그러면 수 밀리 초 이내에 고장 경로는 전압이 작용하지 않는 상태로 차단된다.

가용성 퓨즈(fusible link)에 비교해, 반도체 퓨즈의 명확한 장점은 가역성과 빠른 차단속도이다. 이 외에도 전자적으로 전류를 감지하는, MOSFET는 정상적인 작동상태와 고장상태를 인식하여 회로를 차단하는 품질이 우수하다: 기존의 가용성 퓨즈의 경우는 정격전류에 도달할 때까지는 녹지 않아야 하며, 그 이상의 전류가 흐르면 가능한 한 빠르게 그리고 확실하게 녹아서 회로를 차단해야 한다. 그러나 반도체 퓨즈의 경우는 이와 같은 문제가 발생하지 않는다. 전류한계에 근거하여 디지털적으로 차단 또는 도통의 구별이 명확하게 구현되기 때문이다.

3 고전압 온-보드 회로의 안전대책

하이브리드 자동차의 저전압 시스템에는, 기존의 12V 전기 시스템에 대한 안전 지침을 그대로 적용한다. 고전압 회로에는 아주 높은 전압이 인가되므로 안전과 관련된 별도의 엄격한 기준을 적용한다. 위험한 수준의 고전압이 흐르는 배선의 색깔은 오렌지색이며, 고전압으로 작동하는 구성부품의 커버들은 차체 접지와 등전위로 연결되어 있다. 그리고 커버 자체에 경고 지침 또는 표시가 붙어 있다.

전기 충격 및 전기 시스템의 안전 관련 규격에는 ISO6469-3 ISO23273-3, EN60664-1, ECE100, VDE100-410, VDE122, FMVSS305, J2344, J2578 등이 있다.

앞에서도 언급했지만, ISO 6469-3 : 2011에 따르면 전기자동차(하이브리드 자동차 포함)에서 고전압은 전압등급 B로서 교류 30V~1000V까지, 직류 60V~1500V까지를 말한다.

이 규정은 하이브리드 자동차, 전기자동차, 그리고 연료전지 자동차에 적용된다.

(1) 고전압 케이블(high-voltage cables)

"전류가 흐르는 직선 도체(예: 고전압 배선)의 주위에는 앙페르의 오른나사 법칙에 따른 자장이 형성된다. 전류의 크기나 흐르는 방향이 변하면, 도체 주위의 자장의 크기나 방향도 변한다. 도체 주위의 자장이 변화하면 도체에는 전압이 유도된다. 그리고 자장과 전류가 흐르는 도체는 운동을 발생시킨다."라는 사실을 우리는 잘 알고 있다. 이를 하이브리드 자동차의 고전압 케이블이 적용해 보자.

① 고전압 케이블을 흐르는 전류와 전압의 영향

하이브리드 자동차의 고전압 케이블에는 12V 시스템과는 비교할 수 없는 높은 전압이 인가되고 동시에 큰 전류가 흐른다. 그리고 인버터에서 구동 전동기로 흐르는 전류의 주파수는 수 100kHz에 달한다. 주파수가 높다는 것은 자력선의 방향이 빠르게 변한다는 것을 의미한다. 도체(고전압 케이블) 주위의 자장이 빠르게 변화하면, 케이블에는 큰 전압이 유도될 것이다.

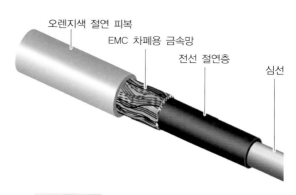

그림 6-46 　차폐된 고전압 케이블 (출처 : BMW)

따라서 고전압 케이블이 생성하는 자장 내에 신호배선이 설치되어 있다면, 신호배선에는 간섭 전압과 표류전류가 작용하게 될 것이다.

또 2개의 고전압 케이블이 병렬로 나란히 배선되어 있다면, 두 배선 사이에는 전자력이 작용하여 전류의 방향에 따라서는 두 배선은 서로 끌어당기거나 밀 것이다. 그러므로 고주파수의 교류가 흐르는, 고전압 케이블의 고정상태가 불량하면, 진동을 일으켜 소음을 생성할 수도 있다.

② 고전압 케이블에서의 안전대책

- 신호배선은 고전압 케이블에 근접, 설치하지 않는다. 그리고 전자적합성(EMC)을 확보하기 위한 경계조건을 준수한다. 동시에 신호 배선으로는 연선(twisted wire)을 사용한다.
- 고전압 케이블은 철저하게 절연 및 차폐한다. 그리고 시각적으로 구분할 수 있도록, 표피는 오렌지색을 사용한다. 동시에 진동이 발생하지 않도록, 일정한 간격으로 확실하게 고정한다.
- 고전압 케이블은 절연 고장의 경우에 전위를 다른 방향으로 흐르게 하려고 둘레를 금속

망으로 차폐한다.

- 연결 커넥터는 기계적으로 코딩하여, 소켓에 접속할 때의 연결 오류를 방지한다. 이 외에도 구성부품들의 연결부는 접촉 방지용 플라스틱 캡(cap)을 갖추고 있다.

(2) 절연 접지(IT : Insulated Terra)

하이브리드 자동차의 고전압 회로는 ISO 6469 – 3의 규정에 따른, 전기충격에 관한 안전대책을 갖추어야 한다. 고전압 케이블은 자동차 접지 및 12V – 전기회로와는 완전히 분리하여, 별도로 배선한다. 즉, 고전압 (–)배선을 차체에 접지하지 않고, (+)배선과 마찬가지로 차체에 대해 절연한다. 이를 절연 접지(IT : Insulated Terra)라고 한다. 참고로 'terra'는 라틴어로 접지(earth)라는 뜻이다.

① 중성 접지(TN : Terra Neutral) – 회로망

하우징 또는 케이스(case)는 활성 부분과의 접촉으로부터 기기 사용자를 보호한다. 고장이 발생할 경우, 외부도선과 하우징 사이에 전기전도가 가능한 연결이 구축된다. 위험한 전압은 하우징에 인가된다. 전류는 하우징과 접지를 거쳐 발전기 입력으로 되돌아간다.

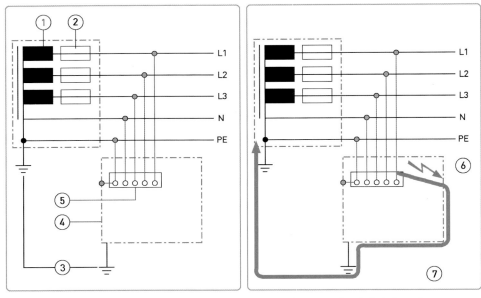

(a) TN–회로망의 구성   (b) TN–회로망에서의 고장
① 발전기 또는 변압기의 입력 권선   ② 과전류 보호 퓨즈   ③ 접지
④ TN–회로망에 포함된 전기부하의 하우징   ⑤ 전기부하 배선의 커넥터
⑥ 외부도선 L1이 전기부하 하우징으로 단락회로 구성
⑦ 외부도선 L1로부터 전기부하 하우징을 거쳐 발전기 입력으로 흐르는 고장 전류
L1~L3 : 3개의 외부 도선
PE ; 보호 접지(protective earth)

그림 6-47 중성접지(TN) – 회로망의 구성

하우징의 위험한 고전압으로부터 사람을 보호하기 위해서, 과전류 보호 퓨즈를 사용한다. 퓨즈는 이와 같은 고장 상황에서 즉시 끊어져, 전압을 차단하도록 설계되어 있다.

퓨즈 형식의 TN – 회로망을 전기/하이브리드 자동차에 사용하면, 단지 하나의 고장(외부 도체와 하우징 사이의 단락)만을 충족시킬 수 있으며, 고전압 시스템은 작동을 멈추게 될 것이다. 따라서 구동시스템의 효용성은 크게 제한될 것이다. 이와 같은 이유에서 전기자동차나 하이브리드 자동차에서는 절연 감시기능과 결합된 절연접지(IT) – 회로망을 사용한다.

② **절연 접지**(IT : Insulated Terra) **회로망**

절연접지 회로망에서는 활성 도체와 접지 또는, 자동차의 경우는 활성 도체와 차체 접지가 서로 연결되어 있지 않다.

전원이 접지(자동차의 경우는 차체 접지)와는 서로 분리되어 있으므로, 단락전류가 흐르지 않는다. 결과적으로, 이 경우에는 퓨즈가 작동하지 않는다. 이 경우에 고장이 발생하면, 고전압 시스템은 작동상태를 그대로 유지한다. 따라서 고전압 시스템의 높은 효용성이 보장되며, 이는 이 접지방식의 장점이다. 절연접지 회로망은 3상 시스템뿐만 아니라, 전기/하이브리드 자동차의 고전압 시스템에 이용되는 직류회로에도 적용할 수 있다.

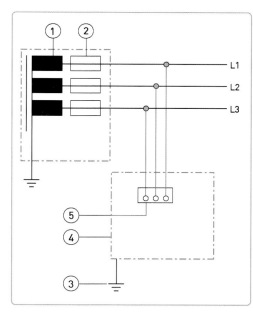 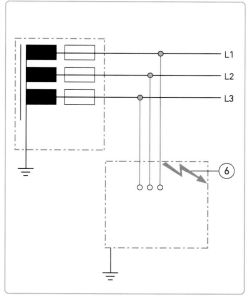

(a) IT–회로망의 구성   (b) IT–회로망에서의 고장

① 발전기 또는 변압기의 입력 권선   ② 과전류 보호 퓨즈   ③ 접지
④ IT–회로망에 포함된 전기부하의 하우징   ⑤ 전기부하 배선의 커넥터
⑥ 외부도선 L1이 전기부하 하우징으로 단락회로 구성
L1~L3 : 3개의 외부 도선

그림 6–48   IT–회로망의 구성

전기/하이브리드 자동차의 IT – 회로망은 기존의 12V 회로와는 달리 (–) 배선을 차체에 접지하지 않고, (+)배선과 마찬가지로 차체에 대해 절연한 방식이다.

전기/하이브리드 자동차에서의 절연접지(IT) 회로망은 주로 다음과 같은 부품들로 구성된다.
- 고전압 축전지
- 전력전자 시스템의 퓨즈
- 교류 전동기
- 에어컨 압축기 구동용 전동기
- 완전히 차폐된 고전압 배선
- 전위 보상 도체(equipotential bonding conductor) (또는 등전위 배선, 균압선)

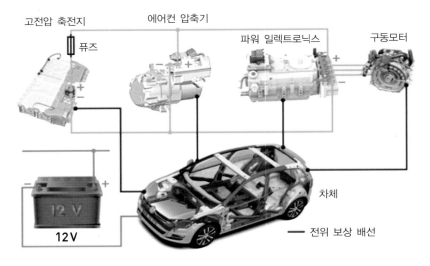

그림 6-49 │ 하이브리드 자동차의 절연 접지망의 구성 [69]

(3) 절연 감시(insulation monitoring)

일반적으로 단순한 실수가 사람에게 위험을 초래하지 않도록 하기 위해서는 이중 절연 또는 강화된 절연 방법을 적용해야 하며, 고전압 시스템에서 접촉 가능성이 있는 모든 도전성 구성부품들, 예를 들면 하우징 단락 시 자동차 접지에 대해 위험한 전압을 발생시킬 수 있는 모든 구성부품을 자동차 접지와 등전위가 되도록 대책을 마련해야 한다.

① 절연저항의 측정

절연 감시회로는 고전압 회로의 (+)극 및 (–)극 그리고 자동차 접지 사이의 절연저항을 측정, 감시한다. 저항값이 규정 최젓값(예; 5㏁) 이하로 낮아지면, 전기충격의 위험이 발생한다. 따라서 고전압 시스템에 대한 완전 자동적인 절연감시는 필수이다.

예를 들면, 일련의 전압을 측정하여 간접적으로 저항을 측정한다. 활성부품[예; 고전압 축전지의 (＋)극과 (−)극]과 차체접지 사이의 정밀저항에서 전압을 측정한다. 이 측정은 고전압 시스템이 작동하고 있을 때, 그리고 작동을 정지한 후에 실행된다.

절연 감시는 일반적으로 하나 또는 2개의 고전압 부품, 예를 들면 고전압 축전지 관리시스템(BMS) 또는 전력전자 시스템에 통합되어 있다. 절연저항이 규정값보다 낮으면, 고전압회로를 차단하거나 경고 메시지를 지시한다.

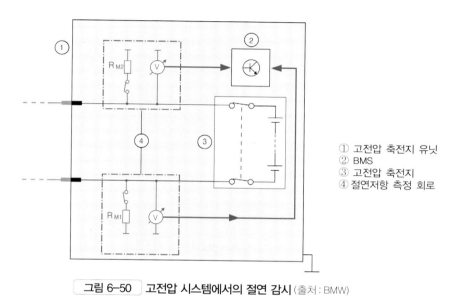

① 고전압 축전지 유닛
② BMS
③ 고전압 축전지
④ 절연저항 측정 회로

그림 6-50 고전압 시스템에서의 절연 감시 (출처 : BMW)

하나 또는 2개의 핵심 지점에서의 절연 감시는, 고전압 시스템의 모든 도전성 하우징들이 전기적으로(galvanically) 차체 접지와 연결되어 있는 경우에만 가능하다. 전동식 에어컨-압축기의 고전압 케이블에서의 단락을 전력전자 시스템이나 BMS에서 확실하게 검출하기 위해서는, 이 전기적 연결이 존재해야 한다.

하우징과 접지 사이에 이 전기적 연결이 없으면, 고장은 검출되지 않은 상태로 남아, 잠재적 위험이 될 것이다. 하우징 간의 전기적 연결은, 하우징과 접지 사이의 연결과 비교해서, 등전위 연결이라고 한다. 이 목적으로 사용되는 전기적 연결을 전위 보상도체(equipotential bonding conductor) 또는 전위 보상배선이라고 한다.

② 절연 고장의 결과(예)

● **(+)와 부품 하우징 또는 배선 차폐(shield)와의 접촉 - 고장 F1**

이 고장의 경우, 양(+)전위는 구성부품의 하우징으로 전달된다. 양(+)전위는 전위 보상 배선을 거쳐 추가로 차체로 그리고 다른 구성부품들에 인가된다. 양(+)전위는 접촉을 일으킬 수 있다. 그러나 전기회로를 형성하는데 필요한 음(-)전위가 절연되어 있으므로, 전기충격은 발생하지 않는다.

● **배선의 차폐 또는 부품 하우징과 (-) 간의 접촉 - 고장 F2**

이 고장은 음(-)전위에 대한 고장임에도 불구하고 고장 1과 동일한 결과를 나타낸다. 양(+)전위가 절연상태를 유지하고 있으므로 전기충격의 위험은 발생하지 않는다.

● **서로 다른 구성부품의 (-)와 (+)의 접촉 - 고장 F3**

고장 F1과 고장 F2가 동시에 2개의 서로 다른 구성부품에서 발생하면, 양(+)전위와 음(-)전위는 전위보상 도체(또는 배선)((equipotential bonding conductor)를 통해 단락된다. 아주 큰 전류가 흐르게 된다. 그러면 퓨즈가 작동한다. 시스템에는 전압이 인가되지 않는다. 전기충격의 위험은 발생하지 않는다.

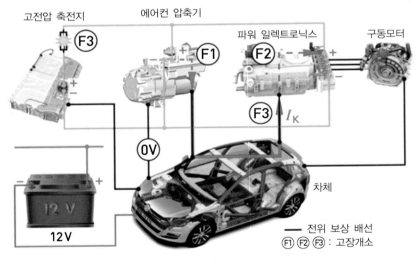

그림 6-51 절연접지망(IT-network)에서의 절연 고장의 결과 [69]

● **전위보상 배선의 결함 및 서로 다른 2개의 구성부품의 (+)와 (-)의 접촉**

접촉 외에도 추가로 전위 보상배선 중의 하나에 결함이 발생하면, 구성부품의 하우징 중 하나와 차체 사이에 큰 전위차가 발생한다. 이 고장이 동시에 발생하면 전기충격을 유발한다.

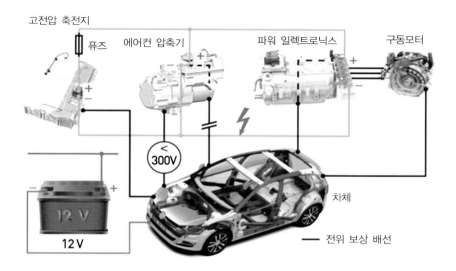

그림 6-52
전위보상 배선의 결함 및 2개의 절연 고장[69]

(4) 고전압 인터록 루프(HVIL : high-voltage interlock loop)

고전압 인터록 루프(HVIL : 파일럿 배선 또는 테스트 배선이라고도 함)는 고전압 회로에 병렬로 배선되어 있으나, 전기적으로 분리된 별도의 저전압 배선으로서 고전압 회로를 감시한다. 이 회로는 MOST - 버스처럼 링(ring) 구조이다. 즉, 고전압 회로를 구성하는 모든 장치를 직렬로 연결한다.

고전압 인터록 루프는 고전압 부품 및/또는 고전압 케이블 커넥터의 커버를 통해 연결된 회로이다. 고전압 부품의 각 커버에는 점퍼가 있다. 커버를 설치하고 고정하면, 점퍼는 고전압 인터록 루프를 구성한다. 커버를 하나 제거하거나 점퍼를 하나 빼낼 경우, 이 루프는 개방된다. 고전압 커넥터를 삽입하고 잠그면, 점퍼는 고전압 인터록 루프를 형성한다. 커넥터를 빼내면, 점퍼는 회로를 개방한다.

고전압 케이블의 접점은 2단계를 거쳐 커넥터에 삽입된다. 빼낼 때(unlock)도 마찬가지이다. 커넥터를 잡아당기면, 먼저 고전압 인터록 루프가 개방되고, 이어서 2차로 고전압 케이블의 연결이 끊긴다. 이 방법은 터치 - 접촉(touch - contact) 보호를 강화하고, 연결을 끊을 때 접점에서 아크가 발생하는 위험을 감소시킨다.

고전압 인터록 루프의 일렉트로닉스는 고전압 인터록 루프에 대한 테스트 신호를 생성하고 이를 평가한다. 연동 신호의 생성부 및 평가회로를 2개의 고전압 부품 (예를 들면 고전압 축전지 및 전력전자 시스템)에 분산시킬 수 있다. 그러나 대부분 고전압 축전지 제어유닛의 일부로써

BMS(축전지 관리시스템)에 통합한다.

　테스트 신호는 고전압 시스템이 작동을 시작할 때부터 생성된다. 그리고 고전압 시스템의 작동이 종료되면, 테스트 신호의 생성도 동시에 종료된다. 테스트 신호로는 저전압의 구형파 교류전류 신호(또는 전압 신호)를 사용한다.

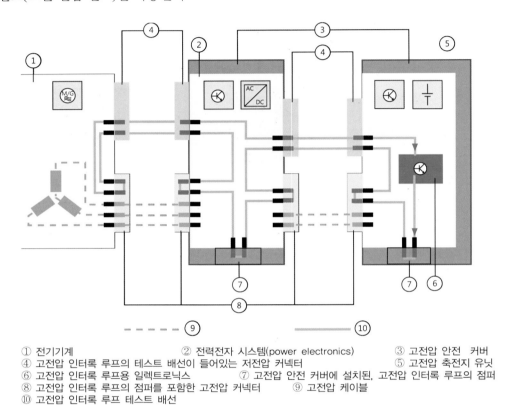

① 전기기계　　　　　　　　　　　② 전력전자 시스템(power electronics)　　　　　③ 고전압 안전 커버
④ 고전압 인터록 루프의 테스트 배선이 들어있는 저전압 커넥터　　　　　　　　　　⑤ 고전압 축전지 유닛
⑥ 고전압 인터록 루프용 일렉트로닉스　　　　⑦ 고전압 안전 커버에 설치된, 고전압 인터록 루프의 점퍼
⑧ 고전압 인터록 루프의 점퍼를 포함한 고전압 커넥터　　　⑨ 고전압 케이블
⑩ 고전압 인터록 루프 테스트 배선

　　　　　그림 6-53　**고전압 인터록 루프의 기본 구성** (출처 : BMW)

　신호는 링의 두 지점 즉, EME(Electrical Machine Electronics)에서 그리고 최종적으로 BMS(Battery Management System)에서 평가된다. 신호값이 사전 정의된 규정값 범위를 벗어나거나, 회로의 단선(또는 커넥터의 제거) 또는 단락이 감지되면, BMS가 고전압 축전지의 메인 릴레이(SMR)를 열고, 고전압 시스템을 즉시 정지(shut down)시킨다.

　고전압 시스템의 작동정지는 자동으로 실행되며, 다단계로 진행된다.
- 전기기계(들)에 대한 트리거링 신호의 취소
- 전기기계의 코일 단락
- 고전압 축전지에 통합되어 있는 스위치 접점 개방

• 고전압 회로의 방전

이와 같은 방법으로 고전압 시스템의 모든 전압원을 확실하게 작동 정지(shut down)시킨다. 고전압 인터록 루프를 차단한 후부터 일정한 시간(예 : 구성에 따라서 5초부터 10분까지)이 지나기 전에는, 전체 고전압 시스템의 어느 지점에도 위험한 전압이 남아 있을 수 있다.

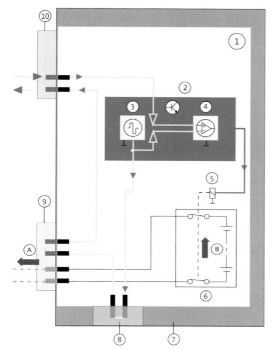

① 고전압 축전지 유닛
② 고전압 인터록 루프의 일렉트로닉스
③ 연동신호 생성기
④ 연동신호 평가회로
⑤ 메인 릴레이(메카트로닉 스위치 접점)
⑥ 고전압 축전지
⑦ 고전압 안전 커버
⑧ 고전압 안전 커버에 통합된 고전압 인터록 루프의 점퍼
⑨ 고전압 인터록 루프의 점퍼를 포함한 고전압 커넥터
⑩ 고전압 인터록 루프의 테스트 배선이 들어 있는 저전압 커넥터
Ⓐ 고전압 커넥터를 잡아당겨 고전압 인터록 루프의 점퍼를 개방
Ⓑ 스위치 접점의 개방

그림 6-54 **고전압 인터록 루프의 상세도** (출처 : BMW)

(5) 고전압 회로의 방전

고전압 시스템에는 고전압 축전지 외에도 2개의 고전압원이 있다: 전기기계(구동 전동기나 발전기)의 권선, 그리고 전력전자 시스템 또는 고전압 부품에 들어있는 캐퍼시터이다.

정상적인 단계를 거쳐 전력을 차단하여 고전압 축전지의 스위치 접점이 개방된 다음에도, 캐퍼시터나 전기기계에는 감전사고를 일으키기 충분할 만큼의 고전압이 남아 있을 수 있다. 따라서 정상적으로 시스템을 정지시킨 후에도, 매번 시스템을 방전시켜야 한다.

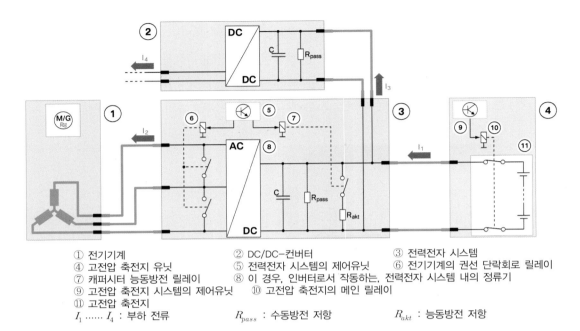

① 전기기계
④ 고전압 축전지 유닛
⑦ 캐퍼시터 능동방전 릴레이
⑨ 고전압 축전지 시스템의 제어유닛
⑪ 고전압 축전지
I_1 ...... I_4 : 부하 전류

② DC/DC-컨버터
⑤ 전력전자 시스템의 제어유닛
⑧ 이 경우, 인버터로서 작동하는, 전력전자 시스템 내의 정류기
⑩ 고전압 축전지의 메인 릴레이

③ 전력전자 시스템
⑥ 전기기계의 권선 단락회로 릴레이

R_{pass} : 수동방전 저항 R_{akt} : 능동방전 저항

그림 6-55 고전압 시스템 회로 개략도-활성 상태 (출처 : BMW)

① 전기기계(예 : 구동 전동기) 권선에서의 고전압 방전

고전압 축전지의 메인 릴레이(SMR)가 닫혀 있는 동안은 고전압 축전지의 고전압은 모든 고전압 케이블에 작용한다. 전력전자 시스템의 DC-링크의 캐퍼시터도 똑같은 수준의 고전압으로 충전된다. 전력전자 시스템이 고전압 부품에 전압을 인가하면, 고전압 케이블을 통해서 전류가 흐른다.

고전압 축전지의 메인 릴레이(SMR)가 열리기 전에, 전력전자 시스템은 모든 고전압 부품들이 더는 고전압 전류를 수용할 수 없는 상태로 가정하고, 모든 고전압 부하를 작동시킨다. 회로 측면에서 보면 이 상태는 소위, 고전압 시스템에 연결된 전기부하들이 없는 것과 같다.

고전압 축전지의 메인 릴레이(SMR)가 이미 열려 있어도, 고전압 시스템의 전기기계는 위험한 수준의 전압을 생성할 수 있다. 전기기계가 여전히 회전을 계속하고 있다면, 전기기계의 권선에는 고전압이 유도될 수 있기 때문이다. 이 전압이 고전압 케이블에 인가되면, 전기기계의 회전속도에 따라서는 감전사고를 일으킬 수 있는 수준의 고전압이 고전압 케이블에 흐를 수도 있다. 전기기계 권선에 의해 발생할 수 있는 이와 같은 사고를 예방하기 위해서, 이미 열린 고전압 축전지의 메인 릴레이(SMR)를 다시 한번 더 단락시킨다.

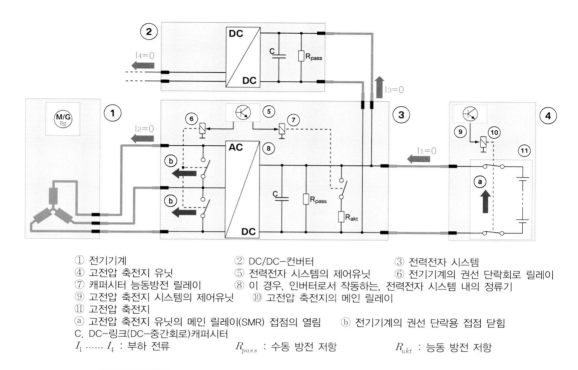

① 전기기계　　　　　　　　　② DC/DC-컨버터　　　　　　　③ 전력전자 시스템
④ 고전압 축전지 유닛　　　　 ⑤ 전력전자 시스템의 제어유닛　⑥ 전기기계의 권선 단락회로 릴레이
⑦ 캐퍼시터 능동방전 릴레이　　⑧ 이 경우, 인버터로서 작동하는, 전력전자 시스템 내의 정류기
⑨ 고전압 축전지 시스템의 제어유닛　⑩ 고전압 축전지의 메인 릴레이
⑪ 고전압 축전지
ⓐ 고전압 축전지 유닛의 메인 릴레이(SMR) 접점의 열림　　ⓑ 전기기계의 권선 단락용 접점 닫힘
C. DC-링크(DC-중간회로)캐퍼시터
I_1 ...... I_4 : 부하 전류　　　　　　R_{pass} : 수동 방전 저항　　　　　R_{akt} : 능동 방전 저항

그림 6-56 **고전압 시스템 회로 개략도 – 구동 전동기 권선의 단락** (출처 : BMW)

　현재의 하이브리드 자동차들에서는 이 과정을 전력전자가 실행한다. 이와 같은 방법으로 대부분의 하이브리드 자동차에서 구동 전동기 권선을 단락시킨다. 이 대책은 하이브리드 자동차에 설치된 다른 전동기(예: 에어컨 – 압축기 구동 전동기)에도 적용된다. 단, 단락방법은 구동 전동기의 형식, 설치 위치 등에 따라 차이가 있을 수 있으나, 스위치 OFF 후에 순간적으로 단락시킨다는 전략은 똑같다.

② **캐퍼시터의 방전**

　고전압 축전지의 시스템 메인 릴레이(SMR)가 열릴 때, 앞서와 마찬가지의 전압이 고전압 케이블이 작용한다. 캐퍼시터는 전기 에너지를 저장하고 이 수준의 전압을 유지하고 있다. 추가 대책이 없으면 캐퍼시터를 방전시킬 수 없다. 이유는 모든 고전압 부하는 이미 스위치 – OFF 상태이기 때문이다. 그러므로 별도의 방전회로를 사용하여 캐퍼시터를 방전시켜야 한다. 이 방전회로는 능동방전 저항과 수동방전 저항을 이용하여 구성한다.

　수동방전 저항은 캐퍼시터와 영구적으로 병렬 접속되어 있다. 고전압 축전지의 시스템 메인 릴레이(SMR)가 열리면, 방전전류는 즉시 캐퍼시터로부터 수동방전 저항을 통해 흐른다. 캐퍼시터의 전압과 고전압 케이블의 전압은 지수적으로 강하하며, 시간 $t = 5\,T = 5 \cdot R_{pass} \cdot C$ 후에 0(zero)이 된다.

제6장 에너지의 제어와 관리 ▎**407**

그러나 고전압 시스템이 작동하고 있는 때에도, 수동방전 저항을 통해 전류가 흐른다. 그러므로 수동방전 저항에 의한 출력 손실을 수용할만한 수준으로 유지하기 위해서, 수동방전 저항의 저항값을 비교적 높은 수준으로 설계한다. 저항값의 크기는 대략 수 $10k\Omega$의 수준이다. 반면에 사용된 캐퍼시터의 용량은 수 $100\mu F$이다. 따라서 수동방전 저항을 통해 캐퍼시터를 완전 방전시키는 데는 수 분이 걸릴 수 있다. 그러나 통상적으로 수동 저항을 통해 캐퍼시터가 방전해도 5분 이내에, 전압이 위험하지 않은 수준으로 강하되도록 설계한다.

(시스템 정지(shut down) 후 10분 후에 서비스 작업을 시작하도록 권장하는 회사도 있다.)

수동방전은, 능동방전 저항이 작동하지 않는, 예상치 못한 경우의 보조적 안전대책일 뿐이다. 전력전자는 고전압 축전지의 시스템 메인 릴레이(SMR)가 열리는 순간, 즉시 고전압 시스템의 정지(shutdown)용 능동방전 저항의 스위치 접점을 닫는다. 능동방전 저항(R_{akt})의 저항은 수 10Ω에 지나지 않는다. 따라서 아주 빠른 속도로 캐퍼시터를 완전 방전시킬 수 있다. 능동방전 저항(R_{akt})이 작동할 경우, 늦어도 5초 이내에 캐퍼시터가 완전히 방전되도록 설계한다.

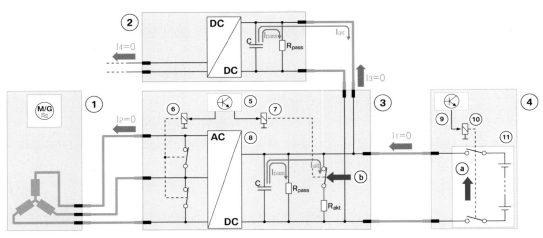

① 전기기계　　　　　　　　② DC/DC-컨버터　　　　　　　③ 전력전자 시스템
④ 고전압 축전지 유닛　　　　⑤ 전력전자 시스템의 제어유닛　⑥ 전기기계의 권선 단락회로 릴레이
⑦ 캐퍼시터 능동방전 릴레이　⑧ 이 경우, 인버터로서 작동하는, 전력전자 시스템 내의 정류기
⑨ 고전압 축전지 시스템의 제어유닛　　⑩ 고전압 축전지의 메인 릴레이
⑪ 고전압 축전지
ⓐ 고전압 축전지 유닛의 메인 릴레이(SMR) 접점의 열림　　ⓑ 전기기계의 권선 단락용 접점 닫힘
C. DC-링크(DC-중간회로)캐퍼시터
$I_1 \cdots I_4$: 부하 전류　　　　　　　　I_{pass} : 수동방전 저항을 통해 흐르는 전류
I_{akt} : 능동방전 저항을 통해 흐르는 전류　R_{pass} : 수동방전 저항　　　　R_{akt} : 능동방전 저항

　그림 6-57　 **고전압 시스템 회로 개략도 – 캐퍼시터의 방전** (출처 : BMW)

현재의 하이브리드 자동차에는 하나의 능동방전 저항을 사용하며, 능동방전 저항이 하나 뿐인 경우는 대부분 전력전자에 설치한다. 고전압 시스템이 전력전자에 설치된 이 캐퍼시터를 통해 방전할 수도 있고 DC/DC – 컨버터나 에어컨 – 압축기 구동모터에 설치된 캐퍼시터와 같은 다른 고전압 부품에 설치된 캐퍼시터를 이용해 방전할 수도 있다. 이 종류의 중앙 능동방전 기능은 고전압 케이블과 다른 부품에 설치된 캐퍼시터가 모두 병렬로 연결되어 있기 때문이다.

모든 고전압 부품들은 각각 능동방전 저항 외에도 모두 수동방전 저항을 갖추고 있다. 이는 능동방전 저항이 작동하지 않더라도 수동방전 저항이 고전압을 방전시킬 수 있도록 하기 위해서이다.

	수동 방전	능동 방전
방전회로 형식	영구적(스위치 없음)	스위치 식
방전저항의 수	캐퍼시터가 설치된 고전압 부품당 하나의 수동방전 저항 설치	전체 고전압 시스템에 최소한 하나의 능동방전 저항 설치. 하나 이상도 가능
최대 방전 소요시간	5분	5초

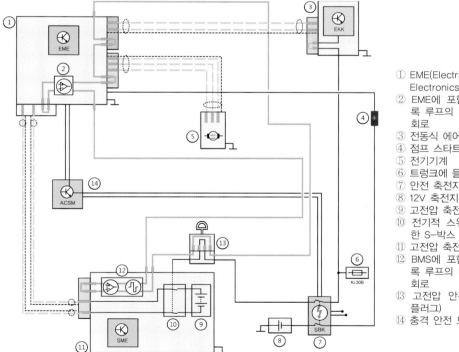

① EME(Electrical machine Electronics)
② EME에 포함된 고전압 인터록 루프의 테스트 신호 평가 회로
③ 전동식 에어컨–압축기
④ 점프 스타트 터미널 포인트
⑤ 전기기계
⑥ 트렁크에 들어있는 퓨즈박스
⑦ 안전 축전지 단자
⑧ 12V 축전지
⑨ 고전압 축전지
⑩ 전기적 스위치 접점을 포함한 S–박스
⑪ 고전압 축전지 유닛
⑫ BMS에 포함된 고전압 인터록 루프의 테스트 신호 평가 회로
⑬ 고전압 안전 커넥터(서비스 플러그)
⑭ 충격 안전 모듈(ACSM)

그림 6–58 하이브리드 자동차의 고전압 인터록 루프 회로(출처 : BMW)

(6) 서비스 커넥터(service connector)

서비스 플러그 또는 안전 커넥터라고도 한다. 서비스 커넥터를 이용하여 위험을 수반하지 않고 안전하게 고전압 시스템을 개방할 수 있다. 서비스 커넥터는 접근하기 아주 쉬운 위치, 대부분 고전압 축전지에 직접 설치되어 있다. 커넥터의 색상은 오렌지색이며, 언 - 로크(unlock)는 2단계로 진행된다.

서비스 커넥터를 1단계만 뽑으면, 먼저 고전압 인터록 루프(파일럿 배선)가 끊어진다. 그러면 고전압 축전지의 파워 서킷 브레이커(power circuit breaker)가 개방된다. 이제 고전압 시스템은 전압이 걸리지 않은 상태가 된다. 2단계의 언 - 로크(unlock)를 진행한 후에 서비스 커넥터를 뽑아낼 수 있다. 서비스 커넥터를 빼냄으로써 고전압 배선 또는 축전지 절반은 서로 분리된다. 이외에도 서비스 커넥터에는 고전압 시스템의 메인 퓨즈(main fuse)가 설치되어 있을 수도 있다.

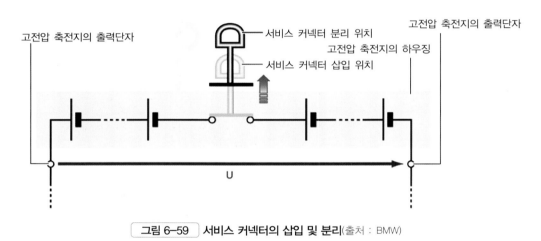

그림 6-59 │ 서비스 커넥터의 삽입 및 분리(출처 : BMW)

(7) 고전압 회로로부터 전기적으로 분리된 12V 회로

하이브리드 자동차에서 12V - 시스템은 DC/DC - 컨버터를 사이에 두고 고전압 시스템과 연결되어 있다. 두 시스템 간의 "에너지 전달"이라는 이점은 있으나, 고전압 시스템의 높은 전압이 12V 시스템에 전달되지 않도록 해야 한다. 만약에 두 시스템이 전기적으로(galvanically) 연결되어 있다면, 12V 시스템에도 고전압 시스템에 적용하는 전기작업 및 전기안전에 대한 국제규격을 적용해야 한다. 그러면, 효율손실이 너무 크고 다른 단점들이 수반된다.

고전압 회로에 대한 국제규격의 안전대책들은 비싸고 복잡하므로, 설계 엔지니어들은 가능한한 많은 구성부품을 12V - 전원으로 작동시키고, 표준화된 12V 구성부품들을 사용하고자 노력한다.

12V 회로는 고전압 회로로부터 전위(potential)가 분리된, 즉 전기적으로(galvanically) 분리된 형태로 배선한다. 즉, 두 시스템을 연결하는 데 도체(예: 전선)를 사용하지 않는다. 시스템의 전위 분리는 모든 구성요소 및 배선을 적절하게 절연하여 구현한다. DC/DC 컨버터에는 "에너지 전달" 능력을 유지하면서도, 전기적으로(galvanically)는 분리된, 변압기(transformer)와 같은 유도성(inductive) 회로를 사용한다. (그림 6 - 38, 6 - 39, 6 - 41 참조)

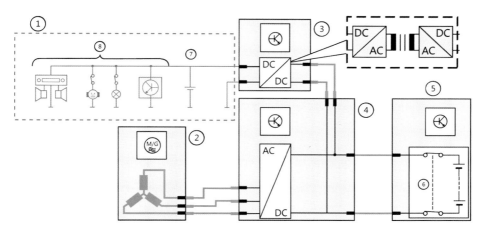

① 12V 회로 시스템　　② 전기기계　　③ DC/DC 컨버터　④ 전력전자 시스템
⑤ 고전압 축전지 유닛　⑥ 고전압 축전지의 메인 릴레이(SMR)
⑦ 12V 축전지　　　　　⑧ 12V 전기부하

그림 6–60 DC/DC 컨버터를 사용하는 회로 개략도 (출처 : BMW)

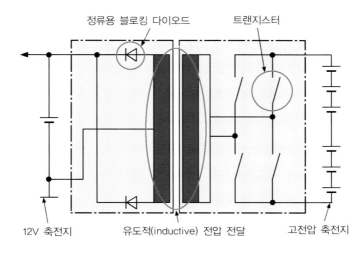

그림 6–61 변압기(transformer) [61]

(8) 충돌 사고 시의 셧다운(shut down)

등가 – 스위치 또는 점화 – 스위치에 의하지 않고, 자동차의 작동이 정지될 때 예를 들면, 충돌 센서가 트리거링되어 사고를 감지하는 경우는, 축전지 관리시스템이 스스로 또는 파일럿(pilot) 배선 또는 절연감시에 의해 고전압회로는 자동으로 차단된다. 아래는 그 예이다.

충돌 안전 모듈이 사고의 정도를 감지하면, 12V 축전지의 (+)극 케이블은 안전단자의 폭약이 점화, 폭발하면서(pyrotechnically) 축전지 (+)단자로부터 즉시 분리된다.

12V 축전지 안전단자가 분리되면
- 고전압 축전지의 전자식 회로 차단기(circuit breaker)는 즉시 열리고,
- 고전압 회로는 능동 방전한다.

전력전자 시스템은 안전 축전지 단자에 의해 차단된 12V 회로 차단신호를 고전압 회로의 능동방전을 위한 신호로 사용한다. 이 신호에 의해
- 전동기 코일이 단락되고
- 캐퍼시터는 능동 방전한다.

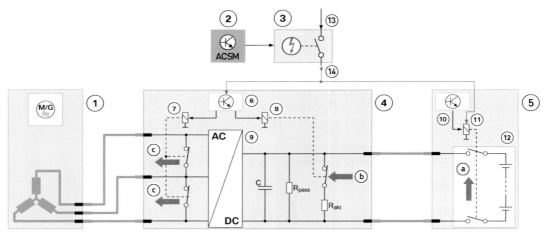

① 전기기계 　　　　　　　　 ② 충돌 안전 모듈 　　　　　 ③ 안전 축전지 단자
④ 전력전자 시스템 　　　　　 ⑤ 고전압 축전지 유닛 　　　 ⑥ 전력전자 시스템의 제어유닛
⑦ 전기기계의 권선 단락회로 릴레이 　 ⑧ 캐퍼시터 능동방전 릴레이
⑨ 이 경우, 인버터로서 작동하는, 전력전자 시스템 내의 정류기
⑩ 고전압 축전지 유닛의 제어유닛 　　 ⑪ 고전압 축전지의 메인 릴레이(SMR)
⑫ 고전압 축전지 　　　　　　 ⑬ 단자 30(12V 축전지+)
⑭ 충돌 안전 모듈로부터 신호 입력 즉시, 안전 축전지 단자가 분리되어 12V 회로를 차단
ⓐ 고전압 축전지 유닛의 메인 릴레이의 개방
ⓑ 캐퍼시터의 능동방전용 스위치 닫힘 　　 ⓒ 전기기계의 코일 단락용 스위치 닫힘
C. DC–링크 캐퍼시터
R_{pass} : 수동방전 저항 　　　　　　 R_{akt} : 능동방전 저항

그림 6–62 충돌 감지에 의한 고전압 회로의 셧다운(shut down) (출처 : BMW)

이와 같은 방법으로 충돌사고 시에 즉시 고전압 회로를 확실하게 차단(shut down)할 수 있으나 사고 진행 중 또는 사고 후에 축전지 고전압 자체에 의한 잠재적인 위험까지 제거되는 것은 아니다.

(9) 고전압 축전지 유닛에 내장된 보호기구 (pp.306~pp.313 축전지 관리시스템 참조)

구동 축전지에 내장된 보호기구를 통해서 축전지 셀 - 블록으로부터 고전압 시스템의 나머지 부분을 분리할 수 있다. 자동차가 스위치 - OFF된 상태에서, 또는 사고나 고장의 경우에 고전압 회로를 구동 축전지로부터 분리하고, 수 초 이내에 나머지 모든 고전압 회로에 남아 있는 에너지를 위험하지 않은 전압 수준으로 방출한다. 이러한 방법으로 축전지 셀 또는 축전지 - 블록의 위험한 전압을 제한한다.

단락의 경우에는 아주 큰 전류가 흐르므로, 열 발생으로 인한 화재위험 외에도 가스 방출 또는 축전지의 폭발로 이어질 수 있다. 따라서 적절한 차단회로 및 퓨즈를 통해 안전하게 결선해야 한다. 과충전 또는 과방전 시에도 축전지가 손상되거나 위험한 반응이 일어날 수 있으므로 마찬가지로 이에 대한 방지대책도 마련해야 한다.

제어유닛 및 보호장치에는 12V - 시스템으로부터 전원이 공급된다. 따라서 12V 온 - 보드 회로로부터 이들 제어유닛이나 보호기구에 전원이 공급되지 않으면, 고전압 회로도 정상적으로 작동하지 않는다. 자동차를 수리하거나 점검할 때는 고전압 축전지에서 서비스 커넥터 또는 인터록 루프의 점퍼를 제거하여 고전압 시스템의 작동을 정지시킬 수 있다.

고전압 시스템에 설치된 추가적인 보호장치로는,
- 고전압 축전지의 온도 한계를 유지하기 위한 냉각 시스템
- 셀 전압 조정회로 등을 고려할 수 있다.

BMS에서 설명하지 않은 셀 전압 조정에 관해서만 설명한다.
셀 전압의 조정은 에너지 손실의 원인 중 하나이다. 그러나 축전지의 수명과 활용도를 극대화하는 데 필요하다. 이 기능은 자동차가 작동하지 않을 경우만 실행된다.

셀 전압의 조정을 위한 조건은 다음과 같다.
- 단자 15가 스위치 OFF 상태이고, 자동차 또는 자동차 전기시스템이 수면모드이며,
- 고전압 시스템이 차단(shut down)된 상태이고,
- 개별 셀의 충전상태 및 전압의 편차가 한곗값을 초과하였으며,
- 고전압 축전지 전체의 SoC(충전상태)가 한곗값을 초과했을 때이다.

셀 전압의 조정은 위에서 언급한 조건들을 모두 충족한 경우에, 자동으로 실행된다. 따라서 운전자에게 체크 컨트롤 메시지를 보내지 않으며, 특별한 대책도 요구하지 않는다.

셀 감독 회로(Cell Supervisory Circuit : CSC)가 전압이 높은 셀을 감지하면, 해당 셀의 방전용 접점을 닫아 자동으로 방전하도록 한다 (그림 6 - 63에서 ④). 그러나 셀 전압이 너무 높거나, 셀 전압의 조정이 만족스럽지 않으면, BMS에 고장 코드가 생성된다.

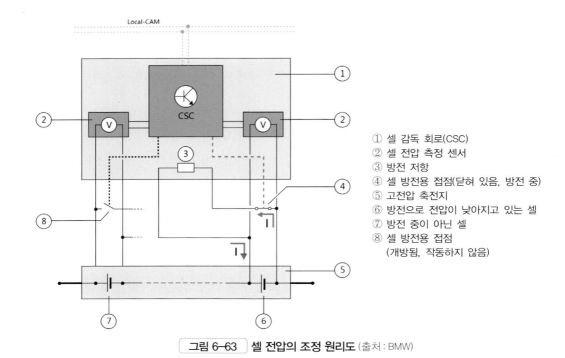

① 셀 감독 회로(CSC)
② 셀 전압 측정 센서
③ 방전 저항
④ 셀 방전용 접점(닫혀 있음, 방전 중)
⑤ 고전압 축전지
⑥ 방전으로 전압이 낮아지고 있는 셀
⑦ 방전 중이 아닌 셀
⑧ 셀 방전용 접점
　(개방됨, 작동하지 않음)

그림 6-63 | 셀 전압의 조정 원리도 (출처 : BMW)

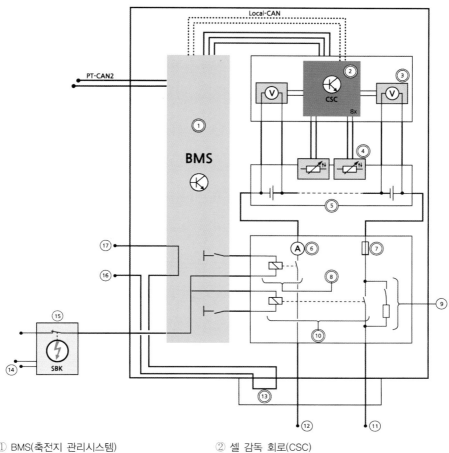

① BMS(축전지 관리시스템)
③ 셀 전압 측정 센서
⑤ 다수의 셀 모듈로 구성된 고전압 축전지
⑦ 고전압 축전지 유닛의 (+)배선 과전류 퓨즈
⑨ 프리-차징 스위치
⑪ 고전압 축전지 유닛의 (+)배선
⑬ 고전압 인터록 루프의 브릿지(고전압 연결 소자)
⑭ 안전 축전지 단자 트리거링용 안전벨트 시스템의 제어배선
⑮ 안전 축전지 단자
⑰ 고전압 인터록 루프의 입력단자

② 셀 감독 회로(CSC)
④ 셀 온도 측정 센서
⑥ 고전압 축전지 유닛의 (-)배선의 전류 수준 측정 센서
⑧ 고전압 축전지 유닛의 (-)배선의 메인 릴레이
⑩ 고전압 축전지 유닛의 (+)배선의 메인 릴레이
⑫ 고전압 축전지 유닛의 (-)배선

⑯ 고전압 인터록 루프의 출력단자

그림 6-64 고전압 축전지 유닛 내부구조 회로도 (출처 : BMW)

6-4

열관리
Thermal Management

기존의 내연기관 자동차에서는, 일반적으로 효율 개선 및 배기가스 후처리와 관련된 열관리 문제가 주요 관심사였다. 그러나 파워트레인(powertrain)이 전동화됨에 따라 새로운 문제들이 발생하였다. 특히, 온도에 민감한 Li-ion 축전지는 정상 작동온도 범위를 유지하기 위해 주로 냉각시켜야 하므로, 축전지 열(온도)관리를 공기조화장치(air conditioning system)와 결합하게 되었다.

동력전달계 및 새시장치들의 전동화 비율이 높아짐에 따라, 이들 장치에 축전지가 전력을 공급해야 한다. 결과적으로 전기 주행 거리가 감소하므로 열관리 시스템은 가능한 효율적으로 작동해야 한다. 그러나 공기조화장치가 안락성 측면만 고려하는 것은 아니다. 안전문제도 대단히 중요하다. 겨울에는 창문에 생성된 얼음과 성애가 최대한 빠르고 영구적으로 제거되어야 하며, 여름에는 쾌적한 실내온도를 유지하여 운전자의 이른바 열 응력(stress)을 줄이고 집중력을 향상하도록 해야 한다.

1   전기자동차에서의 열 유동 (Heat flow in EV)

가열 및 냉각 요구를 수량화하고 축전지 영역에 미치는 영향을 평가하기 위해서는, 여름철과 겨울철에 차량에서의 열 유동을 고려해야 한다. 그림 6-65는 겨울철의 특정 경계조건에서 순수 전기구동 자동차(BEV)에서의 열 유동을 개략적으로 제시하고 있다.

제시한 조건에서 차량을 실제로 사전 작동하려면 약 2.5kW의 전력이 필요하다. 그러나 신선한 외기로 난방할 때 실내온도를 22℃로 유지하기 위해서는, 거의 2배인 약 4.5kW의 전력이 필요하다. 축전지와 파워트레인이 방출하는 폐열은 약 0.4kW에 불과하다. 필요한 가열전력은 실내공간 표면에서의 대류와 복사에 의한 손실(약 2kW), 그리고 실내공기를 통한 열손실(약 2.5kW)의 합이다. 시동 후 예열 중(미리 예열하지 않은 차량, 즉 실내온도와 외기온도가 같음)

그리고 정차 중 차량 실내온도를 안락한 수준(예: 22℃)에 도달하게 하거나 유지하기 위해서는 외기온도에 따라 최대 약 40K의 온도차를 보상해야 한다. 그리고 셀(cell) - 온도가 0℃ 이하일 경우, 축전지의 성능과 수명에 악영향을 미치므로, 이 경우는 축전지를 적절하게 가열해야 한다.

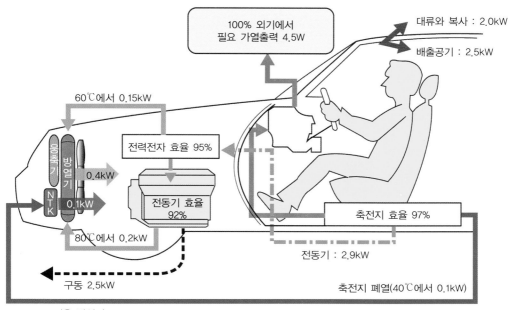

NTK : 저온 방열기

(경계조건; $T_{air} = -15℃$, $T_{cabin} = 22℃$ (햇빛이 입사되지 않는 경우),
공기 유동량 = 5kg/min(소형 A/B급 승용차), 주행속도 $v_{car} = 18.3km/h$)

그림 6-65 전기자동차(EV)에서의 열유동(예)

여름철(경계조건; $T_{air} = 36℃$, 상대습도 25%, 공기 유동량 5kg/min(소형 A/B급 승용차), $T_{cabin} = 22℃$, 주행속도 $v_{car} = 18.3km/h$)에 주된 열 입사는 최대 $1kW/m^2$의 태양 복사열 및 대류에 의한 것이다. 공기조화를 통한 "냉방 손실"은 차량 실내로부터 배출되는 공기로 인해 발생한다. 에어컨 시스템의 성능계수를 고려하여 실내온도 22℃와 냉방성능 약 3.8kW를 유지하려면, 축전지 전력 약 2kW를 소비한다. 이 전력은 예비 운전에 필요한 전력의 크기와 같다. 시동 후 냉방할 때, 사전에 실내온도를 낮추지 않은 차량에서는, 외부 온도에 따라 차량 실내가 태양의 복사열로 인해 가열된 상태이므로 매우 높은 온도 차이를 보상해야 한다. 그러나 안락한 온도를 유지하기 위해서는 최대 15K(여전히 존재하는 기존의 태양 복사를 추가)을 극복하면 된다. 겨울철의 상황과는 다르게 더운 계절에는 온도 상황에 따라 축전지를 냉각시켜야 한다. 상한은 +40℃이다. +40℃ 이상에서는 작동 중에 축전지가 회복 불가능할 정도로 손상된다. 따라서 여름철에는 축전지를 적극적으로 냉각시켜야 한다.

열관리에 대한 다양한 요구사항은 이러한 시나리오에서 비롯된다. 겨울철과 여름철에는 객실의 안락함과 안전(겨울에는 유리창에 착상과 결빙, 여름철에는 응축 가능성)이 보장되어야 한다. 또한, 차량의 안전과 축전지의 수명을 장기간 보장하기 위해서는, 축전지는 항상 비교적 좁은 온도 범위에서 작동해야 한다. 순수 전기자동차(BEV)에서는 난방 및 냉방에 사용하는 에너지가 전기주행거리와 직접적인 관계가 있으므로, 필요한 난방 및 냉방 출력을 줄이고, 시스템 효율을 높이는 것이 아주 중요하다.

2 전동화 수준에 따른 차량 실내 공기조화

순수 내연기관 자동차에서는, 난방에 필요한 에너지로 인한 주행거리 감소는 무시해도 될 만큼으로 중요하지 않다. 내연기관의 가열 수준이 30~40%인 상태에서도, 폐열을 충분히 이용할 수 있으며, 냉각수 회로를 통해 실내 히터 또는 축전지에 열을 공급할 수 있다. 차량의 전동화 수준이 높아짐에 따라 차량에서 냉각용으로 이용할 수 있는 에너지 및 내연기관으로부터 냉각수로 전달되는 열에너지가 모두 감소한다. (그림 6 - 66 참조)

Micro - 하이브리드(발진/정지 자동화) 자동차에서는 실내 냉/난방이 영향을 크게 받는다. 엔진이 빈번하게 정지(stop)하게 되면, 그때마다 냉각수로의 열 유입은 감소하고, 또 이 상황에서는 에어컨 압축기가 작동하지 않아서 실내를 더는 냉방할 수 없게 된다.

Mild - 하이브리드부터는 내연기관은 예를 들어 가속할 때, Li - ion - 축전지로부터 전력을 공급받는 전기기계의 토크를 부분적으로 지원받을 수 있다. 내연기관의 소형화(downsizing)가 증가함에 따라 특히 겨울철에는 폐열이 줄어들어 난방기능이 제한될 수 있다. 그러나 이러한 난방능력 부족은 기존의 화석연료 또는 보조 전기히터(PTC)를 사용하여 직접 보상할 수 있다. 실내 냉방용 에어컨에 사용하는 기존의 기계식 압축기는 일반적으로 전동식 압축기로 대체되고 있다. 내연기관의 작동을 정지시키면, 필요한 압축기 구동 에너지는 Li - ion - 축전지에 저장된 회생 에너지를 사용하므로 연료를 절약할 수 있다. 이 외에도 에어컨 회로는 추가로 온도에 민감한 Li - ion - 축전지의 냉각에 기여한다.

플러그인 기능이 있거나/없는 완전 하이브리드(full - HEV)는, 적절한 크기의 축전지가 장착되어 순수 전기주행 거리가 최대 50km에 이르는 경우는 에어컨용으로 전동식 압축기를 사용하기도 한다. 따라서 순수 전기구동 모드 및 내연기관 구동 모드, 모두에서 사용할 수 있다. 그러나 차량은 원칙적으로 가능한 한 빈번하게 전기로 주행해야 한다.

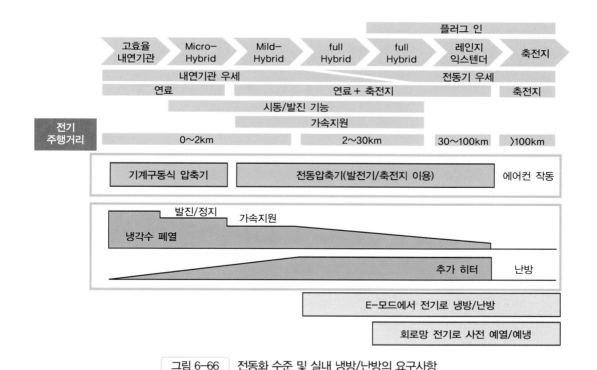

그림 6-66 전동화 수준 및 실내 냉방/난방의 요구사항

구동 전동기, 전력전자 및 축전지 각각의 최대 효율은 최대 95% 정도이므로 난방에 사용할 수 있는 폐열이 거의 발생하지 않는다. 그래서 축전지 전기 에너지를 고전압 히터에 공급하여 실내에서 필요로 하는 열에너지로 변환시켜야 한다. 그러므로 전기주행 거리가 줄어든다. 그러나 상황에 따라서는 내연기관의 폐열을 난방에 활용할 수도 있다.

플러그 - 인 - 하이브리드(PHEV)의 경우는 겨울철과 여름철에 회로망(콘센트) 전기를 이용하여 사전에 작동준비를 할 수 있다. (예 : 출발 전에 예열 또는 예냉). 이렇게 함으로써 주행을 시작할 때 차량에 저장된 전기 에너지를 차량구동에 더 많이 사용할 수 있다.

레인지 - 익스텐더가 장착된 전기자동차의 경우, 원칙적으로는 내연기관의 폐열을 이용할 수 있다. 그러나 여기서 내연기관은 일반적으로 축전지 충전전용으로 설계되었으며 주행용이 아니므로 폐열이 제한적이다. 따라서 전기 난방을 하기 위해서 전기 주행 거리를 희생하는 수밖에 없다. 충전 소켓을 통한 사전 컨디셔닝(예열/예냉)도 물론 가능하다.

그러나 순수 전기자동차(BEV)에서는 실내난방에 사용할 수 있는, 파워트레인으로부터의 폐열이 거의 없다. Li - ion - 축전지가 난방 및 냉방에 필요한 에너지를 전적으로 공급해야 한다. 회로망 전기로 예열/예냉이 가능하지만, 냉방 및 난방에 구동 축전지의 전기 에너지를 사용하므로 차량의 전기 주행 거리는 현저하게 단축된다.

공기조화의 효율 향상

일반적으로, 공기조화 장치의 효율을 높이기 위한 대책은 수동 대책과 능동 대책으로 구분할 수 있다. 수동 대책은 예를 들어 창유리로부터의 태양열 입사를 방지하고 실내의 단열능력을 개선하여, 여름철에 창유리와 차체를 통한 태양열 입사를 줄이는 방법이다. 예를 들어 시트, 대쉬보드 또는 클래딩(cladding)의 경우와 같은, 부품의 열적 질량을 줄이는 것도 도움이 된다. 이러한 대책들은 여기서는 설명하지 않는다.

현대식 공기조화 장치는 열적 사전 컨디셔닝(conditioning)이 가능하며, 차량 실내를 가능한 한 빨리 냉방 또는 난방할 수 있도록 설계되어 있다. 외부 에너지원(회로망 전기)을 이용하여 예냉 또는 예열하여 주행을 시작하기 전에 실내를 원하는, 안락한 온도 수준으로 유지할 수 있다. 주행하는 동안, 축전지는 목표 온도를 유지할 수 있는 에너지만 공급하면 된다. 따라서 축전지의 전기주행 거리가 크게 단축되지 않는다. 또한, 필요한 경우 공기조화 장치의 구성부품을 더 작고 가볍게 제작할 수 있다. 실내에 유입되는 공기량을 좌석 점유율에 따라 조절하여, 효율적이고 요구에 기반한 공기조화장치를 구현할 수 있다.

(1) 능동 대책 – 난방

운전자의 난방 요구 수준을 충족시키고, 동시에 구동 부품의 작동을 위한 열적 조건을 개선하기 위해서 다음과 같은 대책을 생각할 수 있다.

① 직접 난방 또는 표면 난방 방법으로 시트 또는 양 측면의 표면을 거쳐 난방한다.
   - 바닥 난방과 유사한 방법
② 난방회로를 최적화하기 위해서는, 먼저 냉각수회로에서 가열해야 할 열적 질량을 감소시켜야 한다, 예를 들어 보상탱크 회로의 차단, 난방용 냉각수 배관의 배열 최적화, 그리고 엔진 윤활유 또는 와이퍼 세척액을 통한 기생 열전달을 피하는 방법으로 열적 질량을 감소시켜야 한다.
③ 열 교환율이 높은 고성능 방열기를 사용하여, 냉각수의 열을 보다 효율적으로 실내공기에 전달할 수 있다. 이를 통해 4~7% 더 높은 난방출력을 달성할 수 있다.
④ 라디에이터 블라인드는 엔진과 냉각수의 대류 열손실을 감소시킨다. 차체 하부의 클래딩(cladding)과 함께 차가운 외부공기가 엔진을 통과하지 않게 하기 때문이다. 이를 통해 엔진 예열을 가속하고, 냉각수의 온도 수준을 높인다.
⑤ 엔탈피(또는 현열) 저장기를 사용하는 경우, 차량의 작동을 정지시킬 때 고온의 냉각수에 여전히 존재하는 열을 밤새도록 저장할 수 있다. 다음 날, 냉시동 및 난기운전하는 동안, 실

내 안락성을 개선하여 연료 절약에 도움을 줄 수 있다. 기존의 해결책과 다르게 엔탈피 저장기는 열을 "민감하게", 즉 냉각수 저장탱크의 단열을 통해서만 저장한다. 열은 잠열저장기의 경우보다 엔진가열 또는 실내난방에 더 빨리 이용할 수 있다. 또한, 용기 재료를 보다 유연하게 선택할 수 있다. 새시 동력계에서의 테스트 결과는 NEDC에서 약 $2.4g\ CO_2/km$ 의 절약 가능성을 보이고 있다. 이 이득은 테스트를 시작할 때 온도가 더 빠르게 상승하여 얻어진다.

⑥ 순수한 열역학적 관점에서, 순환공기 모드는 외부 공기를 계속 가열하거나 냉각할 필요가 없고 온도가 조절된 실내공기가 차량 환기를 통해 손실되지 않기 때문에 외기 유입 모드보다 훨씬 더 효율적이다. 예를 들어, 부분적인 공기 순환량이 50%이면, 난방출력을 4.5kW에서 3kW로 약 30% 줄일 수 있다. 적절한 센서와 제어장치는 창유리에 수분이 응축되는 것을 방지하며, 외기온도가 낮은 경우에도 재순환 공기량을 현저하게 증가시킬 수 있다. 전기히터 또는 열펌프 시스템과 같은, 추가적인 가열 시스템은 차량 실내난방을 지원하고 주행거리 손실을 줄일 수 있다.

○ 참고

현열 저장기 또는 엔탈피 저장기(sensible heat or enthalpy storage)
물질의 상(phase)변화를 이용하는 것이 아니라 물질의 온도변화를 이용하여 열을 이동시키는 방법을 사용한다. 예를 들어 가열된 냉각수를 보온통에 저장하였다가 필요할 때 가열된 냉각수를 사용하는 방법이다. 이때 물질의 온도는 낮아진다.
잠열 저장기(latent heat storage)
물질(예; 냉매)의 상변화 특성을 이용하여 열을 저장한다. 예를 들면, 물질이 녹았을 때 물질로 열이 전달되어 일정한 온도에서 다량의 열을 저장한다. 물질이 굳으면서 열(응고잠열)을 방출한다. 물질의 온도는 변화하지 않고, 상태(phase)만 변화한다. 잠열 저장에 사용되는 물질을 상변화 물질(PCM; Phase Change Materials)이라고 한다.

---

(2) 능동 대책 – 냉방

발진/정지(start/stop) 기능을 갖춘 차량에서 내연기관의 작동정지 시간 동안은 냉방 시스템을 소위 저장 증발기와 연결하여, 저장 증발기에 저장된 잠열매체의 상변화로 인한 에너지를 실내 냉방에 사용할 수 있다. 즉, 여름에 실내온도를 유지하기 위해 엔진을 시동할 필요가 없으므로 실제로 $3.5g\ CO_2/km$ 를 절약할 수 있다. 이른바 주행하는 동안에 발진/정지(start/stop)를 반복할 수 있는 자동차가 출시될 예정이다. 이 형태의 자동차에서는 주행 중에도 내연기관이 작동과 정지를 빈번하게 반복한다. 이 경우에도 저장 증발기는 냉방의 안락함을 유지하는 데 도움이 될 수 있다.

열펌프 시스템은 냉방 사이클의 효율성과 제어를 개선하기 위해 순수 전기자동차(BEV) 또는 플러그인 하이브리드(PHEV)에서 고전압 - PTC - 히터와 함께 사용된다. 열펌프는 성적계수 (COP)가 최대 4.2이며, 전기 보조 히터(COP≤1)보다 훨씬 더 효율적으로 작동한다. 구동 축전 지에 가해지는 부하가 감소하므로, 겨울철 전기주행 거리가 늘어난다.

열펌프는 구조적 및 기능적으로 공조회로에서 파생된다. 열펌프에서 냉매는 기본적으로 에어 컨 회로에서와는 반대 방향으로 흐른다. 따라서 기존의 응축기가 증발기(외부 열교환기)로 사용 된다. 차가운 바깥 공기에서 열을 흡수하여 에어컨의 추가 열교환기(기술적으로 응축기, 여기서 는 히터)를 통해 실내공기에 열을 직접 공급한다. 그림 6 - 67은 이러한 공기 - 대 - 공기 열펌프 를 개략적으로 나타내고 있다.

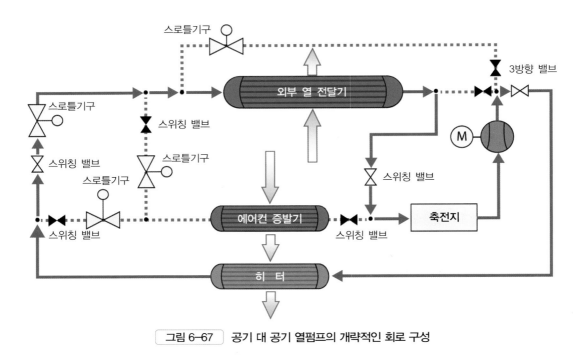

그림 6-67   공기 대 공기 열펌프의 개략적인 회로 구성

그런데도 제약이 있다: 외부 열교환기의 온도는 외부 온도보다 약 5K 낮아야 하므로 외기온 도 5℃부터 구성부품(외부 열교환기)에 결빙이 발생할 수 있다. 결빙은 단열층과 같은 역할을 하므로 얼음층의 두께가 두꺼워짐에 따라 열전달 효율이 감소한다(그림 6 - 68). 이 경우, 열펌 프 회로의 적절한 연결을 통해 열교환기에 생성, 부착된 얼음을 제거해야 한다. 이 기간에는 난 방기능을 사용할 수 없다. 또한, 특정 온도 이하에서는 열역학적으로 열펌프의 성능이 저하되므 로, 차량 실내의 난방출력 요구를 더는 열펌프만으로 감당할 수 없게 된다. 이 경우, 고전압 히터 를 추가하여 보완해야 한다. 일반 전기자동차(EV)에서 열펌프를 사용하는 경우, 0℃에서 주행 거리 손실을 약 50%에서 20% 미만으로 줄일 수 있다.

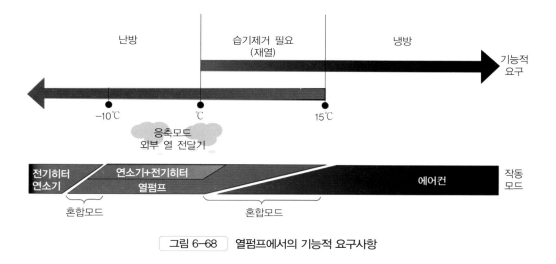

난방 습기제거 필요 (재열) 냉방 기능적 요구

−10℃ ℃ 15℃

응축모드
외부 열 전달기

전기히터 연소기 연소기+전기히터 열펌프 에어컨 작동 모드

혼합모드 혼합모드

그림 6-68 | 열펌프에서의 기능적 요구사항

4 Li-ion-축전지의 열관리 (Thermal management of Li-ion batteries)

전기구동 자동차의 열관리는 내연기관 자동차의 열관리와 크게 다르다. 전동화 수준이 높아짐에 따라 축전지가 실내 안락성을 위해 공급해야 하는 에너지의 양이 증가한다. 이는 특히 추운 계절에는 안전문제와 직결된다. 에어컨이 소비하는 에너지의 양을 최대한 줄이고 충분한 전기 주행거리를 확보하기 위해 다양한 수동 및 능동대책을 마련해야 한다. 또한, Li‐ion 축전지는 적극적으로 냉각 또는 가열해야 한다. 따라서 축전지 냉각장치를 공조장치에 연결해야 한다. 그러나, 이로 인해 안락함을 위한 실내냉방 장치와 축전지 냉각장치 사이에 내부 인터페이스가 추가되어, 전체적으로 아주 복잡한 시스템이 된다. 이 외에도, 다양한 축전지‐아키텍처를 고려해야 한다.

Li‐ion 축전지는 온도에 민감하므로, 열관리에 대한 새로운 접근방식이 필요하다. 이유는 축전지의 최적 작동온도 범위가 비교적 좁기 때문이다. 일반적으로 보관 시 최대 +60℃, 작동 시 최대 +40℃의 온도가 열적 상한이다. 이미 +45℃에서부터 노화과정이 크게 가속된다. +20℃ 미만의 온도에서는 내부저항이 증가하여 축전지 성능이 저하된다. 또한, 충전 또는 제동에너지를 회생할 때, 셀(cell) 온도가 0℃ 미만일 경우는 축전지가 손상된다(수명 단축). 또한, 축전지 내부의 냉각/가열은 온도가 가능한 한 균일해야 한다. 셀(cell)에서의 온도 기울기 또는 개별 셀 간 수 K(kelvin)의 온도차는 충전/방전 과정에서 차이를 발생시킨다. 따라서 셀의 노화도에서 차이가 발생하고, 효율이 감소하게 된다.

이러한 좁은 작동온도 범위와 온도 차이를 보장하려면, Li-ion 축전지를 적극적으로 냉각 또는 가열해야 한다. 특히 외부 온도가 높은 여름에는 필요한 목표 온도로 인해 외부 공기를 이용한 수동 냉각으로는 충분하지 않게 된다. 이 경우 축전지를 차량의 에어컨 시스템에 통합한다. 더운 날에는 더운 차량실내와 가열된 축전지를 동시에 빠르게 냉각시켜야 하므로, 에어컨이 동시에 두 냉각 요구를 모두 충족시키지 못할 수도 있다. 따라서 신속하게 실내온도를 안락한 수준으로 낮추고, 빠르게 축전지의 가용성을 확보해야 하는 두 가지 목표 간에 충돌이 발생할 수 있다. 셀의 기하학적 구조와 셀 유형이 다른 경우, 냉방 사이클에서 축전지 냉각의 다양한 시스템 통합뿐만 아니라 다양한 냉각개념 및 냉각경로가 사용된다.

(1) 차실내 공기를 이용하는 방식

차실내 온도는 계절에 따라, 개인에 따라 다르지만, 대략 18℃∼25℃ 범위로 관리된다. 차실내 온도로 가열된 또는 냉각된 공기를 이용하여 축전지 온도를 관리한다.

축전지를 실내 냉방용 공기로 직접 냉각하거나 별도의 축전지 에어컨 시스템으로 냉각한다. 첫 번째 경우, 필요한 축전지 냉각과 실내 안락성 간에 불일치가 발생할 수 있다. 특히 더운 날에는 실내온도가 높아 냉방해야 할 때, 축전지가 공간적으로 하류에 있으므로 축전지가 충분히 냉각될 때까지 시간이 오래 걸릴 수 있다. 이 경우, 축전지를 고온상태로 사용하면 수명이 크게 단축되고 극단의 경우에는 작동에 위험이 따를 수 있다. 별도의 축전지용 에어컨을 사용하면 이러한 문제는 없지만, 설치공간 확보와 무게의 증가가 난점이다. 또한, 축전지용 에어컨의 추가 송풍기는 음향 안락성을 현저하게 침해한다.

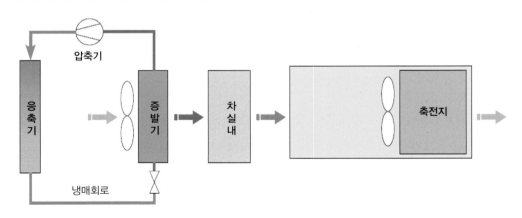

그림 6-69 구동 축전지 냉각 시스템-실내 공기 냉각

(2) 제2의 에어컨 증발기를 이용하는 방식

에어컨 시스템에 제2의 증발기를 설치하고, 이 증발기를 구동 축전지 온도관리용으로 이용하는 방법이다. 전용 증발기를 통과한 차가운 공기를 이용하여 축전지를 냉각시키는 방식이다.

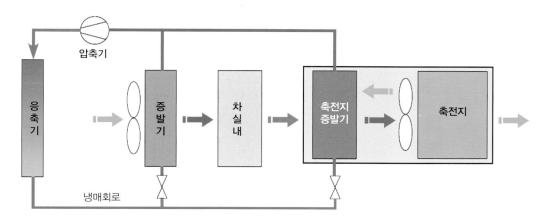

그림 6-70 구동 축전지 냉각 시스템 -독립 공기 냉각

(3) 냉매 냉각

에어컨 시스템의 냉매로 직접 냉각하는 방식은 가장 작으면서 가장 가벼운 냉각 형태로서 차지하는 공간이 가장 작다. 증발기 역할을 하는 냉각판은 Li-ion 축전지의 셀과 직접 열 접촉한다. 냉매는 냉각판의 냉각 채널에서 증발한다. 소위 2층 박판은 소수의 버전을 대량으로 생산하는 데 적합하다. 2개의 개별 박판으로 구성되며, 냉각 채널이 가공된 판과 덮개판으로 구성된다. 따라서 판은 매우 얇고 가볍다.

냉각판은 언제 어디서나 증발하는 냉매를 이용할 수 있도록 설계되어야 하며, 그래야만 셀 간에 그리고 셀 내에서 필요한 온도 균일성을 보장할 수 있다. 축전지 증발기는 실내 냉방장치의 증발기와 병렬로 연결되어 차량 실내의 냉방요구에 거의 독립적으로 작동시킬 수 있다. 조밀한 소형 디자인은 사용 가능한 공간이 아주 작은 차량에 적합하다.

이 개념의 문제점은 겨울철에도 축전지를 냉각할 필요가 있다는 점이다. 그렇지만 에어컨 압축기는 냉각요구 수준이 비교적 낮으므로 작은 출력으로 작동해야만 한다. 결과적으로, 축전지 냉각효율이 저하된다. 이 외에도 외기온도가 약 −5℃ 미만일 경우에는 더는 작동시키지 말아야 한다. 이 경우, 축전지 냉각 기능을 사용할 수 없다.

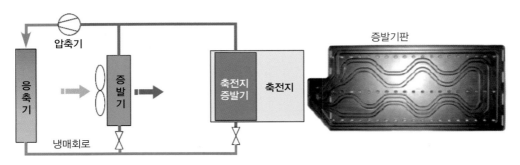

그림 6-71 구동 축전지 냉각 시스템 -직접 냉매 기반 냉각

(4) 냉각수 냉각

　냉각수를 사용하여 리튬-이온 축전지를 냉각하는 방법이 가장 유연하고 전반적으로 가장 효율적인 방법이며, 2차 회로의 냉각제는 냉각판을 통해 흐른다. 이 회로는 실내 냉방회로의 냉매를 증발시켜 소위 냉각기(chiller)의 냉각수를 냉각한다. 축전지 열은 냉각기의 냉각수로 전달된다. 스택-디스크 형태의 디자인으로 설계되어 있으며, 스택-디스크의 수에 따라 성능이 달라질 수 있다. 이 형식은 매우 유연하게 설계할 수 있다. 예를 들어, 추가된 저온 냉각수 냉각기를 사용하여 약간 더운 날에도 냉각을 수행할 수 있다. 이 유연성은 시스템 비용과 시스템 무게를 더 증가시킨다. 별도의 순환펌프와 전기히터를 갖추고 있다. 고가이면서도 복잡한 시스템 구성이지만 효율적인 온도관리가 가능한 방식이다.

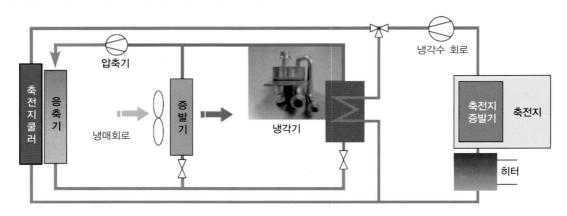

그림 6-72 　구동 축전지 전용 냉각회로 -축전지에 히트싱크와 냉각기 포함

　현재, 고출력 자동차일수록 출력밀도가 높고, 냉각 효율성을 중시하기 때문에, 액체 냉각 방향, 즉 냉매 또는 냉각수로 냉각하는 방향으로 가고 있다. 반면에, 상대적으로 성능이 낮은 자동차에서는 빈번하게 공기 냉각에 기반한 해결책을 사용한다. 궁극적으로 사용되는 냉각 형태는

주로 사용된 구동 시스템과 차량 등급에 따라 결정한다.

상대적으로 소형의 고출력 축전지를 사용하는 마일드 – 하이브리드 자동차에는 냉매 냉각이 더 적합한 경향이 있다. 소형 축전지는 냉각판의 냉매에 의해 잘 냉각될 수 있다. 실내 에어컨과 비교할 때 필요한 압축기 성능은 큰 문제가 되지 않는다. 냉각수 냉각은 PHEV와 BEV의 더 큰 축전지에 이점을 제공한다. 에어컨 압축기는 외부 온도가 높을 때 축전지를 냉각시키기만 하면 되기 때문에 더욱 효율적이다. 온도가 낮을 경우는 저온 회로의 냉각수로 충분하다. 축전지의 성능 요구사항이 보통 수준인 차량의 경우에는, 실내 냉방용 공기로 냉각하는 것만으로도 충분 할 수 있다.

제7장

전동 파워트레인용 변속기

Transmission for electrified powertrain

eco-friendly electric powered vehicles

7-1

변속기의 기능과 효율
Function & Efficiency of transmissions

변속기는 내연기관의 특성곡선을 자동차가 필요로 하는 특성곡선에 적합하게 변환하는 것뿐만 아니라, 최적의 변속 단수 및 변속비를 사용하여 전부하 작동을 이상적인 구동력 곡선에 근접시킬 수 있어야 한다. 더 나아가, 연료 소비와 유해물질 배출 측면에서 최적화된 작동을 지원하고, 동시에 소음수준은 낮으면서도 안락성은 높아야 한다는 전제 조건을 충족시킬 수 있어야 한다.

하이브리드 자동차(HEV)에서는 전기기계를 자동차의 여러 위치에 다양한 형태로 배치할 수 있다.

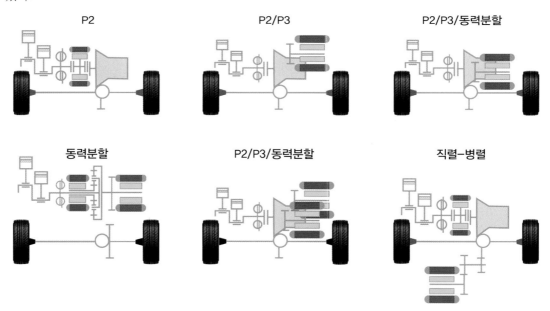

그림 7-1 하이브리드 자동차에서 전기기계 배치의 다양성 (출처: Schaeffler Kolloquium 2018)

변속기는 고객이 원하는 주행성능을 보장하고 내연기관의 최적화된 작동을 실현한다. 자동차 파워트레인이 전동화됨에 따라, 파워트레인 효율이 높은 상태에서 전기주행을 하고, 동시에 제동에너지를 회수하는 방법으로 효율을 크게 향상시킨다.

파워트레인의 전동화는 스타트 – 스톱 클러치, 전기기계(EM), 전력전자 및 전기 유압식 오일 펌프와 같은 장치와 구성요소를 포함하는 능동 – 변속기 또는 하이브리드 변속기라고 하는 새로운 개념의 변속기를 탄생시켰다. 이 개념은 일반적으로 기존 동력전달계에 이미 사용하고 있는 다단 변속기 개념을 기반으로 한다. 순수 전기자동차의 경우, 1단 기어 박스 외에도, 효율, 안락성 및 주행성능 사이에서 최적의 절충을 구현하기 위해서 다단 변속기를 사용하기도 한다.

1 필요한 주행 출력의 보장

자동차 파워트레인의 기본 설계는 고객의 요구와 밀접하게 연관되어 있다. 요구 동력 또는 토크는 필요로 하는 구동력으로부터 도출된다. 요구 구동력은 주행저항(마찰저항, 전동저항, 공기저항, 가속 저항 및 구배 저항 등으로 구성)과 관계가 있다. 개발과정에서 "희망 특성곡선"이라고도 하는 요구 특성곡선은 주행저항으로부터 정의되며, 이는 자동차가 도달 가능한 주행영역을 나타낸다.

요구 특성곡선은 "내연기관 특성곡선"과는 아주 다르다. 내연기관의 특성곡선을 자동차가 요구하는 특성곡선에 근접, 또는 일치시키기 위해서 최적의 변속단 수와 변속비를 이용하여 회전속도와 회전토크를 변속기에서 적절하게 변환시킨다.

내연기관 특성곡선과 자동차 요구 특성곡선 간의 불충분한 일치로 인한 문제는 다단(多段) 변속기를 사용하고, 개별 변속단(變速段)으로 요구 특성곡선에 근접시켜서 해결한다.

기존의 내연기관 자동차의 경우, 다단(多段) 변속기의 구동력 곡선에 빈틈이 생겨 요구 구동력 곡선과 일치하지 않는다. 기어 단수가 많을수록 구동력의 빈틈은 더 작아진다. 그러나 기어 단수가 증가하면, 변속기 내부 마찰이 증가하고 무게도 증가한다. 따라서 변속단의 수를 무한정 늘릴 수 없다. 내연기관의 공회전 속도와 관련된 회전속도의 불일치는 클러치 또는 유압 컨버터와 같은 발진요소를 사용하여 보완할 수 있다. 전기구동 파워트레인의 경우, 전동기(EM)의 특성곡선은 자동차의 요구 특성곡선과 거의 비슷하다. 다단 변속기를 사용하면, 예를 들어 그림 7 – 2(b)와 같이 2단 변속기를 사용하면 전동기의 특성곡선을 자동차의 요구 특성곡선에 거의 일치시킬 수 있다.

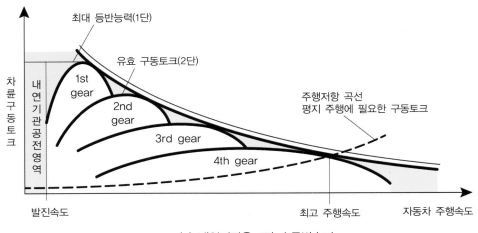

(a) 내연기관용 4단 수동변속기

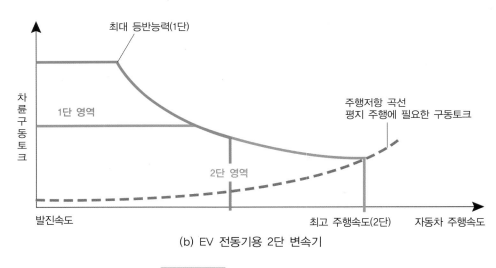

(b) EV 전동기용 2단 변속기

그림 7-2 변속기 특성곡선의 비교

2 파워트레인(powertrain) 효율 개선 방법

다음과 같은 최적화 대책을 적용하여 변속기 효율을 높일 수 있다.

① 축 베어링 대신에 비고정식 베어링을 사용하여 마찰 최소화

② 기어 치합(齒合) 형태 및 기어이 마찰표면의 최적화

③ 변속기 윤활유 온도를 제어하기 위한 최적화된 온도관리

④ 드래그(drag) 토크의 감소 또는 요구에 맞는 오일펌프의 사용 등

그림 7‑3은 여러 가지 변속기 개념의 평균 효율을 NEDC(New European Driving Cycle)로 주행하면서 측정한 자료이다. 1단 기어 박스는 예를 들어 플랜지, 베어링, 씰(seal) 또는 기어 이의 마찰손실 비율이 낮아 효율이 가장 높게 나타나고 있다. 무단변속기(CVT)는 구동벨트의 접촉 압력 시스템에서의 손실이 커서 자동변속기 개념 중에서 효율이 가장 낮은 것으로 나타나고 있다.

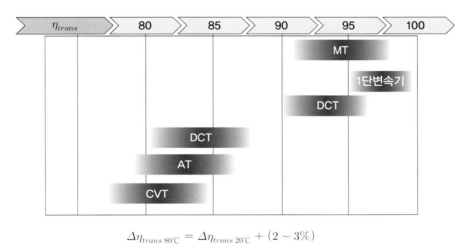

$$\Delta\eta_{trans\ 80℃} = \Delta\eta_{trans\ 20℃} + (2 \sim 3\%)$$

그림 7-3 변속기 개념의 평균 효율(NEDC에서) [43]

한편, 내연기관의 효율은 적절한 기어비(내연기관과 전기기계의 작동점 이동)를 사용하여 최적화시킬 수 있다. 그림 7‑4(a)는 전형적인 내연기관의 특성곡선으로서, 등출력곡선, 제동연료소비율 등곡선, 전부하 토크곡선 그리고 제동연료소비율이 최소인 지점을 통과하는 이상적인 출력곡선(굵은 점선)이 제시되어 있다. 그림 7‑4(b)는 내연기관의 난기운전 행태를 고려한, 내연기관의 효율에 대한 DCT(Double Clutch Transmission)와 CVT(Continuous Variable Transmission)의 영향을 나타내고 있다. 또한, 그림은 NEDC로 운전하면서 작성한, 내연기관의 출력 관련 작동점의 빈도 분포 또는 시간율을 나타내고 있다. CVT의 기어비를 무단으로 선택하여 내연기관의 최적 효율의 이상적인 곡선을 따라 기관을 작동시킬 수 있다. 내연기관의 달성 가능한 사이클 효율은 다른 유단(有段) 변속기 개념과 비교하여 CVT가 가장 높다.

그림 7‑4(b)의 DCT의 예에서 확인할 수 있는 바와 같이, 다단 변속기는 모든 작동점에서 내연기관의 최대 효율에 도달할 수 없다.

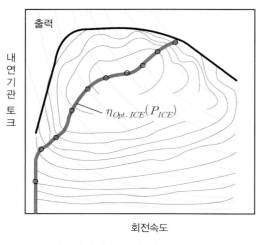

(a) 내연기관의 출력에 따른 최적 효율 곡선

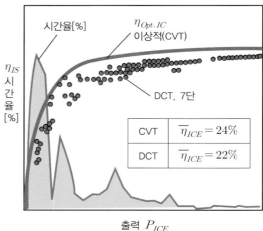

(b) 내연기관의 난기운전 행태를 고려한,
내연기관의 효율에 대한 CVT와 DCT의 영향

그림 7-4 │ 내연기관의 최적 효율 곡선과 CVT와 DCT의 영향 [43]

3 파워트레인의 전동화를 통한 효율 개선

기존 자동차의 파워트레인은 특히 출력이 낮을 때, 동력원(내연기관)의 효율이 낮다. (그림 7
-5에서 상단 그림) 그러나 NEDC 사이클 운전에서는 부분 부하로 작동하는 시간율이 많으므로
HEV에서는 이 부분 부하 주행 구간을 전기모터로 주행한다. (그림 7 - 5의 하단 그림 참조). 이
부분 부하로 주행하는 구간에서는 구동 축전지, 인버터, 그리고 전기기계의 전기적 총효율이 내
연기관의 효율보다 더 높다.

더 나아가, HEV에서는 부하점 이동을 통해서 내연기관이 높은 출력에서 작동하는 시간율이
더 높아진다. 결과적으로 내연기관의 작동점은 효율 최적화의 방향으로 이동한다. 동시에 구동
축전지는 전기기계의 발전기 모드에 의해 충전된다. 회생제동 단계에서도 같은 현상이 발생한
다. 회생제동은 그림 7 - 5의 하단, 시간율 발전기 모드에 짙은 녹색 실선으로 표시되어 있다. 감
속(제동 또는 타행) 시, 제동에너지 일부를 전기 에너지로 회수, 축전지에 충전했다가, 나중에
다시 차량 구동(전진 주행) 에너지로 사용할 수 있다.

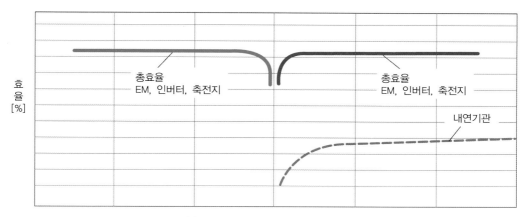

(a) 내연기관과 전기기계의 최대효율

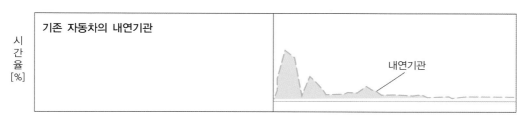

(b) 기존 자동차에서 내연기관의 작동점 분포 빈도

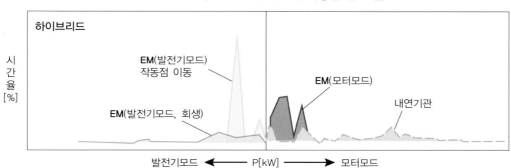

발전기모드 ◀━━ P[kW] ━━▶ 모터모드

(c) HEV에서 내연기관과 전기기계의 작동점 분포빈도[NEDC]

그림 7-5 **내연기관/전동기, 기존 자동차/하이브리드의 효율 비교**[43]

7-2

자동차 전동화가 변속기에 미치는 영향
The Effect of Automobile Electrification on Transmission

기존의 내연기관 자동차에서 전체 에너지 요구량의 대부분은 파워트레인에서의 손실로 인한 것이다. 하나 또는 다수의 전기기계를 이용하여 파워트레인을 확장하면 전기기계와 내연기관의 하이브리드 모드가 가능하게 되며, 다음과 같은 기능들을 통해 전체 효율과 주행성능 향상에 기여한다.

① 발진/정지 자동화(start/stop automatic)

② 회생제동

③ 작동점 이동

④ 전기로 발진 및 주행

⑤ 가속(또는 토크) 지원(boost)

이와 같은 하이브리드 기능의 수행은 다시 변속기의 형상에 영향을 미친다. 변속기 내부에 설치되는 장치에는 그림 7 - 6과 같이 2질량 플라이휠(DMF), 발진/정지(start/stop) 클러치 K0, 전기기계(EM), 발진 클러치(K1/K2) 및 전기식 유압 펌프 (E - pump; 그림에는 표시되어 있지 않음) 등이 포함된다. 나열된 장치와 기계요소들이 설치된 변속기를 능동 변속기 또는 하이브리드 변속기라고 한다. 특히 그림 7 - 6에 제시된 능동 변속기에는 진동을 감쇄시키기 위해 2질량 플라이휠과 전동기 각각에 원심진자(그림에서 a)와 b))도 추가하였다.

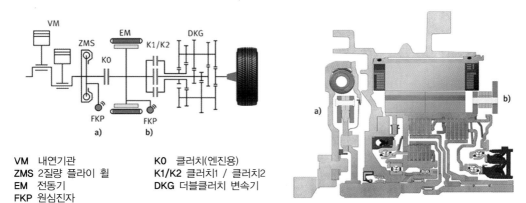

VM 내연기관	**K0** 클러치(엔진용)
ZMS 2질량 플라이 휠	**K1/K2** 클러치1 / 클러치2
EM 전동기	**DKG** 더블클러치 변속기
FKP 원심진자	

그림 7-6 능동 변속기를 포함한 하이브리드 자동차의 전동화된 파워트레인(Schaeffler)

1. 발진/정지 자동화 (start/stop automatic)(그림 7-6 참조)

내연기관은 공회전할 때, 발진할 때, 그리고 가다 서기를 반복하는 교통상황에서는 작동점이 불리하다. 공전 상태의 특정 조건에서 내연기관의 작동을 멈추는 발진/정지 기능(마이크 하이브리드)도 이러한 특정 조건에서 유해물질의 방출을 방지한다.

풀-하이브리드에서는 추가로 설치된 전동기가 스타트/스톱 클러치(K0)를 통해서, 또는 출력이 증강된 스타터/제네레이터(starter/generator)가 내연기관을 시동한다. 이때 클러치(K0)의 매끄러운 접속/차단이 보장되어야 한다. 발진/정지 자동(SSA) 기능으로 인한 접속/차단 횟수가 증가하면, 클러치(K0)의 마모가 빨라지고 온도부하도 증가한다. 설계할 때 이 점을 고려해야 한다.

또한, 발진할 때 변속기 내부의 각 기계요소에 윤활유의 충분한 공급이 항상 보장되어야 하는데, 기존의 내연기관 자동차에서는 내연기관에 의해 구동되는 기계식 오일펌프가 이 기능을 담당한다. 반면에, HEV-변속기에서는 변속기 윤활유 압력을 항상 필요한 수준으로 유지하기 위해서 내연기관이 작동을 정지한 상태에서는 압력 펄스 발생기(DIG: Druck Impulse Generator) 또는 전기 구동식 오일펌프를 사용한다. 압력 펄스 발생기(DIG)는 전기 구동식 오일펌프와 달리 회생제동 및 전기주행하는 동안에는 윤활유를 공급할 수 없으므로 주로 마이크로 하이브리드에만 사용한다. 발진 클러치의 절환 에너지/절환 출력이 상대적으로 작고 기계식 변속기 오일펌프에 의한 시스템 압력의 형성보다 내연기관 자체의 재시동에 더 많은 시간이 소요되면, 압력 펄스 발생기(DIG) 또는 전기 구동식 오일펌프를 생략할 수 있다.

2. 회생제동 (recuperative braking)

회생 기능을 구현하기 위해서는 변속기 내부에 전동기를 추가하거나 스타터-제네레이터의 출력을 강화할 필요가 있다. 회생하는 동안 클러치(K0)는 내연기관을 자동차의 나머지 동력전달계에서 분리하는 기능을 수행한다. 따라서 감속 중에 엔진 브레이크가 걸리지 않기 때문에 제동에너지(운동 에너지)의 추가분이 전기 에너지로 변환되어 배터리에 충전될 수 있다. 또한, 이 때 회생 잠재력을 최대한 활용하기 위해서는 적합한 변속단이 선택되어야 한다. 회생으로 인해 하이브리드(HEV)의 동력전달 요소는 기존 자동차의 동력전달요소보다 더 큰 부하에 노출되므로 변속기 및 동력전달장치, 특히 추진축이나 구동축 기계요소들의 크기를 결정할 때 타행 단계의 증가한 부하-스펙트럼을 고려해야 한다.

3 작동점 위치 이동

연료 소비와 유해물질 배출량을 줄이기 위해서 내연기관과 전동기의 혼합 운전에서 전동기를 발전기 모드로 작동시켜 내연기관의 운전점을 효율이 높은 영역으로 이동시킬 수 있다. 작동점 위치가 이동된 상태에서는 내연기관의 출력이 대부분 상승하며, 내연기관과 전동기 사이의 동력전달기구의 부하가 증가한다. 그러므로 2질량 플라이휠과 스타트/스톱 – 클러치(K0)(설치된 경우) 사이의 축 치수를 결정할 때 이 점을 고려해야 한다. (그림 7 – 6 참조)

4 전기 발진과 전기주행

충분한 전기 에너지를 이용할 수 있는 경우, 전동기는 가다 서다를 반복하는 교통상황과 같이 내연기관의 효율이 낮은 영역에서 내연기관 대신에 차량을 구동할 수 있다.

내연기관과 전동기 사이에 클러치(K0)를 설치하여, 전기 발진/주행 중에는 내연기관을 나머지 파워트레인으로부터 분리할 수 있으므로, 파워트레인에서의 구동력 손실이 감소한다. 전기주행 중에도 적절한 기어비를 선택하여 효율이 최적화된 작동을 보장할 수 있으며 동시에 필요한 주행 출력을 충족시킬 수 있다. 이는 각각의 작동 모드에 대한 기어 선택 전략의 구현과 함께 진행된다. 또한, 전기주행 모드의 기능을 위해서는 내연기관의 작동이 정지된 상태에서도 변속기 윤활유의 공급이 가능한 전기 구동식 오일펌프를 갖추고 있어야 한다. (그림 7 – 6 참조)

5 가속 지원 또는 토크 지원 모드 (boost mode) (그림 7–6 참조)

운전자가 요구한 토크가 내연기관의 전부하 토크보다 더 크면 예를 들어, 추월 또는 역동적인 (sporty) 발진의 경우에 부족한 토크를 전동기가 추가로 지원할 수 있다. – 토크 지원. 따라서 구동 차륜에 전달 가능한 총구동력은 증가한다. 구동력이 증가함에 따라, 변속기구뿐만 아니라 기어 축 및 단(段) 기어와 같은 동력전달 요소도 더 큰 토크를 감당할 수 있도록 설계해야 한다. 또한, 클러치(K1/K2)는 더 큰 마찰력을 흡수할 수 있도록 성능을 개선해야 한다.

7-3

실제 적용의 예
Examples of Practical Application

 병렬 하이브리드용 토크 컨버터식 자동변속기(AT)와 CVT

그림 7 – 7에서 토크컨버터 로크업 클러치(GWK), 3요소 토크컨버터, 발진 클러치(E), 2질량 플라이휠(DMF), 또는 더블 토셔널 댐퍼와 기계 – 유압식 오일펌프는 이미 기존의 자동변속기에도 존재한다. 이들은 내연기관 작동으로부터의 독립성 그리고 하이브리드 기능으로 인한 더 큰 부하에 대응해야 하는 관점에서 적합하게 수정해야 하는 구성부품들이다. 내연기관과 구동 전동기에서 발생된 총구동력의 전달능력을 보장하기 위해, 발진 클러치(E)의 다판(多板)의 수 (마찰 짝의 수)와 평균 마찰반경을 확대하고 추가로 발진 클러치의 냉각을 고려한다. 구동 전동기, 전기 유압식 보조 펌프(E – 펌프)와 스타트/스톱 클러치(K0)와 같은 구성부품이 새로 추가된 부품이다. 그림 7 – 7은 Daimler Benz 하이브리드에 적용된 9단 자동변속기의 단면 구조를 통해 구현된 개념을 나타내고 있다.

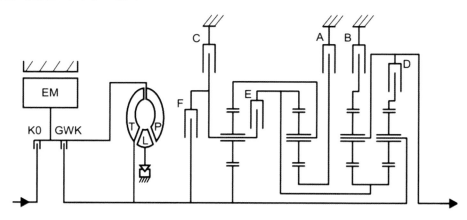

(a) 구조도

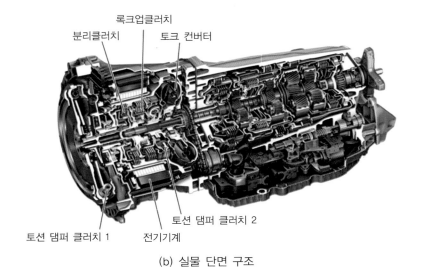

록크업클러치

분리클러치   토크 컨버터

토션 댐퍼 클러치 1   토션 댐퍼 클러치 2
          전기기계

(b) 실물 단면 구조

그림 7-9 9단 승용 하이브리드 자동변속기(병렬 하이브리드; Mercedes Benz)

파워트레인을 완전 하이브리드(full - hybrid) 방식으로 변경한 경우에는 컨버터를 제거하고 대신에 그 공간에 전동기를 설치하는 방법을 활용할 수 있다. 특히 차량의 강성을 실현하기 위한 토크 증폭 기능은 충분히 강력한 전기기계(EM)가 수행한다. 내연기관에서 유발된 회전 불균일성은 변속기 입력측에 설치된 원심진자식 더블 비틀림 댐퍼 또는 2질량 플라이휠에 의해 약화된다.

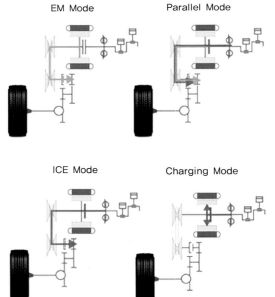

그림 7-8(a) Hybrid 전용 CVT의 작동모드 (출처: Schaeffler) [71]

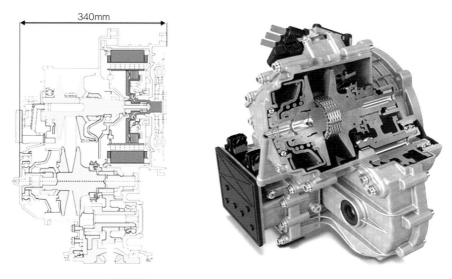

하이브리드 전용 CVT의 구조(Schaeffler) [71]

발진요소로서 3요소 컨버터를 사용하는 무단변속기에서도 비슷한 조정을 필요로 한다. 일부 자동변속기(AT)와 CVT 개념에서는 발진요소로서 습식 클러치를 사용한다. 이 경우 전동기 (EM)는 크랭크축(마이크로-/마일드-하이브리드)에 또는 변속기 입력측에 설치된다. 전동기 (EM)가 변속기 입력 측에 설치된 경우에는 내연기관과 전기기계(EM) 사이에 설치된 발진 클러치(K0)가 스타트/스톱 클러치의 기능을 대신한다.

2 병렬 하이브리드용 더블 클러치 변속기(DCT)

그림 7-9(a)는 전동화된 더블 클러치 변속기(DTC)를 나타내고 있다. 여기서 전기기계(EM) 는 DTC의 반경 방향 외주에 설치되어 있다. DTC는 원리적으로 짝수단 변속기와 홀수단 변속기의 조합이다. 각각의 변속기는 각각 별도의 클러치를 통해 내연기관과 연결된다. 홀수단은 발진클러치 K1을 통해서, 짝수단은 K2를 통해서 내연기관과 연결된다. DTC의 서로 다른 부분 변속기에 인접한 변속단을 배치함으로써, 다음 변속단으로 미리 변속할 수 있다. 클러치의 슬립 동작을 이용하여, 클러치 K1과 K2 사이의 토크 전달은 구동력의 단절 없이 이루어진다.

토크 부가 방식의 병렬 하이브리드에 DCT를 추가하여 차량을 전동화한 경우, 클러치로 절환 가능한 2개의 부분 변속기와 전기기계(EM)를 연결하기 위한, 다양한 선택이 가능하다. EM을 변속기 입력축 앞에 설치하거나, 클러치 다음에 2개의 부분 변속기 축 중 하나에 설치할 수 있다.

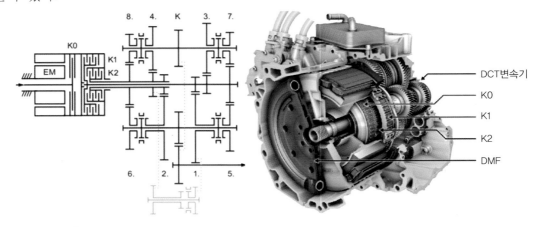

그림 7-9(a) 토크 부가 방식의 병렬 하이브리드와 통합된 DCT 변속기

전기기계가 DCT의 2개의 부분 변속기 중 하나에 연결된 형식의 장점은 내연기관과 전기기계가 서로 다른 부분 변속기를 통해 서로 다른 회전속도로 구동력을 전달할 수 있다는 점이다. 또한, 절환 클러치를 통해 전기기계(EM)가 두 부분 변속기를 구동할 수 있다.

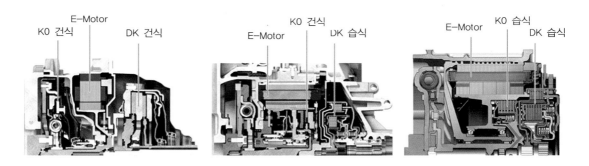

그림 7-9(b) 다양한 형태의 양산 더블 클러치 변속기(p2 하이브리드용, Schaeffler)

3 병렬 하이브리드용 수동변속기(MT)와 자동화된 수동변속기(AMT)

수동변속기(MT)는 지금까지 마이크로-하이브리드와 마일드-하이브리드에만 사용되었다(예; 혼다 CR-Z). 마일드 하이브리드에서는 전기기계를 내연기관의 크랭크축에 연결하여, 하이브리드 기능을 수행할 수 있게 하고 있다.

그림 7 – 10에 제시된 하이브리드 전용 AMT는 기존의 P2 전용 DCT(더블 클러치 변속기)와 비교해 P2 전기기계와 크랭크축 사이의 분리 클러치(K0)와 2개의 더블 클러치 중 하나, 그리고 베어링과 기어를 포함한 변속기 축이 생략되었다. 기능적으로 부하 절환은 내연기관과 전기기계의 상호 작용을 통해 구현한다. 이를 위해 전기기계의 출력은 내연기관 출력보다 크다. 6단 기어 박스와 강력한 전기기계(예; 최대 출력 147kW)를 결합한 형식이다.

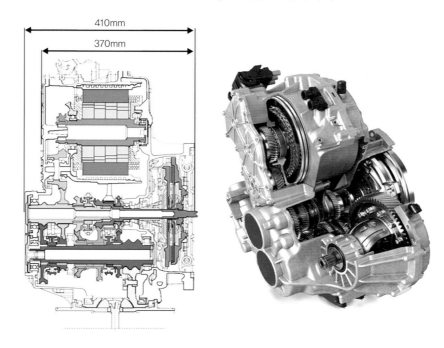

그림 7-10(a) AMT를 기반으로 한, 병렬 하이브리드(P3) 전용 변속기의 구조(Schaeffler)

변속기는 2개의 하위 변속기로 나눌 수 있다. 내연기관과 축 방향으로 평행하게 작동하는 전기기계는 하나의 하위 변속기에서 작동한다. 이 하위 변속기는 2쌍의 기어 세트를 통해 2개의 기어단을 사용할 수 있도록 변속기 구조에 통합되어 있다 (그림7 – 10(b)). 다른 하위 변속기는 내연기관 작동에만 사용할 수 있는 2개의 기어단을 가지고 있다. 2개의 하위 변속기 사이에 설치된, 일종의 합산 변속기를 형성하는 두 쌍의 추가 기어 세트를 통해 내연기관은 전기 경로의 하위 변속기를 직접 또는 변속하는 방식으로 이용할 수 있으므로 4개의 기어 단이 추가된다. 따라서 내연기관은 총 6단의 변속기로 작동할 수 있으며, 전기기계는 2개의 변속단으로 작동할 수 있다. 기어 짝을 중복으로 사용하므로 6단 변속에 5쌍의 기어 세트만 필요하다. (그림 7 – 10(b) 참조)

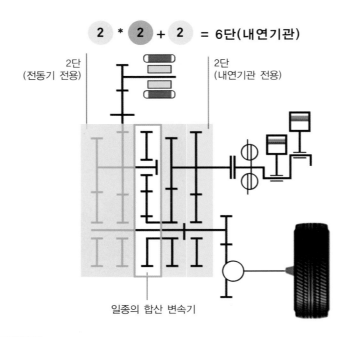

2 * 2 + 2 = 6단(내연기관)

2단
(전동기 전용)

2단
(내연기관 전용)

일종의 합산 변속기

그림 7-10(b) AMT를 기반으로 한, 병렬 하이브리드(P3) 전용 변속기의 개략도 [71]

클러치와 3개의 변속 요소의 조합을 통해 주행상태와 동력 흐름을 제어할 수 있다. 예를 들면, 후진은 전기모터의 역전으로 실현한다. (순수 전기 후진 기어). 1개의 액추에이터가 변속에 사용되며 주차 로크(lock)도 작동시킬 수 있다.

이 구조의 결정적인 장점은 전기기계가 내연기관의 토크 공백을 보상하기 때문에 변속 중에 구동력을 보완할 수 있다는 점이다. 이 구조를 통해 기존의 순수 축전지 전기자동차(BEV)와 비슷하게 순수 전기구동을 구현할 수 있다. 주행상태가 전기 모드에서 하이브리드 모드로 변경되고, 내연기관이 시동되면, 전기기계 자체는 2개의 변속단으로 작동할 수 있다. 전체적으로 내연기관은 6개의 변속단, 전기기계는 2개의 변속단을 활용할 수 있다.

하이브리드 동력원에 속하는 전기기계(EM)가 추가 토크를 생성하여, AMT를 변속하는 동안에 구동차축의 출력측 / 차륜측에서 전반적인 구동력의 단절을 방지할 수 있다면, 하이브리드화는 변속품질의 향상에 크게 기여할 수 있다. 또 다른 방식 예를 들어, 앞차축에 AMT와 함께 내연기관을 가로로 설치하고, 뒤 차축에 구동 전동기(EM)를 장착한 P4 – 하이브리드 시스템으로, 이 효과를 구현할 수 있다. P4 – 하이브리드는 전체적으로 보면, 총륜구동 개념이다.

4 동력분할 하이브리드에서의 eCVT

동력분할형 하이브리드에서는 1대의 내연기관과 2대의 전기기계(EM)를 사용하여 아주 새로운 동력원의 개념을 실현하고 있다. 기존의 변속기는 유성기어 장치로 대체되었다. 가장 간단한 동력분할 하이브리드인 도요타 프리우스(Prius)와 렉서스(Luxus)에서는 내연기관과 유성기어 캐리어가 접속되어 있고, 전기기계1(EM1)은 내연기관의 토크를 지원하기 위해 선기어와 접속되어 있다. 전기기계2(EM2)는 감속기어(변속비 i)를 거쳐 링기어의 출력측에 접속되어 있다. 내연기관에서 생성된 동력은 유성기어 장치에서 분할되어 일부는 기계적 경로를 거쳐, 일부는

전기적 경로를 거쳐 출력측에서 다시 합쳐진다. 전기적 경로에서 2대의 전기기계(EM)는 전력전자(power electronics)를 통해 서로 연동한다. EM1은 주로 발전기로 작동하며, 생성된 전기에너지는 전력전자를 통해 EM2로 직접 전달되거나 구동 축전지에 임시로 저장된다.

그림 7-11(b) 유성기어장치 감속기어가 추가된 10단 eCVT 변속기(Toyota)

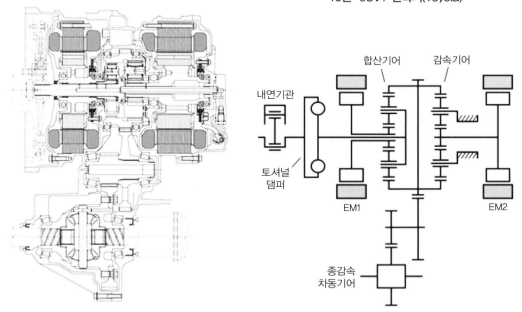

그림 7-11(a) 동력분할 하이브리드에 적용된 eCVT(토요타 렉서스)

동력분할 하이브리드에서, 기어비는 유성기어의 회전속도 기본방정식(7-1)으로 구할 수 있으며, 정적 기어비 i_0(링기어 대 선기어의 기어 잇수비)를 적용한다.

$$n_{EM1} = (i_0 + 1) \cdot n_{ICE} - i_0 n_{Em2}/i_G \quad\cdots\cdots\cdots\cdots\cdots\cdots\cdots\cdots\cdots\cdots\cdots (7\text{-}1)$$

여기서 $i_0 = \dfrac{\text{링기어 잇수}}{\text{선기어 잇수}}$

n_{ICE} ; 내연기관 회전속도

n_{EM1} ; EM1의 회전속도

n_{EM2} ; EM2의 회전속도

i_G : 변속기 변속비

이 식으로부터 단순한 동력분할 하이브리드용 전기식 무단변속기(eCVT)의 변속비(i_{eCVT})를 구할 수 있다.

$$i_{eCVT} = \frac{n_{ICE}}{n_{EM2/i_G}} = \frac{\dfrac{n_{EM1}}{n_{EM2/i_G}} + i_0}{i_0 + 1} \quad\cdots\cdots\cdots\cdots\cdots\cdots\cdots\cdots\cdots (7\text{-}2)$$

EM2의 회전속도는 주행속도에 의해서 주어지며, 반면에 EM1의 회전속도는 자유롭게 선택된다. 따라서 유성기어장치의 기어비를 무단으로 바꿀 수 있다. 파워트레인의 무단(無段)변속성 외에도, 이 개념은 변속기 내부에 변속기구가 없고, 발진기구 및 후진용 변속기구를 생략할 수 있다는 이점이 있다. 반면, 단점은 기계적 경로와 비교하여 전기적 경로의 효율이 상대적으로 낮다는 점이다.

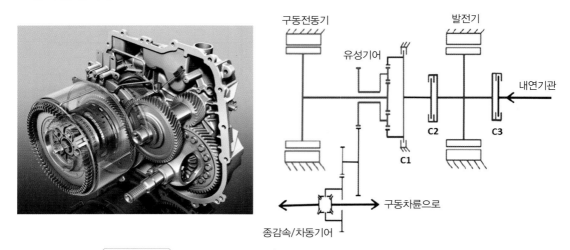

그림 7-12   2-모터 하이브리드(예; GM, 후륜구동 및 전기자동차(Volt)용)

5 순수 전동 파워트레인(직렬 하이브리드와 BEV)용 변속기

직렬 하이브리드는 필요로 하는 전기출력이 커서 항상 풀(full)‒하이브리드에 속한다. 직렬 하이브리드에서는 구동축 또는 구동 차륜을 전동기로 구동하는 데 반해, 내연기관+발전기 시스템은 전기에너지를 생성하는 용도로만 사용한다. 따라서 직렬 하이브리드에서는 내연기관의 회전속도와 구동차륜의 회전속도가 서로 독립적이다. 그러므로 직렬 하이브리드에는 기존의 AT, CVT, MT, DTC 또는 AMT와 같은 자동차용 변속기가 필요 없다. 직렬 하이브리드의 파워트레인은 순수 축전지 자동차(BEV)의 파워트레인과 그 개념이 같다.

(1) 1단 변속기와 2단 변속기(e-axle)

① 1단 변속기

지금까지 양산된 전기자동차 대부분은 그림 7‒13에 제시된 바와 같이 소위, 중앙 파워트레인(central powertrain), 소위 e‒axle을 사용한다. 여기서 전기기계(EM)는 차축 차동기어(차동장치를 포함한 1단 변속기)와 2개의 구동차축을 통해 차륜을 구동한다.

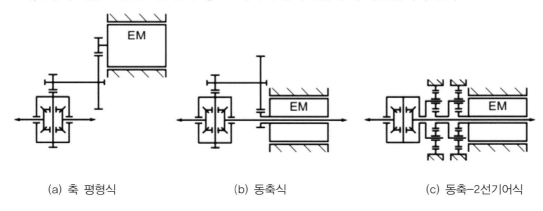

(a) 축 평형식   (b) 동축식   (c) 동축‒2선기어식

그림 7-13 순수 전기자동차용 전기기계(EM)의 배치방식(1단 변속기) [70]

더 나아가 전기기계(EM)를 차륜에 근접, 설치한 구동개념의 경우, 전기기계(EM)는 각각 감속단계를 거쳐 차륜을 구동한다. (예; SLS, AMG E‒CELL 등).

1단 변속기 외에도 다단 변속기도 전기자동차(=구동차축이 전동화된 자동차)에 이용된다. 1단 변속기와는 대조적으로 2단 또는 3단 변속기를 사용하면 효율성, 안락성 및 주행성능 측면에서 최적화된 작동이 가능하다. 다단 변속기(예; 2단 변속기)를 사용하면, 변속비가 큰 기어단(예; 1단)에서는 등판능력(언덕길에서의 발진능력)과 가속능력을 크게 할 수 있으며, 변속비가 작은 기어단(예; 2단)에서는 최대 주행속도에 쉽게 도달할 수 있다.

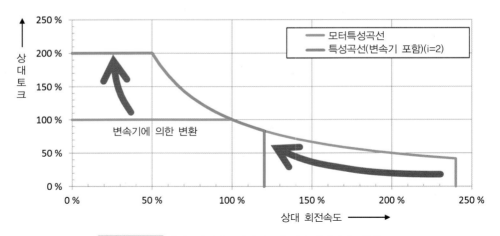

그림 7-14 순수 전기자동차에서 2단 변속기의 유용성(예)

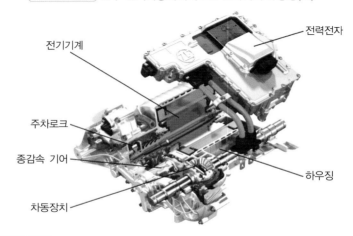

그림 7-15 차동장치와 전력전자가 포함된, 전기자동차용 1단 변속기(ZF) [70]

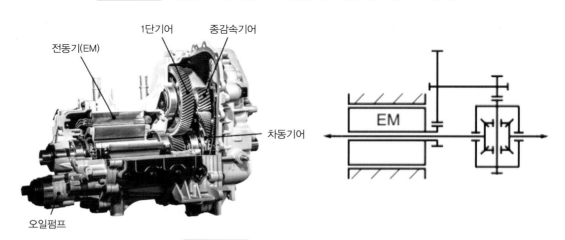

그림 7-16 EV용 1단 변속기(Opel) [70]

② 2단 변속기

전기자동차에서는 전기에너지 저장장치(구동 축전지)의 에너지 밀도가 제한적이므로, 파워트레인의 효율이 결정적인 역할을 한다. 파워트레인의 효율을 높이려면 최적화된 작동점을 선택해야 하는데, 최적화된 작동점은 적절한 기어 단(段)에서만 도달할 수 있다. 그림 7-14에는 2단 변속기를 사용하는 축전지 전기자동차(BEV)의 특성곡선이 도시되어 있다. 여기서 두 단 사이의 변속 특성곡선을 살펴보면, 각각의 작동점에서 적절한 기어 단을 선택하여 전기기계(EM)의 효율을 최적화하고 있음을 알 수 있다. 그러나, 변속 에너지 수요 및 열악한 내부 기어 효율 때문에, 다단 변속기를 사용하는 축전지 전기자동차(BEV)의 전체 에너지 균형이 1단 변속기를 사용하는 BEV에 비교해 반드시 더 좋은 것은 아니다.

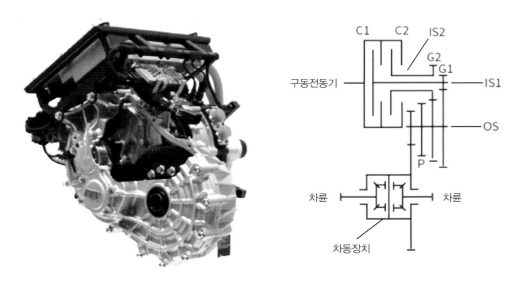

그림 7-17 　전기자동차용 2단 변속기와 결합된 전기기계 (출처: FEV)

(2) 휠 허브 모터(Wheel hub motor)

휠-허브-모터 방식은 소형, 고출력이면서도, 구동 전기기계, 전력전자와 컨트롤러, 브레이크 및 냉각장치를 차륜 안에 집적한 형식이다. 특히 조향 차륜에서는 전기적으로 토크 벡터링(torque vectoring)이 가능해야 하며, 모든 차륜에서 휠 슬립(wheel slip) 제어와 EPS/ABS 기능의 확장 등이 선행되어야 한다.

휠 허브 모터는 전동기 회전속도와 차륜 회전속도가 같으므로, 전동기는 회전속도는 다소 낮지만 큰 토크를 생성할 수 있어야 한다. 승용자동차에 사용되는 오늘날의 휠 허브 모터는 최대 회전속도 $2000\,\mathrm{min}^{-1}$, 최대토크 700Nm에서 출력은 15~60kW 범위이다.

동특성(dynamics)이 높은 전동기는 휠 토크를 매우 빠르게 개별적으로 제어할 수 있으며, 차량의 주행 동특성(dynamics)에도 긍정적인 영향을 미친다.

구동 전동기를 차륜에 통합하면 스프링 아래 질량(unsprung mass)이 증가하여 주행 행태와 주행 안락성에 부정적인 영향을 미칠 수 있다. 따라서 사용된 스프링 – 댐퍼 시스템을 미세하게 조정해야 할 필요가 있다. 최근에 개발된 기술에 따르면, 출력질량이 2kW/kg인 휠 허브 모터는 기술적으로 실현할 수 있다. 즉, 출력 40kW 휠 허브 모터의 무게는 20kg에 불과하다. 모터의 종류로는 PMSM, SRM 및 횡자속 모터 등이 검토되고 있다. 2000년대부터 개발이 시작되었으나, 대부분 개념차 수준이다. 최근 기록으로는 2015년 VW가 Golf PHEV에 휠 허브 모터를 적용한 개념차가 있다.

액체 냉각
파워 일렉트로닉스
브레이크
휠 베어링
전동기(내부 로터)

그림 7-18 휠 허브 모터(출처: Schaeffler)

(3) 능동 전자제어 액슬(Active eDrive) – 토크 벡터링(TV; Torque Vectoring)

소위 능동 e – drive는 능동 전자 차동원리(active electronic differential)로 작동하는 전동 파워트레인을 의미한다. 이 시스템을 앞/뒤 차축에 설치하면, 4륜구동 시스템이 된다. 이 시스템은 구동 전동기, 2단 변속기, 스퍼기어 차동장치, 그리고 차량이 선회 중이거나 불안정한 상태에 있을 때(비포장 노면에서 차륜의 미끄러짐으로 인해) 구동 차륜의 회전속도 및 회전토크 값을 제어하는 토크 벡터링(TV) 전동기와 토크 벡터링(TV) 변속기로 구성된다. 일반적으로 토크 벡터링 시스템은 자체 제어 시스템으로, 주어진 상황에 실시간으로 대처한다.

일반적으로 개발 초기에 비해 크기는 작아졌으나 출력은 상승하고, 분리하였든 전력전자를 전동기에 집적하고 있으며, 냉각성능을 크게 개선하고 있다.

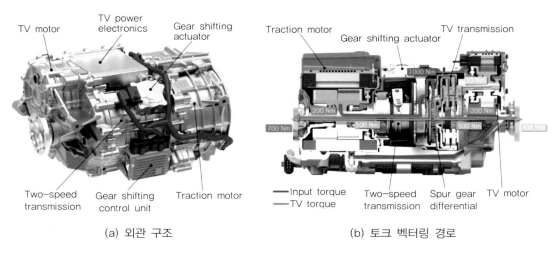

(a) 외관 구조   (b) 토크 벡터링 경로

그림 7-19   전자 차동장치를 포함한 액티브 드라이브 액슬(예: Schaeffler ACTIVeDRIVE)

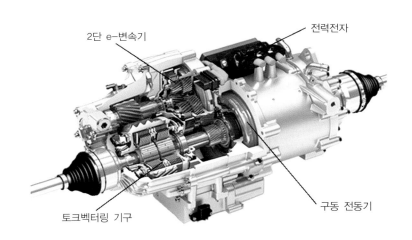

그림 7-20   1대의 구동전동기만 사용하는 eDrive Axle(예; GKN, TwinsterX)

아우디 e‑tron sportback quattro 55에서는 앞/뒤 차축에 유도전동기를 1대씩 설치하고 있으며, 이들은 각각 전자 토크벡터링 기능을 갖추고 있다.

(a) 후차축 구동(유도)전동기 어셈블리

(b) 앞차축 구동(유도)전동기 어셈블리

그림 7-21 │ Audi e-tron Sportback Quattro 55(2020),

반면에 e‑tron s Sportback에서는 앞차축에 1대, 뒷차축에 동일한 사양의 구동전동기 2대 (twin motor)를 설치, 총 3대의 유도전동기로 4륜구동을 실현하고 있다. 뒷차축에 설치된 2대의 전동기는 모두 차동장치가 없으며, 전자적으로 차동 및 토크벡터링을 구현한다.

그림 7-22 후차축 능동 e-DriveAxle(예: Audi e-tron S Sportback)

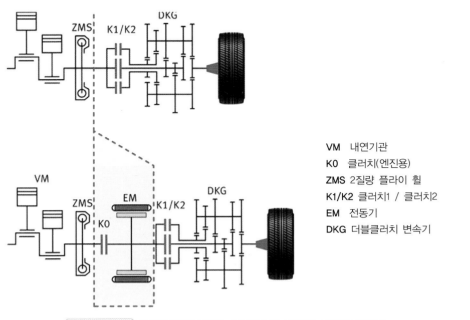

VM   내연기관
K0   클러치(엔진용)
ZMS 2질량 플라이 휠
K1/K2 클러치1 / 클러치2
EM   전동기
DKG 더블클러치 변속기

그림 7-23 2질량 플라이 휠과 수동변속기 사이에 삽입된 전동기

REFERENCES

[1] Peter Hofmann : Hybridfahrzeuge (Ein alternatives Antriebskonzept für die Zukunft). 2. Auflage, Springer-Verlag/Wien 2014

[2] Konrad Reife at al. : Kraftfahrzeug-Hybridabtriebe (Grundlagen · Systeme · Anwendungen). Springer Vieweg 2012

[3] Gehard Babiel : Elektrische Antriebe in der Fahrzeugtechnik (Lehr- und Arbeitsbuch), 2. Auflage, Vieweg + Teubner | GWV Fachverlage GmbH, Wiesbaden 2009

[4] 김재휘 : 자동차공학 시리즈 3, 첨단 자동차 전기/전자, 골든벨 2019

[5] 김재휘 : 자동차공학 시리즈 1, 첨단 자동차 가솔린기관, 골든벨 2019

[6] 김재휘 : 자동차공학 시리즈 2, 첨단 자동차 디젤기관, 골든벨 2019

[7] Cornel Stan: Alternative Antriebe für Automobile. (Hybridsysteme, Brennstoffzellen, Alternative Energieträger) 3., erweiterte Auflage. Springer Vieweg 2012

[8] Cornel Stan: Thermodynamik des Kraftfahrzeugs. 2. Auflage. Springer-Verlag Berlin Heidelberg New York 2012

[9] Ottmar Sirch ay al. : Elektrik/Elektronik in Hybrid- und Elektrofahrzeugen. Expert Verlag, Renningen 2009

[10] Heinz Schäfer at al. : Praxis der elektrische Antriebe für Hybrid- und Elektrofahrzeuge. Expert Verlag, Renningen 2009

[11] E.H. Wakefield, History of the Electric Automobile: Battery-Only Powered Cars, Society of Automotive Engineers (SAE), Warrendale, PA, 1994.

[12] Y. Gao and M. Ehsani, An investigation of battery technologies for the Army's hybrid vehicle application, in Proceedings of the IEEE 56th Vehicular Technology Conference, Vancouver, British Columbia, Canada, Sept. 2002.

[13] E.H. Wakefield, History of the Electric Automobile: Hybrid Electric Vehicles, Society of Automotive Engineers (SAE), 1998.

[14] California Fuel Cell Partnership, http://www.fuelcellpartnership.org/.

[15] Knorr, R.; Gilch, M.; Auer, J.; Wieser, Chr.: Stabiliesierung des 12-B-Bordnetze-Ultrakondensatoren in Start-Stopp_Systemen. ATZ Elektronik 05/2010. 5 Jahrgang, Seite 48-52.

[16] Knoth, H.; Wilstermann, H.: Automatisches Stopp=Start-Systeme mit riemengetrieben Starter-Generator am beispiel der A/B Klassevon MB. Tagung: Automatische Start-Stop-Systeme. Hauser der technik. 3. u. 4. Dezember 2008, Muenchen.

[17] Fesefeldt, T.; Ganzheitliche Betrachtung zur Auswahl der Startereinrichtung des Verbrennungsmotors eines Parallel-hybrids mit Trennkupplung. Deseration; TU Darmstadt,2010.

[18] Asada, T.; Sakai, K.: Toyota Motor Cooperation, Japan: Das neue Stopp & Start System von Toyota. 17. Achener Kolloquium Fahrzeug- und Motorentechnik 2008.

[19] Mahr, B., et al.: Das Range Extender Konzept von Mahle Powertrain. 6. MTZ-Fachtagung Der Antrieb von morgen, Wolfsburg, 2011

[20] Speckens, F.-W., et al.: Combustion Engines: Enabler dor E-Mobility- Was muss der range Extebder koennen und wie sieht ein vielversprechendes Konzept fuer ein kleines Stadtauto aus? 6. MTZ-fachtagung Der Antrieb

von morgen, Wolfsburg, 2011

[21] Benford, H.L.,: The lever analogy: A new tool in transmissionanalysis. SAE paper 810 102

[22] Kuecuekay,H.L. at al.: Elektrisch leistungsverzweigte Stufenlosantriebe fuer Hybridfahrzeuge. Neue elektrische Antriebskonzepte fuer Hybridfahrzeuge. Haus der Technik Essen. Haus der Technik Fachbuch Band 80, 2007.

[23] Vanessa Picron at al.: Cost-efficient Hybrid Powertrain System with 48V network; ATZ 1012012 pp802-pp807

[24] Marc Nalbach, Dr. Ing. Andre Koerner, Dr. Ing. Carsten Hoff: The 48-V Micro-hybrid, A new onboard Electronics, ATZ 042013, Vol.115, pp46-49.

[25] Merkle, M.: Einfluss Start-Stop auf Bordnetz und Generator. 3. VDI Tagung: Energieeinsparung durch Elektronik im Fahrzeug, Baden-Baden, Oct.2008. VDI Verlag Duesseldorf 2008.

[26] Hohenberg, G., Indra F.: Theorie und Praxis des Hybridantriebs am Beispiel Lexus RX 400h. 27. Internationales Wiener Motorensyposiums 2006, Fortschritt-Berichte VDI, Reihe 12, Nr.622, Bd.1, seite 180-203

[27] Goroncy, J.: "Range Extender" gibt Elektroautos noetigen Charme. In: VDI nachrichten, 16. 09. 2011

[28] Porter, S. : Partikelanzahl-Emission bei Hybridfahrzeugen mit Ottomotor, MTZ 73 (2012), Nr. 4, S. 278-282

[29] Andreas Schmid; Transversalflussmaschine in axialer Anordnung(Dissertation) . Institut für Elektrotechnik Montanuniversität, Leoben 2011

[30] Schhuettler, J., Orlik, B.: Simulation einer Transversalflussmaschine in Flachmagnetenanordnung. NAFEMS Magazin 2/2006.

[31] Braess, Seiffort (Hrsg.): Vieweg Handbuch Kraftfahrzeugtechnik, 4. Aufl. Vieweg, Wiesbaden 2005

[32] Schroeder, D.: Leistungselektronische Schaltungen. Berlin: Springer, 2008

[33] Leonhard, W.: Regelung elektrischer Antriebe. Berlin: Springer, 2000

[34] Smetana, T., et al.: Schaeffleractive e-Differential: The active differential fir future drive trains. 9th Schaeffler Symposium, 13.-14. April 2010

[35] Bruenglinghaus, C.: Keine Zukunftsmusik: elektrische Radnabenmotoren. ATZonline vom 24.Oct. 2012

[36] Knoedel, U.; Stein, F.-J.; Schlenkermann, H.: Varianten Vielfalt der Antriebskonzepte der Elektrofahrzeuge. In : ATZ 113 (2011) Nr. 7/8, s. 552-557

[37] Reif, K.: Fahrstabilisierungssysteme und Fahrerassistenzsysteme. Wiesbaden: Vieweg+Teubner Verlag, 2010

[38] Schuenermann, M., Kasper, R.: Neuartige methoden zur regelung der Fahrzeuglaengsdynamik fuer EV mit radinduviduellen Direktantrieben. In Fachtagung Mechatronik 2013, Achen, S. 61-66.

[39] Pautzke, F.: Radnabenantriebe. Aachen: Shaker, 2010

[40] Borchardt, N., et al.: Design of a wheel-hub motor with air gap winding and simultaneous utilization of all magnetic poles. IEEE IEVC, Greenville, Sc(USA), 04-08. March 2012

[41] Heissing, B., et al.: Fahrwerkhandbuch, Wiesbaden: Springer Vieweg, 2013

[42] Winner, H.; Hakuli, S.; Wolf, G.: Handbuch Fahrerassistenzsysteme. Wiesbaden: Vieweg, 2009

[43] Helmut Tschoeke(Hrsg): Die Elektrifizierung des Antriebsstrangs(Basiswissen), Springer Verlag, 2015

[44] Heizel, A.; Mahlendorf, E.; Roes, J. ; Brennstoffzellen. Heidelberg; Muelle, 2006

[45] Eichlseder, H.; Klell, M. : Wasserstoff in der Fahrzeugtechnik, Springer Vieweg: Wiesbaden, 2012

[46] Boltze, M.: Wunderlich, C.: Energiemanagement im Fahrzeug mittels Auxiliary Power Unit in "Entwicklungstendenzen im Automobilebau", Zschiesche Verlag, Wilkau-Haslau 2004

[47] Kurzweil, P.: Brennstoffzellentechnik. Wiesbaden: Veiweg. 2003

[48] Battery system for smart electric vehicle, Johnson controls - SAFT - advanced Power solutions, EPoss Seminar Brussels, June 26, 2008

[49] Laam, Michael.: 100 year of cadilac History, Popular mechanics. Jan. 2002

[50] Virginie Viallet at al.: Glasses and Glass-Ceramics for Solid-State Battery Applications, in Springer Handbook of Glass, Springer International Publishing AG 2019.

[51] Boehm T, at al.: Li-ionen Batterien Schluesseltechnologie fuer die Mobilitaet. 6 VDi Tagung: Innovative Fahrzeugantriebe, Dresden, Nov. 2008, VDI-Verlag, 2008

[52] Schoenfeld, R./Hofmann, W.: Elektrische Antriebe und Bewegungssteuerungen Von der Aufgabenstellung zur praktischen Realisierung. VDE Verlag GmbH. Berlin. Offenbach 2005

[53] Rosenkranz, C.A. at al.: Battery systems for the growing and diversfield Hybrid Electric Vehicle market. Neue elektrische Antriebskonzepte fuer Hybrid Fahrzeuge. Haus der Technik Essen. Haud der Technik Fachbuch Band 80, 2007.

[54] Assessment of Needs and Research Roadmaps for rechargeable Energy storage system onboard electric drive buses, Report No. FTA-TRI-MA-26-7125 -2011.1

[55] Koetz, R.: Doppelschicht-Kondensatoren- technik, Kosten, perspektiven. Kasseler Symposium Energie-Systemtechnik, 2002

[56] Juergen Auer: UC: Efficient Power Source. Elektrik/Elektronik in Hybrid- und Elektrofahrzeugen, Haus der Technik, Expert Verlag. 2009.

[57] Danilo Porcarelli at al.: Characterization of Lithium-Ion Capacitors for low power energy neutral wireless sensor Networks. IEEE 2012

[58] JM Energy's Li-ion Capacitor. The Hybrid Energy Storage Advance: Alternative Energy Symposium, JSR Micro. 2009

[59] Michael Prummer at al.: Ultra Capacitors Drive. New Efficiencies for Hybrid Systems Architectures. Maxwell Technologies SA, Switzerland. 2009

[60] D. V. Ragone: "Review of Battery Systems for Electrically Powered vehicles", SAE paper 680453, 1968.

[61] Lutz Morawietz, at al.: Dynamische Modellierung des makroskopischen, thermoelektrischen Verhaltens von Lithium-Ionen-Energiespeichern, Haus der Technik, Expert Verlag, 2008.

[62] John Miller, at al.: Power electronic interface for an Ultracapacitor as the Power Buffer in a Hybrid Electric Energy Storage System. Maxwell Technologies, Inc. 2009

[63] Ruch, P.W.et al.: aging of electrochemical double layer capacitors with acetonnitrile-based electrolyte at elevated voltages. In. Elektrochemi. Acta 55(2010), pp 4412-4420

[64] Azais, P. et al. : Causes of Supercapacitors ageing in organic electrolyte. In. Journal of Power Sources 171(2007), pp 1046-1053

[65] Drillkens, J. et al.: Maximizing the lifetime of electrochemical double layer capacitors at given temperatur conditions by optimized operating strategies, 4th European Symposium on Supercapacotors and Applications (ESSCAP), Bordeaux, 2010

[66] Kleinrath H: Stromrichtergespeiste Drehfeldmaschinen. Springer, Wien. 1980

[67] Bernd Cebulski: Power Electronics in Vehicle Powertrains. ATZelektronik worldwide Edition: 2011-01

[68] Andreas Binder: Elektrische Maschinen und Antriebe (Grundlagen, Betriebsverhalten), Springer-Verlag. Berlin

Heidelberg 2012

[69] Rolf Gscheidle at al.: Fachkunde Kraftfahrzeugtechnik 30. Auflage, Verlag Europa-Lehrmittel, Haan-Gruiten 2013

[70] Naunheimer H., et al.: Fahrzeuggetriebe, (Grundlagen, Auswahl, Auslegung und Konstruktion), 3. Auflage. Springer Vieweg, 2019

[71] Schaeffler_kolloquium_2010-2018_de.pdf

[72] Huggins R.: Advanced Batteries: Materials Science Aspect, Springer, 1. Auflage, (2008)

[73] Helmut Tschoeke Hrsg.: Die Elektrifizierung des Antriebssstrangs, Springer Vieweg, 2015

[74] Mehrdad Ehsani ● Yimin Gao ● Stefano Longo ● Kambiz Ebrahimi: Modern Electric, Hybrid Electric, and Fuel Cell Vehicles, Taylor & Francis Group, LLC, 2019

[75] Rober Bosch GmbH(Hrsg.): Kraftfahr-technisches Taschenbuch. 28. Auflage, Springer Vieweg, | Springer Fachmedien Wiesbaden, 2014

* Technical Information from Automobile Companies & Parts companies
● AUDI, BMW, DAIMLER BENZ, FORD, GM, HYUNDAI, MAZDA, MITSUBISH, PEUGEOT,   TOYOTA, VOLVO, VW, etc. (알파벳순)
● BEHR, BOSCH, JOHNSON CONTROLS, MAXWELL, SCHAEFFLER, ////SIEMENS, etc.

■ 저자(Author)

공학박사 **김 재 휘**(Kim, Chae-Hwi)

ex-Prof. Dr. - Ing. Kim, Chae-Hwi

Incheon College KOREA POLYTECHNIC Ⅱ. Dept. of Automobile Technique

E-mail : chkim11@gmail.com

친환경전기동력자동차
[HEV, PHEV, BEV, FCEV]

초판발행 | 2021년 7월 5일
제3판2쇄발행 | 2023년 4월 1일

지 은 이 | 김 재 휘
발 행 인 | 김 길 현
발 행 처 | ㈜ 골든벨
등   록 | 제 1987—000018 호
I S B N | 979-11-5806-528-7
가   격 | 33,000원

이 책을 만든 사람들

편 집 및 디 자 인 | 조경미, 엄해정, 남동우   제 작 진 행 | 최병석
웹 매 니 지 먼 트 | 안재명, 서수진, 김경희   오 프 마 케 팅 | 우병춘, 이대권, 이강연
공 급 관 리 | 오민석, 정복순, 김봉식   회 계 관 리 | 김경아

㉾04316 서울특별시 용산구 원효로 245(원효로1가 53-1) 골든벨 빌딩 5~6F
● TEL : 도서 주문 및 발송 02-713-4135 / 회계 경리 02-713-4137
     내용 관련 문의 070-8854-3656 / 해외 오퍼 및 광고 02-713-7453
● FAX : 02-718-5510   ● http : // www.gbbook.co.kr   ● E-mail : 7134135@ naver.com

첨단자동차공학백과

공학박사 김재휘 著 ● 190*260mm, 양장본

첨단 자동차가솔린기관(오토기관)　560쪽

SI-기관의 기본구조와 작동원리에서부터 밸브타이밍제어, 동적과급, 전자제어 가솔린분사장치, 최신점화장치, 방켈기관, 하이브리드기관, 연료전지, 연료와 연소, 배기가스테크닉 그리고 기관성능에 이르기까지 최신기술에 대해 상세하게 설명한, 현장 실무자 및 자동차공학도의 필독서

첨단 전자제어연료분사장치(가솔린)　472쪽

가솔린분사장치 개론, 기계식·기계-전자식 가솔린분사장치, MPa-n제어방식, 공기량 직접계량방식, 통합제어시스템, SPI, 가솔린 직접분사장치, 연료와 연소, 배출가스 제어 테크닉 등에 이르기까지 자동차 산업의 최근 경향을 자세하게 체계적으로 설명한, 자동차 공학도와 현장 실무자의 필독서

첨단 자동차디젤기관　446쪽

디젤기관의 역사, 구조와 작동원리, 분사이론 및 최신 전자제어 디젤분사장치에 이르기까지 자동차산업의 최근 경향을 반영, 체계적으로 설명하였으며, 특히 커먼레일분사장치, 유닛 인젝션 시스템 및 디젤 배기가스 후처리 기술 등에 대한 최신 정보를 망라한, 자동차공학도와 현장실무자의 필독서

하이브리드 전기자동차　396쪽

하이브리드 자동차의 정의, 도입 배경, 역사, 직렬·병렬·복합 하이브리드, 스타트-스톱 모드, 회생제동, 전기 주행, 직류 전동기, 3상·영구자석 동기 전동기, 3상 유도 전동기, 스위치드 릴럭턴스 모터, 각종 연료전지 시스템, 고효율 내연기관, 대체 열기관, 니켈-수산화금속·리튬-이온 축전지, 슈퍼-캐패시터, 플라이 휠 에너지 저장기, 유압 하이브리드, 주파수 변환기, DC/DC 컨버터, PMSM & BLDC까지 설명한 자동차 공학도의 필독서

첨단 자동차 전기·전자　648쪽

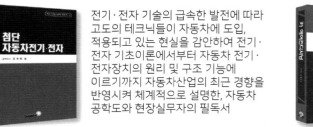

전기·전자 기술의 급속한 발전에 따라 고도의 테크닉들이 자동차에 도입, 적용되고 있는 현실을 감안하여 전기·전자 기초이론에서부터 자동차 전기·전자장치의 원리 및 구조 기능에 이르기까지 자동차산업의 최근 경향을 반영시켜 체계적으로 설명한, 자동차 공학도와 현장실무자의 필독서

카 에어컨디셔닝　All Color/ 496쪽

공기조화, 냉동기의 이론 사이클, 오존과 온실가스, 냉매, 냉매 사이클, 냉동기유, 몰리에르선도와 증기압축 냉동사이클, 압축기, 응축기, 수액기, 건조기와 어큐뮬레이터, 팽창밸브와 오리피스 튜브, 증발기 유닛, 하이브리드 자동차, 전기자동차, 공기조화장치의 운전, 에어컨 시스템의 고장진단 및 정비방법까지 상세하게 설명한 자동차 공학도와 현장실무자의 필독서

첨단 자동차 섀시　586쪽

주행 역학에서부터 시작하여 전자제어 차체제어기술 및 유압식 현가장치, 무단 자동변속기, ABS, BAS, EPS, SBC ASR 등에 이르기까지 자동차 산업의 최근 경향을 자세하게 체계적으로 설명한, 자동차 공학도와 현장 실무자의 필독서

자동차 소음·진동　600쪽

자동차 소음·진동의 개요 / 소리의 기초 이론 / 진동 기초 이론 / 인간의 청각기관과 심리음향 / 소음·진동의 측정 및 분석 / 자동차 소음·진동 일반 / 파워트레인의 소음과 진동 / 가스교환 장치의 소음 / 타이어·도로의 소음과 진동 / 메카트로닉스 장치와 조작장치의 소음·진동 / 차체의 진동과 소음 / NVH 고장진단 및 수리